U0235150

21世纪高等教育土木工程系列规划教材

多层民用建筑混凝土框架结构设计

主　编　付向红　陈晓霞
副主编　姚海慧　李　珂
参　编　史永涛　王立波　连彩霞

机械工业出版社

本书按照工程的设计思路，围绕一套完整的建筑结构设计实例安排各章节内容，并突出框架结构设计要点、难点。主要内容包括建筑设计和结构设计两篇。建筑设计篇包括总论、单体建筑、建筑构造设计、建筑施工图绘制；结构设计篇部分包括结构设计前应做的准备工作，现浇楼板设计，楼梯、雨篷结构设计，一榀框架计算，柱下独立（联合）基础设计、PKPM 软件在框架结构设计中的应用，结构施工图绘制。

本书可作为土木工程专业课程设计和毕业设计的指导书，也可以作为初入职场的设计人员和需要了解手算框架结构的设计人员参考书。

图书在版编目（CIP）数据

多层民用建筑混凝土框架结构设计/付向红，陈晓霞主编．—北京：机械工业出版社，2014.8

21 世纪高等教育土木工程系列规划教材

ISBN 978-7-111-47133-2

Ⅰ.①多…　Ⅱ.①付…②陈…　Ⅲ.①民用建筑-混凝土框架-结构设计-高等学校-教材　Ⅳ.①TU24

中国版本图书馆 CIP 数据核字（2014）第 134940 号

机械工业出版社（北京市百万庄大街 22 号　邮政编码 100037）
策划编辑：马军平　责任编辑：马军平　林　辉　版式设计：霍永明
责任校对：纪　敬　封面设计：张　静　责任印制：李　洋
北京华正印刷有限公司印刷
2014 年 9 月第 1 版第 1 次印刷
184mm × 260mm · 17.5 印张 · 11 插页　452 千字
标准书号：ISBN 978-7-111-47133-2
定价：36.00 元

凡购本书，如有缺页、倒页、脱页，由本社发行部调换

电话服务　　网络服务
社服务中心：（010）88361066　教材网：http://www.cmpedu.com
销售一部：（010）68326294　机工官网：http://www.cmpbook.com
销售二部：（010）88379649　机工官博：http://weibo.com/cmp1952
读者购书热线：（010）88379203　**封面无防伪标均为盗版**

前　言

对于即将进行毕业设计和初入职场的设计人员来说，工程设计是一项比较复杂的工作。框架结构在建筑结构中具有代表性，且多层框架结构易于手算。在手算过程中，容易掌握结构设计的理论、设计原则和设计步骤。按照工程的设计思路编写，融理论知识和实例的多层混凝土框架结构设计具有一定的指导意义。本书编写力求使初学者读后能够达到力学概念、设计思路、计算步骤清晰。对于长期从事设计工作的人员来说，使用的计算软件多了，容易对力学概念等理论知识有所遗忘和疏忽，本书也可以给他们提供理论参考。

本书的编写主要以实例设计的步骤进行内容排序，第一篇为建筑设计部分，对于结构设计人员来说，熟悉建筑设计图样是结构设计之前的必备工作，所以在进行常用框架结构的办公楼、教学楼等单体建筑的讲解的同时，提供了一套比较规则简单的建筑图供设计人员熟悉和了解。第二篇为结构设计部分，围绕第一部分提供的建筑图进行楼板、楼梯、一榀框架和基础设计。每一部分实例前均有计算理论和方法，并在满足构造要求的前提下提供了一套结构施工图。

该书的特点是建筑结构知识全面，理论和实例结合紧密，全部采用现有最新规范。

本书第1章、第2章由李珂编写，第3章、第7章由陈晓霞编写，第4章、第5章由连彩霞编写，第6章、第11章由史永涛编写，第8章及附图由付向红编写，第9章由姚海慧编写，第10章由王立波编写。全书由付向红统稿。

由于编者水平所限，书中错误和不当之处，敬请读者指正。

编　者

目　录

Chapter

1

第1篇

建筑设计

第 1 章

1

总　　论

建筑设计的原则是适用、安全、经济、美观。建筑物首先要满足人们各种不同的使用要求，如住宅要满足居住要求、教学楼要满足教学要求等，同时要有良好的卫生条件和保温、隔热、隔声的环境；安全方面主要是指结构防火、疏散；美观是指建筑造型、室内装修等；经济是指建筑结构的设计要考虑建筑物的造价。

1.1 民用建筑层数的划分

1～3 层为低层建筑，4～6 层为多层建筑，7～9 层或高度不超过 24m 的为中高层建筑，10 层及 10 层以上的建筑和高度 24m 以上的其他建筑为高层建筑。

建筑高度的计算应符合下列要求：

1）坡屋面建筑物的建筑高度应为建筑室外设计地面到其檐口与屋脊的平均高度。

2）平屋面（包括有女儿墙的平屋面）建筑物的建筑高度应为建筑室外设计地面到其屋面面层的高度。

3）同一座建筑有多种屋面形式时，其建筑高度应按 1）、2）分别计算后取其中最大值。

4）局部凸出屋顶的瞭望塔、冷却塔、水箱间、微波天线间或设施、电梯机房、排风和排烟机房以及楼梯出口小间等，可不计入建筑高度内。

5）对于住宅建筑，以下部分不计入建筑高度：①底部设置的高度不超过 2.2m 的自行车库、储藏室、敞开空间；②室内外高差小于等于 1.5m 的部分；③建筑的地下室、半地下室的顶板面高出室外设计地面的高度小于等于 1.5m 的部分。

室内净高应按楼地面完成面至吊顶（或楼板或梁底面）之间的垂直距离计算。当楼盖、屋盖的下悬构件或管道底面影响有效使用空间时，应按楼地面完成面至下悬构件下缘或管道底面之间的垂直距离计算室内净高。地下室、局部夹层、走道等有人员正常活动的最低处的净高不应小于 2m。

建筑层数的计算应符合下列要求：

1）建筑的地下室、半地下室的顶板面高出室外设计地面的高度不大于 1.5m 时，可不计入建筑层数内。

2）设置在建筑底部且室内净高不大于 2.2m 的自行车库、储藏室、敞开空间，可不计入建筑层数内。

3）建筑屋顶上突出的局部设备用房、出屋面的楼梯间等，可不计入建筑层数内。

1.2 民用建筑设计使用年限

民用建筑的设计使用年限应符合表1-1的规定。

表1-1 民用建筑的设计使用年限

类 别	设计使用年限	示 例
1	5	临时性建筑
2	25	易于替换结构构件的建筑
3	50	普通建筑和构筑物
4	100	纪念性建筑和特别重要的建筑

1.3 民用建筑分类

民用建筑应根据其使用性质、火灾危险性、疏散和扑救难度进行分类。民用建筑的分类见表1-2。

表1-2 民用建筑的分类

名称	高层民用建筑		单层或多层民用建筑
	一 类	二 类	
住宅建筑	建筑高度大于54m的住宅建筑	建筑高度大于27m，但不大于54m的住宅建筑	建筑高度不大于27m的住宅建筑
公共建筑	1. 建筑高度大于50m的公共建筑 2. 建筑高度大于24m且任一楼层建筑面积大于1000m² 的商店、展览、电信、邮政、财贸金融建筑和综合建筑 3. 医疗建筑、重要公共建筑 4. 省级及以上的广播电视和防灾指挥调度建筑、网局级和省级电力调度建筑 5. 藏书超过100万册的图书馆、书库	除一类外的非住宅高层民用建筑	1. 建筑高度大于24m的单层公共建筑 2. 建筑高度不大于24m的其他民用建筑

1.4 建筑防火设计

1.4.1 建筑物的耐火等级

民用建筑的耐火等级分为一、二、三、四级。民用建筑的耐火等级应根据建筑的火灾危险性和重要性等确定，并应符合下列规定：

1）地下、半地下建筑（室），一类高层建筑的耐火等级不应低于一级。

2）单层、多层重要公共建筑，裙房和二类高层建筑的耐火等级不应低于二级。

1.4.2 防火分区和层数

不同耐火等级建筑的允许层数和防火分区最大允许建筑面积应符合表1-3的规定。

表 1-3 不同耐火等级建筑的允许层数和防火分区最大允许建筑面积

名 称	耐火等级	建筑高度或允许层数	防火分区的最大允许建筑面积/m^2	备 注
高层民用建筑	一、二级	符合 1.1 节内容的规定	1500	
单层或多层民用建筑	一、二级	1. 单层公共建筑的建筑高度不限 2. 住宅建筑的建筑高度不大于 27m 3. 其他民用建筑的建筑高度不大于 24m	2500	体育馆、剧场的观众厅，其防火分区最大允许建筑面积可适当放宽
	三级	5 层	1200	—
	四级	2 层	600	—
地下、半地下建筑（室）	一级	不宜超过 3 层	500	设备用房的防火分区最大允许建筑面积不应大于 1000m^2

建筑物内设置自动扶梯、中庭、敞开楼梯等上下层相连通的开口时，其防火分区的建筑面积应按上下层相连通的建筑面积叠加计算。对于中庭，当相连通楼层的建筑面积之和大于一个防火分区的建筑面积时，中庭应与周围进行防火分隔。此时，与中庭相连通的门或窗，应采用火灾时可自行关闭的甲级防火门、窗；与中庭相连通的过厅、通道等处，应设置甲级防火门或耐火极限不小于 3.00h 的防火卷帘等防火分隔设施。防火分区之间应采用防火墙分隔，确有困难时，可采用防火卷帘等防火分隔设施分隔。

1.4.3 常用建筑构件的燃烧性能和耐火极限

常用建筑构件的燃烧性能和耐火极限见表 1-4。

表 1-4 常用建筑构件的燃烧性能和耐火极限

构件名称		结构厚度或截面最小尺寸/mm	耐火极限/h	燃烧性能
承重墙	普通黏土砖、混凝土、钢筋混凝土实体墙	120	2.50	不燃烧体
		180	3.50	不燃烧体
		240	5.50	不燃烧体
非承重墙	加气混凝土砌块墙	150	7.00	不燃烧体
柱	钢筋混凝土柱	300×300	3.00	不燃烧体
		300×500	3.50	不燃烧体
		370×370	5.00	不燃烧体
	钢筋混凝土圆柱	直径 300	3.00	不燃烧体
		直径 450	4.00	不燃烧体
梁（非预应力钢筋）	保护层厚度 10mm	—	1.20	不燃烧体
	保护层厚度 20mm	—	1.75	不燃烧体
	保护层厚度 25mm	—	2.00	不燃烧体
	保护层厚度 30mm	—	2.30	不燃烧体
现浇楼板	保护层厚度 10mm	100	2.00	不燃烧体
	保护层厚度 15mm	100	2.00	不燃烧体
	保护层厚度 20mm	100	2.10	不燃烧体

1.4.4 平面布置

1）民用建筑不应与厂房和仓库合建在同一座建筑内，其平面布置应结合使用功能和安全疏散要求等因素合理布置。

2）老年人活动场所和托儿所、幼儿园的儿童用房和儿童游乐厅等儿童活动场所宜设置在独立的建筑内。当建筑为一、二级耐火等级时，不应超过3层；为三级耐火等级时，不应超过2层；为四级耐火等级时，应为单层。

3）医院、疗养院的住院部分，学校、食堂、菜市场采用三级耐火等级的单独建筑时，不应超过2层；设置在三级耐火等级的建筑内时，不应布置在三层及以上楼层。医疗建筑、学校、食堂、菜市场采用四级耐火等级的单独建筑时，应为单层建筑；设置在四级耐火等级建筑内时，应布置在首层。

4）医院和疗养院的病房楼，当同一防火分区内相邻房间的总建筑面积大于1000m^{2}时，每隔1000m^{2}应采用耐火极限不低于2.00h的不燃烧体隔墙进行分隔，隔墙上的门应采用乙级防火门，设置在走道上的防火门应采用常开的乙级防火门。

5）住宅建筑与其他使用功能的建筑合建时，住宅部分与非住宅部分之间应采用不开设门窗洞口且耐火极限不低于2.00h的不燃烧体楼板和不低于2.00h且无门窗洞口的不燃烧实体隔墙完全分隔，住宅部分的安全出口和疏散楼梯应独立设置。

6）燃气锅炉房、变压器室应设置在首层或地下一层靠外墙部位，锅炉房、变压器室的疏散门均应直通室外或直通安全出口；外墙开口部位的上方应设置宽度不小于1.0m的不燃烧体防火挑檐或高度不小于1.2m的窗槛墙；锅炉房、变压器室等与其他部位之间应采用耐火极限不低于2.00h的不燃烧体隔墙和不低于1.50h的不燃烧体楼板分隔。在隔墙和楼板上不应开设洞口，必须在隔墙上开设门窗时，应设置甲级防火门、窗。

1.4.5 安全疏散和避难

民用建筑应根据建筑的高度、规模、使用功能和耐火等级等因素合理设置安全疏散和避难设施。安全出口、疏散门的位置、数量、宽度及疏散楼梯的形式，应满足人员安全疏散的要求。建筑物内的安全疏散路线应尽量短捷、连续、畅通无阻地通向安全出口。安全出口应分散设置且易于寻找，自动扶梯和电梯不应计作安全疏散设施。

公共建筑内每个防火分区或一个防火分区的每个楼层，其相邻2个安全出口最近边缘之间的水平距离不应小于5m；其安全出口的数量应经计算确定，且不应少于2个。公共建筑符合下列条件之一时，可设置1个安全出口或1部疏散楼梯。

1）除托儿所、幼儿园外，建筑面积不大于200m^{2}且人数不超过50人的单层建筑或多层建筑的首层。

2）除医疗建筑、老年人建筑及托儿所、幼儿园的儿童用房和儿童游乐厅等儿童活动场所等外，符合表1-5规定的2层、3层建筑。

设置不少于2部疏散楼梯耐火等级为一、二级的公共建筑，如果顶层局部升高，当高出部分的层数不超过2层、人数之和不超过50人且每层建筑面积不大于200m^{2}时，该高出部分可设置1部疏散楼梯，但至少应另外设置1个可以直通建筑主体上人平屋面的安全出口，且该上人平屋面应符合人员安全疏散要求。

表 1-5　公共建筑可设 1 部疏散楼梯的条件

耐火等级	最多层数	每层最大建筑面积/m^2	人　数
一、二级	3 层	500	第二层和第三层的人数之和不超过 100 人
三级	3 层	200	第二层和第三层的人数之和不超过 50 人
四级	2 层	200	第二层人数不超过 30 人

下列多层公共建筑的疏散楼梯，除与敞开式外廊直接相连的楼梯间外，均应采用封闭楼梯间：

1）医疗建筑、旅馆、老年人建筑。

2）设置歌舞、娱乐、放映、游艺场所的建筑。

3）商店、图书馆、展览建筑、会议中心及具有类似使用功能的建筑。

4）6 层及以上的其他建筑。

公共建筑中各房间疏散门的数量应经计算确定且不应少于 2 个，该房间相邻 2 个疏散门最近边缘之间的水平距离不应小于 5m。符合下列条件之一时，可设置 1 个。

1）托儿所、幼儿园、老年人建筑、医疗建筑、教学建筑内位于 2 个安全出口之间或袋形走道两侧且建筑面积不大于 $75m^2$ 的房间。

2）除托儿所、幼儿园、老年人建筑、医疗建筑、教学建筑和歌舞、娱乐、放映、游艺场所外的其他建筑或场所，位于 2 个安全出口之间或袋形走道两侧、建筑面积不大于 $120m^2$ 的房间；位于走道尽端的房间，建筑面积小于 $50m^2$ 且其疏散门的净宽度不小于 0.90m，或由房间内任一点到疏散门的直线距离不大于 15m、建筑面积不大于 $200m^2$ 且其疏散门的净宽度不小于 1.40m。

公共建筑的安全疏散距离应符合下列规定：

1）直通疏散走道的房间疏散门至最近安全出口的距离不应大于表 1-6 的规定。

表 1-6　直通疏散走道的房间疏散门至最近安全出口的距离　　（单位：m）

名　称			位于两个安全出口之间的疏散门 耐火等级 一、二级	三级	四级	位于袋形走道两侧或走道尽端的疏散门 耐火等级 一、二级	三级	四级
托儿所、幼儿园、老年人建筑			25	20	15	20	15	10
歌舞、娱乐、放映、游艺场所			25	20	15	9	—	—
医疗建筑	单层或多层		35	30	25	20	15	10
医疗建筑	高层	病房部分	24	—	—	12	—	—
医疗建筑	高层	其他部分	30	—	—	15	—	—
教学建筑	单层或多层		35	30	25	22	20	10
教学建筑	高层		30	—	—	15	—	—
高层旅馆、展览建筑			30	—	—	15	—	—
其他建筑	单层或多层		40	35	25	22	20	15
其他建筑	高层		40	—	—	20	—	—

2）楼梯间的首层应设置直通室外的安全出口，或在首层采用扩大的封闭楼梯间或防烟楼梯间。当层数不超过 4 层时，可将直通室外的安全出口设置在离楼梯间不大于 15m 处。

3）多层建筑房间内任一点到该房间直通疏散走道的疏散门的距离，不应大于表 1-6 中规定的袋形走道两侧或走道尽端的疏散门至最近安全出口的距离。

4）耐火等级为一、二级建筑内疏散门或安全出口不少于 2 个的观众厅、展览厅、多功能厅、餐厅、营业厅，其室内任一点至最近疏散门或安全出口的直线距离不应大于 30m；当该疏散门不能直通室外地面或疏散楼梯间时，应采用长度不大于 10m 的疏散走道通至最近的安全出口。当该场所设置自动喷水灭火系统时，其安全疏散距离可增加 25%。

5）疏散走道和疏散楼梯的净宽度不应小于 1.10m。

除剧场、电影院、礼堂、体育馆外的其他公共建筑，其疏散走道、安全出口、疏散楼梯和房间疏散门的各自总宽度，应按下列规定经计算确定：

1）每层疏散走道、安全出口、疏散楼梯和房间疏散门的每 100 人所需净宽度不应小于表 1-7 的规定；当每层人数不等时，疏散楼梯的总宽度可分层计算，地上建筑中下层楼梯的总宽度应按其上层人数最多一层的人数计算；地下建筑中上层楼梯的总宽度应按其下层人数最多一层的人数计算；首层外门的总宽度应按该层及以上人数最多的一层人数计算确定，不供楼上人员疏散的外门，可按本层人数计算确定；有固定座位的场所，其疏散人数可按实际座位数的 1.1 倍确定。

表 1-7 每层疏散走道、安全出口、疏散楼梯和房间疏散门的每 100 人所需净宽度

（单位：m）

建筑层数	耐火等级		
	一、二级	三级	四级
地上一、二层	0.65	0.75	1.00
地上三层	0.75	1.00	—
地上四层及以上	1.00	1.25	—
与地面出入口地面的高差不大于 10m 的地下层	0.75	—	—
与地面出入口地面的高差大于 10m 的地下层	1.00	—	—

2）人员密集的多层公共建筑不宜在窗口、阳台等部位设置金属栅栏，必须设置时，应有从内部易于开启的装置。窗口、阳台等部位宜设置辅助疏散逃生设施。

3）住宅建筑高度不大于 27m，每个单元任一层的建筑面积小于 650m^2 且任一套房的户门至安全出口的距离小于 15m，每个单元每层可设置 1 个安全出口。

1.4.6 楼梯间

疏散楼梯间应能天然采光和自然通风，并宜靠外墙设置。靠外墙设置时，楼梯间及合用前室的窗口与两侧门、窗洞口最近边缘之间的水平距离不应小于 1.0m；不能自然通风时，应按防烟楼梯间的要求设置；楼梯间内不应设置烧水间、可燃材料储藏室、垃圾道；楼梯间内不应有影响疏散的凸出物或其他障碍物；封闭楼梯间、防烟楼梯间，不应设置卷帘；楼梯间的首层可将走道和门厅等包括在楼梯间内，形成扩大的封闭楼梯间，但应采用乙级防火门等措施与其他走道和房间分隔；除楼梯间的门外，楼梯间的内墙上不应开设其他门窗洞口；人员密集的公共建筑设置封闭楼梯间时，楼梯间的门应采用乙级防火门，并应向疏散方向开启；其他建筑封闭楼梯间的门可采用双向弹簧门。

防烟楼梯间在楼梯间入口处应设置防烟前室、开敞式阳台或凹廊等。防烟前室可与消防

电梯间前室合用；前室的使用面积：公共建筑不应小于 6.0m^2，住宅建筑不应小于 4.5m^2。合用前室的使用面积：公共建筑、高层厂房和高层仓库不应小于 10.0m^2，住宅建筑不应小于 6.0m^2。疏散走道通向前室、开敞式阳台、凹廊以及前室通向楼梯间竖井的门应采用乙级防火门；楼梯间的首层可将走道和门厅等包括在楼梯间前室内，形成扩大的防烟前室，但应采用乙级防火门等措施与其他走道和房间分隔。

室外疏散楼梯，应符合下列规定：

1）栏杆扶手的高度不应低于 1.10m，楼梯的净宽度不应小于 0.90m。

2）倾斜角度不应大于 45°。

3）通向室外楼梯的门宜采用乙级防火门，并应向室外开启；门开启时，不得减少楼梯平台的有效宽度。

4）除疏散门外，楼梯周围 2m 内的墙面上不应设置门窗洞口。疏散门不应正对楼梯段。

建筑内的公共疏散楼梯，其两梯段及扶手间的水平净距不宜小于 150mm。

高度大于 10m 的三级耐火等级建筑应设置通至屋顶的室外消防梯。室外消防梯不应面对斜屋顶天窗，宽度不应小于 0.6m，且宜从离地面 3.0m 高处设置。

1.4.7 门

建筑中安全出口和疏散门的净宽度不应小于 0.90m，并应符合下列规定：

1）民用建筑和厂房的疏散门，应采用向疏散方向开启的平开门，不应采用推拉门、卷帘门、吊门、转门和折叠门。除甲、乙类生产车间外，人数不超过 60 人且每樘门的平均疏散人数不超过 30 人的房间，其疏散门的开启方向不限。

2）开向疏散楼梯或疏散楼梯间的门，应保证其开启时不减少楼梯平台的有效宽度。

疏散走道在防火分区处应设置常开甲级防火门。防火门的设置应符合下列规定：

1）设置在建筑内经常有人通行处的防火门宜采用常开防火门。常开防火门应能在火灾时自行关闭，并应有信号反馈的功能。

2）除允许设置常开防火门的位置外，其他位置的防火门均应采用常闭防火门。常闭防火门应在其明显位置设置保持门关闭的提示标志。

3）设置在建筑变形缝附近时，防火门应设置在楼层较多的一侧，并应保证防火门开启时门扇不跨越变形缝。

1.5 建筑制图

1.5.1 图纸幅面

绘制工程图应使用制图标准中规定的幅面尺寸，不得根据图面大小自行设定幅面尺寸，也不得在出图打印时自行缩放幅面大小。图纸幅面及图框尺寸，应符合表 1-8 的规定及图 1-1 ~ 图 1-4 所示的格式。图纸的短边尺寸不应加长，A0 ~ A3 幅面长边尺寸可加长，但应符合表 1-9 的规定。图纸以短边作为垂直边为横式，以短边作为水平边为立式。A0 ~ A3 图纸宜横式使用；必要时，也可立式使用。

表 1-8　幅面及图框尺寸　　（单位：mm）

尺寸代号 \ 幅面代号	A0	A1	A2	A3	A4
$b \times l$	841 × 1189	594 × 841	420 × 594	297 × 420	210 × 297
c	10			5	
a	25				

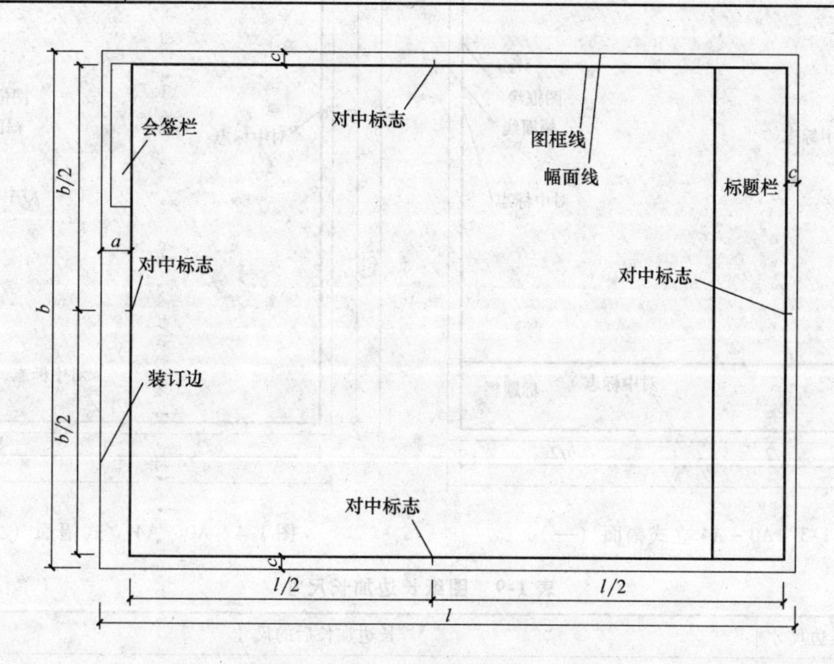

图 1-1　A0 ~ A3 横式幅面（一）

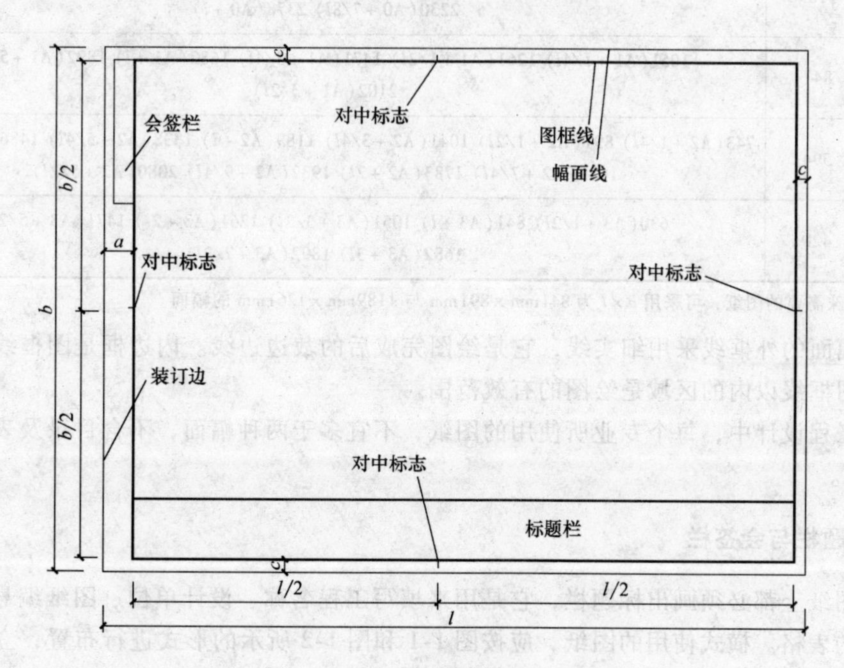

图 1-2　A0 ~ A3 横式幅面（二）

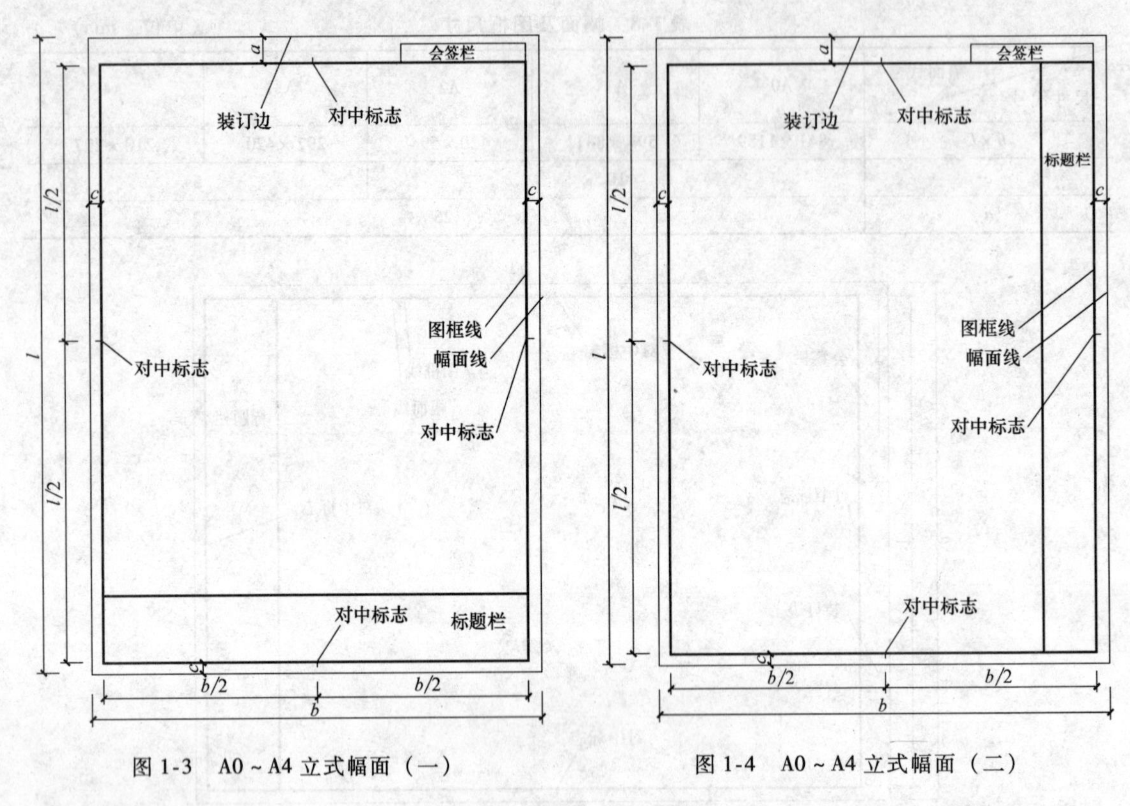

图 1-3　A0 ~ A4 立式幅面（一）

图 1-4　A0 ~ A4 立式幅面（二）

表 1-9　图纸长边加长尺寸　　（单位：mm）

幅面代号	长边尺寸	长边加长后的尺寸
A0	1189	1486(A0 + 1/4l) 1635(A0 + 3/8l) 1783(A0 + 1/2l) 1932(A0 + 5/8l) 2080(A0 + 3/4l) 2230(A0 + 7/8l) 2378(A0 + l)
A1	841	1051(A1 + 1/4l) 1261(A1 + 1/2l) 1471(A1 + 3/4l) 1682(A1 + l) 1892(A1 + 5/4l) 2102(A1 + 3/2l)
A2	594	743(A2 + 1/4l) 891(A2 + 1/2l) 1041(A2 + 3/4l) 1189(A2 + l) 1338(A2 + 5/4l) 1486(A2 + 3/2l) 1635(A2 + 7/4l) 1783(A2 + 2l) 1932(A2 + 9/4l) 2080(A2 + 5/2l)
A3	420	630(A3 + 1/2l) 841(A3 + l) 1051(A3 + 3/2l) 1261(A3 + 2l) 1471(A3 + 5/2l) 1682(A3 + 3l) 1892(A3 + 7/2l)

注：有特殊需要的图纸，可采用 $b \times l$ 为 841mm × 891mm 与 1189mm × 1261mm 的幅面。

图纸幅面的外框线采用细实线，它是绘图完成后的裁边边线。内边框是图框线，用粗实线绘制。图框线以内的区域是绘图的有效范围。

一个工程设计中，每个专业所使用的图纸，不宜多于两种幅面，不含目录及表格所采用的 A4 幅面。

1.5.2　标题栏与会签栏

每张图纸上都必须画出标题栏，它是用来填写工程名称、设计单位、图纸编号、设计人员等内容的表格。横式使用的图纸，应按图 1-1 和图 1-2 所示的形式进行布置；立式使用的图纸，应按图 1-3 和图 1-4 所示的形式进行布置。标题栏应根据工程的需要选择其尺寸、格式及分区。制图作业或毕业设计中的标题栏，建议使用图1-5所示的形式，图中校名用7号字，其余可用5号字。

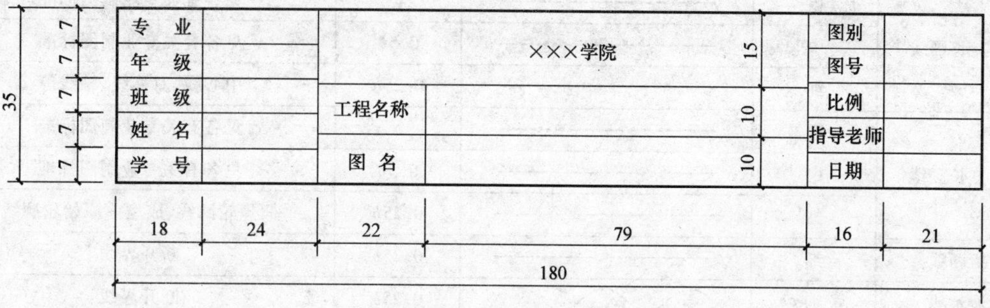

专 业		×××学院		图别	
年 级				图号	
班 级		工程名称		比例	
姓 名				指导老师	
学 号		图 名		日期	

7 7 7 7 7 35 15 10 10

18 24 22 79 16 21

180

图1-5 标题栏

1.5.3 图纸编排顺序

工程图纸按专业顺序编排为图纸目录、总图、建筑图、结构图、给水排水图、暖通空调图、电气图等。各专业的图纸，应按图纸内容的主次关系、逻辑关系进行分类排序。

1.5.4 图线

图线的宽度 b，宜从1.4mm、1.0mm、0.7mm、0.5mm、0.35mm、0.25mm、0.18mm、0.13mm线宽系列中选取。每个图样，应根据复杂程度与比例大小，先选定基本线宽 b，再选用表1-10中相应的线宽组。

表1-10 线宽组

线宽比	线宽组/mm			
b	1.4	1.0	0.7	0.5
$0.7b$	1.0	0.7	0.5	0.35
$0.5b$	0.7	0.5	0.35	0.25
$0.25b$	0.35	0.25	0.18	0.13

工程建设制图应选用表1-11所示的图线。

表1-11 图线

名称		线型	线宽	用途
实线	粗	————————	b	主要可见轮廓线
	中粗	————————	$0.7b$	可见轮廓线
	中	————————	$0.5b$	可见轮廓线、尺寸线、变更云线
	细	————————	$0.25b$	图例填充线、家具线
虚线	粗	– – – – – – – –	b	见各有关专业制图标准
	中粗	– – – – – – – –	$0.7b$	不可见轮廓线
	中	– – – – – – – –	$0.5b$	不可见轮廓线、图例线
	细	– – – – – – – –	$0.25b$	图例填充线、家具线

（续）

名称		线型	线宽	用途
单点长画线	粗		b	见各有关专业制图标准
	中		$0.5b$	见各有关专业制图标准
	细		$0.25b$	中心线、对称线、轴线等
双点长画线	粗		b	见各有关专业制图标准
	中		$0.5b$	见各有关专业制图标准
	细		$0.25b$	假想轮廓线、成型前原始轮廓线
折断线	细		$0.25b$	断开界线
波浪线	细		$0.25b$	断开界线

虚线、单点长画线或双点长画线的线段长度和间隔，宜各自相等。单点长画线或双点长画线在较小图形中绘制有困难时，可用实线代替。单点长画线或双点长画线的两端，不应是点。点画线与点画线交接点或点画线与其他图线交接时，应是线段交接。虚线与虚线交接或虚线与其他图线交接时，应是线段交接。图线不得与文字、数字或符号重叠、混淆，不可避免时，应首先保证文字的清晰。

1.5.5 字体

文字的字高，可选用 3.5mm、5mm、7mm、10mm、14mm、20mm。高度尺寸即为字体的号数，如 5 号字，其字高为 5mm。汉字不应小于 3.5 号。图样及说明中的汉字，宜采用长仿宋体或黑体，长仿宋体的字高是字宽的$\sqrt{2}$倍。同一图纸字体种类不应超过两种。

1.5.6 比例

绘图所用的比例应根据图样的用途与被绘对象的复杂程度，从表 1-12 中选用，并应优先采用表中常用比例。

表 1-12 绘图所用的比例

常用比例	1:1、1:2、1:5、1:10、1:20、1:30、1:50、1:100、1:150、1:200、1:500、1:1000
可用比例	1:3、1:4、1:6、1:15、1:25、1:40、1:60、1:80、1:250、1:300、1:400、1:600

比例宜注写在图名的右侧，字的基准线应取平；比例的字高宜比图名的字高小一号或二号，如图 1-6 所示。

1.5.7 剖切符号

剖视的剖切符号应由剖切位置线及剖视方向线组成，均应以粗实线绘制。剖视的剖切位置线的长度宜为 6~10mm；剖视方向线应垂直于剖切位置线，长度应短于剖切位置线，宜为 4~6mm，如图 1-7 所示。剖视剖切符号的编号宜采用粗阿拉伯数字，按剖切顺序由左至右、由下向上连续编排，并应注写在剖视方

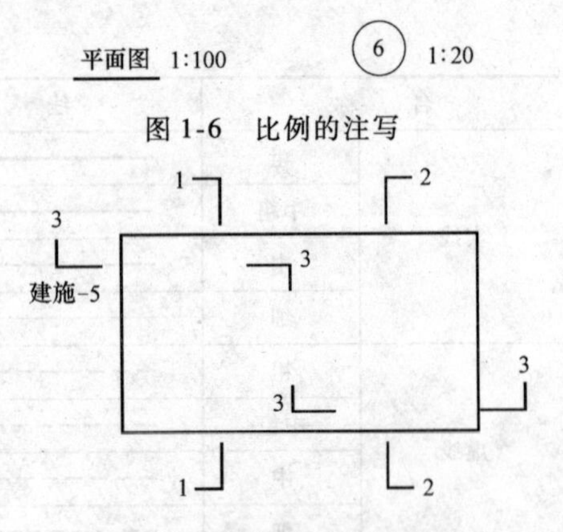

图 1-6 比例的注写

图 1-7 剖视图的剖切符号

向线的端部；需要转折的剖切位置线，应在转角的外侧加注与该符号相同的编号；建（构）筑物剖面图的剖切符号应注在 ±0.000 标高的平面图或首层平面图上；局部剖面图（不含首层）的剖切符号应注在包含剖切部位的最下面一层的平面图上。

断面的剖切符号应只用剖切位置线表示，并应以粗实线绘制，长度宜为 6～10mm。断面剖切符号的编号宜采用阿拉伯数字，按顺序连续编排，并应注写在剖切位置线的一侧；编号所在的一侧应为该断面的剖视方向。

1.5.8 索引符号与详图符号

图样中的某一局部或构件，如需另见详图，应以索引符号索引，如图 1-8a 所示。索引符号是由直径为 8～10mm 的圆和水平直径组成，圆及水平直径应以细实线绘制。索引出的详图，如与被索引的详图同在一张图纸内，应在索引符号的上半圆中用阿拉伯数字注明该详图的编号，并在下半圆中间画一段水平细实线，如图 1-8b 所示。如与被索引的详图不在同一张图纸内，应在索引符号的上半圆中用阿拉伯数字注明该详图的编号，在索引符号的下半圆用阿拉伯数字注明该详图所在图纸的编号，如图 1-8c 所示。索引出的详图，如采用标准图，应在索引符号水平直径的延长线上加注该标准图集的编号，如图 1-8d 所示。

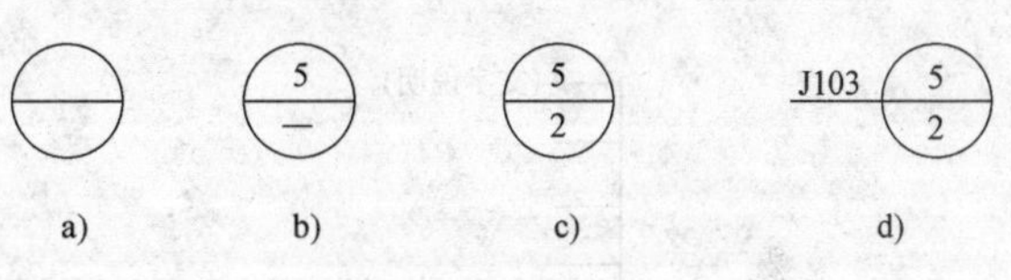

图 1-8 索引符号

详图的位置和编号应以详图符号表示。详图符号的圆应以直径为 14mm 粗实线绘制。详图与被索引的图样同在一张图纸内时，应在详图符号内用阿拉伯数字注明详图的编号，如图 1-9 所示。

详图与被索引的图样不在同一张图纸内时，应用细实线在详图符号内画一水平直径，在上半圆中注明详图编号，在下半圆中注明被索引的图纸的编号，如图 1-10 所示。

图 1-9 与被索引图样同在一张图纸内的详图符号

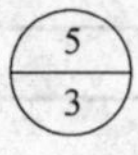

图 1-10 与被索引图样不在同一张图纸内的详图符号

1.5.9 引出线

引出线应以细实线绘制，宜采用水平方向的直线、与水平方向成 30°、45°、60°、90°的直线，或经上述角度再折为水平线。文字说明宜注写在水平线的上方，如图 1-11a 所示，也可注写在水平线的端部，如图 1-11b 所示。索引详图的引出线，应与水平直径线相连接，如图 1-11c 所示。

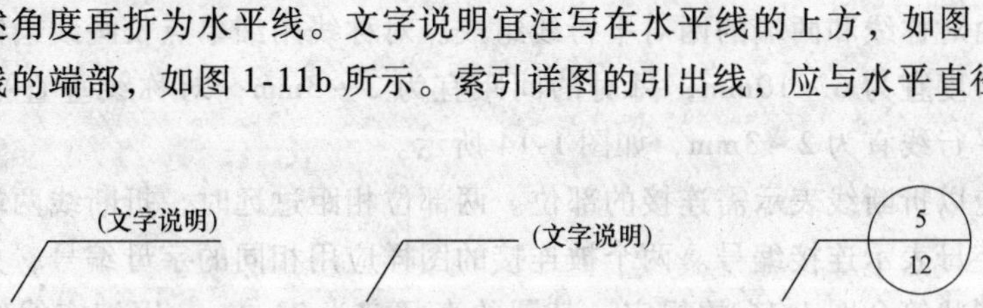

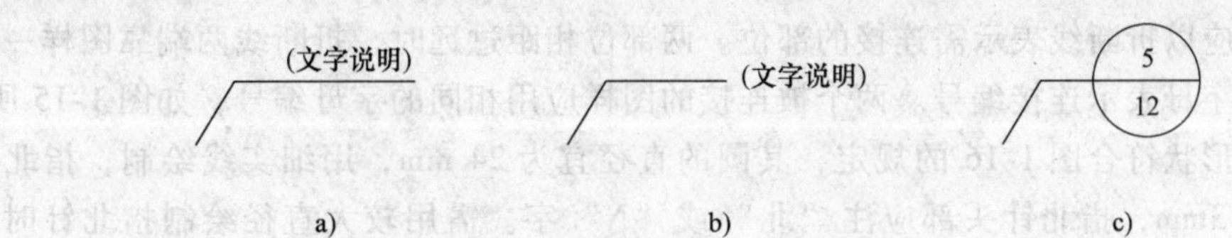

图 1-11 引出线

同时引出的几个相同部分的引出线，宜互相平行，如图 1-12a 所示，也可画成集中于一点的放射线，如图 1-12b 所示。

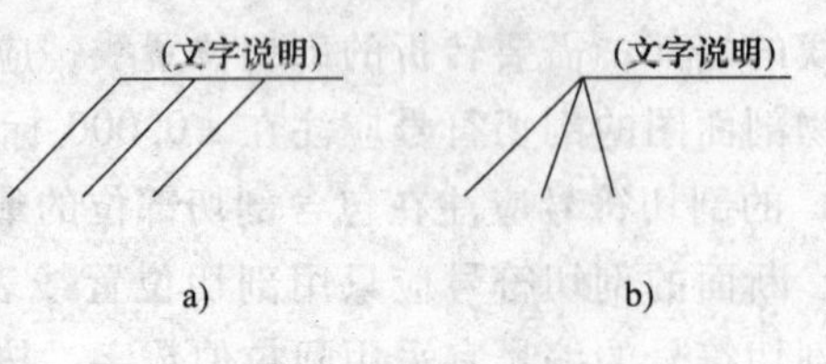

图 1-12　共同引出线

多层构造或多层管道共用引出线，应通过被引出的各层，并用圆点示意对应各层次。文字说明宜注写在水平线的上方，或注写在水平线的端部，说明的顺序应由上至下，并应与被说明的层次对应一致；如层次为横向排序，则由上至下的说明顺序应与由左至右的层次对应一致，如图 1-13 所示。

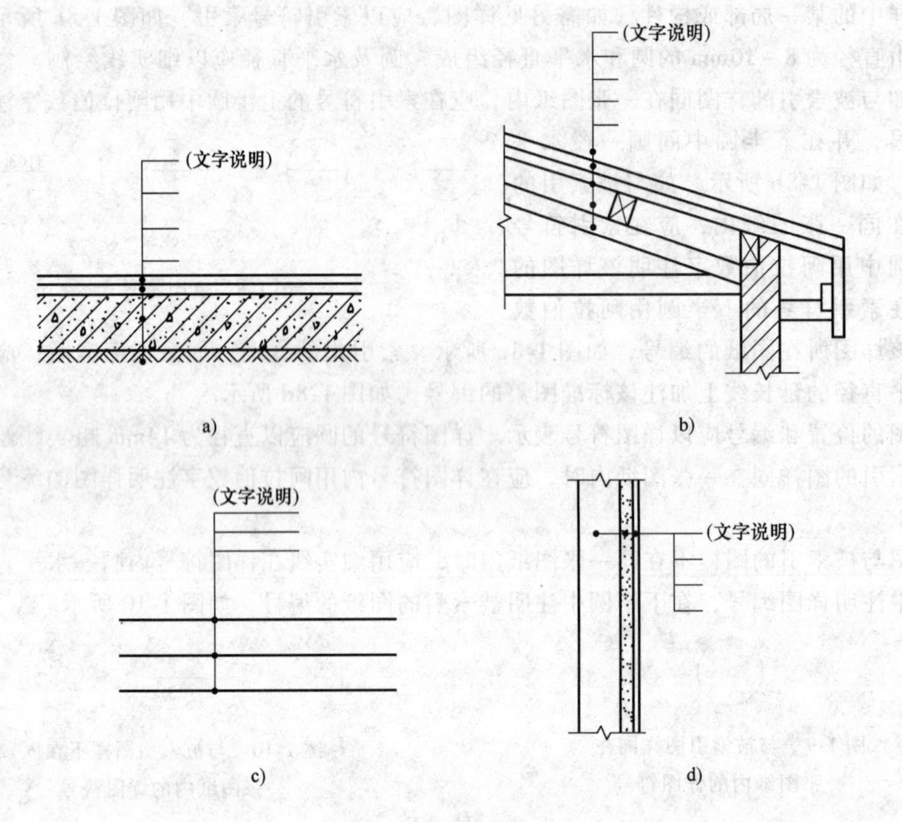

图 1-13　多层共用引出线

1.5.10　其他符号

对称符号由对称线和两端的两对平行线组成。对称线用细单点长画线绘制；平行线用细实线绘制，其长度宜为 6 ~ 10mm，每对的间距宜为 2 ~ 3mm；对称线垂直平分于两对平行线，两端超出平行线宜为 2 ~ 3mm，如图 1-14 所示。

连接符号应以折断线表示需连接的部位。两部位相距过远时，折断线两端靠图样一侧应标注大写拉丁字母表示连接编号。两个被连接的图样应用相同的字母编号，如图 1-15 所示。

指北针的形状符合图 1-16 的规定，其圆的直径宜为 24 mm，用细实线绘制；指北针尾部的宽度宜为 3mm，指北针头部应注“北”或“N”字。需用较大直径绘制指北针时，指北针尾部的宽度宜为直径的 1/8。

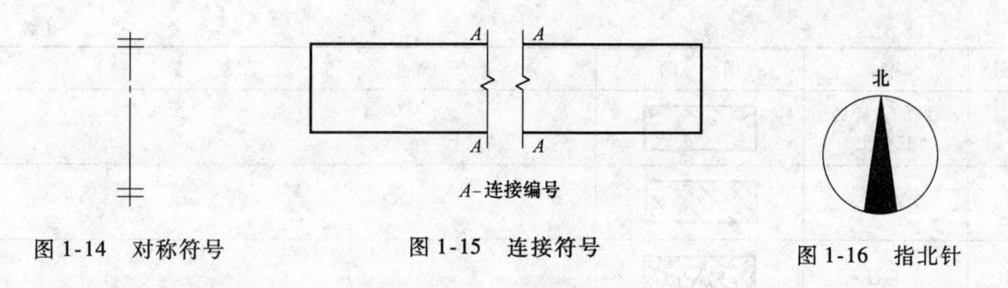

图1-14　对称符号　　图1-15　连接符号　　图1-16　指北针

1.5.11　定位轴线

定位轴线应用细单点长画线绘制。定位轴线应编号，编号应注写在轴线端部的圆内。圆应用细实线绘制，直径为8～10mm。定位轴线圆的圆心应在定位轴线的延长线或延长线的折线上。除较复杂需采用分区编号或圆形、折线形外，一般平面上定位轴线的编号，宜标注在图样的下方或左侧。横向编号应用阿拉伯数字，从左至右顺序编写；竖向编号应用大写拉丁字母，从下至上顺序编写，如图1-17所示。

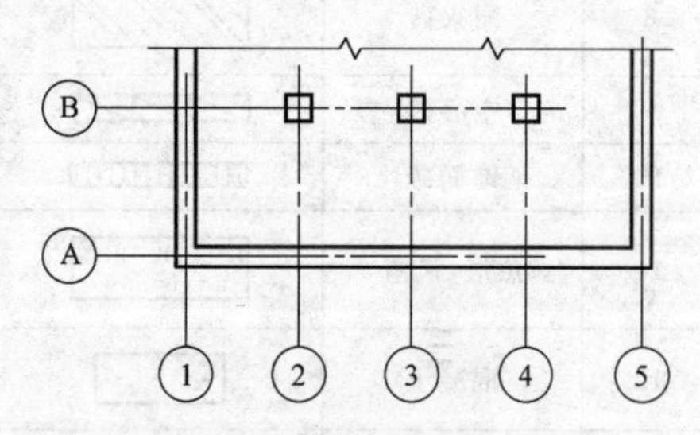

图1-17　定位轴线的编号顺序

拉丁字母作为轴线号时，应全部采用大写字母，不应用同一个字母的大小写来区分轴线号。拉丁字母的I、O、Z不得用作轴线编号。当字母数量不够使用，可增用双字母或单字母加数字注脚。附加定位轴线的编号，应以分数形式表示，并应符合下列规定：①两根轴线的附加轴线，应以分母表示前一轴线的编号，分子表示附加轴线的编号。编号宜用阿拉伯数字顺序编写；②1号轴线或A号轴线之前的附加轴线的分母应以01或0A表示。

一个详图适用于几根轴线时，应同时注明各有关轴线的编号，如图1-18所示。

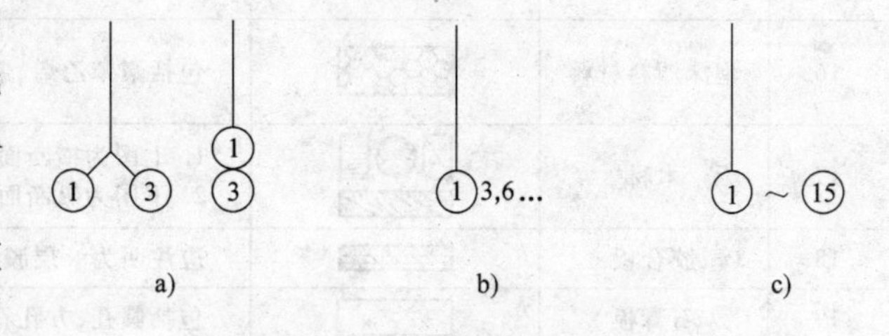

图1-18　详图的轴线编号

a）用于2根轴线时　b）用于3根或3根以上轴线时

c）用于3根以上连续编号的轴线时

通用详图中的定位轴线，应只画圆，不注写轴线编号。

1.5.12　常用建筑材料图例

常用建筑材料应按表1-13所示图例画法绘制。

表1-13　常用建筑材料图例

序号	名称	图　例	备　　注
1	自然土壤		包括各种自然土壤
2	夯实土壤		
3	砂、灰土		

（续）

序号	名称	图　例	备　　注
4	砂砾石、碎砖三合土		
5	石材		
6	毛石		
7	普通砖		包括实心砖、多孔砖、砌块等砌体。断面较窄不易绘出图线时，可涂红，并在图样备注中加以说明，画出该材料图例
8	耐火砖		包括耐酸砖等砌体
9	空心砖		指非承重砖砌体
10	饰面砖		包括铺地砖、马赛克、陶瓷锦砖、人造大理石等
11	焦渣、矿渣		包括与水泥、石灰等混合而成的材料
12	混凝土		1. 本图例指能承重的混凝土及钢筋混凝土 2. 包括各种强度等级、骨料、添加剂的混凝土 3. 在剖面图上绘出钢筋时，不画图例线 4. 断面图形小，不易画出图例时，可涂黑
13	钢筋混凝土		
14	多孔材料		包括水泥珍珠岩、沥青珍珠岩、泡沫混凝土、非承重加气混凝土、软木、蛭石制品等
15	纤维材料		包括矿棉、岩棉、玻璃棉、麻丝、木丝板、纤维板等
16	泡沫塑料材料		包括聚苯乙烯、聚乙烯、聚氨酯等多孔聚合物材料
17	木材		1. 上图为横断面，左上图为垫木、木砖或木龙骨 2. 下图为纵断面
18	胶合板		应注明为×层胶合板
19	石膏板		包括圆孔、方孔石膏板、防水石膏板、硅钙板、防火板等
20	金属		1. 包括各种金属 2. 图形小时，可涂黑
21	网状材料		1. 包括金属、塑料网状材料 2. 应注明具体材料名称
22	液体		
23	玻璃		包括各种玻璃
24	橡胶		
25	塑料		包括各种软、硬塑料及有机玻璃等
26	防水材料		构造层次多或比例大时，采用上面图例
27	粉刷		本图例采用较稀的点

注：序号 1、2、5、7、8、13、14、17、18、22、24、25 图例中的斜线、短斜线、交叉斜线等均为 45°。

1.5.13 尺寸标注

图样上的尺寸，包括尺寸界线、尺寸线、尺寸起止符号和尺寸数字，如图1-19所示。

尺寸界线应用细实线绘制，一般应与被注长度垂直，其一端应离开图样轮廓线不应小于2mm，另一端宜超出尺寸线2~3mm。图样轮廓线可用作尺寸界线，如图1-20所示。

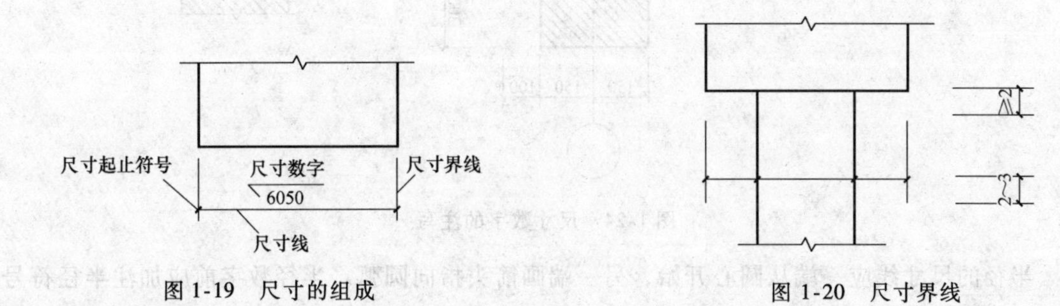

图1-19 尺寸的组成

图1-20 尺寸界线

尺寸线应用细实线绘制，应与被注长度平行。图样本身的任何图线均不得用作尺寸线。尺寸起止符号一般用中粗斜短线绘制，其倾斜方向应与尺寸界线成顺时针45°，长度宜为2~3mm。半径、直径、角度与弧长的尺寸起止符号，宜用箭头表示，如图1-21所示。

图样上的尺寸，应以尺寸数字为准，不得从图上直接量取。图样上的尺寸单位，除标高及总平面以m为单位外，其他必须以mm为单位。尺寸数字的方向，应按图1-22a所示的规定注写。若尺寸数字在30°斜线区内，也可按图1-22b所示的形式注写。

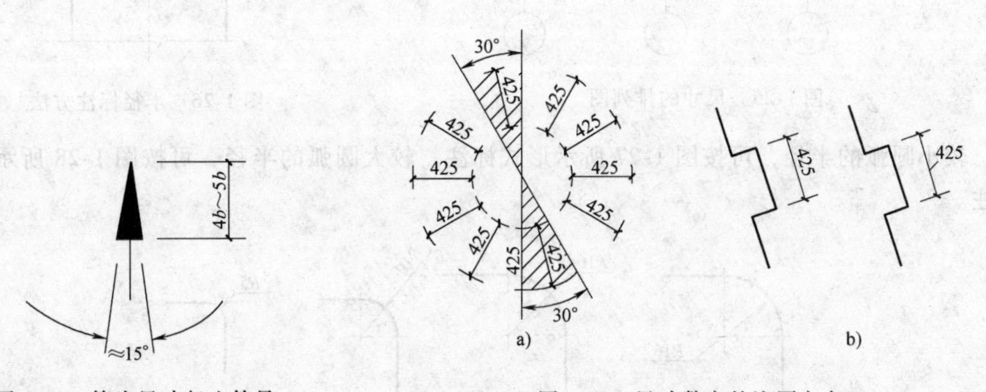

图1-21 箭头尺寸起止符号

图1-22 尺寸数字的注写方向

尺寸数字一般应依据其方向注写在靠近尺寸线的上方中部。如没有足够的注写位置，最外边的尺寸数字可注写在尺寸界线的外侧，中间相邻的尺寸数字可上下错开注写，引出线端部用圆点表示标注尺寸的位置，如图1-23所示。

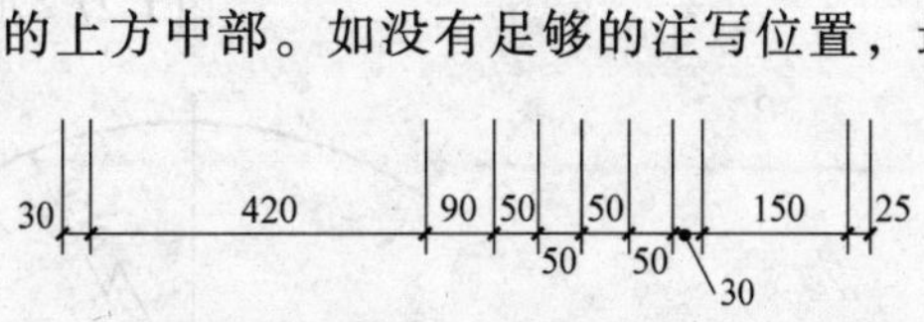

图1-23 尺寸数字的注写位置

尺寸宜标注在图样轮廓以外，不宜与图线、文字及符号等相交，如图1-24所示。

互相平行的尺寸线，应从被注写的图样轮廓线由近向远整齐排列，较小尺寸应离轮廓线较近，较大尺寸应离轮廓线较远。图样轮廓线以外的尺寸界线，距图样最外轮廓之间的距离，不宜小于10mm。平行排列的尺寸线的间距，宜为7~10mm，并应保持一致，如图1-25所示。

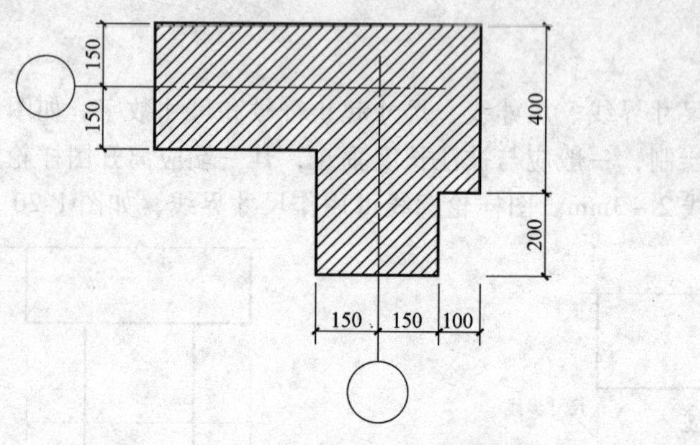

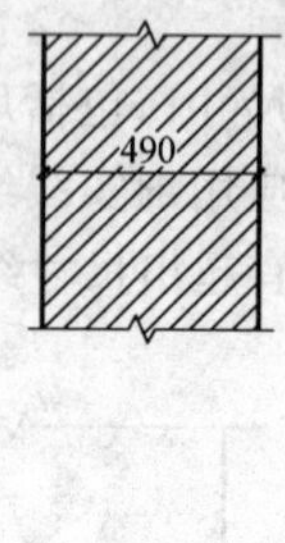

图 1-24　尺寸数字的注写

半径的尺寸线应一端从圆心开始，另一端画箭头指向圆弧。半径数字前应加注半径符号“*R*”，如图 1-26 所示。

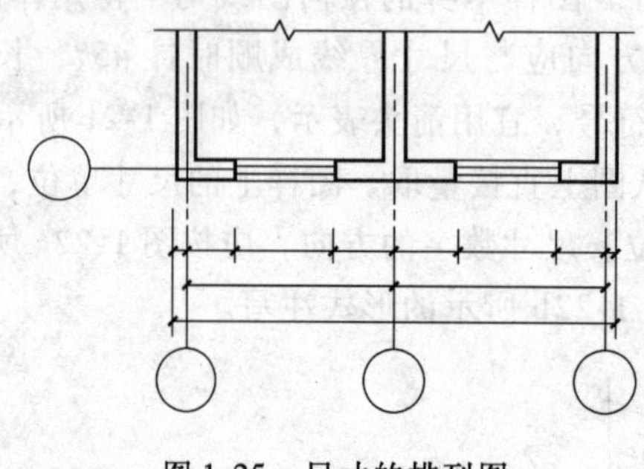

图 1-25　尺寸的排列图

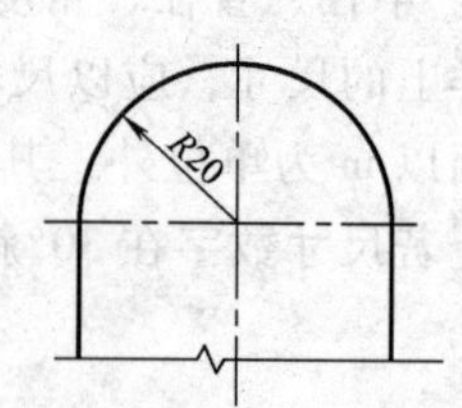

图 1-26　半径标注方法

较小圆弧的半径，可按图 1-27 所示形式标注。较大圆弧的半径，可按图 1-28 所示形式标注。

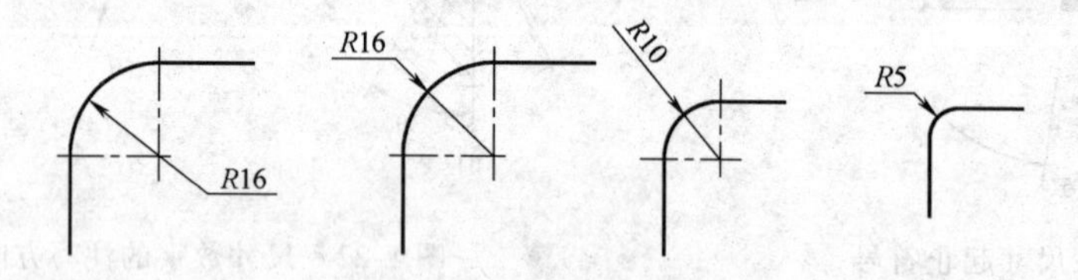

图 1-27　小圆弧半径的标注方法

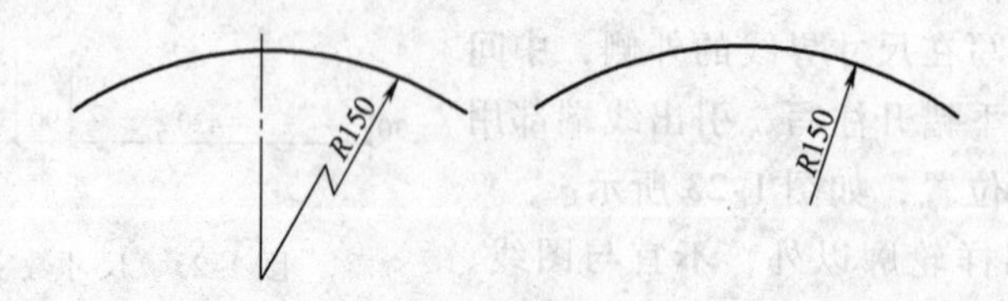

图 1-28　大圆弧半径的标注方法

标注圆的直径尺寸时，直径数字前应加直径符号“ϕ”。在圆内标注的尺寸线应通过圆心，两端画箭头指至圆弧，如图 1-29 所示。较小圆的直径尺寸，可标注在圆外，如图 1-30 所示。

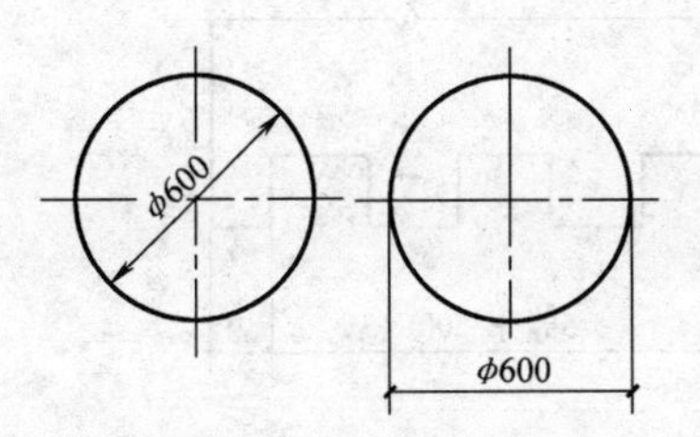

图1-29 圆直径的标注方法

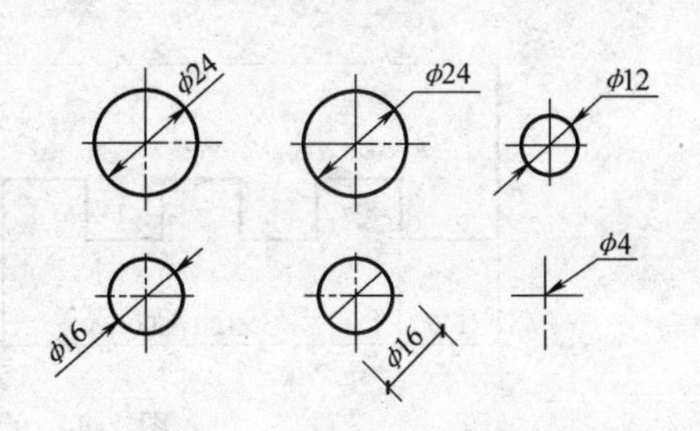

图1-30 小圆直径的标注方法

角度的尺寸线应以圆弧表示。该圆弧的圆心应是该角的顶点，角的两条边为尺寸界线。起止符号应以箭头表示，如没有足够位置画箭头，可用圆点代替，角度数字应沿尺寸线方向注写，如图1-31所示。

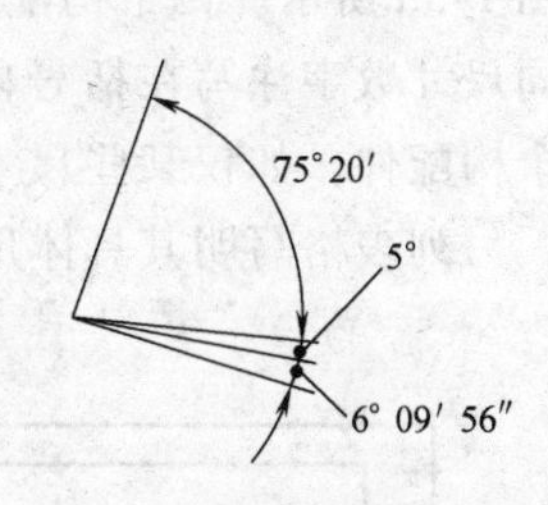

图1-31 角度标注方法

标注坡度时，应加注坡度符号，如图1-32a、b所示，该符号为单面箭头，箭头应指向下坡方向。坡度也可用直角三角形形式标注，如图1-32c所示。

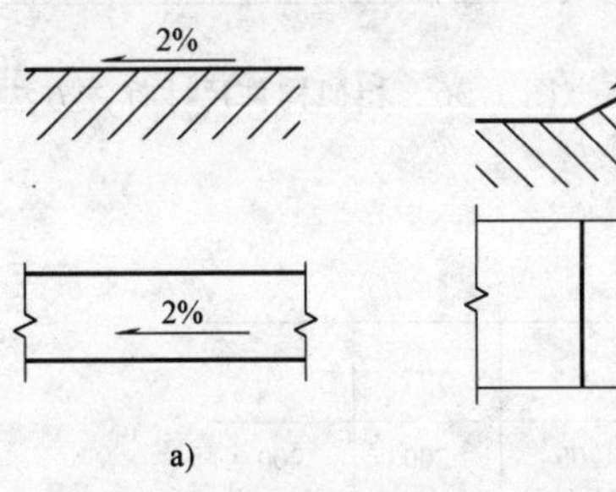

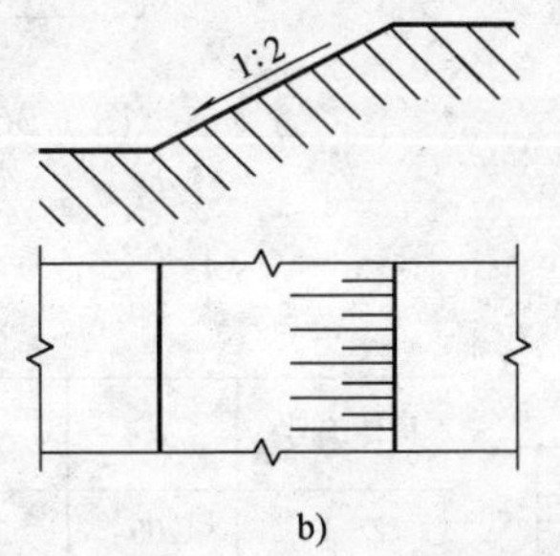

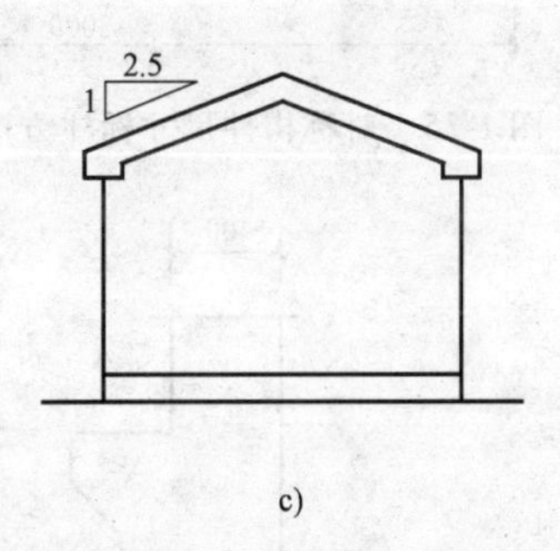

图1-32 坡度标注方法

杆件或管线的长度，在单线图（桁架简图、钢筋简图、管线简图）上，可直接将尺寸数字沿杆件或管线的一侧注写，如图1-33所示。

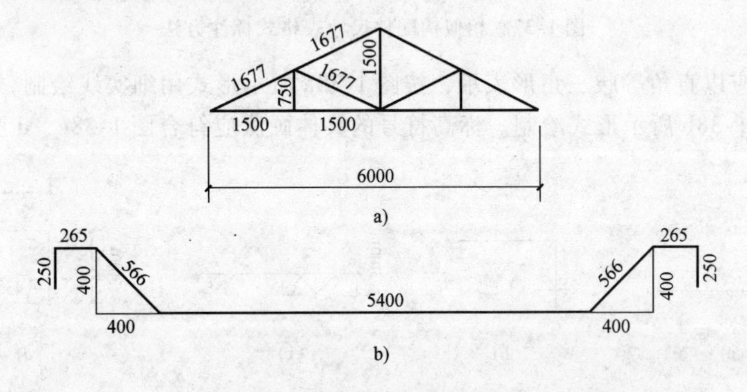

图1-33 单线图尺寸标注方法

连续排列的等长尺寸，可用“等长尺寸×个数=总长”的形式标注，如图1-34所示。

对称构配件采用对称省略画法时，该对称构配件的尺寸线应略超过对称符号，仅在尺寸线的一端画尺寸起止符号，尺寸数字应按整体全尺寸注写，其注写位置宜与对称符号对齐，

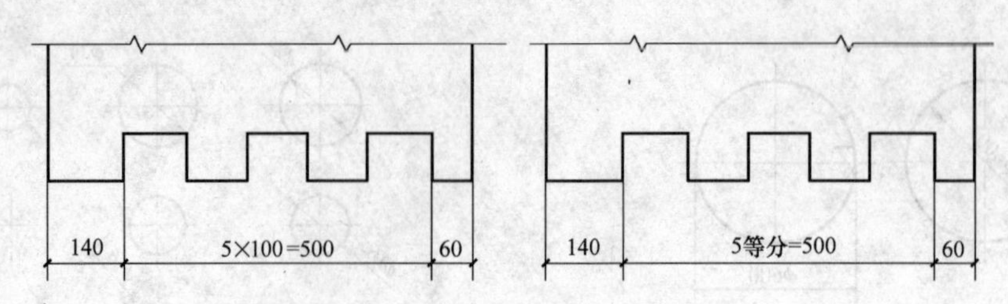

图 1-34　等长尺寸简化标注方法

如图 1-35 所示。两个构配件，如个别尺寸数字不同，可在同一图样中将其中一个构配件的不同尺寸数字注写在括号内，该构配件的名称也应注写在相应的括号内，如图 1-36 所示。数个构配件，如仅某些尺寸不同，这些有变化的尺寸数字，可用拉丁字母注写在同一图样中，另列表格写明其具体尺寸，如图 1-37 所示。

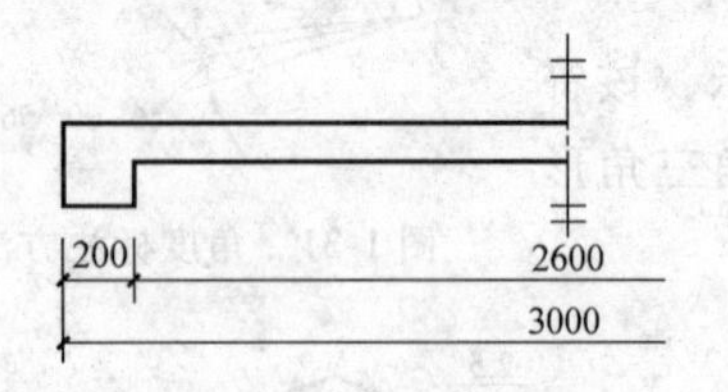

图 1-35　对称构件尺寸标注方法

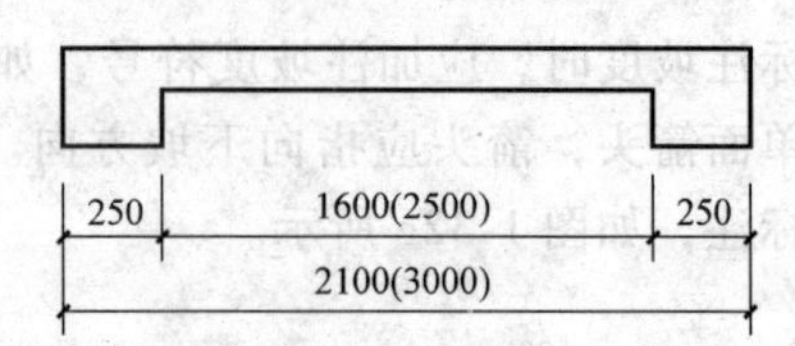

图 1-36　相似构件尺寸标注方法

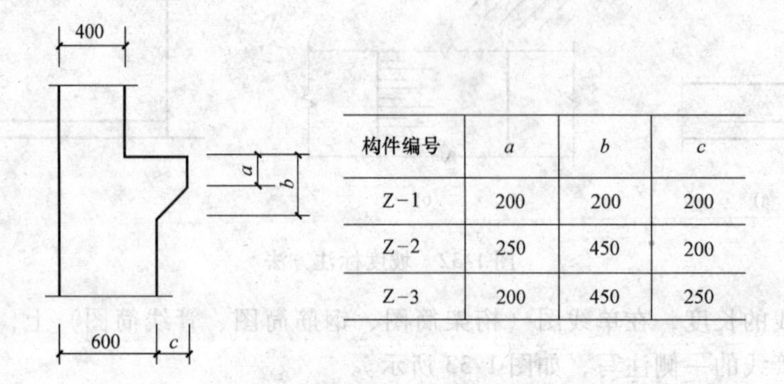

构件编号	*a*	*b*	*c*
Z-1	200	200	200
Z-2	250	450	200
Z-3	200	450	250

图 1-37　相似构配件尺寸表格式标注方法

标高符号应以直角等腰三角形表示，按图 1-38a 所示形式用细实线绘制，当标注位置不够，也可按图 1-38b 所示形式绘制。标高符号的具体画法应符合图 1-38c、d 所示的规定。

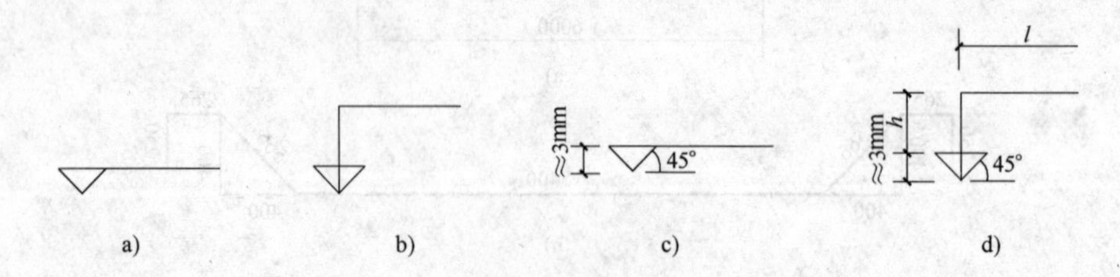

图 1-38　标高符号

l—取适当长度注写标高数字　h—根据需要取适当高度

标高符号的尖端应指至被注高度的位置。尖端宜向下，也可向上。标高数字应注写在标高符号的上侧或下侧，如图 1-39 所示。

标高数字应以米为单位，注写到小数点以后第三位。零点标高应注写成 ±0.000，正数标高不注“+”，负数标高应注“-”，如 3.000、-0.600。在图样的同一位置需表示几个不同标高时，标高数字可按图 1-40 所示的形式注写。

图 1-39 标高的指向图　　图 1-40 同一位置注写多个标高数字

1.6 建筑面积计算规则

1.6.1 计算建筑面积的范围

1）单层建筑物不论其高度如何均按一层计算，其建筑面积按建筑物外墙勒脚以上的外围水平面积计算。单层建筑物内如带有部分楼层者，也应计算建筑面积。

2）高低连跨的单层建筑物，如需分别计算建筑面积，当高跨为边跨时，其建筑面积按勒脚以上两端山墙外表面间的水平长度乘以勒脚以上外墙表面到高跨中柱外边线的水平宽度计算；当高跨为中跨时，其建筑面积按勒脚以上两端山墙外表面间的水平长度乘以中柱外边线的水平宽度计算。

3）多层建筑物的建筑面积按各层建筑面积总和计算，其底层按建筑物外墙勒脚以上外围水平面积计算，二层及二层以上按外墙水平面积计算。

4）地下室、半地下室、地下车间、仓库、商店、地下指挥部及相应出入口的建筑面积按其上口外墙（不包括采光井、防潮层及其保护墙）外围的水平面积计算。

5）用深基础做地下架空层加以利用，层高超过 2.2m 的，按架空层外围的水平面积的一半计算建筑面积。

6）坡地建筑物利用吊脚做架空层加以利用且层高超过 2.2m 的，按围护外围水平面积计算建筑面积。

7）穿过建筑物的通道、建筑物内的门厅、大厅不论其高度如何，均按一层计算建筑面积。门厅、大厅内回廊部分按其水平投影面积计算建筑面积。

8）图书馆的书库按书架计算建筑面积。

9）电梯井、提物井、垃圾道、管道井等均按建筑物自然层计算建筑面积。

10）舞台灯光控制室按围护结构外围水平面积乘以实际层数计算建筑面积。

11）建筑物内的技术层，层高超过 2.2m 的，应计算建筑面积。

12）有柱雨篷按柱外围水平面积计算建筑面积；独立柱的雨篷按其顶盖的水平投影面积的一半计算建筑面积。

13）有柱的车棚、货棚、站台等按其顶盖的水平投影面积的一半计算建筑面积。

14）突出屋面的有围护结构的楼梯间、水箱间、电梯机房等按围护结构外围水平面积计算建筑面积。

15）凸出墙外的门斗按围护结构外围水平面积计算建筑面积。

16）封闭式阳台、挑廊，按其水平投影面积计算建筑面积。凹阳台、挑阳台按其水平投影面积的一半计算建筑面积。

17）建筑物墙外有顶盖和柱的走廊、檐廊按柱的外边线水平面积计算建筑面积，无柱的走廊、檐廊按其投影面积的一半计算建筑面积。

18）两个建筑物间有顶盖的架空通廊，按通廊的投影面积计算建筑面积。无顶盖的架空通廊按其投影面积的一半计算建筑面积。

19）室外楼梯作为主要通道和用于疏散的均按每层水平投影面积计算建筑面积；楼内楼梯、室外楼梯按其水平投影面积的一半计算建筑面积。

20）跨越其他建筑物、构筑物的高架单层建筑物，按其水平投影面积计算建筑面积，多层者按多层计算。

1.6.2 不计算建筑面积的范围

1）凸出墙面的构件配件和艺术装饰，如柱、垛、勒脚、台阶、无柱雨篷等。

2）检修、消防等用的室外爬梯。

3）层高在2.2m以内的技术层。

4）构筑物，如独立烟囱，烟道，油罐，水塔，储油（水）池，储仓，圆库，地下人防干、支线等。

5）建筑物以内的操作平台、上料平台，以及利用建筑物的空间安置箱罐的平台。

6）有围护结构的屋顶水箱，舞台及后台悬挂幕布、布景的天桥、挑台。

7）单层建筑物内分隔的操作间、控制室、仪表间等单层房间。

8）层高小于2.2m的深基础地下架空层、坡地建筑物吊脚架空层。

1.7 建筑工程等级划分

建筑工程等级划分见表1-14。

表1-14 建筑工程等级划分

类型	特征	工程等级			
		特级	一级	二级	三级
一般公共建筑	单体建筑面积	8万m^2以上	2万m^2至8万m^2	5000m^2以上至2万m^2	5000m^2及以下
	立项投资	2亿元以上	4000万元以上至2亿元	1000万至4000万	1000万元及以下
	建筑高度	100m以上	50m以上至100m	24m以上至50m	24m及以下（其中砌体建筑不得超过抗震设计规范高度限值要求）
住宅、宿舍	层数		20层以上	12层以上至20层	12层及12层以下（其中砌体建筑不得超过抗震设计规范层数限值要求）

2

第2章 单体建筑

2.1 办公楼设计

2.1.1 办公楼分类

办公建筑设计应依据使用要求分类，并应符合表2-1的规定。

表2-1 办公建筑分类

类别	示　例	设计使用年限	耐火等级
一类	特别重要的办公建筑	100年或50年	一级
二类	重要办公建筑	50年	不低于二级
三类	普通办公建筑	25年或50年	不低于二级

办公楼按使用性质分类为：

1）办公建筑。此类建筑是供机关、团体和企事业单位办理行政事务和从事各类业务活动的建筑物。

2）公寓式办公楼。由统一物业管理，根据使用要求，可由一种或数种平面单元组成。单元内设有办公、会客空间和卧室、厨房和厕所等房间的办公楼。

3）酒店式办公楼。提供酒店式服务和管理的办公楼。

4）综合楼。由两种及两种以上用途的楼层组成的公共建筑。

5）商务写字楼。在统一的物业管理下，以商务为主，由一种或数种单元办公平面组成的租赁办公建筑。

6）开放式办公室。灵活隔断的大空间办公空间形式。

7）半开放式办公室。由开放式办公室和单间办公室组合而成的办公空间形式。

8）单元式办公室。由接待空间、办公空间、专用卫生间以及服务空间等组成的相对独立的办公空间形式。

9）单间式办公。一个开间（也可以是几个开间）和以一个进深为尺度而隔成的独立办公空间形式。

2.1.2 办公楼组成

办公楼应根据使用性质、建设规模与标准的不同，确定各类用房。办公楼一般由办公室用房、公共用房、服务用房和设备用房等组成，根据使用要求、用地条件、结构选型等情况按建筑模数选择开间和进深，合理确定建筑平面。

1. 办公室用房

办公室用房包括普通办公室和专用办公室。专用办公室包括设计绘图室和研究工作室等。设计绘图室宜采用开放式或半开放式办公室空间，并用灵活隔断、家具等进行分隔。研究工作室（不含试验室）宜采用单间式。设计绘图室，每人使用面积不应小于6m^2，研究工作室每人使用面积不应小于5m^2。普通办公室宜设计成单间式办公室、开放式办公室或半开放式办公室，特殊需要可设计成单元式办公室、公寓式办公室或酒店式办公室。普通办公室每人使用面积不应小于4m^2，单间办公室净面积不应小于10m^2。

机要部门办公室应相对集中，与其他部门宜适当分隔。值班办公室可根据使用需要设置，设有夜间值班室时，宜设专用卫生间。

办公室尺寸应根据使用要求、家具规格、布置方式、采光要求、面积定额、模数等因素决定。办公室常用开间、进深及层高尺寸见表2-2。一类办公建筑净高不应低于2.70m；二类办公建筑净高不应低于2.60m；三类办公建筑净高不应低于2.50m。

表2-2 办公室常用开间、进深及层高尺寸

尺寸名称	尺寸/mm
开间	3000、3300、3600、6000、6600、7200
进深	4800、5400、6000、6600
层高	3000、3300、3400、3600

办公室用房宜有良好的天然采光和自然通风，并不宜布置在地下室。办公室宜有避免西晒和眩光的措施。

2. 公共用房

公共用房宜包括会议室、对外办事厅、接待室、陈列室、公用厕所、开水间等。

1）会议室根据需要可分设中、小会议室和大会议室。中、小会议室可分散布置；小会议室使用面积宜为30m^2，中会议室使用面积宜为60m^2；中小会议室每人使用面积：有会议桌的不应小于1.80m^2，无会议桌的不应小于0.80m^2；大会议室应根据使用人数和桌椅设置情况确定使用面积，平面长宽比不宜大于2:1，宜有扩声、放映、多媒体、投影、灯光控制等设施，并应有隔声、吸声和外窗遮光措施；大会议室所在层数、面积和安全出口的设置等应符合国家现行有关防火规范的要求；

2）对外办事厅宜靠近出入口或单独分开设置，并与内部办公人员出入口分开。

3）接待室应根据需要和使用要求设置，专用接待室应靠近使用部门；行政办公建筑的群众来访接待室宜靠近出入口，与主体建筑分开单独设置；宜设置专用茶具室、洗消室、卫生间和贮藏空间等。

4）公用厕所应设前室；公用厕所的门不宜直接开向办公用房、门厅、电梯厅等主要公共空间；距离最远工作点不应大于50m。

2.1.3 办公楼构造要求

（1）楼梯与电梯　五层及五层以上办公建筑应设电梯，电梯数量应满足使用要求，按办公建筑面积每5000m^2 至少设置1台。

（2）门窗　底层及半地下室外窗宜采取安全防范措施；外窗不宜过大，可开启面积不应小于窗面积的 30%，并应有良好的气密性、水密性和保温隔热性能，满足节能要求。办公建筑的门洞口宽度不应小于 1.00m，高度不应小于 2.10m。

（3）门厅　门厅内可附设传达室、收发室、会客厅、服务室、问讯室、展示厅等功能房间（场所）。根据使用要求也可设商务中心、咖啡厅、警卫室、衣帽间、电话间等；楼梯、电梯厅宜与门厅邻近，并应满足防火疏散的要求；严寒和寒冷地区的门厅应设门斗或其他防寒设施。

（4）走道　办公建筑的走道应符合下列要求：宽度应满足防火疏散要求；最小净宽应符合表 2-3 的规定。

表 2-3　走道最小净宽

走道长度/m	走道净宽/m	
	单面布房	双面布房
≤40	1.30	1.50
>40	1.50	1.80

（5）台阶　高差不足两级踏步时，不应设置台阶，应设坡道，其坡度不宜大于 1:8。

（6）层高　根据办公建筑分类，办公室的净高应满足：一类办公建筑不应低于 2.70m；二类办公建筑不应低于 2.60m；三类办公建筑不应低于 2.50m。办公建筑的走道净高不应低于 2.20m，储藏间净高不应低于 2.00m。

（7）采光　办公室、会议室宜有天然采光，采光系数的标准值应符合表 2-4 的规定。采光标准可采用窗地面积比进行估算，其比值应符合表 2-5 的规定。

表 2-4　办公建筑的采光系数最低值

采光等级	房间类别	侧面采光	
		采光系数最低值 C_{min}（%）	室内天然光临界照度/lx
Ⅱ	设计室、绘图室	3	150
Ⅲ	办公室、视屏工作室、会议室	2	100
Ⅳ	复印室、档案室	1	50
Ⅴ	走道、楼梯间、卫生间	0.5	25

表 2-5　窗地面积比

采光等级	房间类别	侧面采光
Ⅱ	设计室、绘图室	1/3.5
Ⅲ	办公室、视屏工作室、会议室	1/5
Ⅳ	复印室、档案室	1/7
Ⅴ	走道、楼梯间、卫生间	1/12

侧窗采光口离地面高度在 0.80m 以下部分不计入有效采光面积；侧窗采光口上部有宽度超过 1m 以上的外廊、阳台等外部遮挡物时，其有效采光面积可按采光口面积的 70% 计算。

2.2 教学楼设计

本节所述教学楼主要为小学、中学、中师和幼师教学楼，高校教学楼也可参考设计。

2.2.1 教学楼用房的组成

小学、中学、中师和幼师教学及其辅助用房的组成，应根据学校的类型、规模、教学活动要求和条件设置教学用房和教学辅助用房。中小学教学楼一般由以下四部分组成：

1）教学部分包括普通教室、实验室、音乐教室、语言教室、计算机房等，是教学楼的主体部分。学校主要房间的使用面积指标宜符合表2-6的规定。

表2-6 主要房间使用面积指标

房间名称	按使用人数计算每人所占面积/m^2			
	小学	普通中学	中等师范	幼儿师范
普通教室	1.10	1.12	1.37	1.37
实验室	—	1.80	2.00	2.00
自然教室	1.57	—	—	—
史地教室	—	1.80	2.00	2.00
美术教室	1.57	1.80	2.84	2.84
书法教室	1.57	1.50	1.94	1.94
音乐教室	1.57	1.50	1.94	1.94
舞蹈教室	—	—	—	6.00
语言教室	—	—	2.00	2.00
微机室	1.57	1.80	2.00	2.00
微机室附属用房	0.75	0.87	0.95	0.95
演示教室	—	1.22	1.37	1.37
合班教室	1.00	1.00	1.00	1.00

注：1. 本表按小学每班45人，中学每班50人，中师、幼师每班40人计算。
2. 本表不包括实验室、自然教室、史地教室、美术教室、音乐教室、舞蹈教室的附属用房面积指标。
3. 本表普通教室的面积指标，是按中小学校课桌规定的最小值，小学课桌长度按1000mm、中学课桌长度按1100mm测算的。

2）办公部分包括行政、社团办公室及教师办公室。

3）辅助部分包括厕所、传达室等。

4）交通部分包括楼梯、走道、门厅、过厅等。

2.2.2 教学用房设计

1. 普通教室

教室必须具有能容纳规定人数所需的课桌椅。教室课桌排列应便于学生听讲、书写，教师讲课、辅导及安全疏散。

一般教室的平面形状多为矩形。矩形教室在满足使用要求的同时，其平面组合与结构布置均宜处理。但考虑到要满足大部分学生有较好的视听效果，也可考虑多边形教室。方形教室的视听效果不如矩形和多边形教室。

尺寸的确定取决于黑板及课桌椅的排列及布置，原则如下：教室第一排课桌前沿与黑板的水平距离不小于2000mm，教室最后一排课桌后沿与黑板的水平距离不大于8500mm，教室后部应设置宽度不小于600mm的横向走道；课桌椅的排距不小于900mm，纵向走道宽度不小于550mm；前排边座的学生与黑板远端形成的水平视角不小于30°，第一排学生眼睛与黑板垂直面上边缘形成的夹角不小于45°。建议教室尺寸及面积见表2-7。

表2-7 建议教室尺寸及面积

容量/(人/班)		序号	单人课桌尺寸/mm×mm	双人课桌尺寸/mm×mm	教室轴线尺寸(进深×开间)/mm×mm	每生占使用面积/m²	
近期	远期					近期	远期
50	45	1	600×400	1200×400	6600×9300	1.15	1.28
		2	600×400	1200×400	7200×9000	1.22	1.35
		3	600×400	1200×400	8100×8400	1.28	1.42
		4	600×400	1200×400	8400×8400	1.33	1.8

教室应有良好的朝向、采光、通风、保温、隔热的空间环境，应避免外部噪声干扰及保证室内良好的音质条件。

黑板尺寸：高度不低于1m，宽度不小于4m，黑板位置应位于教室前墙中，可向内移0.3~0.5m，黑板下沿与讲台的垂直距离为1~1.1m。讲台两端与黑板边缘的水平距离不应小于200mm，宽度不应小于650mm，高度宜为200mm。

2. 合班教室

合班教室的地面容纳两个班的可做平地面，超过两个班的应做坡地面，或阶梯形地面。为便于疏散及简化构造，前3~5排可做平地面。后部可按每两排升高一阶或每一排升高一阶。前排课桌前沿，到黑板距离应不小于2500mm，教室最后一排课桌后沿与黑板的水平距离不应大于8000mm，排距一般为小学不小于800mm，中学不小于850mm。设计视点应定在黑板底边，隔排视线升高值为120mm，前后排座位宜错位布置。

合班教室的平面设计应开间合理、结构简单、缩短最远视距，便于设置电教设施。保证出入口的数量及合理分配，方便使用及安全疏散。

3. 实验室

物理、化学实验可分为边讲边演示实验室、分组试验室及演示室三种类型。生物实验室可分显微镜实验室、演示室及生物解剖实验室三种类型。根据教学的需要及学校的不同条件，这些类型的实验室可全设或兼用。实验室面积定额见表2-8。

表2-8 实验室面积定额

学校规模		实验室数量/个						实验室使用面积/m²			实验室与辅助用房面积比
		合计	物理		化学		生物	实验室	辅助用房	合计	
			高中	初中	高中	初中	初中				
30班中学	高、初中各15班	10	3	1	3	1	2	960	480	1440	0.50
30班中学	高中18、初中12班	9	3	1	3	1	1	864	432	1296	0.50
	高中12、初中18班	10	3	1	2	1	2	960	480	1440	0.50

（续）

学校规模		实验室数量/个						实验室使用面积/m²			实验室与辅助用房面积比
		合计	物理		化学		生物	实验室	辅助用房	合计	
			高中	初中	高中	初中	初中				
24 班中学	高、初中各 12 班	7	2	1	2	1	1	672	336	1008	0.50
18 班中学	高中 6、初中 12 班	5	2		2		1	480	264	744	0.55
	高中 12、初中 6 班	6	2	1	1	1	1	576	317	893	0.55
12 班中学	高、初中各 6 班	3	1		1		1	288	159	447	0.55

（1）演示室　演示室主要供老师在演示桌上做实验示范表演，学生主要看、听、记，不动手操作。演示室宜容纳一个班的学生，最多不应超过两个班。演示室应采用阶梯式楼地面，设计视点应定在教师演示台面中心，每排座位的视线升高值宜为120mm。演示室宜采用固定桌椅，当座椅后背带有书写板时，其排距不应小于850mm，每个座位宽度宜为500mm，演示室第一排座位前沿与黑板的水平距离不小于2500mm。

（2）化学实验室

1）化学实验室建筑设计要充分考虑功能分区。一般要求设立实验室、药品仪器室、实验员办公室。

① 实验室、药品仪器室、实验员办公室间隔设置。实验室附属用房中的模型室、挂图室、样品室、维修室、实验员办公室可兼设在仪器室或准备室内，实验员办公室不得设在化学实验室内。分区以工作或实验流程按路距最短原则布置，同时要考虑工作间交流方便。

② 危险区与非危险区间隔设置。危险区多为实验区和危险品储藏区，凡涉及大量使用储存易燃、易爆、剧毒、强化学污染化学物质和强传染病媒生物物质的区域都定义为危险区，一般危险区单独集中设置，如面积许可最好是独立楼层，如与非危险区同层设置要考虑有效的安全间隔，危险品储存区应靠端头布置。实验区应考虑实验混合燃烧、爆炸或加强化学污染的因素。

2）实验室要求建筑面积充足，自然通风采光良好。化学类教学实验室因安全因素，独立实验室面积要充足。尽量避免在实验室内存在斜墙、弧形墙，房间内尽量少留凸出明柱，因实验室大量采用排毒通风设备，实验室应布置在易于排、补风的位置。化学实验室要求自然通风良好，光线充足，尽量避免阳光直射，其窗不宜为西向或西南向布置。窗台高度不宜过低，一般应不低于900mm，如外墙采用玻璃幕墙，一定要设计足够通风窗口，以保证室内空气质量。储藏室应设置在背光通风的位置，不应留太多窗，最好居高布置，窗下沿距地面2000mm为宜。危险品储藏室除应符合防火规范外，还应采取防潮、通风等措施。

（3）物理实验室　物理实验室宜设仪器室、准备室、实验员室等附属用房。物理实验室的设计应符合下列规定：做光学实验用的实验室宜设遮光通风窗及暗室，内墙面宜采用深色；做光学实验用的实验桌上宜设置局部照明。物理实验室附属用房，除实验员室可与仪器室或模型室合并外，其他房间均应分开设置。

（4）生物实验室　生物实验室宜设准备室、标本室、仪器室、模型室、实验员室等附属用房。生物实验室的设计应符合以下规定：实验室的窗宜为南向或东南向布置；实验室的向阳面宜设置室外阳台和宽度不小于350mm的室内窗台；实验室的显微镜实验桌宜设置局部照明。生物实验室附属用房，除实验员室可与仪器室或模型室合并外，其他房间均应分开设置，并应采取防潮、降温、隔热、防鼠措施。

4. 语言教室

语言教室又称语言实验室，供语言课教学专用。每座平均使用面积为2m^2，内设隔声座位和电教设备。语言教室一般包括语言教室、控制室、编辑及复制室、录音室、准备和维修室等一组房间。一般中小学，除语言教室外，只设一间准备室，提供进行编辑、器材维修和课前准备即可，面积为6～10m^2。语言室应设在教学楼中比较安静并便于管理和使用的地方，要有良好的采光、通风和隔声条件。

语言教室的类型有三种：一种是听音型语言教室；第二种是听音及发音练习型语言教室；第三种为听音、发音练习及录音比较型语言教室。根据类型的不同，每个座位可装备一套头戴耳机，或头戴耳机、话筒与录音机的设备。对第一种类型，教室可与普通教室一样，增加必要的听音设备即可；对第二、三种类型，则要求教室无尘，并有良好的照明，顶棚和墙壁要作吸声处理。

语言教室座位的布置应便于学生入座和离座，其布置的基本形式及有关尺寸如下：

1）在教室内设置控制台时，第一排语言学习桌前沿距前墙不应小于2500mm。

2）纵向走道宽度不宜小于600mm；教室后部横向走道的宽度不宜小于600mm。

3）语言学习桌端部与墙面（或突出墙面的内壁柱及设备管道）的净距离，不应小于120mm。

4）前后排语言学习桌净距离不应小于600mm。

语言教室宜设控制室、换鞋处等附属用房。控制台可设在教室的讲台上，或设在独立的控制室内。控制室可设在教室前部，面向学生，也可设在教室后部或教室的侧面。目前，我国各中学多将控制台设于教室内，便于教师接触学生及在教学过程中，便于使用常规教具和挂图。教室的地面应设置暗装电缆槽。

5. 音乐教室

大小形状与普通教室同。若考虑兼作文体排练和其他用途时，面积可适当加大。音乐教室一般附有乐器室，两者紧密相连，并设门相通。

6. 计算机教室

计算机教室宜设置教室办公室、资料存储室、换鞋室等附属用房。计算机教室应有足够的面积，以便布置出符合使用要求的计算机教室。计算机工作台的布置，应便于学生就座、操作及教师巡回辅导及疏散等。

7. 图书阅览室

图书阅览室是学校重要的公用教育设施，一般包括阅览室、书库和管理室三部分，面积大小视需要而定，位置应设在师生便于使用而又比较安静之处。阅览室应有良好的采光避风，并便于疏散。书库应比较干燥，通风良好，防火安全。书库与阅览室应紧密相连，有门相通，管理室亦可与书库合并，阅览室视学校规模大小，可以师生分别独立设置或合并在一起，具体面积由藏书数量、阅览席总数来确定。

阅览室的使用面积应按座位计算，教师阅览室每座不应小于2.1m^2，学生阅览室每座不应小于1.5m^2。

2.2.3 行政及生活用房设计

教学楼的生活用房包括厕所、盥洗室和饮水处等。

1. 办公室

办公室包括党政办公室和教学办公室、社团办公室等。办公室要有良好的采光和通风。办公室数量按学校规模和实际需要而定。办公室的大小要有利于家具设备的布置，通常开间为3300~3900mm，进深不小于5100~6600mm。教师休息室的使用面积不宜小于12m^2。教师办公室每个教师使用面积不宜小于3.5m^2。实验室设实验员室时，其使用面积每人不应小于4.5m^2。

2. 厕所和盥洗室

教学楼应每层设厕所，并采用水冲式厕所。厕所应采用天然采光和自然通风，并应设置排气管道，避免气味进入走道及室内。

教学楼内厕所的位置，应便于使用和不影响环境卫生，不宜设于主楼梯旁及人流集中的位置，宜设于楼的尽端及两排楼中间部位，厕所应尽量放在一起，以利管线集中布置。教工厕所与学生厕所应分设。公用卫生间距离最远的工作点不应大于50m。在厕所入口处宜设前室兼盥洗室，前室内应设洗手盆或盥洗槽、污水池和地漏。

学生使用厕所多集中在课间休息时，因此必须有足够的数量。一般中小学人数按男女生各一半计算。小学女生按20人设一个大便器，或1000mm长大便槽计算；男生按50人设一个大便器或1100mm长大便槽和1000mm长小便槽计算。中学厕所及前室卫生洁具计算见表2-9。

表2-9 厕所及前室卫生洁具计算

卫生洁具 \ 名称	男厕	女厕	备注
大便器	50人/个	25人/个	或1.1m长大便槽
小便器	50人/1m长	—	—
洗手盆	90人/个	90人/个	或0.6m长盥洗槽
面积指标	每大便器4m^2		

3. 饮水处

教学楼内应分层设饮水处。宜按每50人设一个饮水器。饮水处可设在休息厅内，或与卫生间结合设计，不得占用走廊宽度。

4. 空间组合设计

空间组合设计综合考虑各房间之间的关系及相互位置，是建筑方案设计的重要内容。将教学楼中的教学用房及教学辅助用房、办公用房、生活用房、交通联系各组成部分构成一个有机整体，使各部分避免交叉干扰，并有利于安全疏散。

（1）教室　应有较好的朝向、足够的采光面积、均匀的光线并避免直射阳光，应隔绝外部噪声干扰及保证室内良好的音质条件，应有良好的通风条件。朝向以南向或东南向为主。为有良好的采光通风，教学楼应以单内廊和外廊为主，避免中内廊。为避免南面斜向阳光造成室内部分课桌强光，走廊宜设在南侧。

（2）教师休息室　应尽量集中布置，并与教室互不干扰，其朝向尽量在南面。

(3) 卫生间　不得设于主楼梯旁及人流集中的位置，一般以使用方便、隔绝气味为原则，宜设于楼道的尽端、建筑物的转角处和平面中朝向较差的位置，应采用天然采光和不向邻室对流的直接自然通风，避免气味进入走道及室内。

(4) 门厅　要考虑疏散要求且处于明显而突出的位置上，使其具有较强的醒目性，与交通干线有明确的流线关系，人流出入方便。除门厅外，还应设置一个次要入口作为直接对外的安全疏散口，门厅的位置还应考虑它们之间的距离，即满足下列要求：一层所有位于两出口之间的房间，其房门至出口的最大距离为35m；位于袋形走道两侧或尽端的房间，其房门至出口的最大距离为22m。

(5) 走廊、楼梯间　走廊、楼梯间的位置应考虑疏散要求，并使其具有较强的导向作用。一般将一部楼梯作为主要楼梯设置在门厅内明显的位置，或靠近门厅处；另外一部楼梯，作为次要楼梯设置在次要入口附近，它们作为房间的疏散口，共同起着疏散人流的作用。因此，它们的具体位置应满足下列要求：所有位于两楼梯间之间的房间，其房门至楼梯间的最大距离，封闭楼梯间为35m，非封闭楼梯间为30m；位于袋形走道两侧或尽端的房间，其房门至楼梯间的最大距离，封闭楼梯间为22m，非封闭楼梯间为20m，且楼梯间在各层的平面位置不应改变。

此外，各不同性质的用房应分区设置。教室、办公室、实验室各为一单元，通过楼梯间、过厅或联系体进行联系。

教室的组合方式多为走廊式，不同的功能区可采用条形、工字形、曲尺形、天井形、单元组合形等各种组合平面。

教学楼门厅作为主要交通枢纽，应做到合理集散人流，使学生人流和教师办公人流互不干扰，并方便快捷地到达各自的功能区。

各功能区在层高不同出现高差时，可用坡道和踏步进行过渡，当高差较大时，可采用错层处理的方法。

2.2.4 构造要求

1. 层数与净高

小学教学楼不应超过四层；中学、中师、幼师教学楼不应超过五层，高等学校教学楼应根据需要设计，并应根据具体情况设置电梯。为防止室外雨水流入室内、墙身受潮及室内潮气太大，建筑物底层地面应高出室外地面至少150mm，可选为450～750mm。若设计不考虑吊顶，则房间的净高为地面至楼板底面之间的垂直高度，主要教学用房的净高见表2-10。

表2-10　主要教学用房净高

房间名称	最小净高/m	房间名称	最小净高/m
小学教室	3.10	舞蹈教室	4.50
中学、中师、幼师教室	3.40	教学辅助用房	3.10
实验室	3.40	办公及服务用房	2.80
合班教室	3.60		

注：1. 合班教室的净高度根据跨度决定，但不应低于3.60m。

2. 设双层床的学生宿舍，其净高不应低于3.00m。

2. 门厅

教学楼宜设置门厅。门厅是教学楼的主要出入口，是联系走道、楼梯、接纳及疏导人流的交通枢纽，其面积根据出入学生人数确定，一般为0.06～0.08m²/人，其开间及进深尺寸根据所需面积及相邻房间尺寸进行调整确定。在寒冷或风沙大的地区，教学楼门厅入口应设挡风间或双道门。挡风间或双道门的深度，不宜小于2100mm。

3. 走廊

教学楼内走廊净宽度应不小于2.1m，一般取2.4～2.7m，当走廊长度大于40m时可为3m宽。单内廊和外廊宽度应不小于1.8m，一般取1.8～2.1m。行政及教师办公用房的外廊净宽度应不小于1.5m，一般取1.5～1.8m。

内走廊应有良好的采光通风，除两端开窗直接采光外，还可以在两侧墙上开高侧窗和门上亮子直接采光。

走道高差变化处必须设置台阶时，应设于明显有天然采光处，踏步不应少于三级，并不得采用扇形踏步。

外廊栏杆（或栏板）的高度不应低于1.1m，栏杆应采用不易攀登的花饰。

4. 楼梯

楼梯数量应根据疏散要求确定，一般情况应设置两部楼梯。楼梯梯段净宽应满足方便及安全疏散的要求，其最小宽度不应小于1.10m，至少考虑两股人流通过，且总宽度按疏散人数最多的一层人数计算（不应小于1.00m/100人），两者取大值。

楼梯梯段的净宽应根据防火规范确定。当楼梯梯段净宽度大于3000mm时宜设中间扶手。梯段与梯段之间，不应设置遮挡视线的隔墙。

楼梯总踏步数根据楼层层高及踏步高度确定，踏步高度不得大于160mm，一般取150mm。楼梯梯段长度根据楼梯踏步数及踏步宽度确定，踏步宽度不得小于280mm，一般取300mm。每段楼梯的踏步，不得多于18级，并不应少于3级。按上述原则确定的楼梯踏步应满足楼梯坡度的要求且不应大于30°。

楼梯井的净宽不应大于0.2m，当超过0.2m时，必须采用安全防护措施。室内楼梯栏杆的高度应不低于0.9m，室外楼梯栏杆及水平栏杆高度应不低于1.1m。栏杆应采用不易攀登的花饰。

综合上述平面尺寸，并考虑相应的结构尺寸，即可确定楼梯间的开间及进深尺寸，但同时应考虑相邻房间尺寸的协调。

5. 门窗

教室安全出口的门洞宽度不应小于1000mm，合班教室的门洞宽度不应小于1500mm。

教室、实验室靠后墙的门宜设观察孔。有通风要求的房间的门，均应设可开启的亮子。门宜采用坚固、耐用的材料制作，并宜设置固定门扇的定门器。

教学楼各房间窗采光系数最低值及窗地比见表2-11。

表2-11 教学楼各房间窗采光系数最低值及窗地比

房间名称	采光系数最低值	窗地比	规定采光系数的平面
普通教室、语言教室、合班教室	1.5%	1:6	课桌面
实验室、准备室	1.5%	1:6	实验桌面
计算机教室	1.5%	1:6	机台面

（续）

房间名称	采光系数最低值	窗地比	规定采光系数的平面
办公室、保健室	1.5%	1:6	桌面
饮水处、厕所、盥洗室	0.5%	1:10	地面
走廊、楼梯间	0.5%	1:10	地面

教室、实验室的窗台高度不宜低于800mm，并不宜高于1000mm。教室、实验室靠外廊、单内廊一侧应设窗。但距地面2000mm范围内，窗开启后不应影响教室使用、走廊宽度和通行安全。教室、实验室的窗间墙宽度不应大于1200mm。二层以上的教学楼向外开启的窗，应考虑擦玻璃方便与安全措施。

炎热地区的教室、实验室的窗下部宜设可开启的百叶窗。风沙较大地区的语言教室、计算机教室、实验室、仪器室、标本室、药品室等，宜设防风纱窗。

6. 其他

教学用房及其附属用房不宜设置门槛。教学楼地面宜采用光滑适度、易于清洁、不起灰尘且热工性能好的材料。

内墙面粉刷应坚固、耐久、无光泽、易擦洗，宜做1～1.2m高墙裙，有水房间宜做1.2～1.5m高墙裙。室内的门窗洞口和墙阳角处，宜做1.7m高水泥护角。主要房间墙裙高度见表2-12。

表2-12 主要房间墙裙高度

房间名称	墙裙高度/m
教室、实验室、图书阅览室、科技活动室、体育器材室、门厅、走道、楼梯间	1.00～1.20
风雨操场、舞蹈教室	2.10
厕所、饮水间、盥洗室、保健室、食堂和厨房	1.20～1.50
淋浴室	1.80～2.00

室内各表面色彩宜用高亮度、低彩度的色调，其种类不应超过2～3种。顶棚宜采用反射系数高的白色，其他墙面颜色以浅淡、洁净为宜。教室前墙应降低黑板与墙面周围的亮度比。

三层以上的教学楼，宜设垃圾管道。

采暖地区教学用房的散热器宜暗装，并宜设散热罩。

屋面形式考虑到构造简单、节省造价、施工方便等因素，一般采用平屋面：屋面做法应考虑其防水、保温及排水功能而相应设防水层、保温层、找坡及相应的找平层，具体做法可查图集。

3

第3章 建筑构造设计

3.1 屋顶

屋顶是建筑物最上层起覆盖作用的外围护构件，由屋面和承重结构两部分组成，设计时应该满足以下要求。

(1) 围护要求　屋顶应具有防水（屋顶应能很快地排除积水、积雪，以防止屋面渗漏）、保温（屋面应具有一定的热阻能力，以防止热量从屋面过分散失）和隔热性能。防止雨水渗漏是屋顶的基本功能要求，也是屋顶设计的核心。

(2) 承重要求　屋顶应能够承受屋顶上部的荷载，包括风、雪荷载，屋顶自重及可能出现的构件和人群的重力，并把它们顺利地传递给墙或柱。

(3) 建筑艺术要求　屋顶是建筑造型的重要组成部分，我国古代建筑的重要特征之一就是有变化多样的屋顶外形和装修精美的屋顶细部，现代建筑也应注重屋顶形式及其细部设计。

屋顶按其外形一般可分为平屋顶、坡屋顶、其他形式的屋顶。

(1) 平屋顶　平屋顶通常是指排水坡度小于5%的屋顶，常用坡度为2%~3%。大量民用建筑所采用的与楼层基本类同的屋顶结构即平屋顶。采用平屋顶可以节省材料、扩大建筑空间、提高预制安装程度，同时屋顶上面可以作为固定的活动场所，如做成露台、屋顶花园、屋顶养鱼池等。

(2) 坡屋顶　坡屋顶通常是指屋面坡度较陡的屋顶，其坡度一般大于10%。坡屋顶是我国传统的建筑屋顶形式，在民居建筑中应用非常广泛，城市建设中为满足景观环境或建筑风格的要求也常采用。

(3) 其他形式的屋顶　随着科学技术的发展，出现了许多新型的屋顶结构形式，如拱结构、薄壳结构、悬索结构、网架结构屋顶等。这类屋顶多用于较大跨度的公共建筑。

3.1.1 屋顶排水设计

为了迅速排除屋顶雨水，需进行周密的排水设计，其内容包括：选择屋顶排水坡度，确定排水方式，进行屋顶排水组织设计。

1. 屋顶排水坡度的表示方法

常用的坡度表示方法有角度法、斜率法和百分比法，如图3-1所示。斜率法以屋顶倾斜

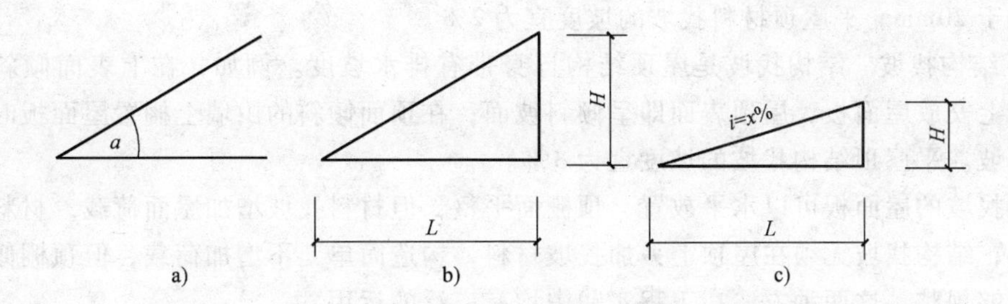

图 3-1 排水坡度的表示方法

a）角度法 b）斜率法 c）百分比法

面的垂直投影长度与水平投影长度之比来表示。百分比法以屋顶倾斜面的垂直投影长度与水平投影长度之比的百分比值来表示。角度法以倾斜面与水平面所成夹角的大小来表示。坡屋顶多采用斜率法，平屋顶多采用百分比法，角度法应用较少。

2. 影响屋顶坡度的因素

屋顶坡度太小容易漏水，坡度太大则多用材料，浪费空间。要使屋顶坡度恰当，须考虑所采用的屋顶防水材料和当地降雨量两方面的因素。

（1）屋顶防水材料与排水坡度的关系 屋顶防水材料如尺寸较小，接缝必然就较多，容易产生缝隙渗漏。因而，屋顶应有较大的排水坡度，以便将屋顶积水迅速排除。坡屋顶的防水材料多为瓦材（如小青瓦、机制平瓦、琉璃筒瓦等），其覆盖面积较小，故屋顶坡度较陡。如果屋顶的防水材料覆盖面积大，接缝少而且严密，屋顶的排水坡度就可以小一些。平屋顶的防水材料多为各种卷材、涂膜或现浇混凝土等，故其排水坡度通常较小。

（2）降雨量大小与坡度的关系 降雨量大的地区，屋顶渗漏的可能性较大，屋顶的排水坡度应适当加大；反之，屋顶排水坡度则宜小一些。

综上所述，屋顶防水材料尺寸越小，屋顶排水坡度越大；反之则越小。降雨量大的地区屋面排水坡度较大；反之则较小。

3. 屋顶坡度的形成方法

屋顶坡度的形成有材料找坡和结构找坡两种做法，如图 3-2 所示。

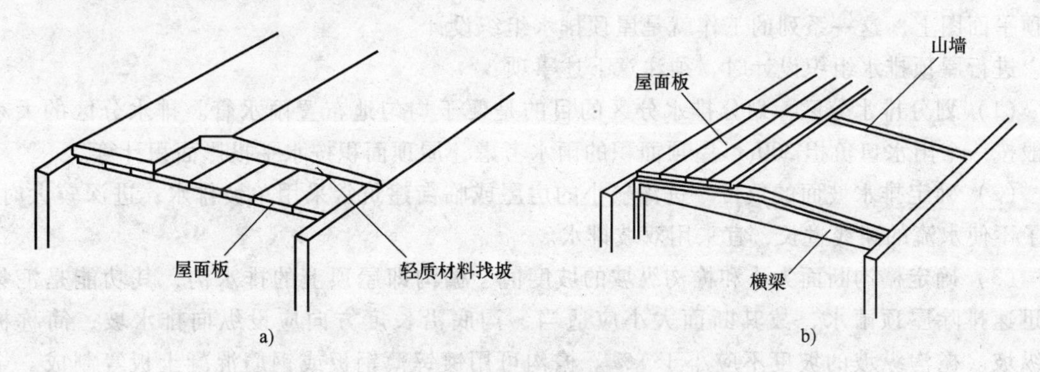

图 3-2 排水坡度的做法

a）材料找坡 b）结构找坡

（1）材料找坡 材料找坡是指屋顶坡度由垫坡材料形成，一般用于坡向长度较小的屋顶。为了减轻屋顶荷载、应选用轻质材料找坡，如水泥炉渣、石灰炉渣等。找坡层的厚度最薄处不小于20mm。平屋顶材料找坡的坡度宜为2%。

(2) 结构找坡　结构找坡是屋顶结构自身带有排水坡度。例如，在上表面倾斜的屋架或屋面梁上安放屋面板，屋顶表面即呈倾斜坡面；在顶面倾斜的山墙上搁置屋面板时，也形成结构找坡。平屋顶结构找坡的坡度宜为3%。

材料找坡的屋面板可以水平放置，顶棚面平整，但材料找坡增加屋面荷载，材料和人工消耗较多；结构找坡无须在屋顶上另加找坡材料，构造简单，不增加荷载，但顶棚倾斜，室内空间不够规整。这两种方法在工程实践中均有广泛的运用。

4. 屋顶排水方式

屋顶排水方式分为无组织排水和有组织排水两大类。确定屋顶排水方式应根据气候条件、建筑物的高度、质量等级、使用性质、屋顶面积大小等因素加以综合考虑。

(1) 无组织排水　无组织排水是指屋顶雨水直接从檐口滴落至地面的一种排水方式，因为不用檐沟、雨水管等导流雨水，故又称自由落水。无组织排水具有构造简单、造价低廉的优点，但也存在一些不足之处，如雨水直接从檐口流泻至地面，致使外墙脚常被飞溅的雨水侵蚀，降低了外墙的坚固耐久性；从檐口滴落的雨水可能影响行人通行等。当建筑物较高，降雨量又较大时，这些缺点就更加突出。

(2) 有组织排水　有组织排水是指雨水经由檐沟、雨水管等排水装置被引导至地面或地下管沟的一种排水方式。其优缺点与无组织排水相反，在建筑工程中应用广泛。有组织排水又可分为外排水和内排水两种。外排水是建筑中优先考虑选用的一种排水方式，一般有檐沟外排水、女儿墙外排水、女儿墙檐沟外排水等多种形式。檐沟的纵向排水坡度一般为1%。内排水是在大面积多跨屋面、高层建筑以及有特殊需要时常采用的一种排水方式，这种方式会使雨水经雨水口流入室内雨水管，再由地下管道将雨水排至室外排水系统。屋顶的排水方式如图3-3所示。

5. 屋顶排水组织设计

排水组织设计就是把屋顶划分成若干个排水区，将各区的雨水分别引向各雨水管，使排水线路短捷，雨水管负荷均匀，排水顺畅。为此，屋顶须有适当的排水坡度，设置必要的檐沟、雨水管和雨水口，并合理地确定这些排水装置的规格、数量和位置，然后将它们标绘在屋顶平面图上，这一系列的工作就是屋顶排水组织设计。

进行屋顶排水组织设计时，须注意下述事项：

(1) 划分排水分区　划分排水分区的目的是便于均匀地布置雨水管。排水分区的大小一般按一个雨水口负担200m^2屋顶面积的雨水考虑，屋顶面积按水平投影面积计算。

(2) 确定排水坡面的数目　进深较小的房屋或临街建筑常采用单坡排水；进深较大时，为了不使水流的路线过长，宜采用双坡排水。

(3) 确定檐沟断面大小和檐沟纵坡的坡度值　檐沟即屋顶上的排水沟，其功能是汇集和迅速排除屋顶雨水，故其断面大小应适当，沟底沿长度方向应设纵向排水坡，简称檐沟纵坡。檐沟纵坡的坡度不应小于1%。檐沟可用镀锌薄钢板或钢筋混凝土板等制成。金属檐沟的耐久性较差，因而无论在平屋顶还是坡屋顶中大多采用钢筋混凝土檐沟。檐沟的净断面尺寸应根据降雨量和汇水面积的大小来确定。一般建筑的檐构净宽不应小于200mm，檐沟上口至分水线的距离不应小于120mm，沟底的水落差不超过200mm，如图3-4a所示。

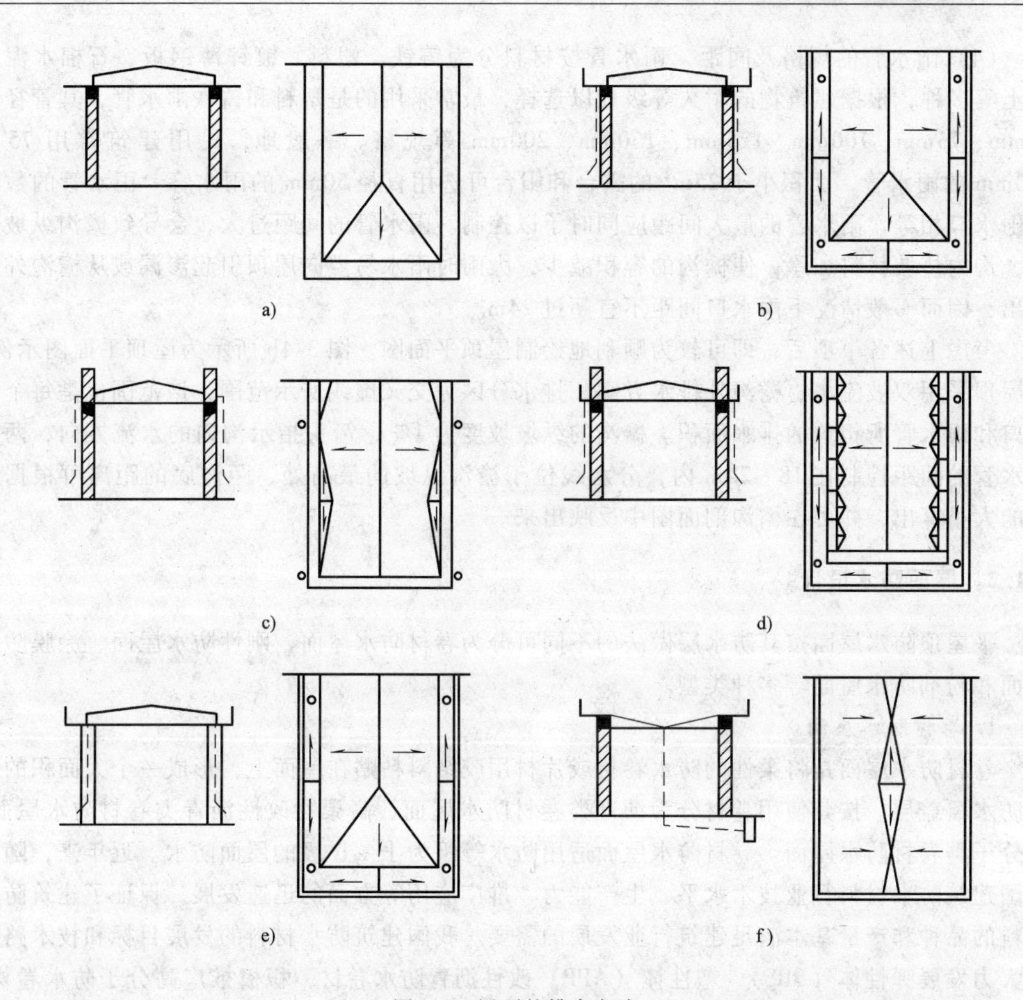

图3-3 屋顶的排水方式

a）无组织排水 b）檐沟外排水 c）女儿墙外排水 d）女儿墙檐沟外排水

e）外墙暗管排水 f）明管排水

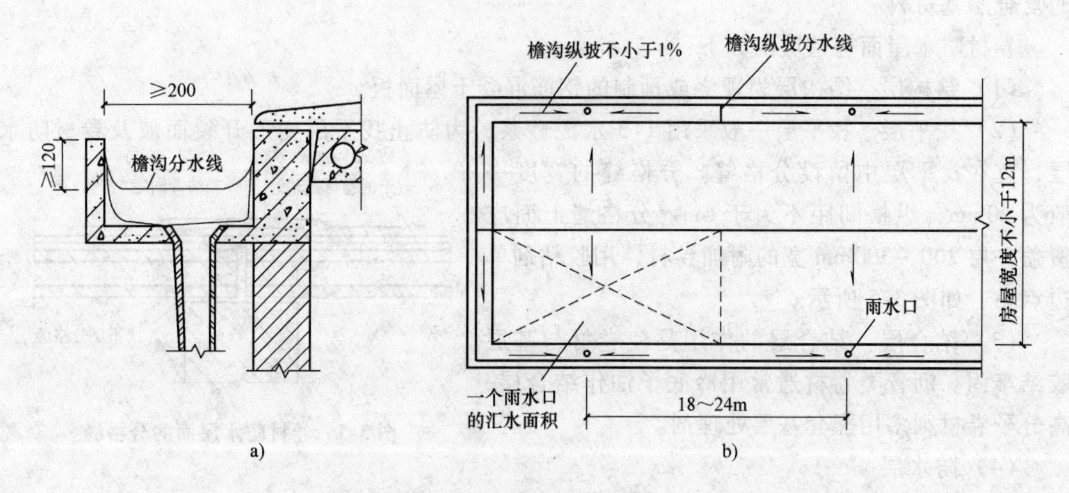

图3-4 屋顶平面图及挑檐沟详图

a）挑檐沟断面 b）屋顶平面图

(4) 雨水管的规格及间距　雨水管按材料分为铸铁、塑料、镀锌薄钢板、石棉水泥和陶土等多种，根据建筑物的耐久等级加以选择，最常采用的是塑料和铸铁雨水管，其管径有50mm、75mm、100mm、125mm、150mm、200mm等规格。一般地，民用建筑常用75～100mm的雨水管，面积小于25m^{2}的露台和阳台可选用直径50mm的雨水管。雨水管的数量与雨水口相等，雨水管的最大间距应同时予以控制。雨水管的间距过大，会导致檐沟纵坡过长，沟内垫坡材料加厚，使檐沟的容积减少，大雨时雨水易溢向屋顶引起渗漏或从檐沟外侧涌出，因而一般情况下雨水口间距不宜超过24m。

考虑上述各事项后，即可较为顺利地绘制屋顶平面图。图3-4b所示为屋顶平面图示例，该屋顶采用双坡流水、檐沟外排水方案，排水分区为交叉虚线所示范围，该范围也是每个雨水口和雨水管所担负的排水面积。檐沟的纵坡坡度为1%，箭头指示沟内的水流方向，两个雨水管的间距控制在18～24m内，分水线位于檐沟纵坡的最高处，距沟底的距离可根据坡度的大小算出，并可在檐沟剖面图中反映出来。

3.1.2 屋面防水设计

平屋顶防水屋面按其防水层做法的不同可分为卷材防水屋面、刚性防水屋面、涂膜防水屋面和粉剂防水屋面等多种类型。

1. 卷材防水屋面

卷材防水屋面是将柔性的防水卷材或片材用胶结料粘贴在屋面上，形成一个大面积的封闭防水覆盖层。按其使用卷材分为沥青类卷材防水屋面、高聚物改性沥青类卷材防水屋面、高分子类卷材防水屋面。卷材防水屋面适用防水等级为Ⅰ～Ⅳ级的屋面防水。近年来，随着我国建筑防水材料行业技术水平、生产能力、推广应用等方面的迅速发展，保证了建筑防水材料的品种和产量基本满足建筑行业发展的需要。我国建筑防水材料的发展目标和技术路线是大力发展弹性体（SBS）、塑性体（APP）改性沥青防水卷材，积极推广高分子防水卷材，努力发展环保型防水涂料，研究开发高档建筑密封材料，限制发展和使用沥青复合胎防水卷材、聚乙烯丙纶复合防水卷材和石油沥青纸胎油毡，淘汰焦油类防水材料和用高碱玻纤制成的复合胎基材料。

卷材防水屋面构造层次如下：

(1) 结构层　结构层为现浇或预制的钢筋混凝土屋面板。

(2) 找平层　找平层一般采用1∶3水泥砂浆，为防止找平层变形开裂而波及卷材防水层，宜在找平层中留设分格缝。分格缝的宽度一般为20mm，纵横间距不大于6m。分格缝上面应覆盖一层200～300mm宽的附加卷材，用胶粘剂单边点贴，如图3-5所示。

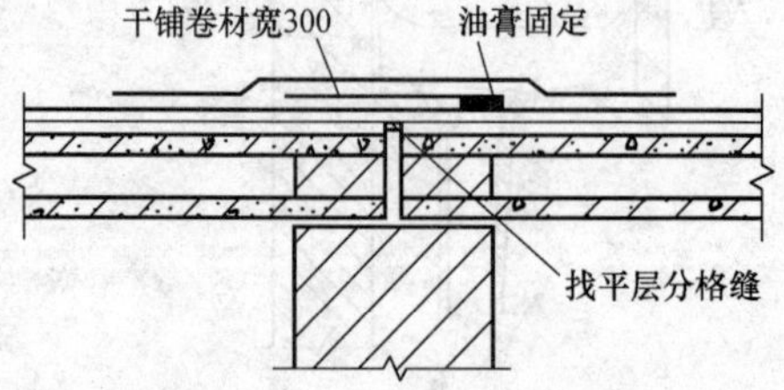

图3-5　卷材防水屋面的分格缝

(3) 结合层　结合层的作用是使卷材与基层胶结牢固。沥青类卷材通常用冷底子油作结合层，高分子卷材则多用配套基层处理剂。

(4) 防水层

1) 沥青防水卷材。非永久性建筑的屋面防水层采用两层油毡和三层沥青胶做法，简称两毡三油防水层（共五层；分别为沥青胶、油毡、沥青胶、油毡、沥青胶）。

2）高聚物改性沥青防水卷材。铺贴方法有冷粘法及热熔法两种。冷粘法是用胶粘剂将卷材粘贴在找平层上，或利用某些卷材的自黏性进行铺贴；热熔法是用火焰加热器将卷材均匀加热至表面光亮发黑，然后立即滚铺卷材使之平展并辊压牢实。

3）合成高分子防水卷材　三元乙丙橡胶是一种常用的高分子橡胶防水卷材，其构造做法是：先在找平层（基层）上涂刮基层处理剂 CX-404 作为胶粘剂，要求薄而均匀，待处理剂干燥不粘手后即可铺贴卷材。

（5）保护层　保护层的目的是保护防水层。对于不上人屋面的保护层，沥青油毡防水屋面一般在防水层撒粒径 3～5mm 的小石子作为保护层，高分子卷材如三元乙丙橡胶防水屋面等通常是在卷材面上涂刷水溶型或溶剂型的浅色保护着色剂，如氯丁银粉胶等。

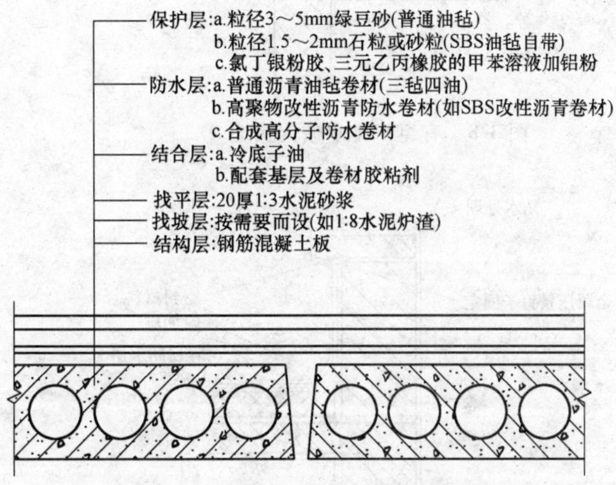

图 3-6　不上人屋面防水构造层次

上人屋面的保护层，常用的做法有：铺贴缸砖、大阶砖、混凝土板等块材；在防水层上现浇 30～40mm 厚的细石混凝土。图 3-6 和图 3-7 所示分别为不上人和上人屋面防水构造层次。

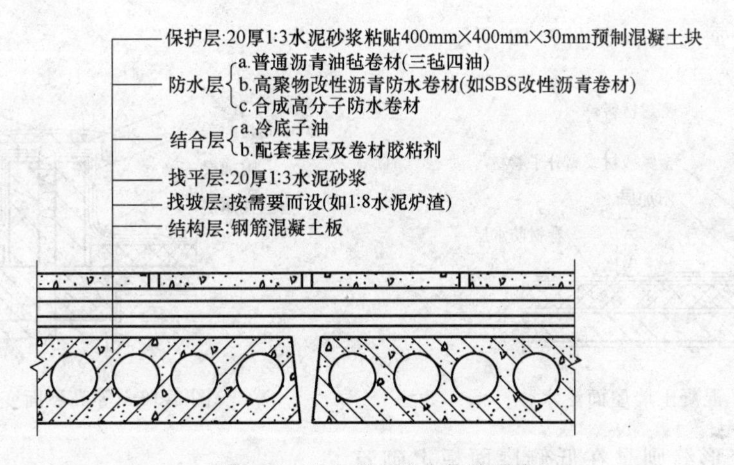

图 3-7　上人屋面防水构造层次

卷材防水屋面细部构造：

（1）排水檐沟　有组织排水檐沟构造如图 3-8 所示。无组织排水檐沟 800mm 范围内的卷材应采用满粘法，卷材收头应固定密封，如图 3-9 所示。檐沟下端应做滴水处理。

（2）泛水防水构造　泛水指屋顶上沿着所有垂直面所设的防水构造，其做法如图 3-10～图 3-12 所示。

（3）屋面变形缝防水构造　等高屋面变形缝的做法是：在缝两边的屋面板上砌筑矮墙，以挡住屋面雨水。矮墙的高度不小于 250mm，半砖墙厚。屋面卷材防水层与矮墙面的连接处理类同于泛水构造，缝内填充泡沫塑料，上部填放衬垫材料，并用卷材封盖，顶部应加扣

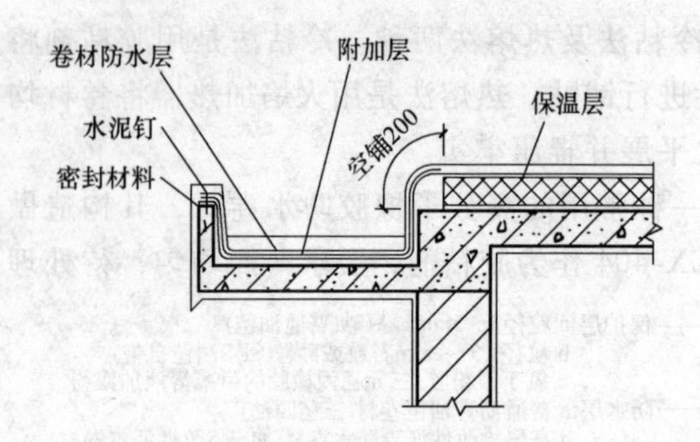

图 3-8 有组织排水檐沟构造

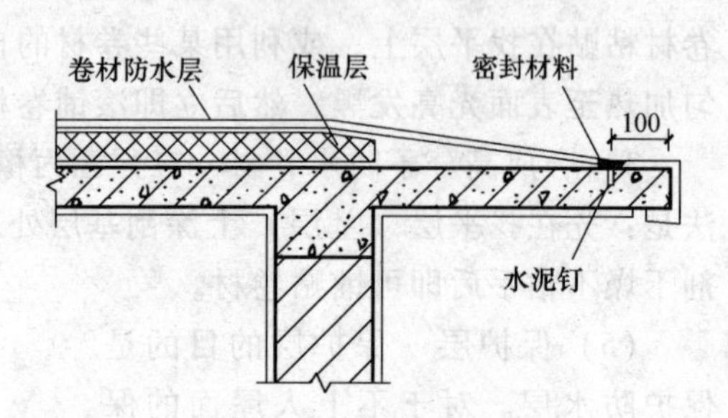

图 3-9 无组织排水檐沟构造

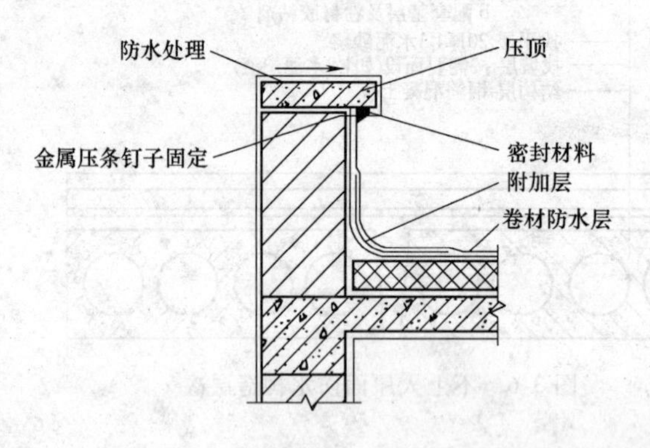

图 3-10 砖墙屋面泛水（Ⅰ）

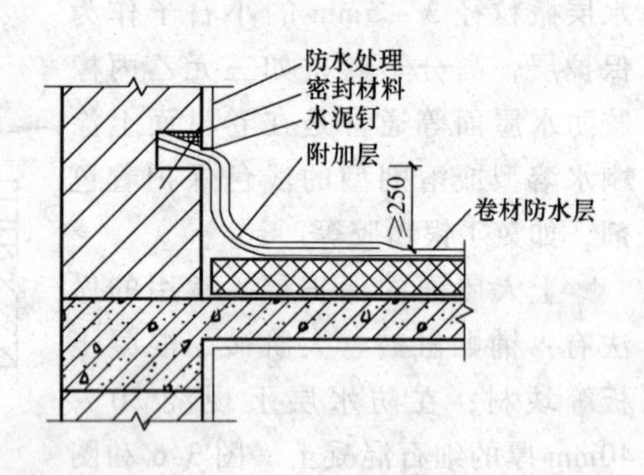

图 3-11 砖墙屋面泛水（Ⅱ）

混凝土盖板或金属盖板，如图 3-13 所示。

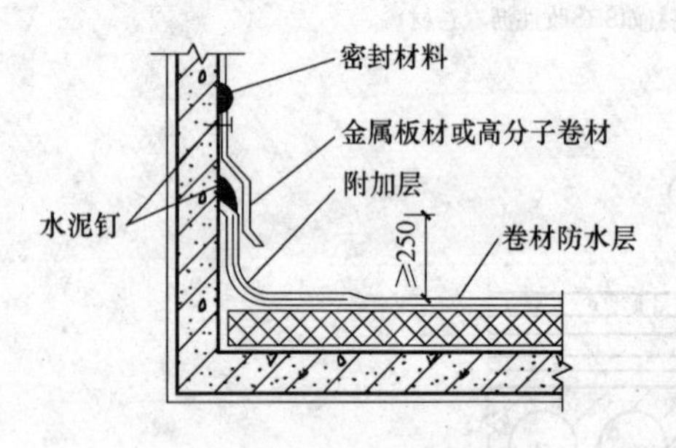

图 3-12 混凝土墙屋面泛水

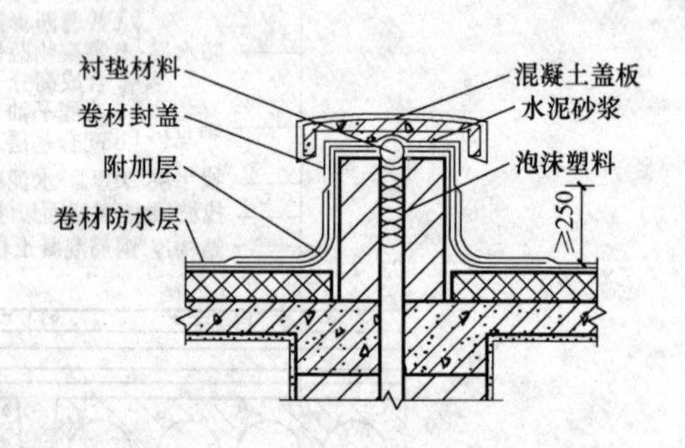

图 3-13 等高屋面变形缝

高低屋面变形缝则是在低侧屋面板上砌筑矮墙。当变形缝宽度较小时，可用镀锌薄钢板盖缝并固定在高侧墙上，做法同泛水构造，如图 3-14 所示。

（4）雨水口构造 雨水口是用来将屋面雨水排至雨水管而在檐口处或檐沟内开设的洞口。有组织外排水常用的有檐沟雨水口及女儿墙雨水口两种形式。雨水口分为弯管式雨水口和直管式雨水口，如图 3-15 和图 3-16 所示。

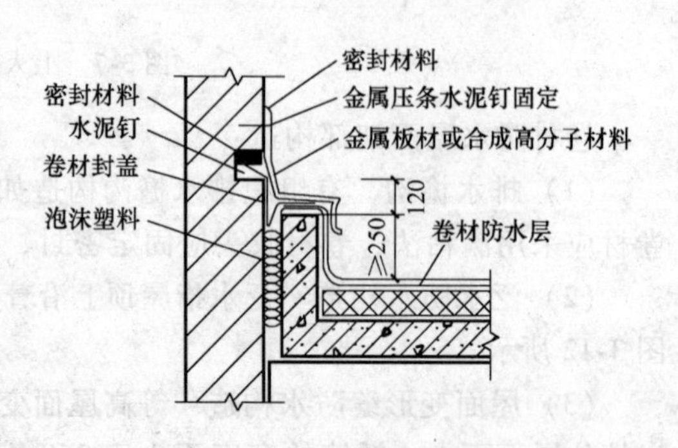

图 3-14 高低屋面变形缝

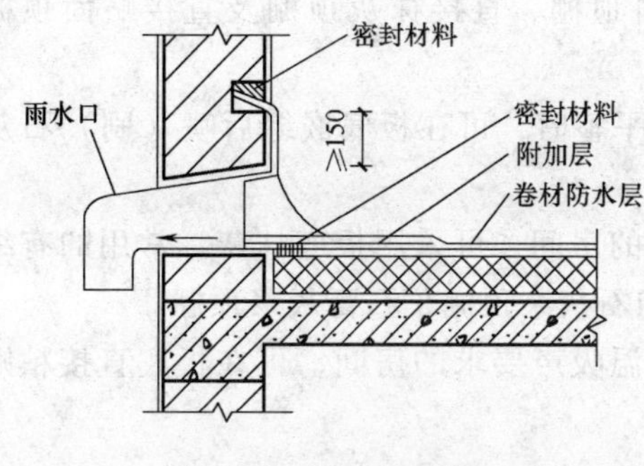

图3-15 弯管式雨水口

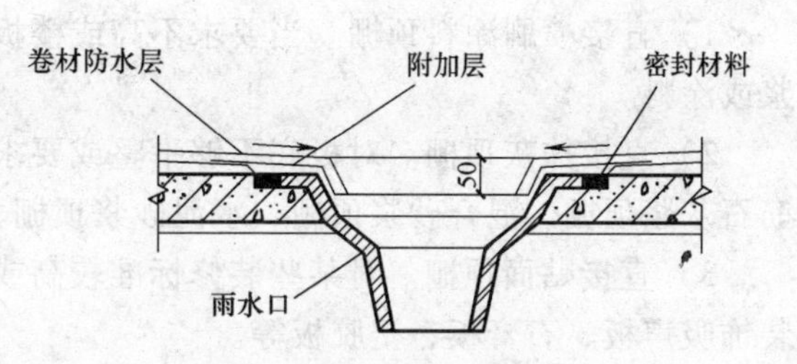

图3-16 直管式雨水口

2. 刚性防水屋面构造

刚性防水屋面是指用细石混凝土做防水层的屋面。刚性防水屋面的主要优点是构造简单、施工方便、造价较低；缺点是易开裂，对气温变化和屋面基层变形的适应性较差。所以，刚性防水多用于我国南方地区防水等级为Ⅲ级的屋面防水，也可用作防水等级为Ⅰ、Ⅱ级的屋面多道设防中的一道防水层。刚性防水屋面构造层次如图3-17所示，屋面构造做法可参见附表19。

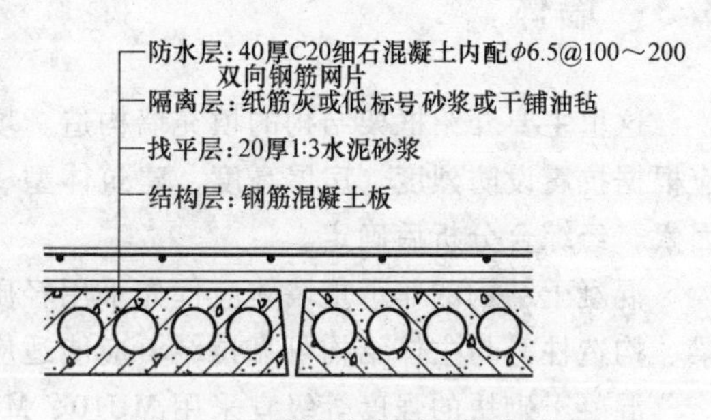

图3-17 刚性防水屋面构造层次

3.2 楼地面及顶棚

1. 楼地面构造

楼板层的面层及地坪层的面层通称为地面，它们在构造要求及做法上基本相同，均属室内装修范畴，因此归纳在一起叙述。

（1）对地面的要求　地面是人们日常生活、工作和生产时，必须接触的部分，也是建筑中直接承受荷载，经常受到摩擦、清扫和冲洗的装修部分。因此，地面应具有足够的坚固性、良好的保温性，具有一定的弹性，满足隔声要求及其他要求。

（2）地面的构造做法　地面是依据面层所用的材料来命名的。根据面层所用材料及施工方法的不同，常用地面可分为四大类型，即整体地面、块材地面、卷材地面和涂料地面。地面的具体做法见附表17。

2. 顶棚构造

（1）顶棚类型　顶棚按构造方式不同有直接式顶棚和悬吊式顶棚两种类型。

1）直接顶棚。直接顶棚包括一般楼板板底、屋面板板底直接喷刷、抹灰、贴面。

2）吊顶。在较大空间和装饰要求较高的房间中，因建筑声学、保温隔热、清洁卫生、管道敷设、室内美观等特殊要求，常用顶棚把屋架、梁板等结构构件及设备遮盖起来，形成一个完整的表面。顶棚多采用悬吊方式支承于屋顶结构层或楼板层的梁板之下，所以称之为吊顶。

(2) 顶棚构造　直接式顶棚包括直接喷刷涂料顶棚、直接抹灰顶棚及直接贴面顶棚三种。

1）直接喷刷涂料顶棚。当要求不高或楼板底面平整时，可在板底嵌缝后喷（刷）石灰浆或涂料。

2）直接抹灰顶棚。对板底不够平整或要求稍高的房间，可采用板底抹灰，常用的有纸筋石灰浆顶棚、混合砂浆顶棚、水泥砂浆顶棚、麻刀石灰浆顶棚、石膏灰浆顶棚。

3）直接贴面顶棚。对某些装修标准较高或有保温吸声要求的房间，可在板底直接粘贴装饰吸声板、石膏板、塑胶板等。

顶棚做法可参见附表18。

3.3　墙体

这里主要介绍框架结构的填充墙构造。填充墙为非承重墙，所采用的材料、选型和布置应根据抗震设防烈度、房屋高度、建筑体型、结构层间变形、墙体自身抗侧力性能的利用等因素，经综合分析后确定。

混凝土结构的非承重墙体应优先采用轻质墙体材料。墙体应设置拉结筋、水平系梁、圈梁、构造柱等与主体结构可靠拉结，应能适应主体结构不同方向的层间位移。

混凝土砌块的强度等级宜采用MU10、MU7.5、MU5和MU3.5。砂浆的强度等级宜采用Mb10、Mb7.5和Mb5。填充墙墙体厚度不应小于90mm。

填充墙与框架的连接，可根据设计要求采用脱开或不脱开的方法。有抗震设防要求时宜采用脱开的方法。

当填充墙和框架采用脱开的方法时，宜符合下列规定。

1）填充墙两端与框架柱，填充墙顶面与框架梁之间留出不小于20mm的缝隙。

2）填充墙端应设置构造柱，柱间距宜不大于20倍墙厚且不大于4000mm，柱宽不小于100mm。柱竖向钢筋不宜小于Φ10，箍筋宜为Φ5，竖向间距不宜大于400mm，竖向钢筋与框架梁的预留钢筋或挑出部分的预埋件连接，绑扎接头时不小于$30d$，焊接时（单面焊）不小于$10d$（d为钢筋直径）。柱顶与框架梁（板）应预留不小于15mm的缝隙，用弹性材料封缝。当填充墙有宽度大于2100mm的洞口时，洞口两侧应加设宽度不小于50mm的钢筋混凝土柱。

3）填充墙两端宜卡入设在梁、板底及柱侧的卡口预埋件内，墙侧卡口板的竖向间距不宜大于500mm，墙顶卡口板的水平间距不宜大于1500mm。

4）墙体高度超过4m时宜在墙高中部设置与柱连通的水平系梁。水平系梁的截面高度不小于60mm。填充墙高不宜大于6m。

当填充墙与框架用不脱开的方法时，宜符合下列规定：

1）沿柱高每隔500mm配置2根直径6mm的拉结钢筋（墙厚大于240mm时配置3根），钢筋伸入填充墙长度不宜小于700mm，且拉结钢筋应错开截断，相距不宜小于200mm。填充墙顶应与框架梁紧密结合，顶面与上部结构接触处宜用一皮砖或配砖斜砌楔紧。

2）当填充墙上有洞口时，宜在窗洞口的上端或下端、门洞口的上端设置钢筋混凝土带，钢筋混凝土带应与过梁同时浇筑，钢筋混凝土带的混凝土强度等级不小于C20；当有洞口的填充墙尽端至门窗洞口边距离不小于 240mm 时，宜采用钢筋混凝土门窗框。

3）填充墙长度超过 5m 或墙长大于 2 倍层高时，墙顶与梁宜有拉结措施，墙体中部宜加设构造柱；墙体高度超过 4m 时宜在墙高中部设置与柱连通的水平系梁；填充墙高超过 6m 时，宜沿墙高每 2m 设置与柱连接的水平系梁，水平系梁的截面高度不小于 60mm。

3.4 楼梯

楼梯是建筑中常用的垂直交通设施。楼梯的数量、位置、宽度和楼梯间形式除应满足使用方便和安全疏散的要求，还应符合《建筑设计防火规范》《建筑楼梯模数协调标准》《民用建筑设计通则》和其他有关单项建筑设计规范的要求。

3.4.1 楼梯的组成

楼梯由楼梯梯段、楼梯平台和扶手栏杆（板）三部分组成。

（1）楼梯梯段　设有踏步以供层间上下行走的通道段落，称为梯段。一个梯段又称为一跑。踏步供行走时踏脚的水平部分和形成踏步高差的垂直部分分别称为踏面和踢面。楼梯的坡度由踏步的高度和宽度形成。

（2）楼梯平台　楼梯平台指连接两个梯段之间的水平部分。平台用来供楼梯转折、连通某个楼层（楼层平台）或供使用者在攀登了一定距离后稍作休息（休息平台）使用。

（3）扶手栏杆（板）　为保证在楼梯上行走时的安全，梯段和平台的临空边缘应设置栏杆或栏板，其顶部设置依附用的连续构件，称为扶手。

3.4.2 楼梯的平面形式

楼梯平面形式如图 3-18 所示，主要根据其使用性质和重要程度来选用。直跑楼梯具有方向单一、贯通空间的特点；双跑平行楼梯适用于各种建筑物的主要和辅助楼梯；双分平行楼梯和双分转角楼梯均衡对称、典雅庄重；三跑楼梯适用于楼梯间平面为方形的公共建筑物；人流疏散量大的建筑常采用交叉楼梯，既利于人流疏散，又有效利用空间；有建筑美观要求的可采用圆形楼梯和螺旋楼梯。楼梯的数量和位置根据防火规范要求设置。

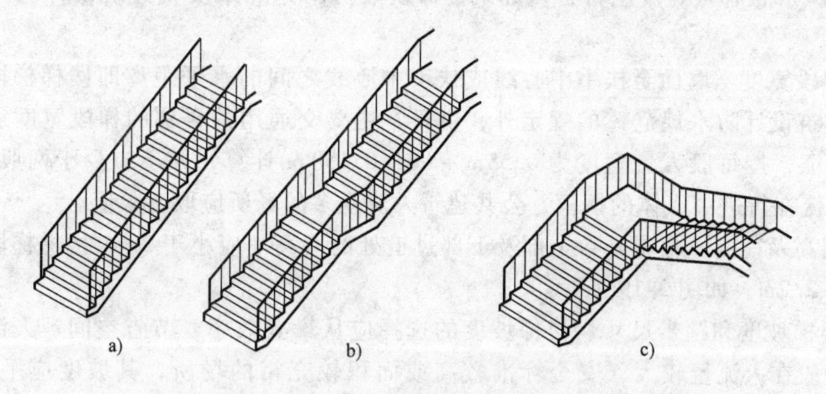

图 3-18 楼梯的平面形式

a）直跑楼梯（单跑） b）直跑楼梯（双跑） c）转角楼梯

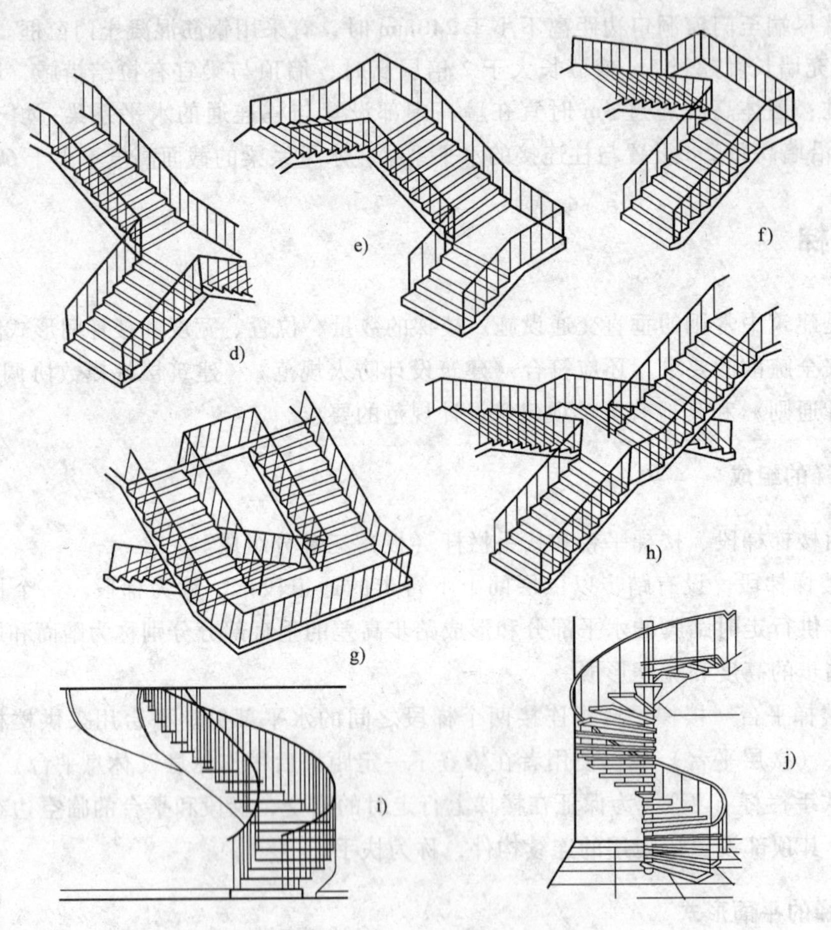

图 3-18 楼梯的平面形式（续）
d）双分转角楼梯 e）三跑楼梯 f）双跑楼梯 g）双分平行楼梯
h）交叉楼梯 i）圆形楼梯 j）螺旋楼梯

3.4.3 尺寸确定

楼梯开间和楼梯段宽度应符合《建筑楼梯模数协调标准》及《建筑设计防火规范》等规定。

（1）梯段宽度 墙面至扶手中心线或扶手中心线之间的水平距离即楼梯梯段宽度，除应符合《建筑设计防水规范》的规定外，供日常主要交通用的楼梯的梯段宽度还应根据建筑物使用特征，按每股人流宽度为 0.55m +（0 ~ 0.15）m 计算，并不应少于两股人流。0 ~ 0.15m 为人流在行进中人体的摆幅，公共建筑人流众多的场所应取上限值。

（2）层高及净高 楼梯平台上部及下部过道处的净高不应小于 2m，楼梯梯段部位的净高不应小于 2.2m，如图 3-19 所示。

（3）楼梯坡度和踏步尺寸 楼梯坡度的选择应从攀登效率、节省空间、人流疏散等方面考虑。一般在人流量较大、安全标准较高或面积较充裕的场所，其坡度应平缓（30°左右）。仅供少数人使用或不经常使用的辅助楼梯可允许坡度较陡，但不宜超过 38°，不同单体建筑楼梯踏步的最小宽度和最大高宽应符合表 3-1 的规定。

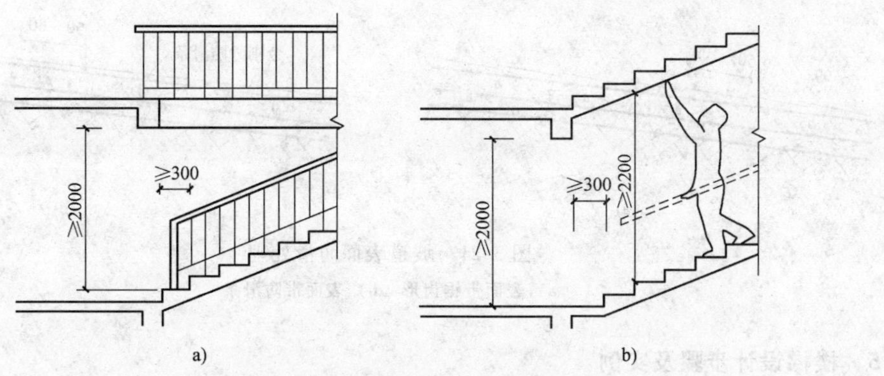

图 3-19 楼梯平台及梯段下净高要求

a）平台梁下净高 b）梯段下净高

表 3-1 不同单体建筑楼梯踏步最小宽度和最大高度

楼梯类别	最小宽度/m	最大高度/m
住宅共用楼梯	0.26	0.175
幼儿园、小学校等楼梯	0.26	0.15
电影院、剧场、体育馆、商场、医院、旅馆和大中学校等楼梯	0.28	0.16
其他建筑楼梯	0.26	0.17
专用疏散楼梯	0.25	0.18
服务楼梯、住宅套内楼梯	0.22	0.20

（4）平台宽度 楼梯平台包括楼层平台和中间休息平台。梯段改变方向时，扶手转向端处的平台最小宽度不应小于梯段宽度，并不得小于 1.2m，当有搬运大型物件需要时应适当加宽。除开敞式楼梯外，封闭楼梯和防火楼梯的楼层平台宽度应与中间休息平台宽度一致，双跑楼梯休息平台净宽不得小于楼梯梯段净宽。

3.4.4 台阶和坡道

公共建筑主要出入口处的台阶每级不超过 150mm 高，踏面宽度选择为 300～400mm 或更宽；医院及运输港的台阶常选择 100mm 左右的踢面高和 400mm 左右的踏面深，以方便病人及负重的旅客行走。坡道的坡度一般为 1/6～1/12。室外台阶与坡道面层材料必须防滑。房屋主体沉降、热胀冷缩、冰冻等因素，都有可能造成台阶与坡道的变形。解决方法是加强房屋主体与台阶及坡道之间的联系，以形成整体沉降；或将二者结构完全脱开，加强节点处理和坡道表面防滑处理，如图 3-20 和图 3-21 所示。

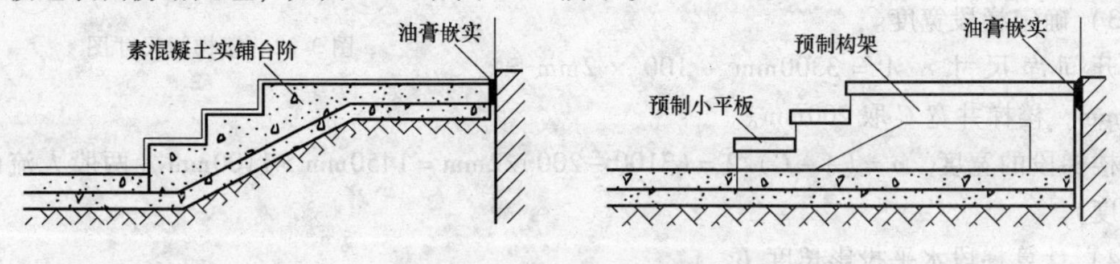

图 3-20 台阶与主体结构脱开的做法

a）实铺 b）架空

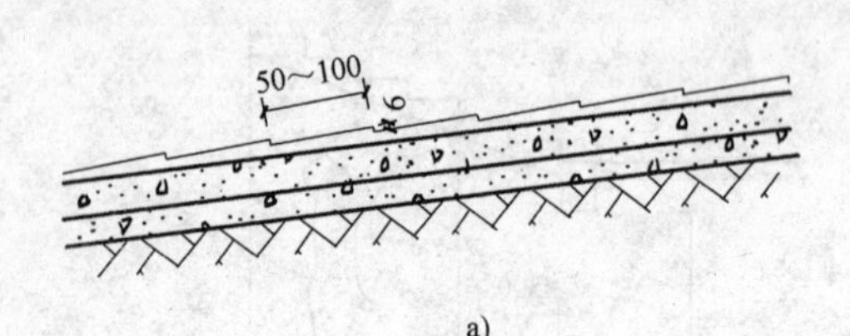

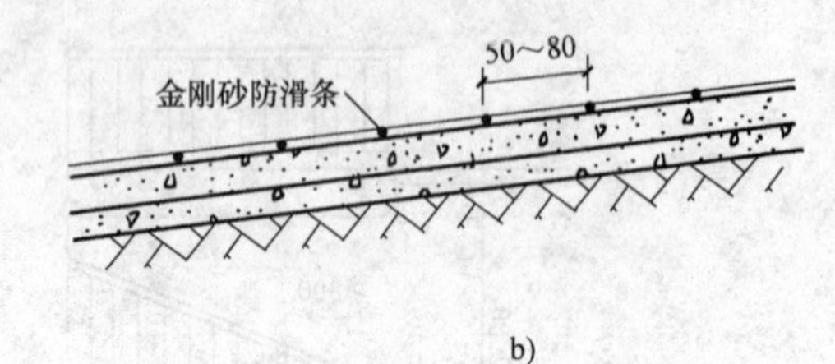

图 3-21 坡道表面防滑处理

a）表面带锯齿形 b）表面带防滑条

3.4.5 楼梯设计步骤及实例

1. 设计步骤

1）确定楼梯适宜坡度，选择踏步高度 h 和宽度 b。

2）确定每层踏步级数 $N=H/h$，H 为层高，每个楼梯梯段踏步级数 $n=N/2$。

3）根据楼梯间净宽 A 和梯井宽 C 确定楼梯段宽度 a；$a=(A-C)/2$，并适当调整 C 或 A。

4）计算梯段水平投影长度 $L=(n-1)\times b$。

5）确定楼梯中间休息平台宽度 D_1（$\geqslant a$）和楼层平台宽度 D_2（$\geqslant a$）；$D_1+D_2=B-L$，B 为进深净尺寸，如不能满足 $D_1\geqslant a$ 和 $D_2\geqslant a$，需调整 B 值。

6）如果楼梯首层平台下做通道，需进行楼梯净空高度验算和平台宽度验算，使之符合要求。

7）最后绘制楼梯平面图及剖面图。

2. 设计实例

四层办公楼，层高为 3.6m，楼梯间开间为 3.3m，进深为 6.9m，柱截面为 600mm × 600mm，轴线居中，填充墙厚度为 200mm，位置如图 3-22 所示。试设计平行双跑板式楼梯。

1）确定踏步高度 h 和宽度 b。该建筑为办公楼，楼梯通行人数较多，楼梯的坡度可稍缓些，根据规范要求，初选踏步高为 $h=150\text{mm}$，踏步宽 $b=300\text{mm}$。

2）确定踏步级数。$N=3600/150=24$ 级，确定为等跑楼梯，每个楼梯段的级数为 $n=N/2=24/2=12$。

3）确定梯段宽度。

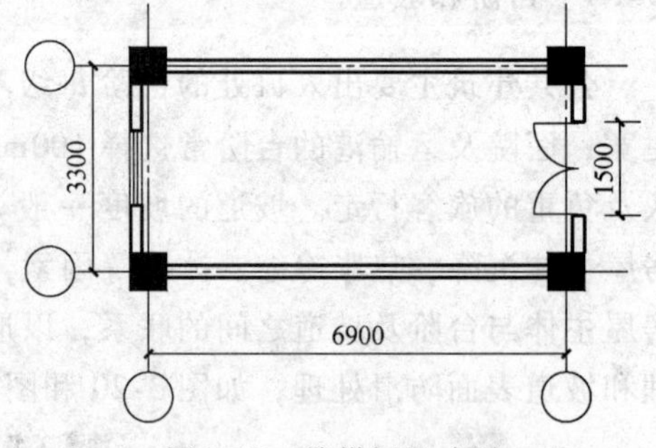

图 3-22 楼梯间尺寸图

开间净尺寸 $A=3300\text{mm}-100\times 2\text{mm}=3100\text{mm}$，楼梯井宽 C 取 200mm。

楼梯段的宽度 $a=(A-C)/2=(3100-200)/2\text{mm}=1450\text{mm}>1100\text{mm}$（两股人流的最小宽度）。

4）计算梯段水平投影长度 L。

$L=(n-1)\times b=(12-1)\times 300\text{mm}=3300\text{mm}$

5）确定平台宽度 D_1 和 D_2。

楼梯间净进深尺寸 $B = 6900\text{mm} + 200\text{mm} = 7100\text{mm}$，则

$D_1 + D_2 = B - L = 7100\text{mm} - 3300\text{mm} = 3800\text{mm}$

取 $D_1 = 1600\text{mm}$（$>1450\text{mm}$）。

$D_2 = 3800\text{mm} - 1600\text{mm} = 2200\text{mm}$，在楼梯处设有开向楼梯间的防火门，实际 $D_2 = 2200\text{mm} - 750\text{mm} = 1450\text{mm}$。

6）进行楼梯净空高度验算。平台下净空高度等于平台标高减去平台梁高，对于首层楼梯间不作为疏散通道的情况，平台下净空高度为层高减去平台梁高，一般是满足楼梯净空高度的。

7）将上述设计结果绘制成图，如附图8所示（见书后插页）。

3.5 电梯

在多层建筑中，为了上下运行的方便、快速和实际需要，常设有电梯。电梯分客梯、货梯两大类，客梯除普通乘客电梯外尚有专用的医用梯、观光电梯、无障碍电梯等。不同厂家提供的设备尺寸、运行速度及对土建的要求不同，设计时应根据厂家提供的产品尺度进行设计。

3.5.1 布置

电梯一般和楼梯相邻布置，形成一个交通枢纽，楼梯与电梯组合布置示例如图3-23所示。

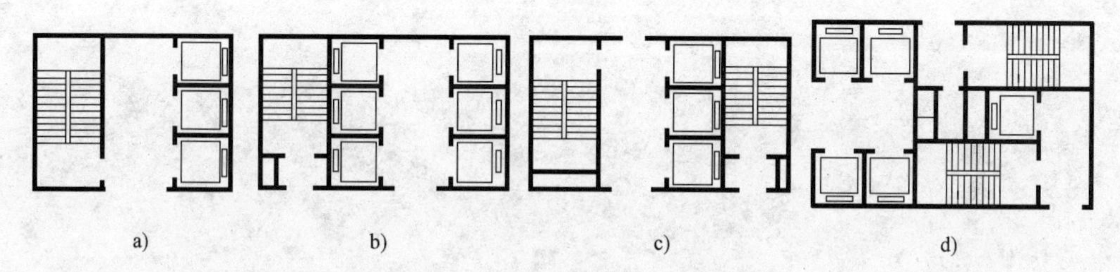

图3-23 楼梯与电梯组合布置示例

a）楼梯组织在电梯厅内 b）楼梯紧邻电梯厅 c）楼梯在电梯厅内紧邻结合布置 d）在电梯厅外成组布置

电梯不得作为安全出口，设置电梯的建筑物仍应按《建筑设计防火规范》的疏散安全距离设置疏散楼梯。电梯井不宜被楼梯环绕。在以电梯为主要垂直交通的每栋建筑群内或建筑物内每个服务区，乘客电梯不宜少于2台。电梯不应在转角处紧邻布置，单侧排列的电梯台数不宜超过4台，双侧排列的电梯台数不宜超过8台。电梯候梯厅深度应符合表3-2的规定，并不得小于1.5m。电梯井道和机房不宜与有安静要求的用房紧邻布置，否则应采取隔振、隔声措施。机房应为专用的房间，其围护结构应保温隔热，室内应有良好通风、防尘，宜有自然采光，不得将机房顶板作水箱底板及在机房内直接穿越水管或蒸汽管。电梯机房的尺寸见表3-3。

表3-2 电梯候梯厅深度

电梯类别	布置方式	候梯厅深度
住宅电梯	单台	$\geqslant B$
	多台单侧排列	$\geqslant B^*$

（续）

电梯类别	布置方式	候梯厅深度
公共建筑电梯	单台	≥1.5B
	多台单侧排列	≥1.5B 当电梯群为4台时，应≥2.4m
	多台双侧排列	≥相对电梯B^*之和，并<4.5m
病床电梯	单台	≥1.5
	多台单侧排列	≥1.5B^*
	多台双侧排列	≥相对电梯B^*之和

注：1. B为轿厢深度，B^*为电梯群中最大轿厢深度。

2. 供轮椅使用时，候梯厅深度不应小于1.5m。

3. 本表规定的深度不包括穿越候梯厅的走道的宽度。

表3-3 电梯机房尺寸 （单位：mm×mm）

参数	额定速度v/(m/s)	额定载质量/kg			
		320~630	800~1050	1275~1600	1800~2000
电梯机房	0.63~1.75	2500×3700	3200×4900	3200×4900	3000×5000
	2.0~3.0	—	2700×5100	3000×5300	3300×5700
	3.5~6	—	3000×5700	3000×5700	3300×5700

3.5.2 主要参数及规格尺寸

我国电梯厂家较多，主要参数及规格尺寸不太相同，进行施工图设计时，应以所选电梯厂的产品样本为准。

第4章 建筑施工图绘制

4

建筑专业是整个建筑物设计的龙头，施工图是工程师的“语言”，是设计者设计意图的体现，也是施工、监理、经济核算的重要依据。建筑施工图表达建筑物的外部造型、内部布置、内外装修、细部构造及施工要求等，为建筑施工和安装、安排材料和订货、工程验收、施工图预算等提供依据。小型和技术要求简单的建筑工程可根据已批准的方案设计和施工图设计任务书编制施工图。施工图设计的编制必须贯彻执行国家有关工程建设的政策和法令，符合国家（包括行业和地方）现行的建筑工程建设标准、设计规范和制图标准，遵守设计工作程序。建筑施工图包括建筑设计首页、建筑平面图、建筑立面图、建筑剖面图、楼梯详图及节点详图等。

4.1 建筑设计首页

施工图首页一般由图样目录、设计总说明、构造做法表及门窗表组成。

4.1.1 图样目录

图样目录放在一套图样的最前面，说明本工程的图样类别、图号编排，图样名称和备注等，以方便图样的查阅。

4.1.2 设计总说明

（1）工程概况　主要包括建筑名称、建设地点、建设单位；工程所在地的地质、气象情况；工程特征，包括建筑面积、（地下、地上分开统计）建筑基底面积；建筑高度、层数；建筑工程等级；设计使用年限；防火设计建筑类别；耐火等级；防水等级（分为屋面、地下室）；抗震设防烈度；结构形式和基础形式等。

（2）设计依据　工程施工图设计的依据性文件、批文，相关图样；各类设计规范、技术规程等。

（3）防水设计　屋面防水应注明屋面防水等级、设防要求和防水材料、屋面排水形式等。

（4）消防设计

1）防火分区和防烟分区。注明各防火分区的建筑面积和安全出口情况，防烟分区的面积和分隔方式，以及建筑内特殊部位的分区设计说明，如综合建筑内的餐饮部分是否单独划分防火分区等。

2）安全疏散。说明楼梯的设置情况，楼梯的防火设计，建筑物的疏散宽度、疏散距离及底层疏散外门的情况。

3）门窗设计。说明防火门、窗的设置情况（含防火卷帘、玻璃幕墙、防火幕）。

4）其他防火设计要求，如室内防火设计，管井封堵，墙体砌筑要求、钢结构的防火设计，消防电梯设计，建筑内燃料应用情况等。

（5）建筑材料及门窗　墙体材料、墙身防潮层、门窗、幕墙等的设计要求。

4.1.3 构造做法表

列表说明，格式内容见附图1。构造做法尽量选用省标或国标图集，特殊做法应注明各层构造的材料、厚度、坡度等要求；较复杂或较高级的建筑应增加室内外装修材料。

4.1.4 门窗表

列表说明，格式内容见附图1。表的附注中应明确门窗的各项性能指标，气密性等级，所用型材、玻璃的类型，安全玻璃的使用原则，幕墙的技术要求，窗台高度，低窗的防护措施等。

门窗大样应体现外墙的面层厚度，一般涂料、面砖外墙面层厚度按25mm，石材及金属幕墙面层厚度按50mm；门窗大样应标出开启扇及开启方向、分隔尺寸及特殊标高。

4.2 建筑平面图

建筑平面图是假想用一水平剖切平面将房屋沿窗台以上适当部位剖切开来，对剖切平面以下部分所作的水平投影图。平面图通常用1:100的比例绘制，如果平面尺寸较大，可采用1:150、1:200的比例绘制。它反映出房屋的平面形状和大小、房间的布置、墙（或柱）的位置和厚度、墙柱的材料、门窗的位置和大小及开启方向等情况，并可以作为施工时放线、砌墙、门窗安装、室内外装修及编制预算等的重要依据。

当建筑物各层的房间布置不同时应分别画出各层平面图；若建筑物的各层布置相同，则可以用底层平面图、楼层平面图、顶层平面图来表示。此时楼层平面图代表了中间各层相同的平面，故称为标准层平面图。因建筑平面图是水平剖面图，故在绘制时，应按剖面图的方法绘制，被剖切到的墙、柱轮廓用粗实线（$b=1\text{mm}$），门的开启方向线可用中粗实线（$0.5b$）或细实线（$0.25b$），窗的轮廓线以及其他可见轮廓和尺寸线等用细实线（$0.25b$）表示。如若剖切面上面有高窗及其他构配件等部分，还要用细虚线表示并标注洞口尺寸及标注下皮标高。

4.2.1 底层平面图

底层平面图中应该表示如下内容：

1）绘制墙身定位轴线和柱网，表示建筑物的墙、柱位置并对其轴线编号。轴线横向编号用阿拉伯数字，从左到右顺序编写；轴线竖向编号用大写拉丁字母表示，从下到上顺序编写；拉丁字母的I、O、Z不得用作轴线编号，以免与数字1、0、2混淆。

2）标注尺寸。外墙一般应标注三道尺寸。第一道尺寸为细部尺寸，主要表示外墙墙段、门窗尺寸及定位。第二道为轴线尺寸，一般也是房屋开间或进深尺寸。第三道为总尺寸。同时对内墙上的墙段、门窗尺寸进行定位及标注。

3）注明各房间名称。

4）标注室内外楼地面标高。室内地面标高为±0.000m，室外标高一般为-0.450m，即设三个台阶。卫生间等需要排水的地方，根据地面防水做法，标高要比室内地面低0.02~0.05m。

5）表示楼梯的位置及楼梯上下行方向。楼梯的详细尺寸及平台标高等可在楼梯详图中表示。

6）表示阳台、雨篷、台阶、雨水管、散水、明沟、花池等的位置及尺寸。

7）表示室内设备（如卫生器具、水池等）的形状、位置。

8）画出剖面图的剖切符号及编号。剖面图的数量是根据房屋的复杂情况和施工实际需要决定的；剖切面的位置，要选择在房屋内部构造比较复杂，有代表性的部位，如门窗洞口和楼梯间等位置，并应通过门窗洞口。

9）标注墙厚及墙与轴线的关系（偏轴还是中心轴线）。

10）标注详图索引符号。

11）画出指北针。指北针常用来表示建筑物的朝向。

12）注写图名、比例及其他需要文字说明的内容。用图线表现的不充分和无法用图线表示的地方，需要文字说明。图名字高一般为7~10号字，文字说明一般为5号字。尺寸数字字高通常用3.5号。

4.2.2 标准层平面图

底层平面图中定位轴线确定后，其他层应和底层对应，不能另行编号。在标准层中除了不需表示底层平面图中的第6）、8）、11）条中的内容外，其他和底层平面图相同。标准层中的标高要表示出所有要表示的平面图的标高。一般二层平面图中有雨篷，如果其他房间和结构与标准层相同，也可归到标准层中，在雨篷处标注“该雨篷仅用于二层”。

4.2.3 顶层平面图

顶层平面图与标准层平面图的区别除了房间功能或结构布置不同外，主要是楼梯的表示方法不同。顶层的楼梯间如果没有凸出屋面，则没有折断线。如果凸出屋面，则和标准层相同。

4.2.4 屋顶平面图

屋顶平面图主要表示屋顶檐口、檐沟、屋顶坡度、分水线与雨水口的投影，出屋顶水箱间、上人孔、消防梯及其他构筑物、索引符号等；上人屋面应绘出屋面做法，局部屋顶排水可采用引出局部绘制。因屋顶平面图中内容较少，图比例采用1:150、1:200比较合适。

4.3 建筑立面图

建筑立面图是在与房屋立面平行的投影面上所作的房屋正投影图。它主要反映房屋的长度、高度、层数等外貌和外墙装修构造。它的主要作用是确定门窗、檐口、雨篷、阳台等的形状和位置，指导房屋外部装修施工和计算有关预算工程量。

立面图的命名方式有三种：

1）用房屋的朝向命名，如南立面图、北立面图等。

2）根据主要出入口命名，如正立面图、背立面图、侧立面图。

3）用立面图上首尾轴线命名，如①~⑧轴立面图和⑧~①立面图。

建筑立面图命名目的在于能够一目了然地识别其立面的位置。只要能明确立面位置，采取哪种方式，视具体情况而定。

立面图的比例一般与平面图相同。一般来说，只要立面上的内容不同，就应该绘制每个立面图，如果侧立面比较简单，两个侧立面也可以只画一个。为使建筑立面图主次分明、图面美观，通常将建筑物不同部位采用不同粗细的线型来表示。最外轮廓线用粗实线（$b=1\text{mm}$）表示，室外地坪线用加粗实线（$1.4b$）表示，所有凸出部位（如阳台、雨篷、线脚、门窗洞等）用中实线（$0.5b$）表示，其余部分用细实线（$0.25b$）表示。

建筑立面图中主要表示的内容有：

1）室外地坪线及房屋的勒脚、台阶、花池、门窗、雨篷、阳台、室外楼梯、墙、柱、檐口、屋顶、雨水管等内容。

2）尺寸标注。用标高标注出各主要部位的相对高度，如室外地坪、窗台、阳台、雨篷、女儿墙顶、屋顶水箱间及楼梯间屋顶等的标高。同时用尺寸标注的方法标注立面图上的细部尺寸、层高及总高。立面尺寸标注尽量标注最近的洞口、分格尺寸。

3）建筑物两端的定位轴线及其编号。

4）外墙面装修。可以用文字说明，也可以用详图索引符号表示。

绘制立面图时要注意窗户的顶标高要考虑层高及梁高并尽量保持齐平。雨水管的底部和室外地面之间要有一定的距离。

4.4 建筑剖面图

建筑剖面图是假想用一铅垂剖切面将房屋剖切开后移去靠近观察者的部分，作出剩下部分的投影图。剖面图用以表示房屋内部的结构或构造方式，如屋面（楼、地面）形式、分层情况、材料、做法、高度尺寸及各部位的联系等。它与平、立面图互相配合，用于计算工程量，指导各层楼板和屋面施工、门窗安装和内部装修等。剖面图的数量是根据房屋的复杂情况和施工实际需要决定的；剖切面的位置要选择在房屋内部构造比较复杂、有代表性的部位，如门窗洞口和楼梯间等位置，并应通过门窗洞口。剖面图的图名应与底层平面图中剖切符号相对应。

建筑剖面图的图示内容：

1）必要的定位轴线及轴线编号。

2）剖切到的屋面、楼面、墙体、梁等的轮廓及材料做法。

3）建筑物内部分层情况以及竖向、水平方向的分隔。

4）即使没被剖切到，但在剖视方向可以看到的建筑物构配件。

5）屋顶的形式及排水坡度。

6）标高及必须标注的局部尺寸。

7）必要的文字注释。

在剖面图中，被剖切到的主要建筑构造的轮廓线采用粗实线（b）绘制；被剖切到的次要建筑构造和未被剖切到的建筑构配件采用中实线（$0.5b$）绘制；其他采用细实线（$0.25b$）绘制。

4.5 楼梯详图

楼梯是由楼梯段、休息平台、栏杆或栏板组成。楼梯详图主要表示楼梯的类型、结构形式、各部位的尺寸及装修做法等，是楼梯施工放样的主要依据。楼梯详图一般分为建筑详图与结构详图，应分别绘制并编入建筑施工图和结构施工图中。对于一些构造和装修较简单的现浇钢筋混凝土楼梯，其建筑详图与结构详图可合并绘制，编入建筑施工图或结构施工图。

楼梯的建筑详图一般有楼梯平面图、楼梯剖面图以及踏步和栏杆等节点详图。

4.5.1 楼梯平面图

楼梯平面图实际上是建筑平面图中楼梯间部分的局部放大图。楼梯平面图通常要画出底层楼梯平面图、顶层楼梯平面图及中间各层的楼梯平面图。如果中间各层的楼梯位置、楼梯数量、踏步数、梯段长度都完全相同时，可以只画一个中间层楼梯平面图，这种相同的中间层的楼梯平面图称为标准层楼梯平面图。在标准层楼梯平面图中的楼层地面和休息平台上应标注出各层楼面及平台面相应的标高，其次序应由下而上逐一注写。通常三个平面图画在同一张图样内，并互相对齐，这样既便于阅读，又可省略标注一些重复的尺寸。

（1）楼梯平面图表示内容

1）楼梯间的开间和进深尺寸、楼地面和平台面的尺寸及标高。

2）梯段的长度和宽度，通常用踏步数与踏步宽度的乘积来表示梯段的长度。

3）上行或下行的方向。梯段的上行或下行方向是以各层楼地面为基准标注的。向上者称为上行，向下者称为下行，并用长线箭头和文字在梯段上注明上行、下行的方向及踏步总数。

4）栏杆扶手的位置以及其他一些平面形状。

（2）注意事项

1）楼梯段被水平剖切后，其剖切线是水平线，而各级踏步也是水平线，为了避免混淆，剖切处规定画45°折断符号。

2）首层楼梯平面图中的45°折断符号应以楼梯平台板与梯段的分界处为起始点画出，使第一梯段的长度保持完整。

4.5.2 楼梯剖面图

楼梯剖面图实际上是在建筑剖面图中楼梯间部分的局部放大图。表示楼梯剖面图剖切位置的剖切符号应在底层楼梯平面图中画出。

（1）楼梯剖面图表示内容

1）楼梯间的进深尺寸及轴线编号。

2）楼梯段的高度、踏步的宽度和高度、级数。梯段的高度尺寸可用级数与踢面高度的乘积来表示，应注意的是级数与踏面数相差为1，即踏面数 = 级数 - 1。

3）栏杆、栏板的构造做法及高度尺寸。

4）楼地面的标高以及楼地面、楼梯平台的标高、构造做法。楼梯间外墙上门窗洞口的高度尺寸和标高。

（2）注意事项

1）剖切平面一般应通过第一跑，并位于能剖到门窗洞口的位置上，剖切后向未剖到的梯段进行投影。

2）在多层建筑中，若中间层楼梯完全相同时，楼梯剖面图可只画出底层、中间层、顶层的楼梯剖面，在中间层处用折断线符号分开，并在中间层的楼面和楼梯平台面上注写适用于其他中间层楼面的标高。

3）若楼梯间的屋面构造做法没有特殊之处，一般不再画出。

4.6 其他详图

对建筑物的局部及构配件，用较大的比例将其形状、大小、结构、材料及做法详细表示出来的图样，称为建筑详图。其特点是比例较大，一般采用1:1、1:5、1:10、1:20、1:50等，尺寸齐全、图示详尽清楚。

建筑详图是对在平面图、立面图、剖面图中没有表达清楚的地方的补充。详图的种类和数量与工程的规模、结构形式、造价的复杂程度有关。常见的详图包括楼梯详图、门窗、阳台、卫生间、厨房、墙体剖面等。对大量重复出现的构配件如门窗、台阶、面层做法等，通常采用标准设计，即由国家或地方编制的一般建筑常用的构、配件详图，供设计人员选用，以减少不必要的重复劳动。在读图时要学会查阅这些标准图集。

4.7 建筑施工图实例

4.7.1 建筑设计总说明

1. 工程概况

本工程为某四层办公楼，设计使用年限为50年，为二类办公建筑，长54m，宽17.4m。室内外高差0.45m，框架结构。由于钢筋混凝土现浇框架结构的伸缩缝最大间距为55m，故不需要设伸缩缝。建筑形状规则，不需要设防震缝。没有高低错层，地基土质均匀，不需设沉降缝。基底面积为 $54m \times 17.4m = 939.6m^2$，根据建筑面积计算规则，该办公楼建筑面积为 $54m \times 17.4m \times 4 = 3758.4m^2$。建筑高度从室外地坪至屋面高度为 $0.45m + 3.6m \times 4 = 14.85m$。层高3.6m，考虑框架梁高0.7m，室内净高2.9m，大于二类办公建筑最小净高2.6m。

根据民用建筑分类标准，该办公楼属于高度不大于24m的多层民用建筑。根据工程等级划分标准，该建筑面积不大于5000m²，高度不大于24m，工程等级为三级。

屋面防水等级为二级。该建筑所在地区为8度抗震设防，设计基本地震加速度0.2g。

2. 设计依据

建筑设计应满足相应的规范规程，主要有 GB 50352—2005《民用建筑设计通则》；GJG 67—2006《办公建筑设计规范》；GB 50016—2006《建筑设计防火规范》等。

3. 墙体工程

框架结构的墙体为围护墙，采用加气混凝土砌块，厚度 200mm。

4. 消防设计

该建筑耐火等级为二级，防火分区最大建筑面积为 $2500m^2$。该建筑每层建筑面积 939.6 m^2，两层为一个防火分区，在三层楼梯间口设乙级防火门，将整个建筑分为两个防火分区。

每层设两部楼梯，办公楼层数为四层，不需设置电梯。两部楼梯最近边缘之间的水平距离大于 5m。位于两个楼梯之间的房间门至最近楼梯出口的距离小于 40m，位于袋形走道两侧的房间门离最近楼梯出口的距离小于 20m。首层楼梯间设在离直通室外安全出口不大于 15m 处。走道和楼梯的净宽均大于 1.1m。门洞的宽度为 1m，办公室面积不超过75 m^2，可设一个门，且开启方向不限。会议室设两个门，且每个门的疏散人数超过 30 人，所以开向走廊。

建筑设计总说明如附图 1 所示（见书后插页）。

4.7.2 其他图样

其他图样如附图 2～8 所示。（见书后插页）

Chapter

2

第2篇

结构设计

5

第 5 章 结构计算前应做的准备工作

5.1 概述

在进行结构计算前，首先要认真阅读建筑施工图，了解建筑物的总高度、功能、层高、细部做法等有关内容；了解建筑物所在地的自然条件、地理条件、基本烈度、地质状况等内容；明确结构设计流程，并对各设计步骤进行资料查阅。

5.1.1 多层框架结构设计步骤

1）确定结构方案并进行结构布置。

2）初步选定梁柱截面尺寸及材料强度等级。

3）计算竖向荷载。

4）计算风荷载。

5）计算多遇地震烈度下的结构弹性地震作用。

6）多遇地震烈度作用下结构层间弹性变形验算，当不满足时要重新确定结构方案并重新选定梁柱截面尺寸。

7）竖向荷载作用下的框架内力计算。

8）水平荷载作用下的框架内力计算。

9）框架内力组合。

10）框架梁柱截面设计。

11）楼板设计。

12）楼梯设计。

13）基础设计。

14）绘制结构施工图。

5.1.2 结构设计所用的主要规范及图集

结构设计所用的主要规范有：GB 50009—2012《建筑结构荷载规范》，GB 50011—2010《建筑抗震设计规范》，GB 50223—2008《建筑抗震设防分类标准》，GB 50010—2010《混凝土结构设计规范》，GB 50007—2011《建筑地基基础设计规范》，GB 50068—2001《建筑结构可靠度设计统一标准》，GB/T 50105—2010《建筑结构制图标准》等。

结构设计所用的主要图集有：11G101-1《混凝土结构施工图平面整体表示方法制图规则和构造详图》，11G329-1《建筑物抗震构造详图》（多层和高层混凝土房屋）等。

5.1.3　在结构设计前要明确的工程内容

1）结构形式：根据建筑物的功能要求、建筑高度等确定合理的结构形式。

2）基础形式：根据地质报告提供的地质条件选择合理的基础形式。

3）基础设计等级：根据地基复杂程度，建筑物规模和功能特征以及由于地基问题可能造成建筑物破坏或影响正常使用的程度确定工程基础设计等级。

4）抗震设防类别：根据建筑物重要性确定建筑物抗震设防类别。

5）设防烈度：根据所确定的抗震设防类别、所在地区基本烈度确定结构计算及抗震措施所确定的设防烈度。

6）抗震等级：根据建筑物设防烈度、结构形式、建筑物高度、建筑场地类别确定。

7）结构安全等级：根据建筑物的重要程度确定结构的安全等级重要性系数。

8）设计合理使用年限的确定：一般50年（正常施工、使用、维护）。

5.2　结构选型与结构布置

5.2.1　结构选型

结构设计中，选择合理科学的结构体系是非常重要的，是使结构达到既安全可靠又经济合理的前提条件。结构选型时应充分了解各种结构体系的特点及适用范围，根据工程的建设条件综合分析确定。

常用的建筑结构形式有混合结构、框架结构、框架-剪力墙结构、剪力墙结构、筒体结构等。多层建筑常采用混合结构和框架结构。混合结构主要是墙体承重，承载力低，自重大，结构布置不灵活。框架结构是由梁和柱通过节点连接形成的骨架，该骨架承受竖向和水平荷载作用。框架结构体系的最大特点是承重结构和围护、分隔构件完全分开，墙只起围护、分隔作用。框架结构建筑平面布置灵活，空间划分方便，易于满足生产工艺和使用要求，构件便于标准化，具有较高的承载力和较好的整体性。因此，它被广泛应用于多层工业厂房及多高层办公楼、医院、旅馆、教学楼、住宅等。框架结构在水平荷载作用下表现出抗侧移刚度小，水平位移大的特点，属于柔性结构，故随着房屋层数的增加，水平荷载逐渐增大，结构将因侧移过大而不能满足要求。框架结构的适用高度为6~15层，非地震区也可建到15~20层。现浇钢筋混凝土框架房屋适用的最大高度见表5-1。

表5-1　现浇钢筋混凝土框架房屋适用的最大高度　（单位：m）

结构类型	烈度				
	6	7	8(0.2g)	8(0.3g)	9
框架	60	50	40	35	24

5.2.2 结构布置

1. 结构布置原则

结构布置的工作主要是合理确定梁柱的位置和跨度，其基本原则是：结构平面形状和立面体型宜简单、规则，使刚度均匀对称，减少偏心和扭转。这里的“规则”，包含了对建筑的平、立面外形尺寸，抗侧力构件布置、质量分布，直至承载力分布等诸多要求。建筑结构的平、立面是否规则，对结构的抗震性能具有最重要的影响，也是建筑设计首先遇到的问题。国内外多次地震中均有不少震例表明，房屋体形不规则、平面上凸出凹进，立面上高低错落，破坏程度比较严重；而简单、对称的建筑的震害较轻。

控制结构的高宽比，可以减少水平荷载作用下的侧移。钢筋混凝土框架结构的高宽比限值可按如下取值：6 度、7 度抗震设防时为 4；8 度抗震设防时为 3；9 度抗震设防时为 2。

2. 柱网、层高及梁板跨度

1）小柱网：一个开间为一个柱距，柱距一般为 4.2m、4.5m、4.8m 等；大柱网：两个开间为一个柱距，柱距通常为 6.0m、6.6m、7.2m、7.5m 等。

2）层高：2.8 ~4.8m。

3）跨度（进深）：4.8m、5.4m、6.0m、6.6m、7.2m、7.5m 等。工程中常用的梁、板跨度：框架梁 5 ~8m，次梁 4 ~6m，单向板跨不宜超过 3m，双向板跨 4m 左右。

设计时尽量统一柱网和层高，以减少构件的种类和规格，简化梁柱设计及施工。

3. 结构布置中应注意的问题

1）合理设置变形缝。当框架结构建筑物总长度超过 55m 时宜设温度伸缩缝，并满足防震缝宽度要求，否则，应注明采取的措施。

2）柱网不要太密集，最小尺寸不要小于 4000mm，也不要大于 9000mm。

3）沿纵横方向设置框架梁，与柱形成骨架。框架梁可轴心布置，也可布置于墙下，偏心布置时，注意偏心不宜大于该柱在此方向截面的 1/4，并注意考虑偏心引起的弯矩。

4）若框架柱网尺寸较大，应设置次梁将板分割成小块板，以减小板厚。

5）墙下宜设梁。

5.3 构件截面尺寸及材料强度等级确定

1. 梁截面尺寸

一般取主梁高 $h=(1/18\sim1/10)L$，且不大于 1/4 梁净跨；梁宽度 $b=(1/2\sim1/3)h$，不宜小于 200mm。梁截面高宽比不宜大于 4。次梁高 $h=(1/18\sim1/15)L$，扁梁：$h=(1/18\sim1/15)L$，宽度与截面高度的比值不宜超过 3。梁高较小时，需验算挠度和裂缝宽度。

2. 柱截面尺寸

1）矩形截面柱的边长，非抗震设计时不宜小于 250mm，四级或不超过 2 层时不宜小于 300mm，一、二、三级且超过 2 层时不宜小于 400mm。

2）剪跨比宜大于 2。

3）矩形柱的截面长边与短边之比不宜大于 3。

4）轴压比限制。轴压比是指柱组合的轴压力设计值与柱的全截面面积和混凝土抗压强度设计值乘积之比。由于柱承受的轴压力较大，还必须满足轴压比限值的要求。柱轴压比不宜超过表5-2的规定。

表5-2　柱轴压比限值

结构类型	抗震等级			
	一	二	三	四
框架结构	0.65	0.75	0.85	0.90

3. 板厚

现浇连续单向板 $h \geqslant l/40$，连续双向板 $h \geqslant l/50$，$h \geqslant 80\text{mm}$。

4. 材料强度等级

（1）混凝土强度

1）一级抗震等级，不应低于C30；二～四级及非抗震设计，不应低于C20。

2）框架梁混凝土强度等级不宜高于C40，设防烈度为8度时，框架柱混凝土强度等级不宜大于C70。

（2）钢筋　混凝土结构的钢筋应按下列规定选用：

1）纵向受力普通钢筋宜采用HRB400、HRB500、HRBF400、HRBF500级钢筋，也可以采用HPB300、HRB335、HRBF335、RRB400级钢筋。

2）梁柱纵向受力普通钢筋宜采用HRB400、HRB500、HRBF400、HRBF500级钢筋。

3）箍筋宜采用HRB400、HRB500、HPB300、HRB500、HRBF500级钢筋，也可以采用HRB335、HRBF335级钢筋。

5.4　结构计算简图

实际结构是三维空间结构，当结构布置规则、荷载分布均匀时，可以将空间框架简化为平面框架，采用手算进行分析，其中计算模型和受力分析都必须进行不同程度的简化。计算简图由计算模型及作用在其上的荷载共同组成，对杆件、节点、支座、荷载等进行了简化。框架结构的计算简图，就是结构力学课程中讨论的刚架。

5.4.1　计算单元

取中间具有代表性的一榀框架进行分析。杆件以轴线表示，梁柱节点简化为刚结点，框架柱在基础顶面按固端考虑。梁的跨度取框架柱轴线距离，当各跨跨度相差不大于10%时，可简化为等跨框架，跨度取平均值。当上下层柱截面尺寸变化时，一般以最小截面的形心线来确定。层高取结构层高，底层柱长度从基础承台顶面算起。在基础设计还未进行时，根据地基图层的分布情况，初步确定基础形式、基础高度和持力层位置，估算出基础顶面的位置。

5.4.2　荷载

作用在框架上的荷载包括竖向荷载和水平荷载。竖向荷载包括恒载和活载，水平荷载包括风荷载和地震作用。

1. 楼面（屋面）恒载

包括楼面（屋面）自重，建筑面层自重和顶棚自重。

2. 楼面活荷载

根据建筑的使用功能查询 GB 50009—2012《建筑结构荷载规范》。在计算竖向荷载时，次梁传给主梁的荷载不考虑次梁的连续性，按各跨简支计算传至主梁的集中荷载。双向板传给框架梁的荷载为三角形或梯形，为计算方便，可以按支座弯矩等效的原则改变为等效均布荷载，荷载等效图如图 5-1 所示。

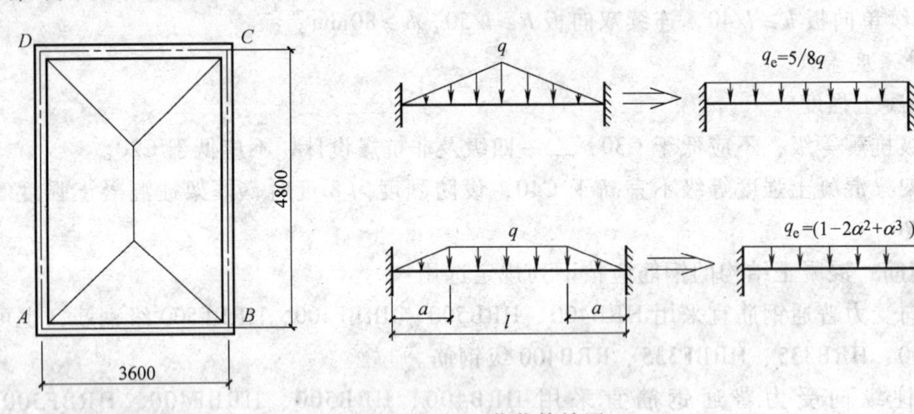

图 5-1　荷载等效图

3. 风荷载

主体结构计算时，垂直于建筑物表面单位面积上的风荷载标准值应按下式计算

$$\omega_k = \beta_z \mu_s \mu_z \omega_0 \tag{5-1}$$

式中　ω_k——风荷载标准值（kN/m^2）；

ω_0——基本风压（kN/m^2）；

μ_s——风荷载体型系数；

μ_z——风压高度变化系数；

β_z——z 高度处的风振系数。

式（5-1）中各参数由《建筑结构荷载规范》（以下简称《荷规》）中查得。计算时，将风荷载换算成作用于框架每层节点上的集中荷载，范围是上下各半层，左右各 1/2 跨的风压总和。

4. 地震作用

在进行地震作用计算前，首先要明确建筑抗震设防类别、设防烈度、结构抗震等级、计算方法等。

（1）建筑抗震设防类别　GB 50223—2008《建筑工程抗震设防分类标准》第 3.0.2、3.0.3 条规定，建筑工程分为以下四类抗震设防类别：

1）特殊设防类：指使用上有特殊设施，涉及国家公共安全的重大建筑工程和地震时可能发生严重次生灾害等特别重大灾害后果，需要进行特殊设防的建筑，简称甲类。

2）重点设防类：指地震时使用功能不能中断或需尽快恢复的生命线相关建筑，以及地震时可能导致大量人员伤亡等重大灾害后果，需要提高设防标准的建筑，简称乙类。

3）标准设防类：指大量的除1）、2）、4）以外按标准要求进行设防的建筑，简称丙类。

4）适度设防类：指使用上人员稀少且震损不致产生次生灾害，允许在一定条件下适度降低要求的建筑，简称丁类。

其中，各抗震设防类别建筑的抗震设防标准，应符合下列要求：

1）标准设防类，应按本地区抗震设防烈度确定其抗震措施和地震作用，达到在遭遇高于当地抗震设防烈度的预估罕遇地震影响时不致倒塌或发生危及生命安全的严重破坏的抗震设防目标。

2）重点设防类，应按高于本地区抗震设防烈度一度的要求加强其抗震措施；但抗震设防烈度为9度时应按比9度更高的要求采取抗震措施；地基基础的抗震措施，应符合有关规定。同时，应按本地区抗震设防烈度确定其地震作用。

3）特殊设防类，应按高于本地区抗震设防烈度提高一度的要求加强其抗震措施；但抗震设防烈度为9度时应按比9度更高的要求采取抗震措施。同时，应按批准的地震安全性评价的结果且高于本地区抗震设防烈度的要求确定其地震作用。

4）适度设防类，允许比本地区抗震设防烈度的要求适当降低其抗震措施，但抗震设防烈度为6度时不应降低。一般情况下，仍应按本地区抗震设防烈度确定其地震作用。

值得注意的是，对学校建筑，“中学”和“高校”的设防类别不同，“中学”应为乙类设防，“高校”为丙类设防。

（2）设防烈度　不同地区的设防烈度见GB 50011—2010《建筑抗震设计规范》附录A，其中包括设防烈度、设计基本地震加速度和设计地震分组。

（3）结构抗震等级　混凝土结构构件的抗震设计，应根据设防烈度、结构类型、房屋高度，采用不同的抗震等级，并应符合相应的计算要求和抗震构造措施。现浇钢筋混凝土框架结构房屋的抗震等级见表5-3。

（4）计算方法　高度不超过40m，以剪切变形为主且质量和刚度沿高度分布比较均匀的结构，可采用底部剪力法计算地震作用。

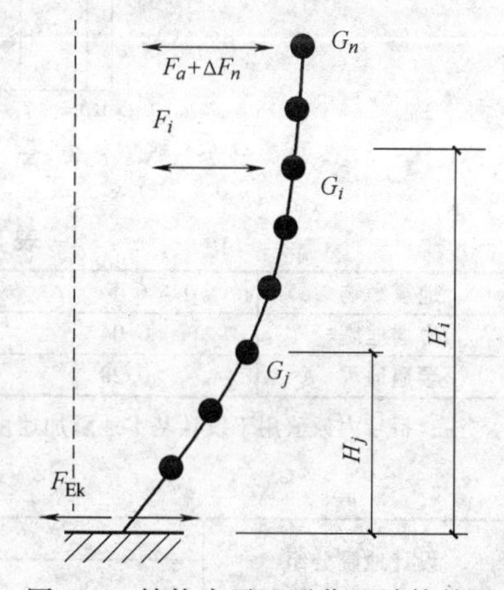

图5-2　结构水平地震作用计算简图

表5-3　现浇钢筋混凝土框架结构房屋的抗震等级

结构类型		设防烈度						
		6		7		8		9
框架结构	高度	≤24	>24	≤24	>24	≤24	>24	≤24
	框架	四	三	三	二	二	一	一
	大跨度框架	三		二		一		一

采用底部剪力法时，各楼层可仅取一个自由度，结构水平地震作用计算简图如图5-2所示。

结构水平地震标准值，可按下列公式确定

$$F_{Ek}=\alpha_1 G_{eq} \tag{5-2}$$

$$F_i = \frac{G_i H_i}{\sum G_j H_j} F_{\mathrm{Ek}} (1 - \delta_n) \tag{5-3}$$

$$\Delta F_n = \delta_n F_{\mathrm{Ek}} \tag{5-4}$$

式中 F_{Ek}——结构总水平地震作用标准值；

α_1——相应于结构基本自振周期的水平地震影响系数，多层砌体房屋、底部框架和多层内框架砖房，可取水平地震影响系数最大值，水平地震影响系数曲线如图 5-3 所示，水平影响系数最大值见表 5-4；特征周期见表 5-5；

F_i——质点水平地震作用标准值；

G_i、G_j——集中于质点的重力荷载代表值，各层重力荷载代表值中的恒载为整个楼层的以楼面上下各半层高度范围内的恒载，包括梁、柱、板、墙等；

H_i、H_j——集中于质点的计算高度；

δ_n——顶部地震作用系数，多层钢筋混凝土房屋可按表 5-6 采用；

ΔF_n——顶部附加地震作用。

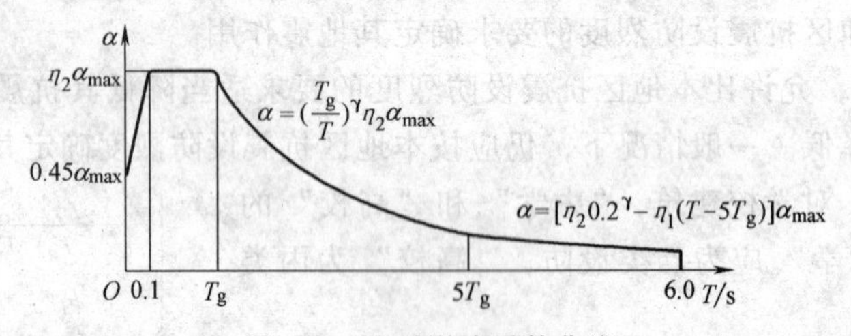

图 5-3 地震影响系数曲线

表 5-4 水平地震影响系数最大值

地震影响	6 度	7 度	8 度	9 度
多遇地震	0.04	0.08(0.12)	0.16(0.24)	0.32
罕遇地震	0.28	0.50(0.72)	0.90(1.20)	1.40

注：括号内数值用于设计基本地震加速度分别为 0.15g 和 0.30g 的地区。

表 5-5 特征周期值 （单位：s）

设计地震分组	场地类别				
	Ⅰ$_0$	Ⅰ$_1$	Ⅱ	Ⅲ	Ⅳ
第一组	0.20	0.25	0.35	0.45	0.65
第二组	0.25	0.30	0.40	0.55	0.75
第三组	0.30	0.35	0.45	0.65	0.90

表 5-6 顶部附加地震作用系数

T_g/s	$T_1>1.4T_g$	$T_1\leqslant1.4T_g$
≤0.35	$0.08T_1+0.07$	0.0
0.35~0.55	$0.08T_1+0.01$	
≥0.55	$0.08T_1-0.02$	

T_1 为结构基本自震周期，对于质量、刚度沿竖向分布比较均匀的框架结构，可按下式计算基本自震周期

$$T_1 = 1.7\alpha_0\sqrt{\Delta T}$$

式中 α_0——考虑非承重墙体刚度对结构周期的调整系数，当采用实砌填充砖墙时取 0.6~

0.7；当采用轻质墙、外挂墙板时，取0.8，无纵墙时取0.9；

ΔT——结构顶点的假想位移值，是以各质点的重力荷载代表值 G_i 作为水平荷载求得的结构顶点水平位移。

建筑结构地震影响系数曲线的阻尼调整和形状参数应符合下列要求：除有专门规定外，建筑结构的阻尼比应取0.05，地震影响系数曲线的阻尼调整系数应按1.0采用，形状参数应符合下列规定：

1）直线上升段，周期小于0.1s的区段。

2）水平段，自0.1s至特征周期区段，应取最大值（α_{max}）。

3）曲线下降段，自特征周期至5倍特征周期区段，衰减指数应取0.9。

4）直线下降段，自5倍特征周期至6s区段，下降斜率调整系数应取0.02。

$$G_{eq} = G_K + \sum_{i=1}^{n} \psi_{Qi} Q_{ik}$$

式中 G_{eq}——结构等效总重力荷载，单质点取总重力荷载代表值，多质点可取重力荷载代表值的0.85；结构的重力荷载代表值等于结构和构配件自重标准值 G_K 加上各可变荷载组合值。

Q_{ik}——第 i 个可变荷载标准值；

ψ_{Qi}——第 i 个可变荷载的组合值系数，组合值系数见表5-7，一般所取活载为按等效均布荷载考虑的楼面活荷载，取系数0.5；

表5-7 组合值系数

可变荷载种类	组合值系数	
雪荷载	0.5	
屋面积灰荷载	0.5	
屋面活荷载	不考虑	
按实际情况考虑的楼面活荷载	1.0	
按等效均布荷载考虑的楼面活荷载	藏书库、档案库	0.8
	其他民用建筑	0.5
起重机悬吊物重力	硬钩起重机	0.3
	软钩起重机	不考虑

采用底部剪力法时，凸出屋面的屋顶间、女儿墙、烟囱等的地震作用效应，宜乘以增大系数3，此增大部分不应往下传递，但与该凸出部分相连的构件应予计入。

5.4.3 多遇烈度地震作用下结构层间弹性变形验算

框架结构在水平荷载作用下产生的侧移主要有梁柱弯曲变形产生的侧移和柱轴向变形产生的侧移。当房屋高度小于50m，高宽比小于4时，可不考虑柱轴向变形产生的侧移。柱抗侧移刚度 D 值的物理意义是单位层间侧移所需的层剪力，故当框架第 i 层的层剪力已知时，该层的相对线位移则为

$$\Delta_{ue} = \frac{V_i}{\sum D_i} \tag{5-5}$$

水平荷载作用下框架弹性侧移应满足GB 50011—2010《建筑抗震设计规范》所规定的弹性层间位移角限值1/550。若水平侧移不满足规范要求，应重新确定截面尺寸，增大结构

刚度。

框架内力计算、内力组合及截面配筋设计、楼梯、楼板、基础等相关内容见相应章节。

5.5 结构安全等级

按照 GB 500611—2001《建筑结构可靠度设计统一标准》第 1.0.11 条，建筑结构设计时，应根据结构破坏可能产生的后果（危及人的生命、造成经济损失、产生社会影响等）的严重性，采用不同的安全等级。建筑结构划分为一级、二级、三级三个安全等级，见表5-8。

表 5-8 建筑结构的安全等级

安全等级	破坏后果	建筑物类型
一级	很严重	重要的房屋
二级	严重	一般的房屋
三级	不严重	次要的房屋

对安全等级为一级的结构构件，结构的重要性系数 γ_0不应小于 1.1；对安全等级为二级的结构构件，γ_0不应小于 1.0；对安全等级为三级的结构构件，γ_0不应小于 0.9。

5.6 结构使用年限

结构在规定的设计使用年限内应满足下列功能要求：

1）在正常施工和正常使用时，能承受可能出现的各种作用。

2）在正常使用时具有良好的工作性能。

3）在正常维护下具有足够的耐久性能。

4）在设计规定的偶然事件发生时及发生后，仍能保持必需的整体稳定性。

结构设计使用年限见表 1-1 。

6

第6章 现浇楼板设计

6.1 混凝土结构中板的简化算法

板，按照受力方向可分为单向板和双向板，按形状可分为直板和折板，按是否施加预应力可分为预应力板和非预应力板，按照制作方式可分为预制板和现浇板。预制构件可以根据板长和荷载大小直接选择板的型号。预应力构件手算较繁琐，本节主要介绍现浇单向板、双向板直板。板的设计计算一般包括以下几步：判别板的类型、确定板厚、荷载计算、计算模型、内力计算、板内配筋、构造要求设计等。

6.1.1 单向板

1. 概念

当板的荷载沿一个方向传递或主要沿一个方向传递时，称为单向板。当板只有两对边支撑时，该板应按单向板计算；四边支撑的板，长边和短边之比大于等于2时，可按沿短边方向受力的单向板计算。

2. 板厚

板的厚度应由设计计算确定，即满足承载力、刚度和裂缝宽度的要求。单向板两端简支时，板厚取板计算跨度的1/35~1/25，一般取1/30。连续板可取计算跨度的1/40~1/35。楼梯板板厚取楼梯斜板的水平投影长度1/30~1/25，一般取1/25。一般楼层现浇板厚不应小于80mm，当板内预埋暗管时不宜小于100mm。板内管径不得大于板厚的1/3，交叉处PVC管重叠不应超过2层，且所占高度不大于板厚的1/2。顶层楼板厚度不宜小于120mm，并宜双层双向配筋。普通地下室顶板厚度不宜小于160mm。作为上部结构嵌固部位的地下室楼盖应采用梁板结构，楼板厚度不宜小于180mm。

3. 荷载计算

楼板上恒载包括两部分：一是结构层重，即楼板自重；二是构造层重，包括楼面或屋面做法、板底抹灰或吊顶的重力。楼板重力可根据板厚和混凝土重度计算得出。构造层重既可计算也可查《荷规》和有关建筑标准图集而得。例如，100mm厚的现浇混凝土板自重为$0.1\text{m}\times 25\text{kN/m}^3 = 2.5\text{kN/m}^2$，查相关资料得水磨石楼面自重$0.65\text{kN/m}^2$，板底抹灰自重$0.24\text{kN/m}^2$，其恒载为$2.5\text{kN/m}^2 + 0.65\text{kN/m}^2 + 0.24\text{kN/m}^2 = 3.39\text{kN/m}^2$（取$3.4\text{kN/m}^2$）。

活载根据建筑平面使用功能查看《荷规》确定。例如，办公室活载为2.0kN/m^2，走廊活载为2.5kN/m^2。这些恒、活载均为荷载标准值，乘以分项系数后为设计值。在有恒、活载的板上，最终的荷载设计值还需要确定是由恒载控制的组合还是由活载控制的组合，可用两个公式计算进行比较确定。由可变荷载效应控制的组合公式为

$$S_d = \sum_{j=1}^{m} \gamma_{G_j} S_{G_j k} + \gamma_{Q_1} \gamma_{L_1} S_{Q_1 k} + \sum_{i=2}^{n} \gamma_{Q_i} \gamma_{L_i} \psi_{c_i} S_{Q_i k} \tag{6-1}$$

式中 γ_{G_j}——第 j 个永久荷载的分项系数，应按规范取值，当永久荷载对结构不利时，对由可变荷载效应控制的组合应取1.2，对由永久荷载效应控制的组合应取1.35；

γ_{Q_i}——第 i 个可变荷载的分项系数，其中 γ_{Q_1} 为主导可变荷载 Q_1 的分项系数，应按规范取值，一般取1.4，对于标准值大于4kN/m^2 的工业房屋楼面结构的活载应取1.3；

γ_{L_i}——第 i 个可变荷载考虑设计使用年限的调整系数，其中 γ_{L_1} 为主导可变荷载 Q_1 考虑设计使用年限的调整系数，当设计使用年限为50年时，取1.0；

$S_{G_j k}$——按第 j 个永久荷载标准值 G_{jk} 计算的荷载效应值；

$S_{Q_i k}$——按第 i 个可变荷载标准值 Q_{ik} 计算的荷载效应值，其中 Q_{1k} 为可变荷载效应中起控制作用的可变荷载；

ψ_{c_i}——第 i 个可变荷载 Q_i 的组合值系数；

m——参与组合的永久荷载数；

n——参与组合的可变荷载数。

可变荷载控制的荷载效应值计算：γ_G 取1.2，γ_{Q1} 取1.4，则荷载设计值为

$$S = 1.2 \times 3.4\text{kN/m}^2 + 1.4 \times 2.0\text{kN/m}^2 = 6.88\text{kN/m}^2$$

由永久荷载效应控制的组合公式为

$$S_d = \sum_{j=1}^{m} \gamma_{G_j} S_{G_j k} + \sum_{i=1}^{n} \gamma_{Q_i} \gamma_{L_i} \psi_{c_i} S_{Q_i k} \tag{6-2}$$

γ_G 取1.35，γ_{Q_1} 取1.4，ψ_{c_i} 取0.7，则荷载设计值为

$$S = 1.35 \times 3.4\text{kN/m}^2 + 1.4 \times 0.7 \times 2.0\text{kN/m}^2 = 6.55\text{kN/m}^2$$

故知由可变荷载效应控制的组合起控制作用。取此荷载设计值为6.88kN/m^2。它与荷载标准值3.4kN/m^2 + 2.0kN/m^2 = 5.4kN/m^2 之比值为1.274。

注意：楼板设计不需要考虑地震作用的影响。对于楼板荷载，有一种情况应该引起重视。当楼板上直接砌筑隔墙而未在隔墙下设梁时，需将隔墙荷载转化为等效均布荷载，而不单单是在隔墙下设两根构造钢筋。等效均布荷载计算值和分布范围按《荷规》中附录B“楼面等效均布活荷载的确定方法”进行。以板上有墙为例。某单向板上沿受力方向设有120mm厚砖砌隔墙，如图6-1所示，板厚100mm，墙荷载 q = 8.5kN/m。

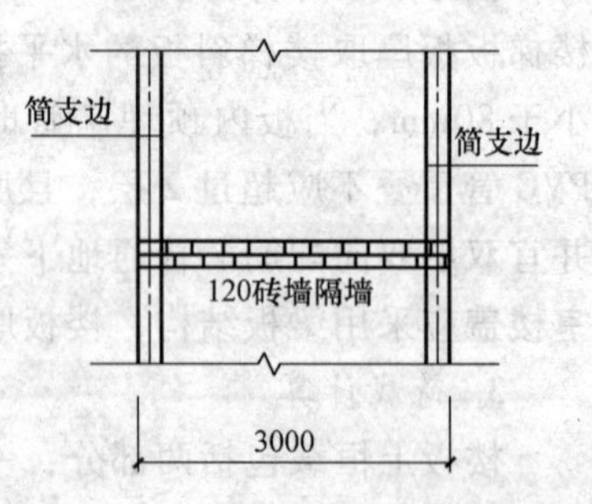

图6-1 板上等效荷载计算示意图

等效均布活载 q_e 可按下式计算

$$q_e = \frac{8M_{max}}{bl^2} \tag{6-3}$$

式（6-3）中M_{max}为简支单向板的绝对最大弯矩

$$M_{max} = \frac{1}{8}ql^2 = \frac{1}{8} \times 8.5 \times 3^2 \text{kN} \cdot \text{m} = 9.56\text{kN} \cdot \text{m}$$

式（6-3）中，b为板上荷载的有效分布宽度，b的确定符合《荷规》附录C中C.0.5条：局部荷载作用面的长边平行于板跨，且荷载作用面平行于板的宽度$b_{tx} = 3000\text{mm}$，荷载作用面垂直于板跨的计算跨度$b_{ty} = 120\text{mm}$。

荷载作用面平行于板跨的计算宽度$b_{cx} = b_{tx} + 2s + h$，其中s为垫层厚度。砖墙直接砌筑在板上时，垫层近似取为0，h为板厚。故$b_{cx} = 3000\text{mm} + 0\text{mm} + 100\text{mm} = 3100\text{mm}$。

荷载作用面垂直于板跨的计算宽度$b_{cy} = b_{ty} + 2s + h = 120\text{mm} + 100\text{mm} = 220\text{mm}$。

$b_{cx} > b_{cy}$，$b_{cy} < 0.6l$，$b_{cx} > l$，取$b_{cx} = l$

$$b = b_{cy} + 0.7l = 220\text{mm} + 0.7 \times 3000\text{mm} = 2320\text{mm}$$

代入等效均布活载公式$q_e = \frac{8M_{max}}{bl^2} = \frac{8 \times 9.56}{2.32 \times 3^2}\text{kN/m}^2 = 3.66\text{kN/m}^2$。此活载加上板上原有的活载即为板上宽度2320mm范围内的最后活载。

4. 计算模型

单向板一般取1m宽作为计算单元，简化成梁的模型。板构件用轴线代替，支座根据支撑情况简化为铰接或固接。连续单向板中间支座为固接，两端支撑也和单向板一样根据情况简化为铰接或固接。

搁置在砖墙上的板支座简化为铰接。对和梁整浇在一起的板，可以简化为固接，也可以简化为铰接。如果简化为固接，那么板上负钢筋按计算确定，进入支座（梁或剪力墙）内的锚固长度就必须满足锚固长度的要求。例如，C25混凝土浇筑的100mm厚板边支座处配有ϕ12HPB300级钢筋，边梁尺寸为250mm×500mm。如果此处板支座简化为固端，则锚固长度按式$l_a = \alpha \frac{f_y}{f_t}d$计算。钢筋的外形系数$\alpha = 0.16$，C25混凝土的$f_c = 270\text{N/mm}^2$，$f_t = 1.27\text{N/mm}^2$，锚固长度为$l_a = \alpha \frac{f_y}{f_t}d = 34d = 408\text{mm}$。那么这时板上的负筋要伸至梁边，伸入梁内的锚固长度为250mm－25mm＝225mm，小于锚固长度，则钢筋要弯入梁内，给施工造成麻烦，如图6-2所示。

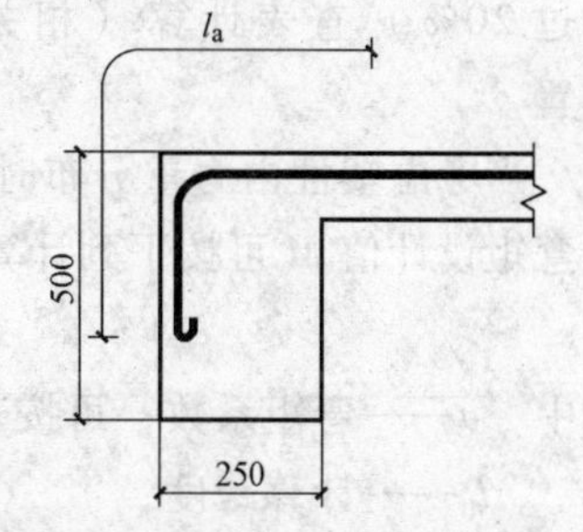

图6-2 固定支座钢筋锚固长度

如果板支座简化为铰接，则只需满足构造锚固长度5d或15d，则伸入梁内长度仅为60mm或180mm。即使钢筋选用直径较大，也只需伸入梁中或梁端，不需向下弯折。但采用简支支座时，边跨板的挠度往往超限，要注意调整板跨。

5. 内力计算

（1）计算简图　单跨单向板和多跨单向板的计算简图分别如图6-3和图6-4所示。

l_0为板的计算跨度，指支座反力之间的距离，是在计算内力时所应取用的长度。现浇板的计算跨度见表6-1。

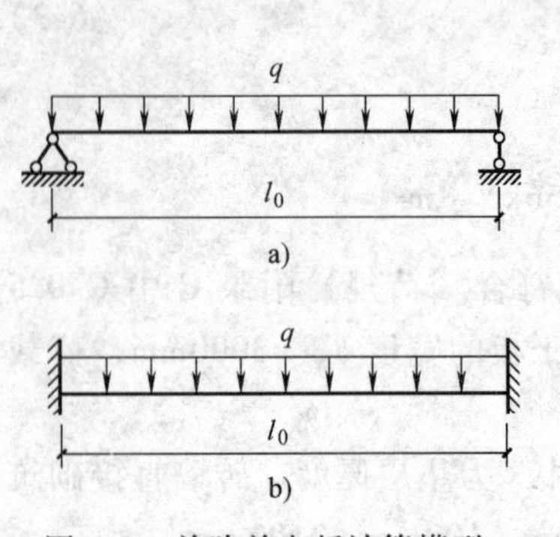

图 6-3 单跨单向板计算模型

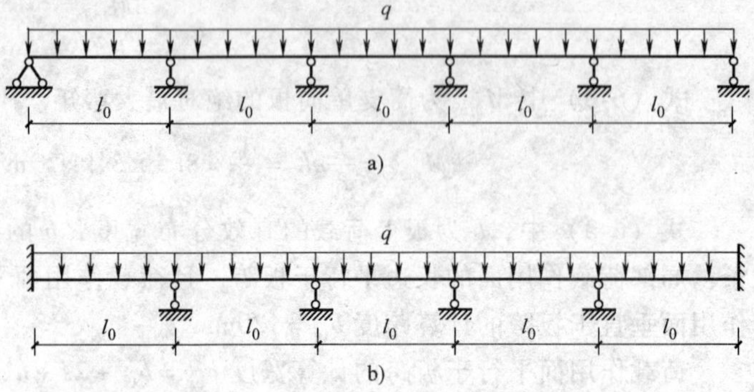

图 6-4 多跨单向板计算模型

表 6-1 现浇板的计算跨度 l_0

序号	构件名称	支座情况		计算跨度
1	单跨板	简支		L_0+h
2		一端简支另一端与梁整浇		$L_0+h/2$
3		两端均与梁整浇		L_0
4	多跨板	简支	$a \leqslant 0.1L_c$	L_c
5			$a>0.1L_c$	$1.1L_0$
6		两端均与梁整浇	按塑性计算	L_0
7			按弹性计算	L_c
8		一端嵌固墙内	$a \leqslant 0.1L_c$	$L_0+(h+a)/2$
9		一端简支	$a>0.1L_c$	$1.05L_0+h/2$
10		一端嵌固墙内	按塑性计算	$L_0+h/2$
11		一端与梁整浇	按弹性计算	$L_0+(h+a)/2$

注：L_0 为支座间净距；L_c 为支座中心间的距离；a 为支座宽度；h 为板的厚度。

(2) 计算方法 板的设计计算有线弹性分析方法、考虑塑性内力重分布分析方法、塑性极限分析方法。前两种方法可采用手算及查表的方式求得，第三种方法主要用软件计算。

当按线弹性分析方法时，单跨、连续板可按单跨梁、连续梁（等跨或相邻跨度不超过20%）查表计算（相关表格见《建筑结构静力计算手册》），并考虑活载的不利布置。

当考虑塑性内力重分布时，可采用调幅法计算连续单向板的内力，各跨跨中及支座截面的弯矩设计值 M 可按下列计算

$$M=a(g+p)l_0^2 \tag{6-4}$$

式中 a——弯矩系数，可按表 6-2 采用；

l_0——计算跨度；

g——恒载设计值；

p——活载设计值。

多跨板截面位置示意图如图 6-5 所示，表 6-2 中 A、B、C 按图中示意选取。

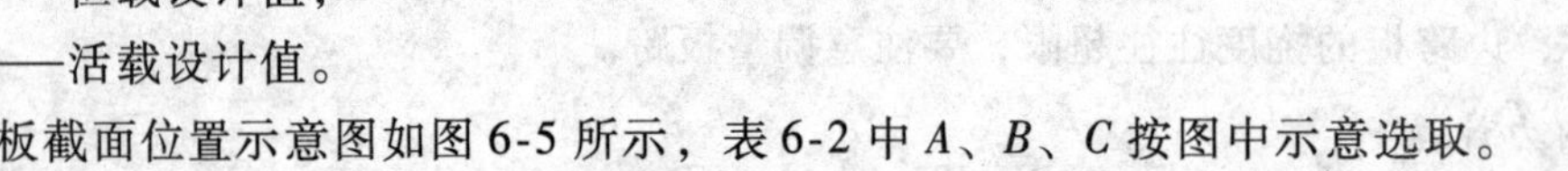

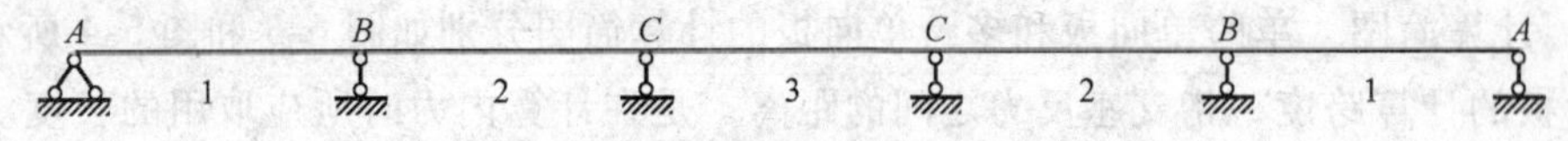

图 6-5 多跨板截面位置示意图

表 6-2　弯矩系数 a

端支座支撑情况	截面位置				
	端支座	边跨跨中	第一内支座	中间跨	中间支座
	A	1	B	2、3	C
搁置在墙上	0	$\frac{1}{11}$	$-\frac{1}{10}$(用于两跨连续板)	$\frac{1}{16}$	$-\frac{1}{14}$
与梁整浇	$-\frac{1}{16}$	$\frac{1}{14}$	$-\frac{1}{11}$(用于多跨连续板)		

注：表中弯矩系数用于荷载比 $p/g \geqslant 0.3$ 的等跨连续板。

表 6-2 是考虑活载不利布置、支座抗扭刚度对板内力的影响，按弹性分析方法求出连续板控制截面的弯矩，对支座弯矩调幅（20%），并根据平衡方程得出支座及跨中的弯矩系数。

6. 配筋计算

各跨中及支座处弯矩确定后，采用下式计算钢筋用量

$$A_s = \frac{M}{0.9 f_y h_0} \tag{6-5}$$

$$\text{或 } A_s = \frac{f_c b h_0}{f_y}\left(1 - \sqrt{1 - \frac{2M}{f_c b h_0^2}}\right) \tag{6-6}$$

计算出每米板宽范围内钢筋的面积，再查表 6-3 选用钢筋直径及间距。

表 6-3　每米板宽度内的钢筋截面面积　（单位：mm^2）

钢筋间距/mm	钢筋直径/mm					
	6	8	10	12	14	16
100	283	503	785	1131	1539	2011
110	257	457	714	1028	1399	1828
120	236	419	654	942	1283	1676
125	226	402	628	905	1232	1608
130	217	387	604	870	1184	1547
140	202	359	561	808	1100	1436
150	188	335	524	754	1026	1340
160	177	314	491	707	962	1257
170	166	296	462	665	906	1183
175	162	287	449	646	880	1149
180	157	279	436	628	855	1117
190	149	265	413	595	810	1058
200	141	251	392	565	770	1005
250	113	201	314	452	616	804
300	94	168	262	377	513	670

表 6-3 所列每米板宽度内的钢筋截面面积可由下式计算

$$A_s = \frac{1000\text{mm}}{s} \times \left(\frac{d}{2}\right)^2 \times \pi$$

式中　s——钢筋间距；

　　　d——钢筋直径。

7. 构造规定

1）最小配筋率。板属于受弯构件，最小配筋率取 0.2% 和 $45 f_t / f_y$% 中的较大值。最小

配筋量的计算公式为

$$A_{\text{smin}} = h \times 1000 \times \rho_{\min}$$

式中 h——板厚（mm）；

$\rho_{\min}$——最小配筋率。

2）钢筋的构造要求将在第 12.5 节予以介绍。

6.1.2 双向板

1. 概念

板上荷载沿两个方向传递的板为双向板。四边支撑的板当长边与短边之比小于或等于 2 时，应按双向板计算。

2. 板厚

双向板厚度通常为 80 ~ 160mm，由于双向板的挠度不另行验算，为使其有足够的刚度，板厚还应符合下列要求：

1）简支板板厚不小于双向板短跨计算跨度的$\frac{1}{45}$。

2）连续板板厚不小于双向板短跨计算跨度的$\frac{1}{50}$。

3）当现浇板内埋设有管道时，板厚的要求同单向板。

3. 荷载计算

双向板上的荷载计算和单向板相同，在此不再赘述。

4. 计算模型

支座简化模型同单向板，但双向板按弹性理论计算属弹性力学中的薄板弯曲问题。

5. 内力计算

（1）单跨双向板的计算　对单跨双向板按弹性理论计算时，可查附表 25，但应用该表时，板厚与板跨之比很小，可认为是薄板。实用计算时，跨中或支座截面单位板宽内的弯矩 M 等于表中系数乘以单位面积上的均布荷载与板的较小跨度平方的乘积，即

$$M = \text{表中系数} \times ql^2 \tag{6-7}$$

应注意的是，附表 25 中系数是按照材料泊松比 $\mu = 0$ 的情况给出的，若 $\mu \neq 0$，挠度按计算不变，弯矩计算如下

$$m_x^{(\mu)} = m_x + \mu m_y \tag{6-8}$$

$$m_y^{(\mu)} = m_y + \mu m_x \tag{6-9}$$

式中 m_x、m_y——$\mu = 0$ 时单位板宽内的弯矩；

$m_x^{(\mu)}$、$m_y^{(\mu)}$——$\mu \neq 0$ 时单位板宽内的弯矩。

对混凝土材料，可取 $\mu = \frac{1}{6}$。

（2）多跨连续双向板的实用计算法　连续双向板的弹性计算较为复杂，在实用计算中，是在对板上最不利活载布置进行调整的基础上，将多跨连续板化为单跨板，然后利用上述单跨板的计算方法进行计算。

1）求跨中最大弯矩。当求某区格跨中最大弯矩时，活载不利布置为棋盘布置，如图6-6

所示。为利用已有的单区格板的计算表格，将活载 q 和恒载 g 分成 $g+q/2$ 和 $\pm q/2$ 两部分分别作用于相应区格，叠加后即为恒载 g 满布，活载 q 棋盘布置。当 $g+q/2$ 作用时，内区格可视为四边固定的双向板；当 $\pm q/2$ 作用时，承受反对称荷载的连续板，中间支座弯矩为零，内区格跨中弯矩可按四边简支的双向板计算。边区格沿楼盖周边的支承条件可按实际情况考虑。最后将两部分荷载作用下的跨中弯矩叠加，即得各区格板的跨中最大弯矩。

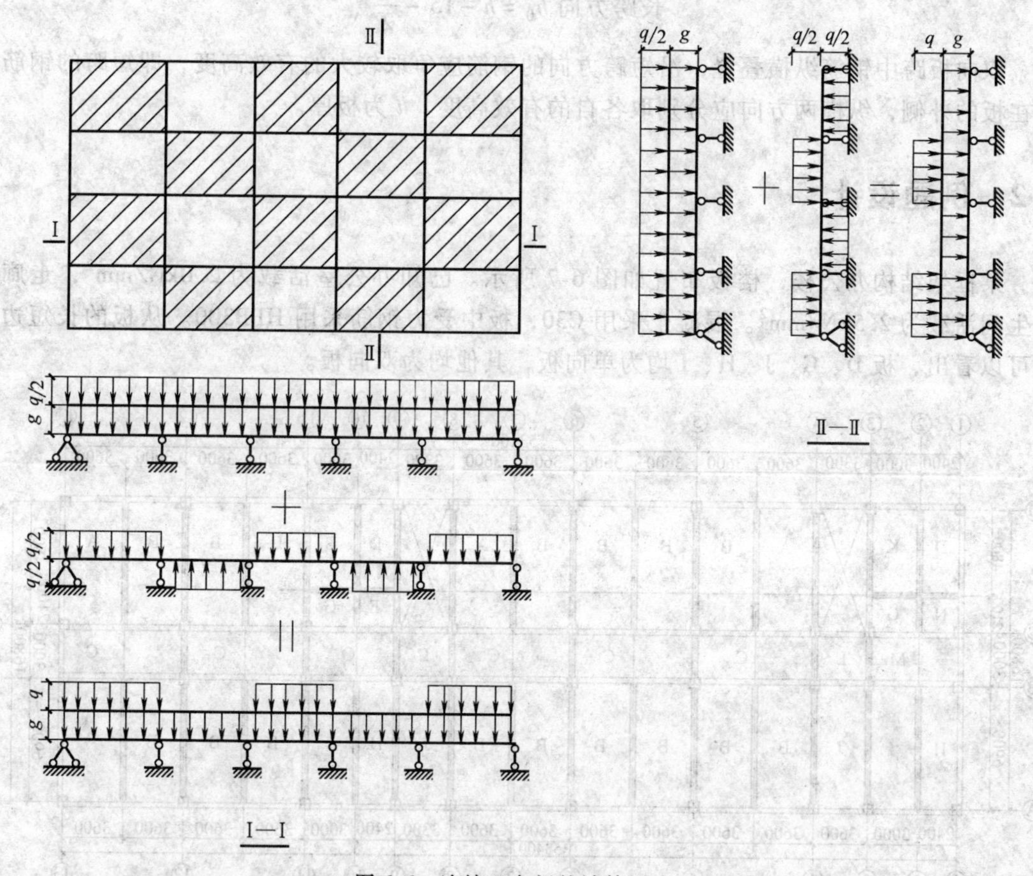

图 6-6　连续双向板的计算图式

2）求支座最大负弯矩。为简化计算，假定全板各区格均作用有 $g+q$ 的荷载。这样，内区格可按四边固定的双向板计算支座弯矩。边区格沿楼盖周边的支承条件可按实际情况确定。

3）对于周边与梁整体连接的双向板，除角区格外，可考虑周边梁对板的有利影响，即周边支承梁对板形成的拱作用，将截面的计算弯矩乘以下列折减系数予以考虑：

对连续板的中间区格，其跨中截面及中间支座截面折减系数为 0.8；对于边区格跨中截面及第一内支座截面，当 $l_b/l_0<1.5$ 时，折减系数为 0.8，l_0 为垂直于楼板边缘方向板的计算跨度；l_b 为平行于楼板边缘方向板的计算跨度。

当 $1.5\leqslant l_b/l_0<2.0$ 时，折减系数为 0.9。楼板的角区格不应折减。

6. 板内配筋

板内和支座处的弯矩求出后，可用 $\alpha_s=M/\alpha_1 f_c bh_0^2$、$\gamma_s=0.5\left(1+\sqrt{1-2\alpha_s}\right)$、$A_S=$

$\frac{M}{r_s f_y h_0}$计算求出板筋面积；也可以按经验直接取 γ_s 为 0.9 ~ 0.95 计算钢筋面积，进行配筋。在应用公式时，要注意 h_0 的取值。

$$短跨方向\ h_0 = h - 15 - \frac{d}{2}$$

$$长跨方向\ h_0 = h - 15 - \frac{3d}{2}$$

双向板跨中钢筋纵横叠置，沿短跨方向的钢筋应争取较大的有效高度，即短跨的钢筋应放在板的外侧，纵横两方向应分别取各自的有效高度。h 为板厚。

6.2 例题设计

某框架结构办公楼，楼板布置如图 6-7 所示。已知办公室活载为 2.0kN/mm²，走廊及卫生间活载为 2.5kN/mm²。混凝土采用 C30，板中受力钢筋采用 HPB300。从板的长短边之比可以看出，板 D、C、J、H、I 均为单向板，其他均为双向板。

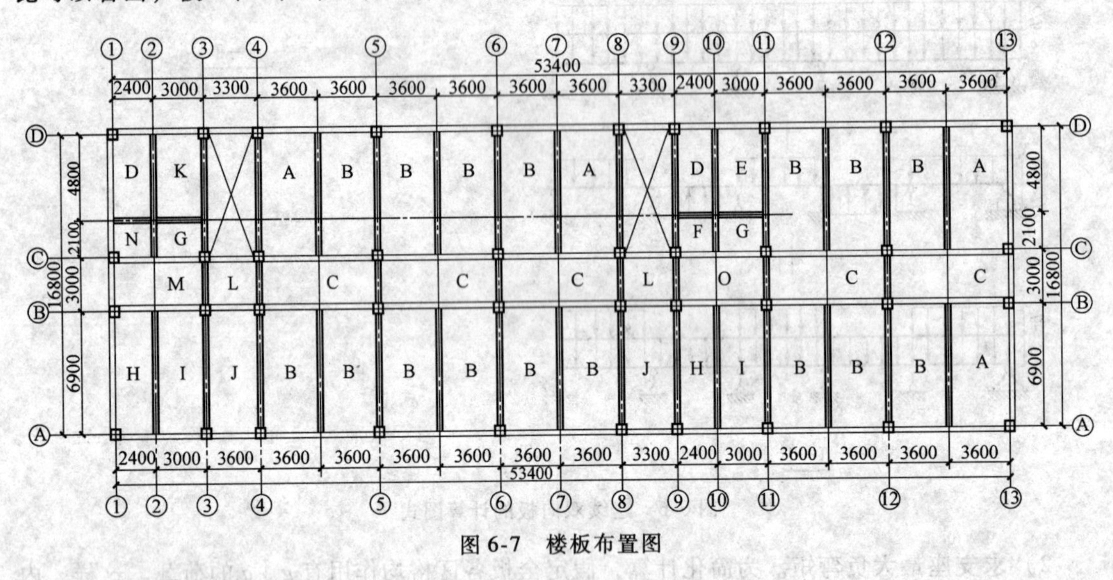

图 6-7 楼板布置图

6.2.1 单向板设计

以走廊板 C 为例。为了计算简便，板块的计算跨度近似取轴线之间的距离。短跨方向最大跨度为 3000mm，取板厚为短跨的 $L/40 \sim L/35 = 3000/40 \sim 3000/35\text{mm} = 75 \sim 85.7\text{mm}$，考虑到板内预埋暗管，板厚取为 100mm，与双向板厚度一致。

1. 荷载计算

楼面恒载（见第 8 章）取 3.4kN/m²。活载：办公室、会议室取 2.0kN/m²；卫生间、走廊取 2.5kN/m²。故办公室部分：

恒载控制的组合

$$1.35 \times 3.4\text{kN/m}^2 + 1.4 \times 0.7 \times 2.5\text{kN/m}^2 = 7.04\text{kN/m}^2$$

活载控制的组合

$$1.2\times3.4\text{kN/m}^2+1.4\times2.5\text{kN/m}^2=7.58\text{kN/m}^2$$

故由活载控制。

2. 计算简图

取1米宽板带作为计算单元，取C区格板的计算跨度为 $l_0=3000\text{mm}$，$\frac{l_x}{l_y}=\frac{7.2}{3}=2.4$（$l_x$ 为四边支承板的长边跨度、l_y 为四边支承板的短边跨度）。如果C区格两端是完全简支的情况，则跨中弯矩为 $M=\frac{1}{8}(g+q)l_0^2$，考虑到C区格两端梁的嵌固作用，故跨中弯矩取 $M=\frac{1}{10}(g+q)l_0^2$；同样C区格两端考虑部分嵌固作用，支座弯矩为 $M=-\frac{1}{14}(g+q)l_0^2$。

3. 内力计算

C区格板跨中弯矩计算

$$M=\alpha(g+q)l_0^2=\frac{1}{10}\times7.58\times3^2\text{kN}\cdot\text{m/m}=6.822\text{kN}\cdot\text{m/m}$$

C区格板支座弯矩计算

$$M=\alpha(g+q)l_0^2=-\frac{1}{14}\times7.58\times3^2\text{kN}\cdot\text{m/m}=-4.873\text{kN}\cdot\text{m/m}$$

其他区格内力计算见表6-4。

表6-4　其他区格单向板弯矩计算

板编号	D*		H		I		J	
位置	跨中	中间支座	跨中	中间支座	跨中	中间支座	跨中	中间支座
$\frac{l_x}{l_y}$	2		2.875		2.3		2.09	
$(g+q)$/(kN/m)	7.58		6.88		6.88		6.88	
l_0/m	2.4		2.4		3		3.3	
$M=\alpha(g+q)l_0^2$/(kN·m/m)	4.366	3.119	3.963	2.831	6.192	4.423	7.492	5.352

注：*号表示D区格板边长比值略大于2，按照单向板进行配筋计算。

4. 单向板配筋计算

单向板配筋计算结果见表6-5。

表6-5　单向板配筋计算

区格	C		D		H		I		J	
位置	跨中	中间支座	跨中	中间支座	跨中	中间支座	跨中	中间支座	跨中	中间支座
弯矩设计值/(kN·m)	6.822	4.873	4.366	3.119	3.963	2.831	6.192	4.423	7.492	5.352
h_0/mm	81	81	81	81	81	81	81	81	81	81
$\alpha_s=M/\alpha_1 f_c bh_0^2$	0.0727	0.0519	0.0465	0.0332	0.0433	0.0309	0.0677	0.0483	0.0819	0.0585
$\gamma_s=0.5(1+\sqrt{1-2\alpha_s})$	0.962	0.973	0.976	0.983	0.978	0.984	0.965	0.975	0.957	0.970

（续）

区格	C		D		H		I		J	
$A_s=\dfrac{M}{\gamma_s f_y h_0}$	324	229	205	145	188	133	297	210	362	255
实配	ϕ8@150	ϕ8@200	ϕ8@200	ϕ8@200	ϕ8@200	ϕ8@200	ϕ8@170	ϕ8@200	ϕ8@140	ϕ8@200
面积/mm²	335	251	251	251	251	251	296	251	359	251

最小配筋率取 $\rho_{\min}=45\dfrac{f_t}{f_y}\%=45\times\dfrac{1.43}{270}\%=0.238\%$ 和 0.2% 的较大值。故最小配筋面积 $A_{\min}=0.238\%bh=0.238\%\times1000\times100\text{mm}^2=238\text{mm}^2$。同时满足最小钢筋直径为 8mm，最大钢筋间距不宜大于 200mm；分布钢筋分别取受力钢筋的 15%（$359\times15\%\text{ mm}^2=53.9\text{mm}^2$）和板截面面积的 0.15%（$0.15\%\times100\times1000\text{mm}^2=150\text{mm}^2$）的较大值，并满足构造要求 ϕ6@250。故垂直于受力方向的分布钢筋选用 ϕ8@250（$A_s=201\text{mm}^2$）。配筋图如附图 12 所示（见书后插页）。

6.2.2 双向板计算

本例题工程楼盖均为现浇，楼板布置示意图如图 6-7 所示，根据楼面结构布置情况，大部分区格板为双向板，取板厚不小于短跨 $L/50=3600/50\text{mm}=72\text{mm}$，考虑到板内预埋暗管，板厚取为 100mm。走廊板短跨为 3000mm，考虑板内预埋暗管，板厚也取为 100mm。本工程楼板按弹性理论方法计算内力，并考虑活荷载不利布置的影响。

1. 荷载计算

楼面恒载 3.4kN/m²；活载：办公室、会议室 2.0kN/m²；卫生间、走廊 2.5kN/m²；

故办公室部分：

恒载控制的组合

$1.35\times3.4\text{kN/m}^2+1.4\times0.7\times2.0\text{kN/m}^2=6.55\text{kN/m}^2$

活载控制的组合

$1.2\times3.4\text{kN/m}^2+1.4\times2.0\text{kN/m}^2=6.88\text{kN/m}^2$

故由活载控制。

恒载设计值 $g=1.2\times3.4\text{kN/m}^2=4.08\text{kN/m}^2$

活载设计值 $q_1=1.4\times2.0\text{kN/m}^2=2.8\text{kN/m}^2$

$q_2=1.4\times2.5\text{kN/m}^2=3.5\text{kN/m}^2$

$g+q_1=4.08\text{kN/m}^2+2.8\text{kN/m}^2=6.88\text{kN/m}^2$

$g+q_1/2=4.08\text{kN/m}^2+2.8/2\text{kN/m}^2=5.48\text{kN/m}^2$

$q_1/2=2.8/2\text{kN/m}^2=1.4\text{kN/m}^2$

钢筋混凝土泊松比 μ 可取 1/6。

2. 区格板弯矩计算

在下面计算中，定义短边为 l_x，长边为 l_y，对应计算参数为 m_x，m_y，平行于短边 l_x 方向的弯矩为 M_x，平行于短边 l_y 方向的弯矩为 M_y。

（1）A 区格板弯矩计算　支撑情况如图 6-8 所示；只有四边固定和邻边固定邻边简支两种情况，$l_x=3.6\text{m}$，$l_y=6.9\text{m}$，查附表 25 可得表 6-6 所示 A 区格板参数取值。

表 6-6　A 区格板参数取值

l_x/l_y	支承条件	m_x	m_y	m'_x	m'_y
0.52	四边固定	0.0394	0.0045	−0.0863	−0.057
	邻边固定邻边简支	0.0547	0.0089	—	—

1）求跨内最大弯矩 $M_x(A)$，$M_y(A)$

① 在 $q'=g+q_1/2$ 作用下 $\mu=0$ 时

$M_{x\max}=0.0394q'l_x^2=0.0394\times5.48\times3.6^2\text{kN}\cdot\text{m}=2.798\text{kN}\cdot\text{m}$

$M_{y\max}=0.0045q'l_x^2=0.0045\times5.48\times3.6^2\text{kN}\cdot\text{m}=0.321\text{kN}\cdot\text{m}$

换算成 $\mu=1/6$ 时，可利用公式

$$M_x^{(\mu)}=2.798\text{kN}\cdot\text{m}+\frac{1}{6}\times0.321\text{kN}\cdot\text{m}=2.852\text{kN}\cdot\text{m}$$

$$M_y^{(\mu)}=0.321\text{kN}\cdot\text{m}+\frac{1}{6}\times2.798\text{kN}\cdot\text{m}=0.787\text{kN}\cdot\text{m}$$

② 在 $q''=q_1/2$ 作用下 $\mu=0$ 时

$M_x=0.0547q''l_x^2=0.0547\times1.4\times3.6^2\text{kN}\cdot\text{m}=0.992\text{kN}\cdot\text{m}$

$M_y=0.0089q''l_x^2=0.0089\times1.4\times3.6^2\text{kN}\cdot\text{m}=0.161\text{kN}\cdot\text{m}$

换算成 $\mu=1/6$ 时，可利用公式

$$M_x^{(\mu)}=0.992\text{kN}\cdot\text{m}+\frac{1}{6}\times0.161\text{kN}\cdot\text{m}=1.019\text{kN}\cdot\text{m}$$

$$M_y^{(\mu)}=0.161\text{kN}\cdot\text{m}+\frac{1}{6}\times0.992\text{kN}\cdot\text{m}=0.327\text{kN}\cdot\text{m}$$

叠加后　$M_x(A)=2.852\text{kN}\cdot\text{m}+1.019\text{kN}\cdot\text{m}=3.871\text{kN}\cdot\text{m}$

$M_y(A)=0.787\text{kN}\cdot\text{m}+0.327\text{kN}\cdot\text{m}=1.114\text{kN}\cdot\text{m}$

2）求支座中点固端弯矩 $M'_x(A)$、$M'_y(A)$。在 $q=g+q_1$ 作用下

$M'_x(A)=-0.0863ql_x^2=-0.0863\times6.88\times3.6^2\text{kN}\cdot\text{m}=-7.338\text{kN}\cdot\text{m}$

$M'_y(A)=-0.057ql_x^2=-0.057\times6.88\times3.6^2\text{kN}\cdot\text{m}=-5.086\text{kN}\cdot\text{m}$

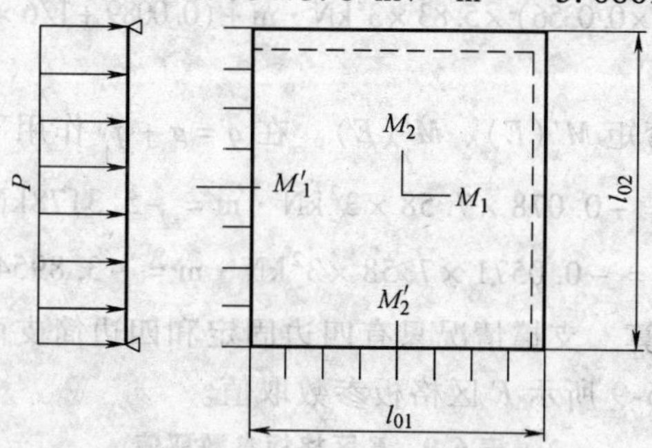

图 6-8　A 区格板 q''作用计算简图

（2）B 区格板弯矩计算　支撑情况只有四边固定和一边固定三边简支两种情况，$l_x=3.6\text{m}$，$l_y=6.9\text{m}$，查附表 25 可得表 6-7 所示 B 区格板参数取值。

表 6-7 B 区格板参数取值

l_x/l_y	支承条件	m_x	m_y	m'_x	m'_y
0.52	四边固定	0.0394	0.0045	-0.0863	-0.057
	一边固定三边简支	0.0219	0.0845	—	—

1）求跨内最大弯矩 $M_x(B)$，$M_y(B)$。当 $q'=g+q_1/2$，$q''=q_1/2$，$\mu=1/6$ 时

$$M_x(B)=(0.0394+1/6\times0.0045)q'l_x^2+(0.0457+1/6\times0.0089)q''l_x^2$$
$$=(0.0394+1/6\times0.0045)\times5.48\times3.6^2\text{kN}\cdot\text{m}+(0.0547+1/6\times0.0089)\times1.4\times3.6^2\text{kN}\cdot\text{m}$$
$$=3.871\text{kN}\cdot\text{m}$$
$$M_y(B)=(0.0045+1/6\times0.0394)q'l_x^2+(0.0089+1/6\times0.0547)q''l_x^2$$
$$=(0.0045+1/6\times0.0394)\times5.48\times3.6^2\text{kN}\cdot\text{m}+(0.0089+1/6\times0.0547)\times1.4\times3.6^2\text{kN}\cdot\text{m}$$
$$=1.114\text{kN}\cdot\text{m}$$

2）求支座中点固端弯矩 $M'_x(B)$、$M'_y(B)$。在 $q=g+q_1$ 作用下

$$M'_x(B)=-0.0863ql_x^2=-0.0863\times6.88\times3.6^2\text{kN}\cdot\text{m}=-7.338\text{kN}\cdot\text{m}$$
$$M'_y(B)=-0.057ql_x^2=-0.057\times6.88\times3.6^2\text{kN}\cdot\text{m}=-5.086\text{kN}\cdot\text{m}$$

（3）E 区格板弯矩计算　支撑情况只有四边固定和一边固定三边简支两种情况，$l_x=3\text{m}$，$l_y=4.8\text{m}$，查附表 25 可得表 6-8 所示 E 区格板参数取值。

表 6-8 E 区格板参数取值

l_x/l_y	支承条件	m_x	m_y	m'_x	m'_y
0.625	四边固定	0.0356	0.0086	-0.078	-0.0571
	一边固定三边简支	0.028	0.0667	—	—

1）求跨内最大弯矩 $M_x(E)$，$M_y(E)$。当 $q'=g+q_1/2$，$q''=q_1/2$，$\mu=1/6$ 时

$$M_x(E)=(0.0356+1/6\times0.0086)q'l_x^2+(0.028+1/6\times0.0667)q''l_x^2$$
$$=(0.0356+1/6\times0.0086)\times5.83\times3^2\text{kN}\cdot\text{m}+(0.028+1/6\times0.0667)\times1.75\times3^2\text{kN}\cdot\text{m}$$
$$=2.558\text{kN}\cdot\text{m}$$
$$M_y(E)=(0.0086+1/6\times0.0356)q'l_x^2+(0.0667+1/6\times0.028)q''l_x^2$$
$$=(0.0086+1/6\times0.0356)\times5.83\times3^2\text{kN}\cdot\text{m}+(0.0089+1/6\times0.0547)\times1.75\times3^2\text{kN}\cdot\text{m}$$
$$=1.884\text{kN}\cdot\text{m}$$

2）求支座中点固端弯矩 $M'_x(E)$、$M'_y(E)$。在 $q=g+q_1$ 作用下

$$M'_x(E)=-0.078ql_x^2=-0.078\times7.58\times3^2\text{kN}\cdot\text{m}=-5.3178\text{kN}\cdot\text{m}$$
$$M'_y(E)=-0.0571ql_x^2=-0.0571\times7.58\times3^2\text{kN}\cdot\text{m}=-3.8954\text{kN}\cdot\text{m}$$

（4）F 区格板弯矩计算　支撑情况只有四边固定和四边简支两种情况，$l_x=2.1\text{m}$，$l_y=2.4\text{m}$，查附表 25 可得表 6-9 所示 F 区格板参数取值。

表 6-9 F 区格板参数取值

l_x/l_y	支承条件	m_x	m_y	m'_x	m'_y
0.875	四边固定	0.0234	0.0161	-0.0607	-0.0546
	四边简支	0.0481	0.0353	—	—

1）求跨内最大弯矩 $M_x(F)$，$M_y(F)$。当 $q'=g+q_1/2$，$q''=q_1/2$，$\mu=1/6$ 时

$$M_x(F)=(0.0234+1/6\times0.0161)q'l_x^2+(0.0481+1/6\times0.0353)q''l_x^2$$
$$=(0.0234+1/6\times0.0161)\times5.83\times2.1^2\text{kN}\cdot\text{m}+(0.0481+1/6\times0.0353)\times1.75\times2.1^2\text{kN}\cdot\text{m}$$
$$=1.086\text{kN}\cdot\text{m}$$

$$M_y(F)=(0.0161+1/6\times0.0234)q'l_x^2+(0.0353+1/6\times0.0481)q''l_x^2$$
$$=(0.0161+1/6\times0.0234)\times5.83\times2.1^2\text{kN}\cdot\text{m}+(0.0353+1/6\times0.0481)\times1.75\times2.1^2\text{kN}\cdot\text{m}$$
$$=0.847\text{kN}\cdot\text{m}$$

2）求支座中点固端弯矩 $M'_x(F)$、$M'_y(F)$。在 $q=g+q_1$ 作用下

$$M'_x(F)=-0.0607ql_x^2=-0.0607\times7.58\times2.1^2\text{kN}\cdot\text{m}=-2.029\text{kN}\cdot\text{m}$$
$$M'_y(F)=-0.0546ql_x^2=-0.0546\times7.58\times2.1^2\text{kN}\cdot\text{m}=-1.825\text{kN}\cdot\text{m}$$

（5）G 区格板弯矩计算　支撑情况只有四边固定和四边简支两种情况，$l_x=2.1\text{m}$，$l_y=3\text{m}$，查附表25可得表6-10G区格板参数取值。

表 6-10　G 区格板参数取值

l_x/l_y	支承条件	m_x	m_y	m'_x	m'_y
0.7	四边固定	0.0321	0.0113	-0.0735	-0.0569
	四边简支	0.0683	0.0296	—	—

1）求跨内最大弯矩 $M_x(G)$，$M_y(G)$。当 $q'=g+q_1/2$，$q''=q_1/2$，$\mu=1/6$ 时

$$M_x(G)=(0.0321+1/6\times0.0113)q'l_x^2+(0.0683+1/6\times0.0296)q''l_x^2$$
$$=(0.0321+1/6\times0.0113)\times5.83\times2.1^2\text{kN}\cdot\text{m}+(0.0683+1/6\times0.0296)\times1.75\times2.1^2\text{kN}\cdot\text{m}$$
$$=1.439\text{kN}\cdot\text{m}$$

$$M_y(G)=(0.0113+1/6\times0.0321)q'l_x^2+(0.0296+1/6\times0.0683)q''l_x^2$$
$$=(0.0113+1/6\times0.0321)\times5.83\times2.1^2\text{kN}\cdot\text{m}+(0.0296+1/6\times0.0683)\times1.75\times2.1^2\text{kN}\cdot\text{m}$$
$$=0.744\text{kN}\cdot\text{m}$$

2）求支座中点固端弯矩 $M'_x(G)$、$M'_y(G)$。在 $q=g+q_1$ 作用下

$$M'_x(G)=-0.0735ql_x^2=-0.0735\times7.58\times2.1^2\text{kN}\cdot\text{m}=-2.457\text{kN}\cdot\text{m}$$
$$M'_y(G)=-0.0569ql_x^2=-0.0569\times7.58\times2.1^2\text{kN}\cdot\text{m}=-1.902\text{kN}\cdot\text{m}$$

（6）K 区格板弯矩计算　支撑情况只有四边固定和邻边固定邻边简支两种情况，$l_x=3\text{m}$，$l_y=4.8\text{m}$，查附表25可得表6-11K区格板参数取值。

表 6-11　K 区格板参数取值

l_x/l_y	支承条件	m_x	m_y	m'_x	m'_y
0.625	四边固定	0.0356	0.00855	-0.078	-0.0571
	邻边固定邻边简支	0.0479	0.014	—	—

1）求跨内最大弯矩 $M_x(K)$，$M_y(K)$。当 $q'=g+q_1/2$，$q''=q_1/2$，$\mu=1/6$ 时

$$M_x(K)=(0.0356+1/6\times0.00855)q'l_x^2+(0.0479+1/6\times0.014)q''l_x^2$$
$$=(0.0356+1/6\times0.00855)\times5.83\times3^2\text{kN}\cdot\text{m}+(0.0479+1/6\times0.014)\times1.75\times3^2\text{kN}\cdot\text{m}$$
$$=2.773\text{kN}\cdot\text{m}$$

$M_y(K) = (0.00855 + 1/6 \times 0.0356) q' l_x^2 + (0.014 + 1/6 \times 0.0479) q'' l_x^2$

$= (0.00855 + 1/6 \times 0.0356) \times 5.83 \times 3^2 kN \cdot m + (0.014 + 1/6 \times 0.0479) \times 1.75 \times 3^2 kN \cdot m$

$= 1.106 kN \cdot m$

2）求支座中点固端弯矩 $M'_x(K)$、$M'_y(K)$。在 $q = g + q_1$ 作用下

$M'_x(K) = -0.078 q l_x^2 = -0.078 \times 7.58 \times 3^2 kN \cdot m = -5.318 kN \cdot m$

$M'_y(K) = -0.0571 q l_x^2 = -0.0571 \times 7.58 \times 3^2 kN \cdot m = -3.895 kN \cdot m$

（7）L 区格板弯矩计算　支撑情况只有四边固定和四边简支两种情况，$l_x = 3m$，$l_y = 3.3m$，查附表 25 可得表 6-12L 区格板参数取值。

表 6-12　L 区格板参数取值

l_x/l_y	支承条件	m_x	m_y	m'_x	m'_y
0.909	四边固定	0.0217	0.0166	-0.0581	-0.0539
	四边简支	0.0448	0.0359	—	—

1）求跨内最大弯矩 $M_x(L)$，$M_y(L)$。当 $q' = g + q_2/2$，$q'' = q_2/2$，$\mu = 1/6$ 时

$M_x(L) = (0.0217 + 1/6 \times 0.0166) q' l_x^2 + (0.0448 + 1/6 \times 0.0359) q'' l_x^2$

$= (0.0217 + 1/6 \times 0.0166) \times 5.83 \times 3^2 kN \cdot m + (0.0448 + 1/6 \times 0.0359) \times 1.75 \times 3^2 kN \cdot m$

$= 2.083 kN \cdot m$

$M_y(L) = (0.0166 + 1/6 \times 0.0217) q' l_x^2 + (0.0359 + 1/6 \times 0.0448) q'' l_x^2$

$= (0.0166 + 1/6 \times 0.0217) \times 5.83 \times 3^2 kN \cdot m + (0.0359 + 1/6 \times 0.0448) \times 1.75 \times 3^2 kN \cdot m$

$= 1.745 kN \cdot m$

2）求支座中点固端弯矩 $M'_x(L)$、$M'_y(L)$。在 $q = g + q_2$ 作用下

$M'_x(L) = -0.0581 q l_x^2 = -0.0581 \times 7.58 \times 3^2 kN \cdot m = -3.965 kN \cdot m$

$M'_y(L) = -0.0539 q l_x^2 = -0.0539 \times 7.58 \times 3^2 kN \cdot m = -3.675 kN \cdot m$

（8）M 区格板弯矩计算　支撑情况只有四边固定和一边固定三边简支两种情况，$l_x = 3m$，$l_y = 5.4m$，查附表 25 可得表 6-13M 区格板参数取值。

表 6-13　M 区格板参数取值

l_x/l_y	支承条件	m_x	m_y	m'_x	m'_y
0.556	四边固定	0.0383	0.0058	-0.0812	-0.0571
	一边固定三边简支	0.0782	0.0242	—	—

1）求跨内最大弯矩 $M_x(M)$，$M_y(M)$。当 $q' = g + q_2/2$，$q'' = q_2/2$，$\mu = 1/6$ 时

$M_x(M) = (0.0383 + 1/6 \times 0.0058) q' l_x^2 + (0.0782 + 1/6 \times 0.0242) q'' l_x^2$

$= (0.0383 + 1/6 \times 0.0058) \times 5.83 \times 3^2 kN \cdot m + (0.0782 + 1/6 \times 0.0242) \times 1.75 \times 3^2 kN \cdot m$

$= 3.356 kN \cdot m$

$M_y(M) = (0.0058 + 1/6 \times 0.0383) q' l_x^2 + (0.0242 + 1/6 \times 0.0782) q'' l_x^2$

$= (0.0058 + 1/6 \times 0.0383) \times 5.83 \times 3^2 kN \cdot m + (0.0242 + 1/6 \times 0.0782) \times 1.75 \times 3^2 kN \cdot m$

$= 1.227 kN \cdot m$

2）求支座中点固端弯矩 $M'_x(M)$、$M'_y(M)$。在 $q = g + q_2$ 作用下

$M'_x(L) = -0.0812ql_x^2 = -0.0812 \times 7.58 \times 3^2 \text{kN} \cdot \text{m} = -5.537 \text{kN} \cdot \text{m}$

$M'_y(L) = -0.0571ql_x^2 = -0.0571 \times 7.58 \times 3^2 \text{kN} \cdot \text{m} = -3.895 \text{kN} \cdot \text{m}$

（9）N区格板弯矩计算　支撑情况只有四边固定和一边固定三边简支两种情况，$l_x = 2.1\text{m}$，$l_y = 2.4\text{m}$，查附表25可得表6-14N区格板参数取值。

表6-14　N区格板参数取值

l_x/l_y	支承条件	m_x	m_y	m'_x	m'_y
0.875	四边固定	0.0234	0.0161	-0.0607	-0.0546
	一边固定三边简支	0.0329	0.0346	—	—

1）求跨内最大弯矩$M_x(N)$，$M_y(N)$。当$q' = g + q_1/2$，$q'' = q_1/2$，$\mu = 1/6$时

$$M_x(N) = (0.0234 + 1/6 \times 0.0161)q'l_x^2 + (0.0329 + 1/6 \times 0.0346)q''l_x^2$$
$$= (0.0234 + 1/6 \times 0.0161) \times 5.83 \times 2.1^2 \text{kN} \cdot \text{m} + (0.0329 + 1/6 \times 0.0346) \times 1.75 \times 2.1^2 \text{kN} \cdot \text{m}$$
$$= 0.967 \text{kN} \cdot \text{m}$$

$$M_y(N) = (0.0161 + 1/6 \times 0.0234)q'l_x^2 + (0.0346 + 1/6 \times 0.0329)q''l_x^2$$
$$= (0.0161 + 1/6 \times 0.0234) \times 5.83 \times 2.1^2 \text{kN} \cdot \text{m} + (0.0346 + 1/6 \times 0.0329) \times 1.75 \times 2.1^2 \text{kN} \cdot \text{m}$$
$$= 0.822 \text{kN} \cdot \text{m}$$

2）求支座中点固端弯矩$M'_x(N)$，$M'_y(N)$。在$q = g + q_1$作用下

$M'_x(N) = -0.0607ql_x^2 = -0.0607 \times 7.58 \times 2.1^2 \text{kN} \cdot \text{m} = -2.029 \text{kN} \cdot \text{m}$

$M'_y(N) = -0.0546ql_x^2 = -0.0546 \times 7.58 \times 2.1^2 \text{kN} \cdot \text{m} = -1.825 \text{kN} \cdot \text{m}$

（10）O区格板弯矩计算　支撑情况只有四边固定和四边简支两种情况，$l_x = 3\text{m}$，$l_y = 5.4\text{m}$，查附表25可得表6-15O区格板参数取值。

表6-15　O区格板参数取值

l_x/l_y	支承条件	m_x	m_y	m'_x	m'_y
0.556	四边固定	0.0383	0.0058	-0.0812	-0.0571
	四边简支	0.0884	0.0214	—	—

1）求跨内最大弯矩$M_x(O)$，$M_y(O)$。当$q' = g + q_2/2$，$q'' = q_2/2$，$\mu = 1/6$时

$$M_x(O) = (0.0383 + 1/6 \times 0.0058)q'l_x^2 + (0.0884 + 1/6 \times 0.0214)q''l_x^2$$
$$= (0.0383 + 1/6 \times 0.0058) \times 5.83 \times 3^2 \text{kN} \cdot \text{m} + (0.0884 + 1/6 \times 0.0214) \times 1.75 \times 3^2 \text{kN} \cdot \text{m}$$
$$= 3.509 \text{kN} \cdot \text{m}$$

$$M_y(O) = (0.0058 + 1/6 \times 0.0383)q'l_x^2 + (0.0214 + 1/6 \times 0.0884)q''l_x^2$$
$$= (0.0058 + 1/6 \times 0.0383) \times 5.83 \times 3^2 \text{kN} \cdot \text{m} + (0.0214 + 1/6 \times 0.0884) \times 1.75 \times 3^2 \text{kN} \cdot \text{m}$$
$$= 1.209 \text{kN} \cdot \text{m}$$

2）求支座中点固端弯矩$M'_x(O)$，$M'_y(O)$。在$q = g + q_2$作用下

$M'_x(O) = -0.0812ql_x^2 = -0.0812 \times 7.58 \times 3^2 \text{kN} \cdot \text{m} = -5.537 \text{kN} \cdot \text{m}$

$M'_y(O) = -0.0571ql_x^2 = -0.0571 \times 7.58 \times 3^2 \text{kN} \cdot \text{m} = -3.895 \text{kN} \cdot \text{m}$

板跨中配筋计算见表6-16，双向板支座配筋计算见表6-17。

表 6-16 板跨中配筋计算

截面		h_0/mm	M/(kN·m/m)	A_s/(mm²/m)	配筋	实配 A_s/(mm²/m)
A 区格	l_x 方向	81	3.871	181	Φ8@200	251
	l_y 方向	73	1.114	57	Φ8@200	251
B 区格	l_x 方向	81	3.504×0.8=2.803	130	Φ8@200	251
	l_y 方向	73	2.386×0.8=1.909	98	Φ8@200	251
E 区格	l_x 方向	81	2.558×0.8=2.046	95	Φ8@200	251
	l_y 方向	73	1.884×0.8=1.507	77	Φ8@200	251
F 区格	l_x 方向	73	1.086×0.8=0.869	44	Φ8@200	251
	l_y 方向	81	0.847×0.8=0.678	31	Φ8@200	251
G 区格	l_x 方向	73	1.439×0.8=1.151	59	Φ8@200	251
	l_y 方向	81	0.744×0.8=0.595	27	Φ8@200	251
K 区格	l_x 方向	81	2.773	127	Φ8@200	251
	l_y 方向	73	1.106	57	Φ8@200	251
L 区格	l_x 方向	81	2.083×0.8=1.666	77	Φ8@200	251
	l_y 方向	73	1.745×0.8=1.396	71	Φ8@200	251
M 区格	l_x 方向	81	3.356×0.8=2.685	125	Φ8@200	251
	l_y 方向	73	1.227×0.8=0.982	50	Φ8@200	251
N 区格	l_x 方向	73	0.967×0.8=0.774	39	Φ8@200	251
	l_y 方向	81	0.822×0.8=0.658	30	Φ8@200	251
O 区格	l_x 方向	81	3.509×0.8=2.807	130	Φ8@200	251
	l_y 方向	73	1.209×0.8=0.967	49	Φ8@200	251

表 6-17 双向板支座配筋计算

截面		h_0/mm	M/(kN·m/m)	A_s/(mm²/m)	配筋	实配 A_s/(mm²/m)
A 区格	A 边(长边方向)	81	7.338	350	Φ8@140	359
	A 边(短边方向)	81	5.086	239	Φ8@200	251
	A-B(长边方向)	81	7.338	350	Φ8@140	359
	A-C(短边方向)	81	5.086	239	Φ8@200	251
B 区格	B 边(短边方向)	81	5.086	239	Φ8@200	251
	B-A(E、G、J、I)(长边方向)	81	7.338×0.8=5.870	277	Φ8@180	279
	B 边(长边方向)	81	7.338	350	Φ8@140	359
	B-C(短边方向)	81	5.086×0.8=4.609	190	Φ8@200	251
E 区格	E 边(短边方向)	81	3.895	182	Φ8@200	251
	E-A(D)(长边方向)	81	5.318×0.8=4.254	199	Φ8@200	251
	E-G(短边方向)	81	3.895×0.8=3.116	145	Φ8@200	251
F 区格	F-D(M)(长边方向)	81	2.029×0.8=1.623	75	Φ8@200	251
	F-G(短边方向)	81	1.825×0.8=1.460	67	Φ8@200	251
G 区格	G-E(M)(长边方向)	81	2.457×0.8=1.966	91	Φ8@200	251
	G-F(A)(短边方向)	81	1.902×0.8=1.522	70	Φ8@200	251
K 区格	K 边、K-D(长边方向)	81	5.318	250	Φ8@200	251
	K 边、K-G(短边方向)	81	3.895	180	Φ8@200	251
L 区格	L-J(长边方向)	81	3.965×0.8=3.172	148	Φ8@200	251
	L-C(O)(短边方向)	81	3.675×0.8=2.940	137	Φ8@200	251
M 区格	M-F(G、H、I)(长边方向)	81	5.537×0.8=4.430	208	Φ8@200	251
	M-L(C)(短边方向)	81	3.895×0.8=3.116	145	Φ8@200	251
N 区格	N-D(M)(长边方向)	81	2.029×0.8=1.623	75	Φ8@200	251
	N 边(短边方向)	81	1.825	84	Φ8@200	251
	N-G(短边方向)	81	1.825×0.8=1.460	67	Φ8@200	251
O 区格	G-N(G、H、I)(长边方向)	81	5.537×0.8=4.43	208	Φ8@200	251
	O 边(短边方向)	81	3.895	182	Φ8@200	251
	O-L(短边方向)	81	3.895×0.8=3.116	145	Φ8@200	251

以上配筋均符合构造配筋，配筋图如附图 12 所示（见书后插页）。

第7章

楼梯、雨篷结构设计

7

7.1 楼梯结构设计

楼梯是多层及高层建筑的重要组成部分，考虑承重及防火要求，一般采用钢筋混凝土楼梯，常用的有钢筋混凝土板式楼梯和梁式楼梯。

7.1.1 板式楼梯

板式楼梯由踏步板、平台板和平台梁构成。踏步板又称为梯板，是一块斜放的齿形板，板的两端支承在平台梁上，最下端的踏步板可支承在横梁上，也可单独做基础。平台板分为休息平台板或转向平台板和楼层处的平台板。平台梁是设在踏步板与平台板交接处的梁，作为踏步板和平台板的支座，支承在框梁或梯柱上。

框架结构中双跑平行板式楼梯结构布置如图7-1所示。

板式楼梯的优点是下表面平整、外观轻巧、施工支模方便等；缺点是梯段斜板较厚，当跨度较大时，材料用量较多。当踏步段的水平投影跨度（梯板净跨度 l_n）不超过4m，荷载不太大时，宜采用板式楼梯。

板式楼梯计算内容为踏步板计算、平台板计算及平台梁计算。

1. 踏步板计算

板式楼梯的踏步板厚度 t（从踏步凹角点至板底的法向距离）取$\frac{l_n}{30}\sim\frac{l_n}{25}$，踏步板尺寸示意如图7-2所示，$\alpha$ 为踏步板的倾斜角度。取1m板带按简支计算，踏步板的计算简图如图7-3所示，平台梁作为铰支座，跨度取两梁间净跨尺寸。

板上荷载为竖向恒载、活载。竖向恒载包括楼梯面层及踏步板自重，沿斜长方向作用。活载可查《建筑结构荷载规范》，除多层住宅活荷载标准值为2.0kN/m^{2}外，其他建筑中的楼梯活荷载标准值均为3.5kN/m^2。为计算方便，常将沿斜长方向的恒载折算为沿水平投影方向的荷载。

考虑到平台梁对斜板的部分嵌固作用，斜板的跨中弯矩可近似按下式计算

$$M=\frac{(g+q)l_n^2}{10} \tag{7-1}$$

式中 g——沿水平投影长度分布的竖向均布恒载；

q——沿水平投影长度分布的竖向均布活载；

l_n——踏步板的计算跨度，即斜板的水平投影长度，取平台梁之间的净跨。

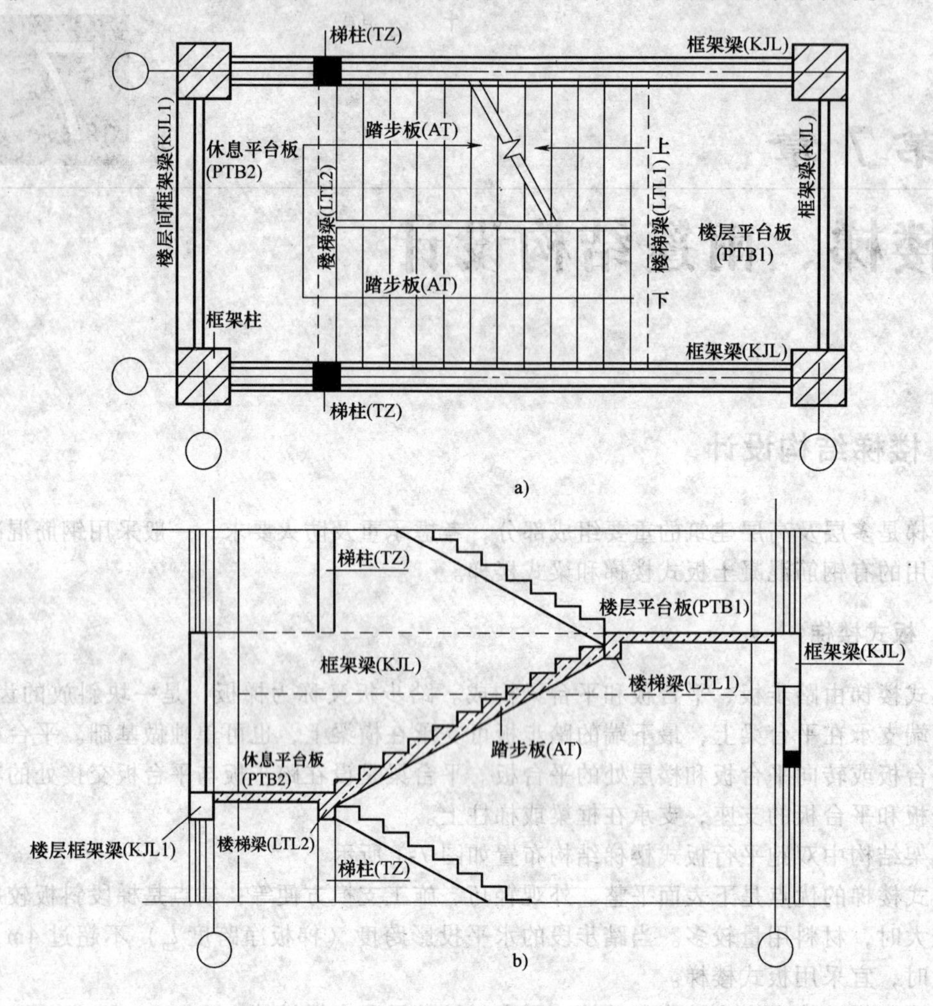

图 7-1　双跑平行板式楼梯结构布置

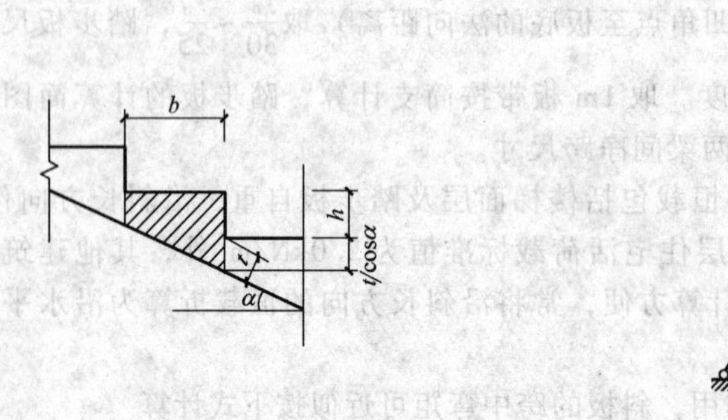

图 7-2　踏步板尺寸示意

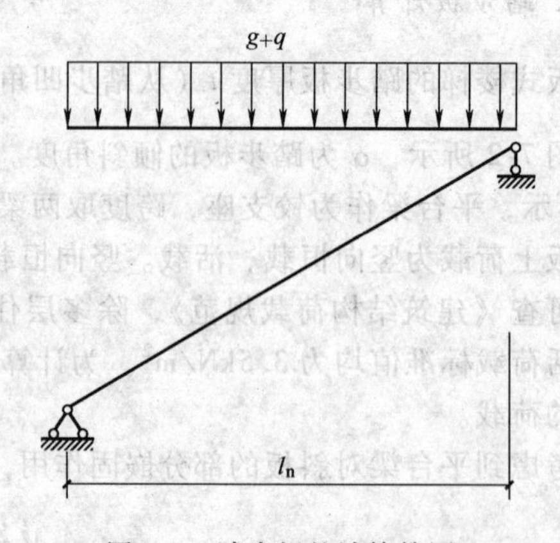

图 7-3　踏步板的计算简图

2. 平台板计算

休息平台处的平台板一般支撑在平台梁和楼层间的框架梁上，如图 7-1 所示，为单向板。楼层处的平台板是三边支撑在框架梁上一边支撑在平台梁上的四边支撑板，根据长短边之比确定是单向板还是双向板。平台板的设计计算参照第6章现浇楼板设计和本章例题。

3. 平台梁计算

平台梁支承在框梁（楼层处）或梯柱（休息平台处）上，承受自重、平台板和踏步板传来的均布荷载，当上下梯段等长、忽略梯段斜板之间的孔隙时，可按荷载满布于全跨的简支梁计算。

7.1.2　梁式楼梯

1. 概述

梁式楼梯由踏步板、斜梁、平台梁和平台板构成。在踏步板侧面设置斜梁（故称为梁式楼梯），踏步板的两端支承在斜梁上，斜梁两端支承在平台梁上，平台梁支承在框架梁或柱上，就构成了梁式楼梯。其特点为梯段较长时比较经济，但支模及施工都比板式楼梯复杂，外观也显得笨重。梁式楼梯适用于水平跨长大于4m的楼梯。梁式楼梯结构布置如图

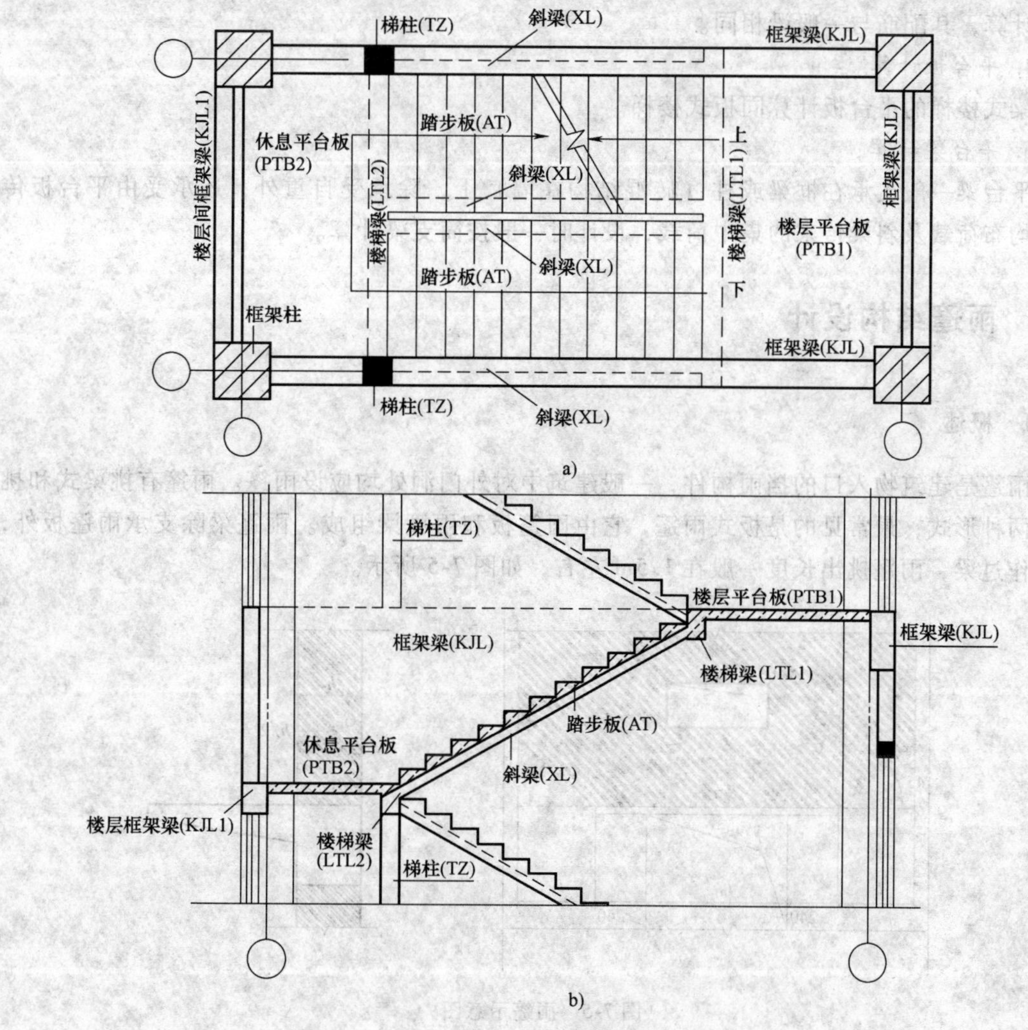

图7-4　梁式楼梯

a）平面图　b）剖面图

7-4所示。梁式楼梯计算内容为踏步板计算、斜梁计算、平台板计算及平台梁计算，其中平台板的计算同板式楼梯。

2. 踏步板计算

踏步板的截面为梯形，是一块单向板。计算时取一个踏步作为计算单元，按等截面面积的原则简化成同宽度的矩形截面，踏步板按简支板计算；当踏步板两端均与斜梁整体连接时，其跨中弯矩按式（7-1）计算。l_n 取斜梁之间的净跨。现浇踏步板的最小厚度一般为40mm，每一级踏步下宜配置不少于2ϕ8 的受力钢筋。

3. 斜梁计算

楼梯斜梁承受由踏步板传来的均布荷载及自重，斜梁简化为水平简支梁计算。荷载同时简化成沿水平投影长度上的均布荷载（指踏步板的自重部分，活载本身就是按单位水平投影面积给出的），计算其最大弯矩 M_{max} 和最大剪力 V_{max}（水平简支梁计算出的 V_{max} 乘以 $\cos\alpha$，α 为斜梁的倾角）。斜梁的截面高度 h 应按与斜梁轴线的垂直高度采用，根据具体情况按矩形截面（单侧有斜梁）、倒L形截面（双侧有斜梁）、T形截面（单根斜梁位于中部）进行计算，其配筋与一般梁相同。

4. 平台板计算

梁式楼梯的平台板计算同板式楼梯。

5. 平台梁计算

平台梁一般支承在框梁或柱（砖混结构在墙）上，除承受自重外，还承受由平台板传来的均布荷载及斜梁传来的集中荷载，设计时一般按简支梁计算。

7.2 雨篷结构设计

7.2.1 概述

雨篷是建筑物入口的挡雨构件，一般建筑中对外门洞处均应设雨篷。雨篷有挑梁式和挑板式两种形式，最常见的是板式雨篷，它由雨篷板和雨篷梁组成。雨篷梁除支承雨篷板外，还兼作过梁，雨篷挑出长度一般在1.5m左右，如图7-5所示。

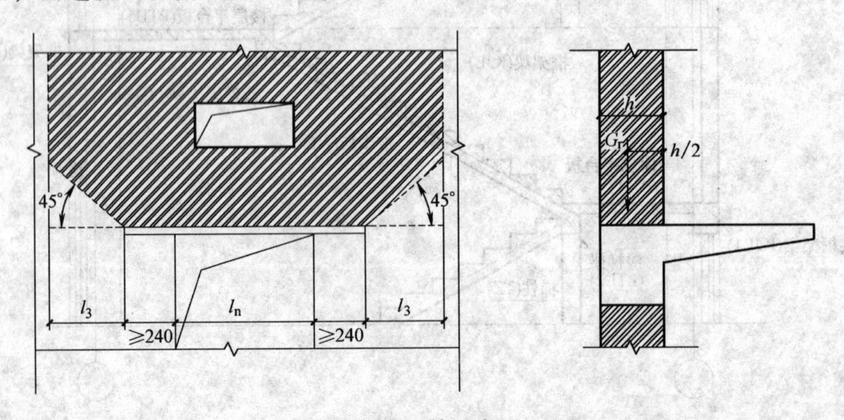

图7-5 雨篷示意图

雨篷的破坏形式有以下三种：雨篷板在支座处因抗弯承载力不足而断裂，如图7-6a所示；雨篷梁受弯扭破坏，如图7-6b所示；整个雨篷板的倾覆破坏，如图7-6c所示。为防止雨篷发生上述破坏，雨篷的计算包括雨篷板设计、雨篷梁设计和雨篷的抗倾覆验算三部分。

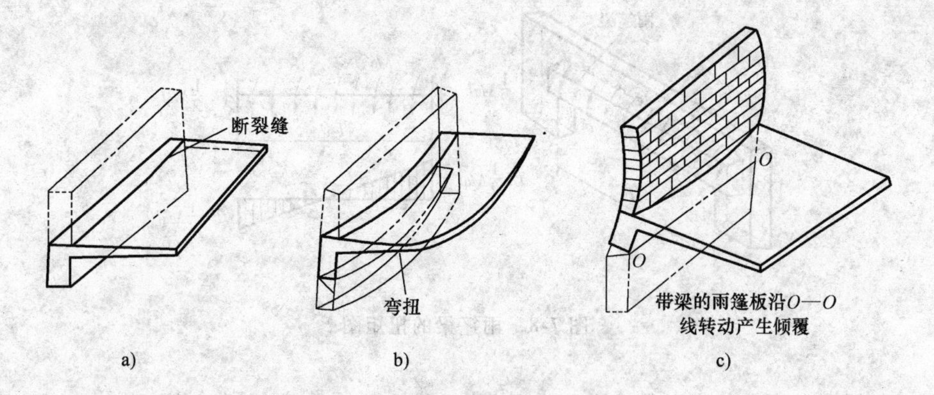

图7-6　雨篷的三种破坏形式

a）雨篷板断裂　b）雨篷梁弯扭破坏　c）雨篷板倾覆

7.2.2　雨篷板设计

雨篷板是固定于雨篷梁上的悬臂板，其承载力按受弯构件计算。雨篷板的计算跨度取板的挑出长度。计算单元取1m板带，计算截面取板的根部。雨篷板的厚度，可取挑出长度的1/12～1/10，且≥80mm；悬臂端厚度应不小于60mm。

雨篷板承受的荷载有恒载和活载。恒载包括板、面层和板底抹灰自重；活载包括雪荷载和均布活载（参照不上人屋面活载按0.5kN/m^{2}取值），两者取大值；另外尚应考虑在板端部沿板宽每隔1.0m取一个1.0kN的施工和检修集中荷载。计算时按下列两种组合情况考虑：

1）均布活载和雪荷载中的较大者与恒荷载组合。

2）恒载加施工或检修集中荷载。

按两种情况分布计算出最大弯矩后，选较大者进行配筋计算。由于最大弯矩产生在雨篷板根部，所以厚度应取根部板厚，钢筋设置在板的上部。

7.2.3　雨篷梁设计

雨篷梁兼作门过梁时承受下列荷载：承受上部砌体及雨篷梁的自重、雨篷板传来的荷载。当雨篷板端部作用集中荷载P时，在梁横截面的对称轴上，不仅受到力P的作用，而且还受到力矩$M_P=P(b/2+c)$的作用，M_P使梁扭转，如图7-7a所示。当雨篷板上作用均布荷载q时，荷载qc也同样使雨篷梁受弯，力矩M_q使梁受扭，如图7-7b所示。

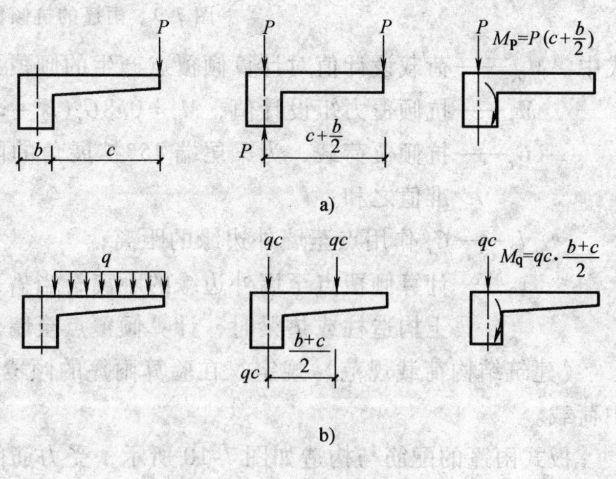

图7-7　雨篷梁的受力分析

雨篷梁在均布力矩 M_q（M_P）作用下，梁内产生扭矩，在两端支座处最大，$T=M_{ql}/2$；跨中最小，$T=0$，如图 7-8 所示。根据雨篷梁的受力特点，按弯剪扭构件进行计算。

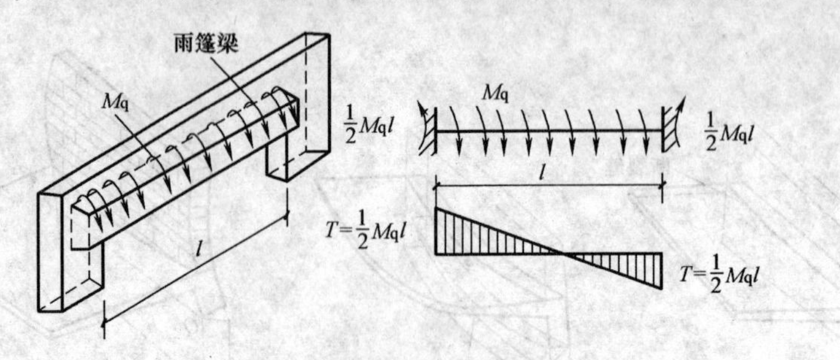

图 7-8　雨篷梁的扭矩图

7.2.4　雨篷抗倾覆验算

雨篷上的荷载有使整个雨篷绕梁底外缘转动而倾覆翻倒的可能，但是，梁的自重、梁上砌体自重及其他荷载有抗倾覆的作用，如图 7-9 所示。为保证雨篷具有足够的抗倾覆能力，对雨篷的抗倾覆验算，应满足下式

$$M_{0v} \leqslant M_r \tag{7-2}$$

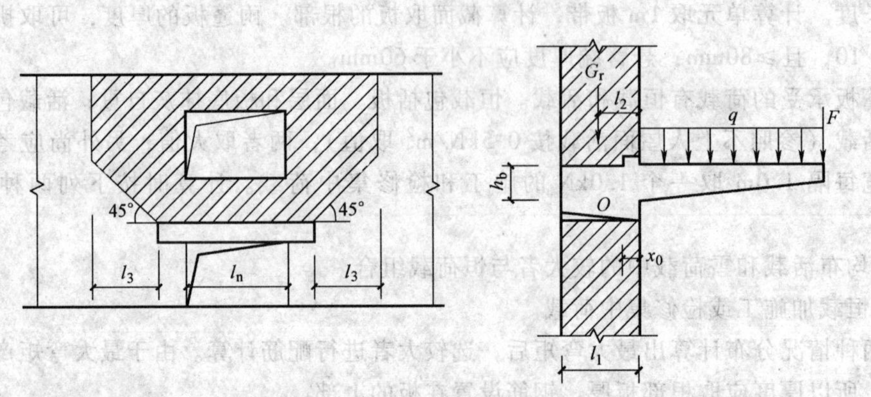

图 7-9　雨篷的抗倾覆荷载

式中　M_{0v}——荷载设计值对计算倾覆点产生的倾覆力矩；

M_r——抗倾覆力矩设计值，$M_r=0.8G_r(l_2-x_0)$；

G_r——抗倾覆荷载，为梁尾端 45°扩展角的阴影范围内本层砌体自重与楼面恒载标准值之和；

l_2——G_r 作用点至墙外边缘的距离；

x_0——计算倾覆点至墙外边缘的距离，当 $l_1<2.2h_b$ 时，$x_0=0.13l_1$，当梁下有混凝土构造柱或垫梁时，计算倾覆点至墙外边缘的距离可取 $0.5x_0$。

《建筑结构荷载规范》规定，在验算雨篷的倾覆时，应沿板宽每隔 2.5～3.0m 取一个集中荷载。

板式雨篷的配筋与构造如图 7-10 所示，受力筋由计算求得，但不得小于 $\phi6@200$（$A_s=141\text{mm}^2/\text{m}$），并且伸入梁内的锚固长度取 $1.2l_a$，分布钢筋不少于 $\phi6@250$。

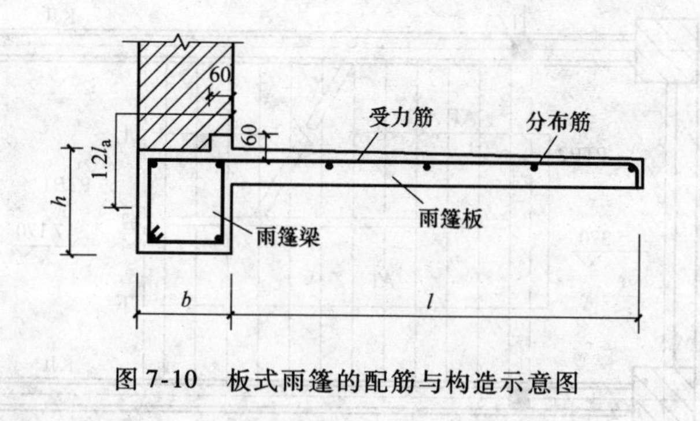

图7-10　板式雨篷的配筋与构造示意图

7.3　板式楼梯设计实例

某办公楼采用板式楼梯，楼梯尺寸为3.3m×6.9m，层高3.6m。混凝土选用C30，$\alpha_1=1.0$，$f_c=14.3\text{N/mm}^2$，$f_t=1.43\text{N/mm}^2$；板内钢筋和梁内箍筋选用HPB300，$f_y=f_{yv}=270\text{N/mm}^2$；梁内纵向钢筋选用HRB335，$f_y=300\text{N/mm}^2$。楼梯活载标准值为$3.5\text{kN/mm}^2$，板底抹灰荷载标准值$0.2\text{kN/mm}^2$，面层地板砖$0.7\text{kN/mm}^2$，结构布置如图7-11所示。试设计该楼梯。

楼梯间结构构件有踏步板（AT）、平台梁（LTL1、LTL2）、梯柱（TZ）、平台板（PTB1、PTB2）、设在楼层中间的框架梁（KJL1）。KJL为楼层处的梁，在结构整体设计中计算。

1. 踏步板设计

踏步板为两端支撑在平台梁上的简支梁，其水平投影计算跨度取净跨$l_n=3300\text{mm}$；梯板厚度：$h=l_n/30\sim l_n/25=110\sim132\text{mm}$，取$h=120\text{mm}$；踏步板垂直高度$H_s=1800\text{mm}$，踏步数$n=12$；每个踏步高度$h=1800/12\text{mm}=150\text{mm}$，踏步宽度$b=300\text{mm}$；$\tan\alpha=\dfrac{150}{300}=0.5$，$\alpha=26.56°$，$\cos\alpha=0.89$。

（1）荷载计算　取1m宽板带进行计算。

1）恒载标准值：先取一个踏步计算。

三角形踏步自重　$\dfrac{1}{2}\times0.15\times0.3\times25\div0.3\text{kN/m}=1.875\text{kN/m}$

斜板及板底粉刷自重　$\dfrac{0.12\times25+0.2}{0.89}\text{kN/m}=3.596\text{kN/m}$

踏步板面层自重　$\dfrac{0.3+0.15}{0.3}\times0.7\text{kN/m}=1.05\text{kN/m}$

故　$$g_k=1.875\text{kN/m}+3.596\text{kN/m}+1.05\text{kN/m}=6.52\text{kN/m}$$

2）活载标准值　$$q_k=3.5\text{kN/m}$$

3）荷载设计值

由活载控制的组合

$$g+q=\gamma_G g_k+\gamma_Q q_k=1.2\times6.52\text{kN/m}+1.4\times3.5\text{kN/m}=12.72\text{kN/m}$$

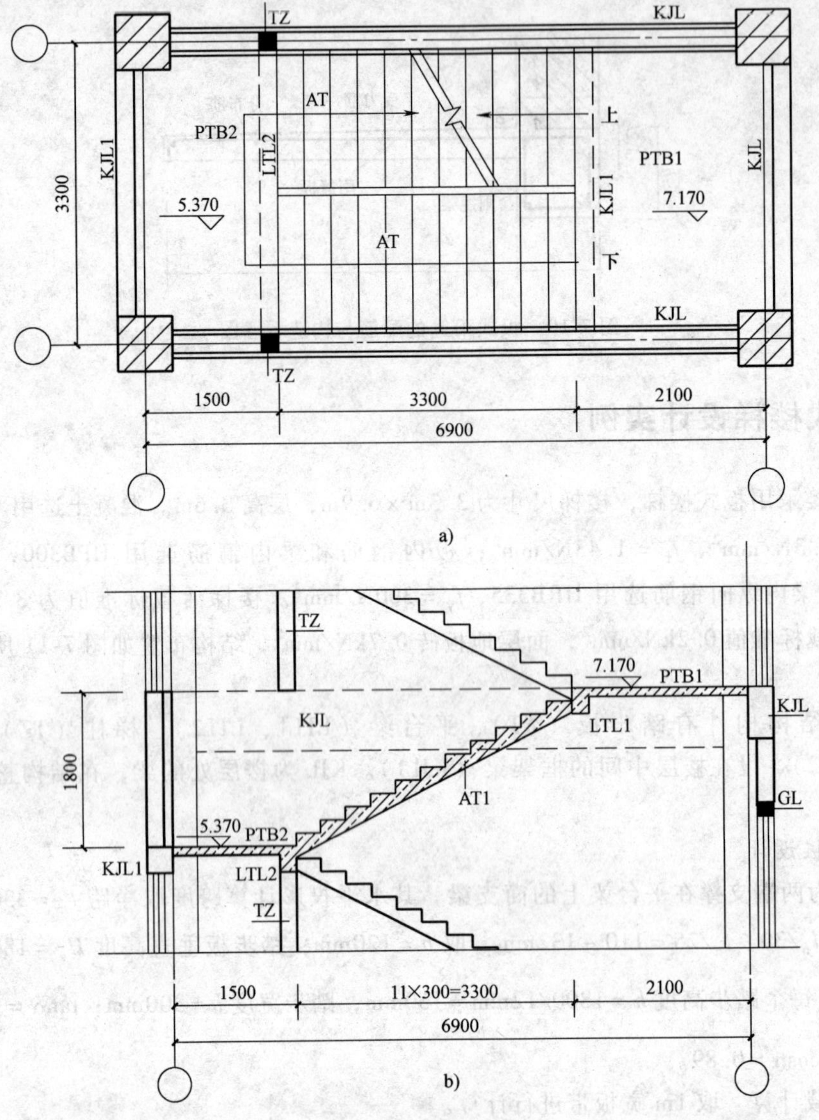

图 7-11 楼梯布置图

由恒载控制的组合

$$g+q=\gamma_G g_k+\gamma_Q q_k=1.35\times6.52\text{kN/m}+1.4\times0.9\times3.5\text{kN/m}=13.21\text{kN/m}$$

荷载设计值取组合值中较大值，$g+q=13.21\text{kN/m}$。

（2）内力计算

跨中弯矩 $$M=\frac{(g+q)l_n^{\,2}}{10}=\frac{13.21\times3.3^2}{10}\text{kN}\cdot\text{m}=14.39\text{kN}\cdot\text{m}$$

（3）正截面承载力计算

$$h_0=(120-20)\text{mm}=100\text{mm}$$

$$x=h_0\left(1-\sqrt{1-\frac{2M}{\alpha_1 f_c bh_0^2}}\right)=100\times\left(1-\sqrt{1-\frac{2\times14.39\times10^6}{14.3\times1000\times100^2}}\right)\text{mm}$$

$$= 10.6\text{mm} < \xi_b h_0 = 0.55 \times 100\text{mm} = 55\text{mm}$$

$$A_s = \alpha_1 f_c bx/f_y = 14.3 \times 1000 \times 10.6/300\text{mm}^2 = 505\text{mm}^2$$

最小配筋率取 $\rho_{\min} = 45\frac{f_t}{f_y}\% = 45 \times \frac{1.43}{300}\% = 0.2145\%$ 和 0.2%中的较大值。故最小配筋面积 $A_{\min} = 0.2145\% bh = 0.2145\% \times 1000 \times 120\text{mm}^2 = 257.4\text{mm}^2$

计算所得钢筋面积大于最小配筋面积，故满足要求。选配ϕ8@100（$A_s = 503\text{mm}^2$）。考虑平台梁对踏步板的嵌固影响，在踏步板支座处需配置与跨中纵向受力钢筋相同的承受负弯矩的钢筋，故采用ϕ8@100。

分布筋通常是在每一踏步下放1根ϕ6或ϕ6@250的钢筋，此处分布筋选用ϕ6@250。

2. 平台板（PTB1）设计

PTB1为四边支撑在梁上的板，按照弹性算法，板的计算跨度取支座中心间的距离。长边为3.3m，短边为2.1m − 0.1m + 0.15m = 2.15m（PTL宽0.2m，KJL宽0.3m），近似按2.1m取值。长短边之比为$\frac{3300}{2100} = 1.57 < 2$，为双向板，且其四周均有楼板，属于多跨连续板。板厚$\frac{2100}{40}\text{mm} = 52.5\text{mm}$，考虑板最小厚度取值，取板厚为80mm。

（1）跨中弯矩

1）恒载标准值。

平台板自重 $0.08 \times 25\text{kN/m}^2 = 2.0\text{kN/m}^2$

装修荷载 $0.2\text{kN/m}^2 + 0.7\text{kN/m}^2 = 0.9\text{kN/m}^2$

合计 $g_k = 2.0\text{kN/m}^2 + 0.9\text{kN/m}^2 = 2.9\text{kN/m}^2$

2）活载标准值 $q_k = 3.5\text{kN/m}^2$

3）荷载设计值。

由活载控制的组合

$$g + q = \gamma_G g_k + \gamma_Q q_k = 1.2 \times 2.9\text{kN/m}^2 + 1.4 \times 3.5\text{kN/m}^2 = 8.38\text{kN/m}^2$$

由恒载控制的组合

$$g + q = \gamma_G g_k + \gamma_Q q_k = 1.35 \times 2.9\text{kN/m}^2 + 1.4 \times 0.9 \times 3.5\text{kN/m}^2 = 8.325\text{kN/m}^2$$

故取由活载控制的组合，$g = 1.2 \times 2.9\text{kN/m}^2 = 3.48\text{kN/m}^2$，$q = 1.4 \times 3.5\text{kN/m}^2 = 4.9\text{kN/m}^2$，$g + q/2 = 3.48\text{kN/m}^2 + 2.45\text{kN/m}^2 = 5.93\text{kN/m}^2$。

$$l_{0x} = 2100\text{mm}, l_{0y} = 3300\text{mm}$$

按照多跨连续板的计算方法，板跨中弯矩 $M = M_1 + M_2$。M_1 是在（$g + q/2$）荷载作用下按四边固定计算出跨中弯矩，M_2 是在 $q/2$ 荷载作用下按四边简支情况下计算的跨中弯矩。

因 $l_{0x}/l_{0y} = 2100/3300 = 0.636$，$l_0 = l_x = 2100$，查附表25-5、附表25-1，且考虑泊松比，结果见表7-1。

表7-1 弯矩系数

支撑形式	l_x/l_y	m_x	m_y	m_x	m_y
四边固定	0.636	0.0351	0.009	−0.077	−0.0571
四边简支	0.636	0.077	0.0263	—	—

注：表7-2中的系数是查附表25并内插得到的。

$$M_x = M_{x1} = M_{x2} = m_{x1}(g+q/2)l_0^2 + m_{x2}(q/2)l_0^2$$
$$=(0.0351+0.2\times0.009)\times5.93\times2.1^2\text{kN}\cdot\text{m}+(0.077+0.2\times0.0263)\times2.45\times2.1^2\text{kN}\cdot\text{m}=1.85\text{kN}\cdot\text{m}$$

$$M_y = M_{y1} + M_{y2} = m_{y1}(g+q/2)l_0^2 + m_{y2}(q/2)l_0^2$$
$$(0.009+0.2\times0.0351)\times5.93\times2.1^2\text{kN}\cdot\text{m}+(0.0263+0.2\times0.077)\times2.45\times2.1^2\text{kN}\cdot\text{m}=0.7\text{kN}\cdot\text{m}$$

(2) 支座弯矩

沿短边 $M_x^a = m_x'(g+q)l_0^2 = -0.077\times8.38\times2.1^2\text{kN}\cdot\text{m} = -2.85\text{kN}\cdot\text{m}$

沿长边 $M_y^b = m_y'(g+q)l_0^2 = -0.0571\times8.38\times2.1^2\text{kN}\cdot\text{m} = -2.11\text{kN}\cdot\text{m}$

跨中截面 $h_{0x}=(80-20)\text{mm}=60\text{mm}$（短跨方向），$h_{0y}=(80-30)\text{mm}=50\text{mm}$（长跨方向）；对 A 区格板，考虑到该板四周与梁整浇在一起，整块板内存在穹顶作用，使板内弯矩大大减小，故其弯矩设计值应乘以折减系数 0.8，近似取 $\gamma_s=0.95$。

(3) 配筋

1）跨中配筋计算（采用近似计算公式，计算结果大于精确计算）

$$A_{sx}=\frac{0.8M_x}{\gamma_s h_{0x} f_y}=\frac{0.8\times1.85\times10^6}{0.95\times60\times270}\text{mm}^2=96.17\text{mm}^2$$

$$A_{sy}=\frac{0.8M_y}{\gamma_s h_0 f_y}=\frac{0.8\times0.87\times10^6}{0.95\times50\times270}\text{mm}^2=54.27\text{mm}^2$$

2）支座配筋计算

短向 $$A_{sx}=\frac{0.8M_x'}{\gamma_s h_0 f_y}=\frac{0.8\times2.85\times10^6}{0.95\times60\times270}\text{mm}^2=148.15\text{mm}^2$$

长向 $$A_{sy}=\frac{0.8M_y'}{\gamma_s h_0 f_y}=\frac{0.8\times2.11\times10^6}{0.95\times50\times270}\text{mm}^2=131.62\text{mm}^2$$

最小配筋率取 0.2% 和 $\rho_{\min}=45f_t/f_y\times100\%=45\times1.43/270\times100\%=0.238\%$ 的大值，故取 $\rho_{\min}=0.238\%$，$A_{s,\min}=\rho_{\min}bh=0.238\%\times1000\times80\text{mm}^2=190.4\text{mm}^2$。

故跨中和支座均按最小配筋率配筋，选配ϕ6@150（$A_s=189\text{mm}^2$）。

3. 平台板（PTB2）设计

PTB2 为单跨单向板，按简支计算。平台板厚 $h=80\text{mm}$，取 1m 板带为计算单元。

(1) 荷载计算 同 PTB1，$g+q=8.38\text{kN/m}^2$，每米板宽上的线荷载为 8.38kN/m。

(2) 内力计算

计算跨度取净跨 $l=(1.5-0.2+0.1)\text{m}=1.4\text{m}$（注：PTB 宽度 0.2m，层间框架梁宽度 0.2m。）

跨中弯矩 $M_x=(g+q)l^2/10=8.38\times1.4^2/10\text{kN}\cdot\text{m}=1.64\text{kN}\cdot\text{m}$

(3) 正截面承载力计算

$$h_0=(80-20)\text{mm}=60\text{mm}$$

$$A_{sx}=\frac{M_x}{\gamma_s h_{0x} f_y}=\frac{1.64\times10^6}{0.95\times60\times270}\text{mm}^2=106.56\text{mm}^2<190.4\text{mm}^2$$

故仍按最小配筋面积配筋，选配ϕ6@150（$A_s=189\text{mm}^2$）。

4. LTL1 设计

LTL1 为单跨梁，计算跨度取 $l_0+a\leqslant 1.05l_0$，l_0为净跨，a 为支座宽度。

$$l_0+a=(3.3-0.3)\text{m}+0.3\text{m}=3.3\text{m}>1.05l_0=1.05\times(3.3-0.3)\text{m}=3.15\text{m}$$

取 $l=1.05l_0=1.05\times(3.3-0.3)\text{m}=3.15\text{m}$（注：LTL1 支承在宽度为 0.3m 的框架梁上。）

平台梁高度取$\left(\frac{1}{12}\sim\frac{1}{8}\right)\times 3150\text{mm}=262\sim 393\text{mm}$，取 300mm，梁宽取 200mm。

（1）荷载计算（设计值）　平台板传来的荷载为梯形荷载，将其折算为均布荷载（具体折算方法见第 5.4.2 节）。

$$\alpha=\frac{1050}{3300}=0.318$$

$$q=(1-2\alpha^2+\alpha^3)\times q'=(1-2\times 0.318^2+0.318^3)\times 8.38\times\frac{2.1}{2}\text{kN/m}=6.62\text{kN/m}$$

梁及粉刷自重　$1.2\times[0.2\times 0.3\times 25+0.2\times(0.2+0.22\times 2)]\text{kN/m}=1.95\text{kN/m}$

踏步板传来的荷载　　$13.21\times\frac{3.3}{2}\text{kN/m}=21.80\text{kN/m}$

合计　$6.62\text{kN/m}+1.95\text{kN/m}+21.8\text{kN/m}=30.37\text{kN/m}$

（2）内力计算

跨中弯矩　　$M=(g+q)l^2/8=30.37\times 3.15^2/8\text{kN}\cdot\text{m}=37.67\text{kN}\cdot\text{m}$

支座剪力　　$V=(g+q)l_0/2=30.37\times 3.0/2\text{kN}=45.56\text{kN}$

（3）截面承载力计算　平台梁按倒 L 形截面计算，翼缘计算宽度 b_f'确定如下

$$b_f'=l_n/6=3.15/6\text{m}=0.525\text{m}=525\text{mm}$$

$$b_f'+b+S_n/2=200\text{mm}+2100/2\text{mm}=1250\text{mm}$$

$$b+5h_f'=200\text{mm}+5\times 80\text{mm}=600\text{mm}$$

取较小值 $b_f'=525\text{mm}$

判断截面类型

$$h_0=(300-40)\text{mm}=260\text{mm}$$

$\alpha_1 f_c b_f' h_f'(h_0-h_f'/2)=14.3\times 525\times 80\times(260-80/2)\text{N}\cdot\text{mm}=132\times 10^6\text{N}\cdot\text{mm}=132\text{kN}\cdot\text{m}>M=38.08\text{kN}\cdot\text{m}$ 属第一类倒 L 形截面，故

$$\alpha_s=\frac{M}{\alpha_1 f_c b_f' h_0^2}=\frac{37.67\times 10^6}{14.3\times 525\times 260^2}=0.074\xi=1-\sqrt{1-2\alpha_s}=1-\sqrt{1-2\times 0.074}$$

$$=0.077<\xi_b=0.55\ A_s=\xi\alpha_1 f_c b_f' h_0/f_y=0.077\times 14.3\times 525\times 260/300\text{mm}^2=501.0\text{mm}^2$$

最小配筋率取 0.2% 和 $\rho_{min}=45f_t/f_y\times 100\%=45\times 1.43/300\times 100\%=0.2145\%$ 的大值，故取 $\rho_{min}=0.2145\%$，$A_{s,min}=\rho_{min}bh=0.2145\%\times 200\times 300\text{mm}^2=128.7\text{mm}^2$。

计算钢筋面积大于最小配筋面积。选配 2 Φ 18（$A_s=509\text{mm}^2$）。

$$0.7f_t bh_0=0.7\times 1.43\times 200\times 260\text{N}=52052\text{N}=52.052\text{kN}>V=45.56\text{kN}$$

按构造配筋，选用 ϕ 6@200。

5. LTL2 设计

LTL2 是放置在 300mm×300mm 梯柱上的梁。计算跨度取值同 LTL1，$l=1.05l_0=1.05\times$

(3.3 −0.3) m = 3.15m。

平台梁截面尺寸　$b \times h = 200\text{mm} \times 300\text{mm}$

平台板传来的荷载　$8.38 \times \frac{1.5}{2}\text{kN/m} = 6.29\text{kN/m}$（平台板为单向板）

梁及粉刷自重　$1.2 \times [0.2 \times 0.3 \times 25 + 0.2 \times (0.2 + 0.22 \times 2)]\text{kN/m} = 1.95\text{kN/m}$

踏步板传来的荷载　$13.21 \times \frac{3.3}{2}\text{kN/m} = 21.80\text{kN/m}$

合计　$6.29\text{kN/m} + 1.95\text{kN/m} + 21.8\text{kN/m} = 30.04\text{kN/m}$

该荷载值同 LTL1 荷载相差不大，配筋取相同。

6. KJL1 设计

KJL1 是设在楼层之间支承在框架柱上的梁，为支承休息平台处的板（PTB2）而设。因为是支承在框架柱上，可将该梁按梁端固定进行设计。

(1) 荷载计算（设计值）

截面尺寸　$b \times h = 200\text{mm} \times 300\text{mm}$

平台板传来的荷载　$8.38 \times \frac{1.5}{2}\text{kN/m} = 6.29\text{kN/m}$（平台板为单向板）

梁及粉刷自重　$1.2 \times [0.2 \times 0.3 \times 25 + 0.2 \times (0.2 + 0.22 \times 2)]\text{kN/m} = 1.95\text{kN/m}$

墙体传来的重力　$1.2 \times 2.35 \times (1.8 - 0.6)\text{kN/m} = 3.38\text{kN/m}$（200mm 厚填充墙双面粉刷外墙自重为 2.35kN/m^2，参见第 8 章。外纵向框架梁高 0.6m）

荷载设计值　$6.29\text{kN/m} + 1.95\text{kN/m} + 3.38\text{kN/m} = 11.62\text{kN/m}$

(2) 内力计算（按矩形截面计算）

计算跨度　$l = 1.05l_0 = 1.05 \times (3.3 - 0.6)\text{m} = 2.839\text{m}$

跨中弯矩和支座处弯矩　$M = (g + q)l^2/12 = 11.62 \times 2.839^2/12\text{kN}\cdot\text{m} = 7.8\text{kN}\cdot\text{m}$

$$\alpha_s = \frac{M}{\alpha_1 f_c b'_f h_0^2} = \frac{7.8 \times 10^6}{14.3 \times 200 \times 260^2} = 0.04$$

$$\xi = 1 - \sqrt{1 - 2\alpha_s} = 1 - \sqrt{1 - 2 \times 0.04} = 0.04$$

$$A_s = \xi \alpha_1 f_c b h_0 / f_y = 0.04 \times 14.3 \times 200 \times 260/300\text{mm}^2 = 99.15\text{mm}^2 < A_{min} = 128.7\text{mm}^2$$

故按最小配筋面积选用，选配 2Φ12（$A_s = 226\text{mm}^2$）；箍筋按构造配筋，选用 φ6@200。

7. TZ1（300mm × 300mm）设计

(1) 荷载计算

楼梯梁传过来的荷载　$30.04 \times \frac{3.3}{2}\text{kN} = 49.57\text{kN}$

柱自重　$1.2 \times 25 \times 0.3 \times 0.3 \times (1.8 - 0.3)\text{kN} = 4.05\text{kN}$

总荷载　$49.57\text{kN} + 2.81\text{kN} = 53.62\text{kN}$

(2) 稳定系数 φ　柱的计算长度 $l_0 = 1.8\text{m} - 0.3\text{m} - 1.5\text{m}$，$l_0/b = 1500/300 = 5 < 8$，查附表 26 得 $\varphi = 1.0$。

(3) 计算截面面积

$$A'_s = \frac{\frac{N}{0.9\varphi} - f_c A}{f'_y} = \frac{\frac{52.38 \times 10^3}{0.9 \times 1} - 14.3 \times 300 \times 300}{300} < 0 < \rho_{min} = 0.60\% \times 300 \times 300\text{mm}^2 = 540\text{mm}^2$$

按最小配筋率配筋：4Φ14（$A_s = 616\text{mm}^2$）；箍筋选用：Φ6@200 构造要求中箍筋间距不小于纵向钢筋直径的15倍。

8. TZ1下基础设计（C30）

TZ1为300mm×300mm的方柱。柱底荷载设计值53.62kN，折算为标准值53.62/1.35kN = 39.7kN，基底埋深0.5m，直接坐落在回填土上，$f_{ak} = 80\text{MPa}$。基础及其上覆回填土重度取20kN/m^3，基底面积为

$$A \geqslant \frac{F_k}{f_{ak} - \gamma d} = \frac{39.7}{80 - 20 \times 0.5}\text{m}^2 = 0.567\text{m}^2$$

采用正方形基础，边长为：$l = b = \sqrt{0.567}\text{m} = 0.75\text{m}$，取边长0.8m。选用C30的素混凝土基础，取刚性角$\tan\alpha = 1$。

刚性基础高度 $H_0 \geqslant \dfrac{b - b_0}{2\tan\alpha} = \dfrac{0.8 - 0.3}{2 \times 1}\text{m} = 0.25\text{m}$，取0.3m

9. 楼梯斜板下条形基础设计（C30）

楼梯斜板传下来的线荷载设计值21.08kN/m，折算为标准值21.08/1.35kN/m = 15.61kN/m，基地埋深0.5m，直接坐落在回填土上，$f_{ak} = 80\text{MPa}$。基础及其上覆回填土重度取20kN/m^3，基底宽度为

$$b \geqslant \frac{F_k}{f_{ak} - \gamma d} = \frac{15.61}{80 - 20 \times 0.5}\text{m} = 0.223\text{m}，取0.5\text{m}$$

刚性基础高度 $H_0 \geqslant \dfrac{b - b_0}{\tan\alpha} = \dfrac{0.5 - 0.3}{2 \times 1}\text{m} = 0.1\text{m}$，取0.3m

其结构施工图如附图21所示（见书后插页）。

7.4 梁式楼梯设计实例

某办公楼采用梁式楼梯，楼梯尺寸为3.3m×6.9m，层高3.6m，梯井宽200mm；混凝土选用C30，$f_c = 14.3\text{N/mm}^2$，$f_t = 1.43\text{N/mm}^2$；板内钢筋和梁内箍筋选用HPB300，$f_y = f_{yv} = 270\text{N/mm}^2$，梁内纵向钢筋选用HPB335，$f_y = 300\text{N/mm}^2$。楼梯活载标准值为$3.5\text{kN/mm}^2$，板底抹灰荷载标准值$0.2\text{kN/mm}^2$，面层地板砖$0.7\text{kN/mm}^2$，楼梯栏杆荷载$0.1\text{kN/mm}^2$，结构布置如图7-12所示。试设计该楼梯。

1. 踏步板计算

（1）荷载计算　图7-13所示为踏步板构造示意图。

每个踏步板自重荷载计算如下：踏步板厚度取40mm，每个踏步高$h = 150\text{mm}$，每个踏步宽$b = 300\text{mm}$，$\tan\alpha = 150/300 = 0.5$，$\alpha = 26.25°$，$\cos\alpha = 0.89$。踏步板折算高度近似按梯形截面平均高度采用，即$h = 150/2\text{mm} + 40/0.89\text{mm} = 120\text{mm}$。

1）恒载：

踏步板自重	$0.3 \times 0.12 \times 25\text{kN/m} = 0.9\text{kN/m}$
踏步面层自重	$(0.3 + 0.15) \times 0.7\text{kN/m} = 0.315\text{kN/m}$
底面抹灰自重	$0.2 \times 0.3/0.89\text{kN/m} = 0.067\text{kN/m}$
恒载合计	$g_k = 1.28\text{kN/m}$

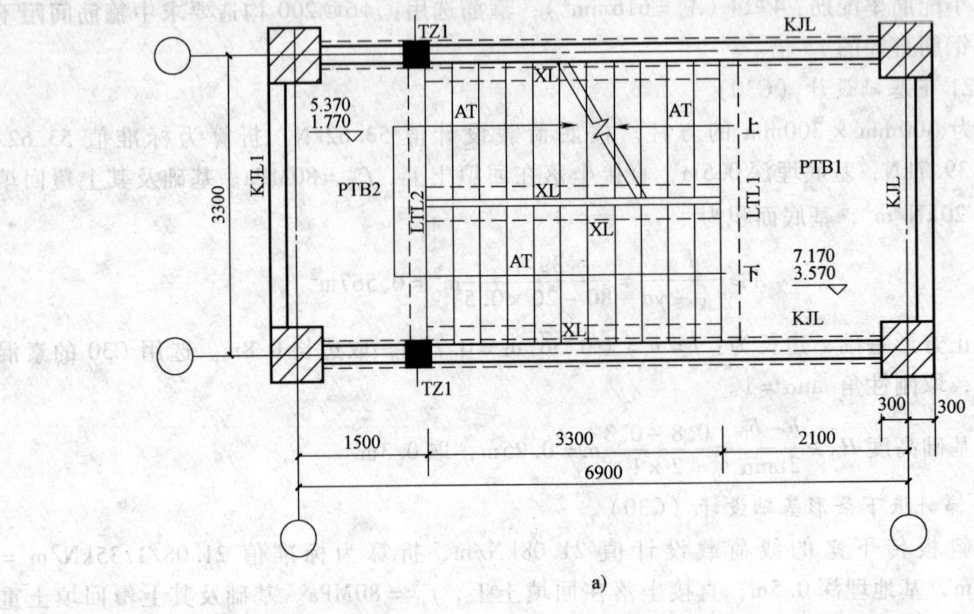

a)

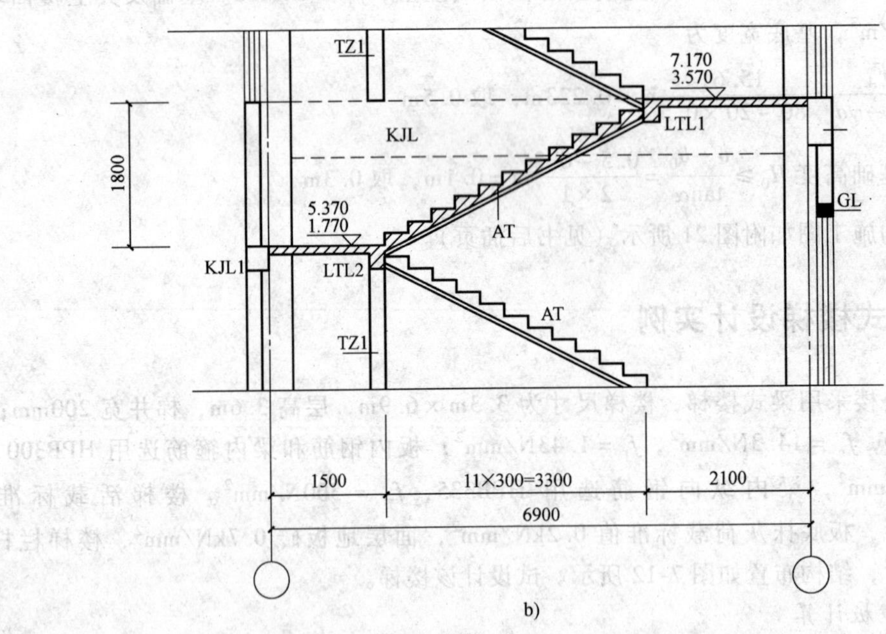

b)

图 7-12 梁式楼梯布置图

2）活载 $q_k = 3.5 \times 0.3\text{kN/m} = 1.05\text{kN/m}$

3）总荷载设计值：

由活载控制的组合 $g + q = r_G g_k + r_Q q_k = 1.2 \times 1.28\text{kN/m} + 1.4 \times 1.05\text{kN/m} = 3.01\text{kN/m}$

由恒载控制的组合

$$g + q = \gamma_G g_k + \gamma_Q \psi_q q_k = 1.35 \times 1.28\text{kN/m} + 1.4 \times 0.7 \times 1.05\text{kN/m} = 2.76\text{kN/m}$$

取大值 $g + q = 3.01\text{kN/m}$

（2）内力计算 楼梯斜梁截面尺寸：$h = (1/12 \sim 1/8)\, l_n = (1/12 \sim 1/8) \times 3300\text{mm} = 275 \sim 413\text{mm}$，式中 l_n 为斜梁跨度，取 $h = 300\text{mm}$，$b = (1/3 \sim 1/2)\, h = (1/3 \sim 1/2) \times 300\text{mm} = 100 \sim$

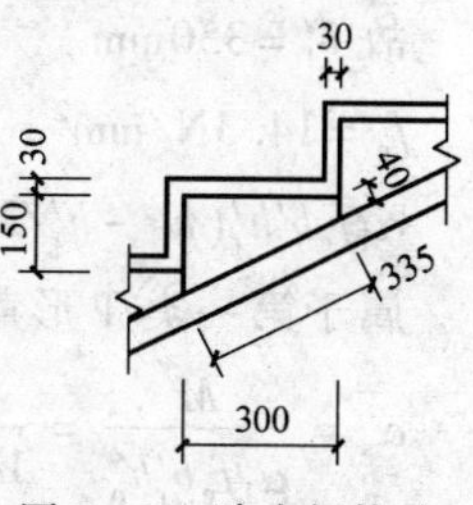

图 7-13 踏步板构造

150mm，取 $b=150\text{mm}$，故截面尺寸为 150mm × 300mm。则踏步板计算跨度和跨中截面弯矩分别为

$$l=1.55\text{m}-0.1\text{m}-2\times0.15\text{m}=1.15\text{m}$$

$$M=1/8(g+q)l^2=1/8\times3.01\times1.15^2\text{kN}\cdot\text{m}=0.497\text{kN}\cdot\text{m}$$

（3）受弯承载力计算　踏步板截面折算高度 $h=120\text{mm}$，有效高度 $h_0=120\text{mm}-20\text{mm}=100\text{mm}$，$b=300\text{mm}$，$f_c=14.3\text{N/mm}^2 f_y=270\text{N/mm}^2$。

则 $\alpha_s=\dfrac{M}{\alpha_1 f_c b h_0^2}=\dfrac{0.497\times10^6}{1.0\times14.3\times300\times100^2}=0.012$，$\xi=1-\sqrt{1-2\alpha_s}=0.012<\xi_b=0.55$，

$$A_s=\frac{\alpha_1 f_c b h_0 \xi}{f_y}=\frac{1.0\times14.3\times300\times100\times0.012}{270}\text{mm}^2=19.07\text{mm}^2$$

最小配筋率取 $\rho_{min}=45f_t/f_y\times100\%=45\times1.43/270\times100\%=0.238\%$ 和 0.2% 的较大值，故 $A_{min}=0.238\%bh=0.238\%\times300\times120\text{mm}^2=85.68\text{mm}^2$ 计算所得钢筋面积小于最小配筋面积，选配 2Φ8（$A_s=101\text{mm}^2$）。

根据板中构造钢筋的规定，分布筋的取值有三个约束条件：单位长度上的分布钢筋，其截面面积不宜小于单位宽度上受力钢筋截面面积的 15%，即 $A\geqslant101\times15\%\text{ mm}^2=15.15\text{mm}^2$，不宜小于该方向板截面面积的 0.15%，即 $A_{smin}=1000\times120\times0.15\%\text{ mm}^2=180\text{mm}^2$，分布钢筋间距不宜大 250mm，直径不宜小于 6mm，即 Φ6@250（$A_s=113\text{mm}^2$），因此 分布筋选用Φ8@250（$A_s=201\text{mm}^2$）。

2. 楼梯斜梁计算

（1）荷载计算

踏步板传来的荷载　$\dfrac{1}{2}\times3.01\times1.45\times\dfrac{1}{0.3}\text{kN/m}=7.27\text{kN/m}$

斜梁自重　$1.2\times(0.3-0.04)\times0.15\times25\div0.89\text{kN/m}=1.315\text{kN/m}$

斜梁抹灰自重　$1.2\times(0.3-0.04)\times2\times0.2\div0.89\text{kN/m}=0.14\text{kN/m}$

楼梯栏杆自重　1.2kN/m

总荷载设计值　$p=9.93\text{kN/m}$

（2）内力计算　平台梁截面尺寸：200mm × 500mm，则斜梁水平投影计算跨度为 $l=l_0+b=3.3\text{m}+0.2\text{m}=3.5\text{m}$，$l=1.05l_0=1.05\times3.3\text{m}=3.47\text{m}$，两者取小值。故 $l=3.47\text{m}\approx3.5\text{m}$。梁跨中截面弯矩及支座截面剪力分别为

$$M=1/8pl_n{}^2=1/8\times9.93\times3.5^2\text{kN}\cdot\text{m}=15.21\text{kN}\cdot\text{m}$$

$$V=\frac{1}{2}pl_n\cos\alpha=\frac{1}{2}\times9.93\times3.5\times0.89\text{kN}=15.47\text{kN}$$

（3）截面承载力计算　$h_0=300\text{mm}-40\text{mm}=260\text{mm}$，$h_f'=40\text{mm}$，斜梁按倒 L 形截面计算，翼缘计算宽度 b_f'取以下三种计算值的最小值

$$b_f'=l_n/6=3500/6\text{mm}=583\text{mm}$$

$$b_f'=b+S_n/2=150\text{mm}+1150/2\text{mm}=725\text{mm}$$

$$b_f'=b+5h_f'=150\text{mm}+5\times40\text{mm}=350\text{mm}$$

故 $b_f' = 350\text{mm}$。

$f_c = 14.3\text{N/mm}^2$，$f_t = 1.43\text{N/mm}^2$，$f_y = 300\text{N/mm}^2$

$\alpha_1 f_c b_f' h_f'(h_0 - h_f'/2) = 14.3 \times 350 \times 40 \times (260 - 40/2)\text{N} \cdot \text{mm} = 48.05 \times 10^6 \text{N} \cdot \text{mm} > M$

属于第一类 T 形截面。

$\alpha_s = \dfrac{M}{\alpha_1 f_c b_f' h_0^2} = \dfrac{15.21 \times 10^6}{14.3 \times 350 \times 260^2} = 0.045$，$\xi = 1 - \sqrt{1 - 2\alpha_s} = 1 - \sqrt{1 - 2 \times 0.045} = 0.046 < \xi_b = 0.55$

$$A_s = \alpha_1 f_c b_f' h_0 \xi / f_y = 1.0 \times 14.3 \times 350 \times 260 \times 0.046/300\text{mm} = 199.53\text{mm}$$

最小配筋率取 $\rho_{min} = 45 f_t / f_y \times 100\% = 45 \times 1.43/300 \times 100\% = 0.241\%$ 和 0.2% 的较大值，故 $A_{min} = 0.241\% bh = 0.214\% \times 300 \times 150\text{mm}^2 = 96.53\text{mm}^2$，计算所得钢筋面积大于最小配筋面积，选配 2Φ12（$A_s = 226\text{mm}^2$）

因为 $V_u = 0.7 f_t b h_0 = 0.7 \times 1.43 \times 150 \times 26\text{N} = 39039\text{N} = 39.039\text{kN} > V = 13.75\text{kN}$，按构造配筋，选用φ6@200。

3. 平台梁的设计（LTL-1）

计算跨度 $l = l_0 + \alpha = (3.3 - 0.3)\text{m} + 0.3\text{m} = 3.3\text{m} > 1.05 l_0 = 1.05 \times (3.3 - 0.3)\text{m} = 3.15\text{m}$，取 $l = 1.05 \times (3.3 - 0.3)\text{m} = 3.15\text{m}$，平台梁高度取 $(1/8 \sim 1/12) \times 3150\text{mm} = 262 \sim 393\text{mm}$，在梁式楼梯中，平台梁是斜梁的支座，平台梁的高度应该满足斜梁的支承需求，故取 500mm，梁宽取 200mm，平台板厚度 80mm。

（1）荷载计算

平台板传来的荷载为梯形荷载，将其折算成均布荷载　$\alpha = \dfrac{1050}{3300} = 0.318$

由平台板传来的均布恒载

$$1.2 \times (0.08 \times 25 + 0.2 + 0.7) \times \left(\frac{2.1 + 0.15}{2}\right)\text{kN/m} = 3.915\text{kN/m}$$

由平台板传来的均布活载　$1.4 \times 3.5 \times \left(\dfrac{2.1 + 0.15}{2}\right)\text{kN/m} = 5.513\text{kN/m}$

所以平台板传来的荷载为　$q = (1 - 2\alpha^2 + \alpha^3) \times (5.513 + 3.915)\text{kN/m} = 7.825\text{kN/m}$

平台梁自重　$1.2 \times 0.2 \times (0.5 - 0.08) \times 25\text{kN/m} = 2.52\text{kN/m}$

平台梁抹灰自重　$1.2 \times 2 \times (0.5 - 0.08) \times 0.2\text{kN/m} = 0.202\text{kN/m}$

均布荷载设计值　10.55kN/m

由斜梁传来的集中荷载　$G + Q = 9.93 \times 3.3/2\text{kN/m} = 16.38\text{kN/m}$

（2）内力计算　平台梁计算简图如图 7-14 所示。

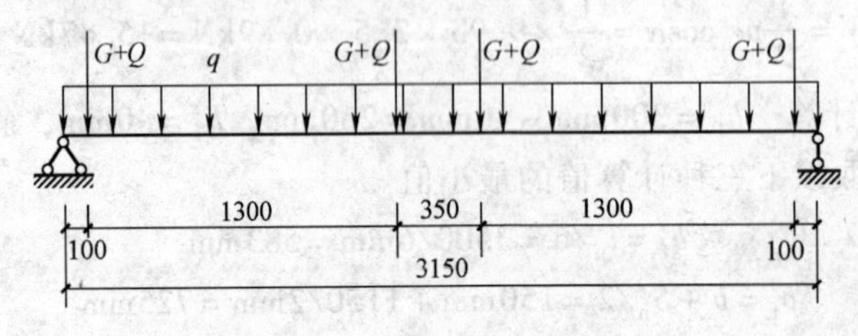

图 7-14　平台梁计算简图

平台梁的计算跨度　$l=1.05\times(3.3-0.3)\mathrm{m}=3.15\mathrm{m}$

支座反力 R 为　$R=\frac{1}{2}\times10.55\times3.15+2\times16.38\mathrm{kN}=49.32\mathrm{kN}$

跨中弯矩为　$M=49.32\times3.15/2\mathrm{kN}\cdot\mathrm{m}-\frac{1}{8}\times10.55\times3.15^2\mathrm{kN}\cdot\mathrm{m}-16.38\times(1.475+0.35/2)\mathrm{kN}\cdot\mathrm{m}=37.57\mathrm{kN}\cdot\mathrm{m}$

梁端截面剪力 V 为　$V=\frac{1}{2}\times10.55\times3.0\mathrm{kN}+16.38\times2\mathrm{kN}=48.59\mathrm{kN}$

（3）正截面受弯承载力计算　$h_0=500\mathrm{mm}-40\mathrm{mm}=460\mathrm{mm}$，$h_f'=80\mathrm{mm}$，$b=200\mathrm{mm}$，平台梁按倒L形截面计算，翼缘计算宽度 b_f'确定如下

$$b_f'=l_n/6=3150/6\mathrm{mm}=525\mathrm{mm}$$

$$b_f'=b+5h_f'=200\mathrm{mm}+5\times80\mathrm{mm}=600\mathrm{mm}$$

$b_f'=b+S_n/2=200\mathrm{mm}+1300/2\mathrm{mm}=850\mathrm{mm}$，取较小值 $b_f'=525\mathrm{mm}$。

$\alpha_1f_cb_f'h_f'(h_0-h_f'/2)=14.3\times525\times80\times(460-80/2)\mathrm{N}\cdot\mathrm{mm}=252.25\times10^6\mathrm{N}\cdot\mathrm{mm}>M$，属于第一类T形截面。

$$\alpha_s=\frac{M}{\alpha_1f_cb_f'h_0^2}=\frac{37.57\times10^6}{14.3\times525\times460^2}=0.024$$

$$\xi=1-\sqrt{1-2\alpha_s}=1-\sqrt{1-2\times0.024}=0.024<\xi_b=0.55$$

$$A_s=\alpha_1f_cb_f'h_0\xi/f_y=1.0\times14.3\times525\times460\times0.024/300\mathrm{mm}^2=276.28\mathrm{mm}^2$$

最小配筋率取 $\rho_{min}=45f_t/f_y\times100\%=45\times1.43/300\times100\%=0.214\%$ 和 0.2% 的较大值，故 $A_{min}=0.214\%bh=0.214\%\times500\times200\mathrm{mm}^2=214.5\mathrm{mm}^2$，计算所得钢筋面积大于最小配筋面积，选配 2Φ14（$A_s=308\mathrm{mm}^2$）。

（4）斜截面受剪承载力计算　因为 $V_u=0.7f_tbh_0=0.7\times1.43\times200\times460\mathrm{kN}=92.09\mathrm{kN}>V=45.01\mathrm{kN}$，按构造配筋，选用双肢Φ8@200。

（5）吊筋计算　采用附加箍筋承受梯段斜梁传来的集中力。设附加箍筋为双肢Φ8，则所需箍筋总数为 $m=\frac{G+Q}{nA_{sv1}f_y}=\frac{14.593\times10^3}{2\times50.3\times270}=0.537$平台内在梯段斜梁两侧各配置两个双肢Φ8箍筋。

4. 平台梁的设计（LTL-2）

平台梁 LTL-2 是放置在 300mm×300mm 梯柱上的梁。荷载与 LTL-1 基本相同，故配筋同 LTL-1。

5. 平台板计算

平台板的内力计算及配筋构造与板式楼梯的一样，不再赘述。

楼梯各构件配筋图如图 7-15 所示。

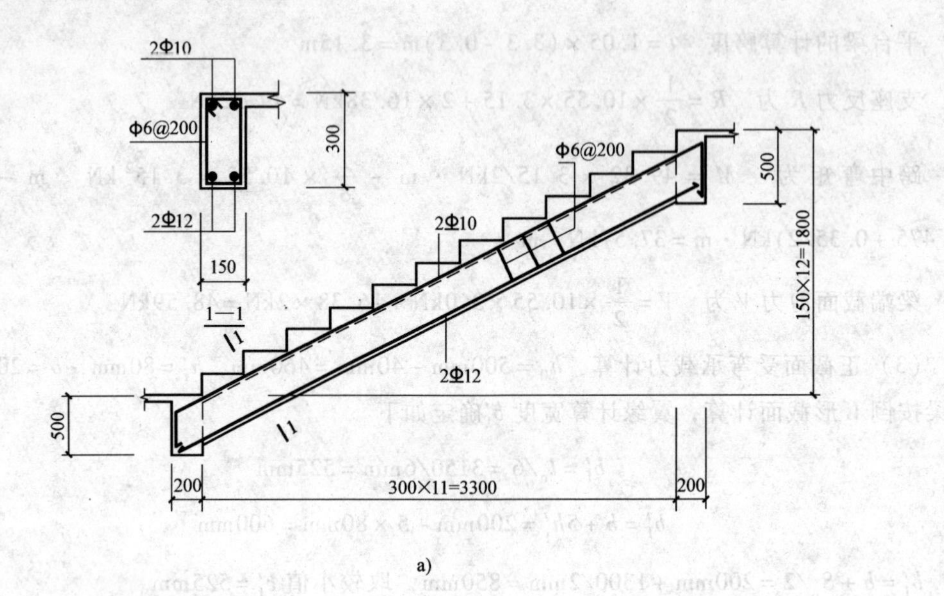

a)

320
320
每踏步2Φ8
Φ8@250
Φ8@250
每踏步2Φ8
150
1150
150
1450

b)

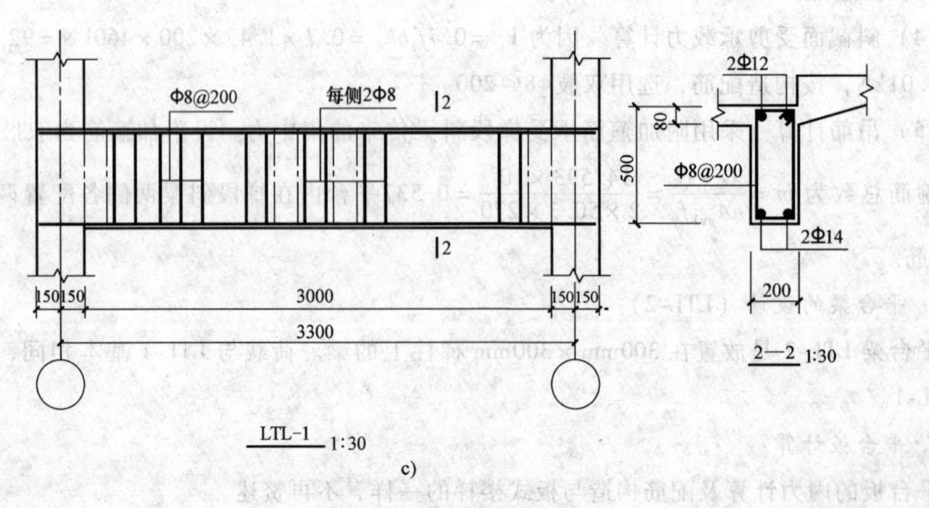

c)

图 7-15　梁式楼梯配筋图

a）XL 配筋图　b）踏步板配筋图　c）LTL-1 配筋图

7.5　悬挑板设计

框架结构中的悬挑板为雨篷板，只需计算混凝土悬挑板的抗弯抗剪承载力。工程实例中的雨篷板挑出 1.2m 和 1m，计算挑出 1.2m 的板，1.0m 板按 1.2m 板配筋。悬挑板的根部厚度为悬挑长度的 1/12～1/10，且≥80mm，故取板厚 100mm，与楼板厚度相同，便于从楼板中挑出。

板上荷载：恒载，取同楼面恒载 3.4kN/m^2（见第 8 章），活载 0.5kN/m^2，并考虑板端部沿板宽每隔 1.0m 取一个 1.0kN 的施工和检修集中荷载。

第一种情况：$g+q=1.2\times3.4\text{kN/m}+1.4\times0.5\text{kN/m}=4.78\text{kN/m}$

$$g+q=1.35\times3.4\text{kN/m}+1.4\times0.7\times0.5\text{kN/m}=5.08\text{kN/m}$$

$$M=\frac{1}{2}(g+q)l^2=\frac{1}{2}\times5.08\times1.2^2\text{kN}\cdot\text{m}=3.66\text{kN}\cdot\text{m}$$

第二种情况：$M=\frac{1}{2}gl^2+pl=\frac{1}{2}\times1.2\times3.4\times1.2^2\text{kN}\cdot\text{m}+1\times1.2\times1.4\text{kN}\cdot\text{m}=4.62\text{kN}\cdot\text{m}$

取第二种情况。

板截面有效高度 $h_0=100\text{mm}-20\text{mm}=80\text{mm}$，$b=1000\text{mm}$，C30 混凝土，HPB300 级钢筋，$f_c=14.3\text{N/mm}^2$ $f_y=270\text{N/mm}^2$，则 $\alpha_s=\frac{M}{\alpha_1 f_c b{h_0}^2}=\frac{4.62\times10^6}{1.0\times14.3\times1000\times80^2}=0.050$

$$\xi=1-\sqrt{1-2\alpha_s}=0.052<\xi_b=0.55$$

$$A_s=\frac{\alpha_1 f_c b h_0 \xi}{f_y}=\frac{1.0\times14.3\times1000\times80\times0.052}{270}\text{mm}^2=220.3\text{mm}^2$$

最小配筋率取 $\rho_{min}=45f_t/f_y\times100\%=45\times1.43/270\times100\%=0.238\%$ 和 0..2% 的较大值，故 $A_{min}=0.238\%bh=0.238\%\times300\times120\text{mm}^2=85.68\text{mm}^2$，计算所得钢筋面积大于最小配筋面积，选配 Φ8@200（$A_s=251\text{mm}^2$，同板中负钢筋）。

8

第8章 一榀框架计算

8.1 设计资料

1）抗震设防：8度，第一组，0.2g。

2）风荷载：基本风压为 $\omega_0=0.45\text{kN/m}^2$；地面粗糙度为C类。

3）雪荷载：基本雪压为 $S_0=0.40\text{kN/m}^2$（水平投影）。

8.2 工程做法

8.2.1 屋面做法—05YJ1 屋 10A（不上人架空隔热屋面）

1）架空层：495mm×495mm×35mm，C20预制混凝土板（Φ6钢筋双向中距150mm），1∶2水泥砂浆填缝。

2）支座：M5砂浆砌120mm×120mm×200mm多孔黏土砖支座，双向距500mm，高200mm，端部砌240mm×120mm多孔黏土砖支座，支座下垫一层卷材，卷材周边大出支座40mm。

3）防水层：基层处理剂，高聚物改性沥青防水卷材两道。

4）找平层：同下方找平层。

5）保温层：190mm厚水泥膨胀珍珠岩板。

6）找坡层：1∶8水泥膨胀珍珠岩找2%坡，最薄处20mm。

7）隔气层：高聚物改性沥青防水卷材一道。

8）找平层：1∶3水泥砂浆，砂浆中掺聚丙烯或锦纶-6纤维0.75~0.90kg/m³。

9）结构层：钢筋混凝土屋面板。

8.2.2 楼面做法—05YJ1—楼10（陶瓷地砖楼面）

1）10mm厚地砖铺实，水泥浆擦缝。

2）20mm厚1∶4干硬性水泥砂浆找平。

3）素水泥浆结合层一遍。

4）现浇钢筋混凝土楼板。

8.2.3　内墙面做法—05YJ1—内墙 4（混合砂浆墙面）

1）刷内墙涂料。

2）15mm 厚 1:1:6 水泥石灰砂浆。

3）5mm 厚 1:0.5:3 水泥石灰砂浆。

4）加气混凝土界面处理剂一道。

8.2.4　外墙面做法—05YJ1—外墙 26（聚苯乙烯泡沫塑料板保温外墙面）

1）20mm 厚 2:1:8 水泥石灰砂浆找平。

2）10mm 厚 1:1（质量比）水泥专用胶粘剂刮于板背面。

3）60mm 厚聚苯乙烯泡沫塑料板加压粘牢，板面打磨成细麻面。

4）1.5mm 厚专用胶贴加强网于需加强的部位。

5）1.5mm 厚专用胶粘标准网于整个墙面，并用抹刀将网压入胶泥中。

6）基层整修平整，不露网纹及抹刀痕。

7）一底二涂高弹丙烯酸涂料。

8.2.5　顶棚做法—05YJ1 顶 3（混合砂浆顶棚）

1）钢筋混凝土板底面清理干净。

2）7mm 厚 1:1:4 水泥石灰砂浆。

3）5mm 厚 1:0.5:3 水泥石灰砂浆。

4）表面喷刷白色内墙涂料。

8.3　结构布置及一榀框架计算简图

8.3.1　结构平面布置

该工程长 54m，小于 55m，不需要设置伸缩缝，且平面、立面简单、规则，不需设抗震缝和沉降缝。宽 17.4m，高 14.85m，高宽比小于 3，满足高宽比的要求。柱网以 7.2m 为主，在楼梯间和卫生间有局部调整。梁的布置：在纵横方向设框架梁，使框架梁和框架柱形成框架结构；在卫生间有隔墙处设次梁；在板跨度较大处设次梁。该工程的结构平面布置如图 8-1 所示。

取图 8-1 所示中⑥轴对应的一榀框架作为本工程横向框架的计算单元。初步确定本工程基础采用柱下独立基础，按照工程地质资料提供的数据，基础置于第三层粉质黏土层上，基底标高为设计相对标高-1.800m。初步假设基础高度为 0.5m，则柱子的底层高度为：$h_1 = 3.6\text{m} + 1.8\text{m} - 0.5\text{m} = 4.9\text{m}$，二～四层柱高取层高 $h_2 \sim h_4 = 3.6\text{m}$。柱节点刚接。横梁的计算跨度取柱中心至中心间的距离，三跨分别为 $l = 6900\text{mm}$，3000mm，6900mm。

8.3.2　材料强度等级

1）混凝土：均采用 C30，$f_c = 14.3\text{N/mm}^2$；$f_t = 1.43\text{N/mm}^2$。

2）钢筋：采用 HPB300 级，$f_y = 270\text{N/mm}^2$；HRB335 级，$f_y = 300\text{N/mm}^2$。

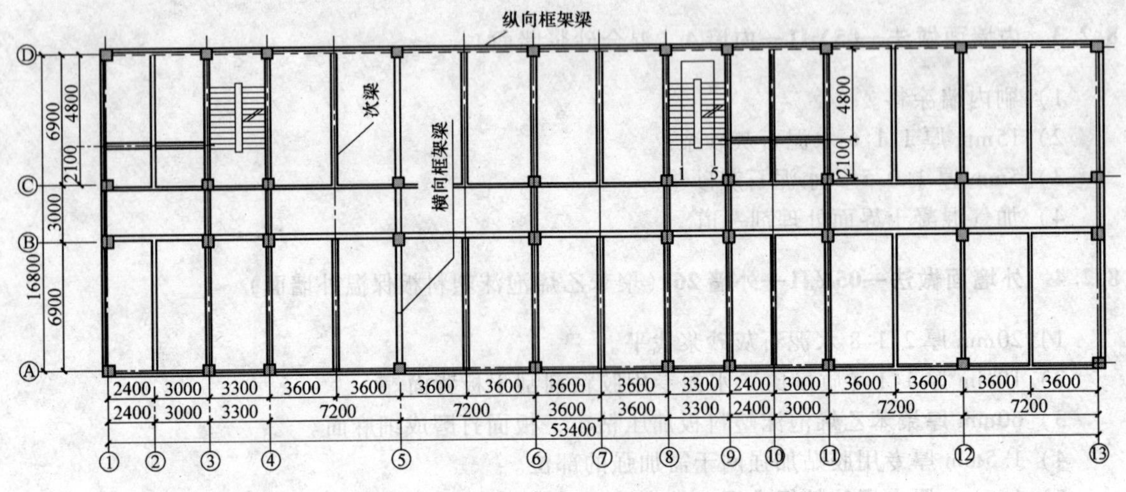

图 8-1 结构平面布置图

3）非承重围护墙采用 200mm 厚加气混凝土砌块（重度为 7.0 kN/m³），M5 混合砂浆砌筑。

8.3.3 确定构件截面尺寸

1. 框架梁

（1）横向框架梁

1）边跨 $L=6.9\text{m}$，$h=(1/15\sim1/10)L=460\sim690\text{mm}$，取 $h=700\text{mm}$；$b=(1/3\sim1/2)h=233\sim350\text{mm}$，取 $b=300\text{mm}$。

2）中间跨 $L=3.0\text{m}$，$h=(1/15\sim1/10)L=200\sim300\text{mm}$，为了保证框架结构的整体性，取 $h=500\text{mm}$。

$b=(1/3\sim1/2)h=167\sim250\text{mm}$，为了与边跨梁宽度取为一致，取 $b=300\text{mm}$。

（2）纵向框架梁　最大跨度 $L=7.2\text{m}$，$h=(1/15\sim1/10)L=480\sim720\text{mm}$，取 $h=600\text{mm}$（与窗顶标高相同，其他跨度的梁也取 600mm）。$b=(1/3\sim1/2)h=200\sim300\text{mm}$，取 $b=300\text{mm}$。跨度为 6.9m 的次梁截面尺寸取 250mm×600mm。卫生间次梁截面尺寸取 200mm×400mm。

2. 框架柱

依据《混凝土结构设计规范》，该框架结构的抗震等级为二级，柱截面尺寸不宜小于 450mm。柱的剪跨比宜大于 2。柱净高 3.0m，按照公式 $H_n/2h_0>2$，可知 $h_0<H_n/4=750\text{mm}$。

框架柱的截面高度与宽度不宜小于$(1/20\sim1/15)H$，H 为框架柱层高 3.6m，所以框架柱截面高度不宜小于 180～240mm。

根据轴压比确定截面尺寸：轴压比为柱组合的轴压力设计值与柱的全截面面积和混凝土抗压强度设计值乘积之比，即

$$A_c=N/bhf_c$$

式中　N——组合轴压力设计值；

b、h——截面的短长边；

f_c——混凝土抗压强度设计值。

$$A_c\geqslant N/[n]\times f_c$$

式中　$[n]$——轴压比限值，它是控制偏心受拉边钢筋先到抗拉强度，还是受压区混凝土

先达到其极限压应变的主要指标。

对二级抗震设防，轴压比限值为0.75，所以

$$A_c \geqslant N/0.75 \times f_c$$

$$N = 1.25nCFq$$

式中 q——折算在建筑面积上均布竖向荷载（结构自重和活载）及填充墙自重，对于框架结构取12～14kN/m²；

C——柱轴压力放大系数，等跨内柱取1.2，不等跨内柱取1.25，边柱取1.3；

n——结构层数，此处为4层；

F——柱承受荷载的从属面积。

⑥ 轴中柱所承受荷载的从属面积为$7.2 \times (3 + 6.9)/2\text{m}^2 = 35.64\text{m}^2$，所以 $N = 1.25nCFq = 1.25 \times 4 \times 1.2 \times 35.64 \times 14\text{kN} = 2993.76\text{kN}$

$A_c \geqslant N/0.75 \times f_c = 2993.76 \times 10^3/0.75 \times 14.3\text{mm}^2 = 279138\text{mm}^2$，中柱取正方形，

$$h = b = \sqrt{279138}\text{mm} = 528\text{mm}$$

⑥ 轴边柱所承受的荷载的从属面积为$7.2 \times 6.9/2\text{m}^2 = 24.84\text{m}^2$，所以

$$N = 1.25nCFq = 1.25 \times 4 \times 1.2 \times 24.84 \times 14\text{kN} = 2086.56\text{kN}$$

$$A_c \geqslant N/0.75 \times f_c = 2086.56 \times 10^3/0.75 \times 14.3\text{mm}^2 = 19455.1\text{mm}^2$$

$$h = b = \sqrt{19455.1}\text{mm} = 441\text{mm}$$

为满足框架整体侧移的限制要求，一、二层柱截面取600mm×600mm。三、四层柱截面取500mm×500mm。

框架梁柱截面尺寸如图8-2所示。

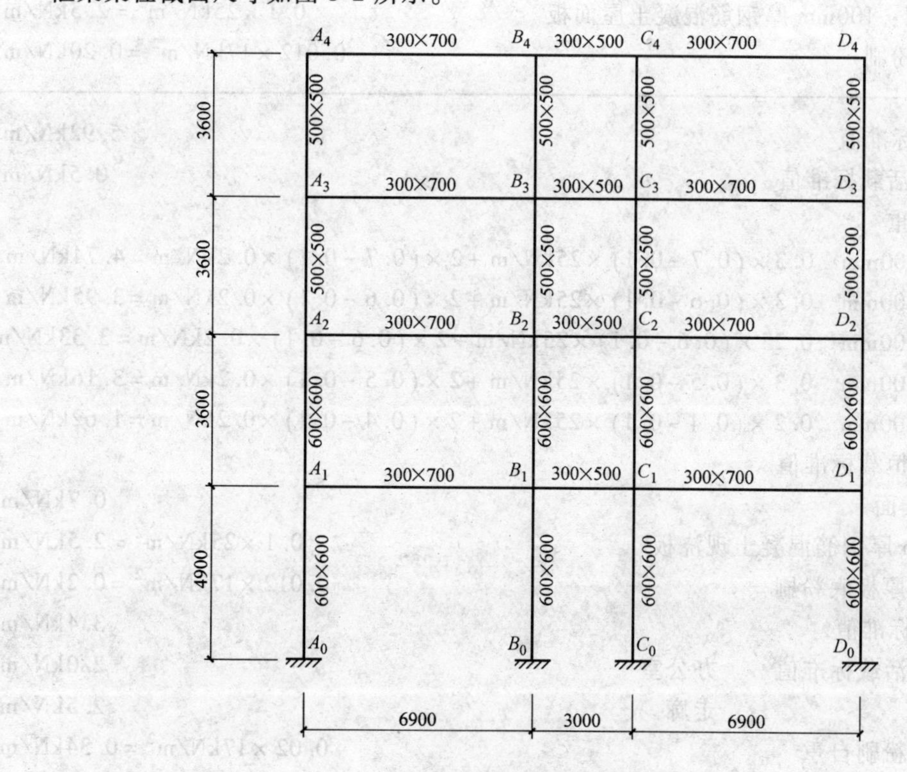

图8-2 框架梁柱截面尺寸

3. 板厚

根据结构布置平面图，最大板跨为 3.6m，且均为连续双向板，板厚取跨度的 1/40 ~ 1/35，所以板厚取为 100mm。

8.4 荷载计算

8.4.1 基本数据计算

(1) 屋面恒载标准值

1) 架空层：495mm ×495mm ×35mm，C20 预制混凝土板　　$0.035\times25\text{kN/m}^2=0.88\text{kN/m}^2$

2) 支座：M5 砂浆砌 120mm × 120mm × 200mm 多孔黏土砖支座，双向距 500mm，高 200mm　　$0.12\times0.12\times0.2\times18\times4\text{kN/m}^2=0.21\text{kN/m}^2$

3) 防水层：基层处理剂，高聚物改性沥青防水卷材两道　　0.10kN/m^2

4) 找平层：同下方找平层　　$0.02\times20\text{kN/m}^2=0.4\text{kN/m}^2$

5) 保温层：190mm 厚水泥膨胀珍珠岩板　　$0.19\times4\text{kN/m}^2=0.76\text{kN/m}^2$

6) 找坡层：1:8 水泥膨胀珍珠岩找坡 2%，最薄处为 20mm；最厚处为 $(6900+1500)\times2\%+20\text{mm}=188\text{mm}$，平均厚度 $\frac{188+20}{2}\text{mm}=104\text{mm}$，自重为 $0.104\times4\text{kN/m}^2=0.42\text{kN/m}^2$

7) 隔气层：高聚物改性沥青防水卷材一道　　0.05kN/m^2

8) 找平层：20mm 厚 1:3 水泥砂浆　　$0.02\times20\text{kN/m}^2=0.4\text{kN/m}^2$

9) 结构层：100mm 厚钢筋混凝土屋面板　　$0.1\times25\text{kN/m}^2=2.5\text{kN/m}^2$

10) 顶棚粉刷　　$0.012\times17\text{kN/m}^2=0.20\text{kN/m}^2$

屋面恒载标准值　　5.92kN/m^2

(2) 屋面活载标准值　　0.5kN/m^2

(3) 梁自重

300mm ×700mm　　$0.3\times(0.7-0.1)\times25\text{kN/m}+2\times(0.7-0.1)\times0.2\text{kN/m}=4.74\text{kN/m}$

300mm ×600mm　　$0.3\times(0.6-0.1)\times25\text{kN/m}+2\times(0.6-0.1)\times0.2\text{kN/m}=3.95\text{kN/m}$

250mm ×600mm　　$0.25\times(0.6-0.1)\times25\text{kN/m}+2\times(0.6-0.1)\times0.2\text{kN/m}=3.33\text{kN/m}$

300mm ×500mm　　$0.3\times(0.5-0.1)\times25\text{kN/m}+2\times(0.5-0.1)\times0.2\text{kN/m}=3.16\text{kN/m}$

200mm ×400mm　　$0.2\times(0.4-0.1)\times25\text{kN/m}+2\times(0.4-0.1)\times0.2\text{kN/m}=1.62\text{kN/m}$

(4) 楼面恒载标准值

1) 地砖楼面　　0.7kN/m^2

2) 100mm 厚钢筋混凝土现浇板　　$0.1\times25\text{kN/m}^2=2.5\text{kN/m}^2$

3) 12mm 厚板底粉刷　　$0.012\times17\text{kN/m}^2=0.2\text{kN/m}^2$

楼面恒载标准值　　3.4kN/m^2

(5) 楼面活载标准值　　办公室　　2.0kN/m^2

走廊　　2.5kN/m^2

(6) 内墙粉刷自重　　$0.02\times17\text{kN/m}^2=0.34\text{kN/m}^2$

加内墙涂料取　　0.35kN/m^2

(7) 外墙粉刷自重

1) 20mm 厚 2:1:8 水泥石灰砂浆找平 $0.02\times17\text{kN/m}^2=0.34\text{kN/m}^2$

2) 10mm 厚 1:1 (质量比) 水泥专用胶粘剂刮于板背面 $0.01\times20\text{kN/m}^2=0.20\text{kN/m}^2$

3) 60mm 厚聚苯乙烯泡沫塑料板加压粘牢，板面打磨成细麻面

$0.06\times0.5\text{kN/m}^2=0.03\text{kN/m}^2$

4) 1.5mm 厚专用胶贴加强网于需加强的部位

5) 1.5mm 厚专用胶粘标准网于整个墙面，并用抹刀将网压入胶泥中

6) 基层整修平整，不露网纹及抹刀痕

7) 一底二涂高弹丙烯酸涂料

外墙粉刷自重：0.57kN/m^2，考虑未计算的其他用料，取 0.60kN/m^2

(8) 内墙自重 (200mm 厚加气混凝土砌块加双面粉刷)

$0.2\times7\text{kN/m}^2+0.35\times2\text{kN/m}^2=2.1\text{kN/m}^2$

(9) 外墙自重 (200mm 厚加气混凝土砌块加双面粉刷)

$0.2\times7\text{kN/m}^2+0.35\text{kN/m}^2+0.6\text{kN/m}^2=2.35\text{kN/m}^2$

(10) 240mm 厚砖砌墙体 $0.24\times18\text{kN/m}^2+0.35\text{kN/m}^2+0.6\text{kN/m}^2=5.27\text{kN/m}^2$

(11) 窗户自重 0.45kN/m^2

(12) 柱自重 600mm×600mm $0.6\times0.6\times25\text{kN/m}+0.6\times4\times0.2\text{kN/m}=9.48\text{kN/m}$

500mm×500mm $0.5\times0.5\times25\text{kN/m}+0.5\times4\times0.2\text{kN/m}=6.65\text{kN/m}$

8.4.2 屋面框架梁 (WKL-6) 线荷载标准值

屋面荷载传递路径如图 8-3 所示。

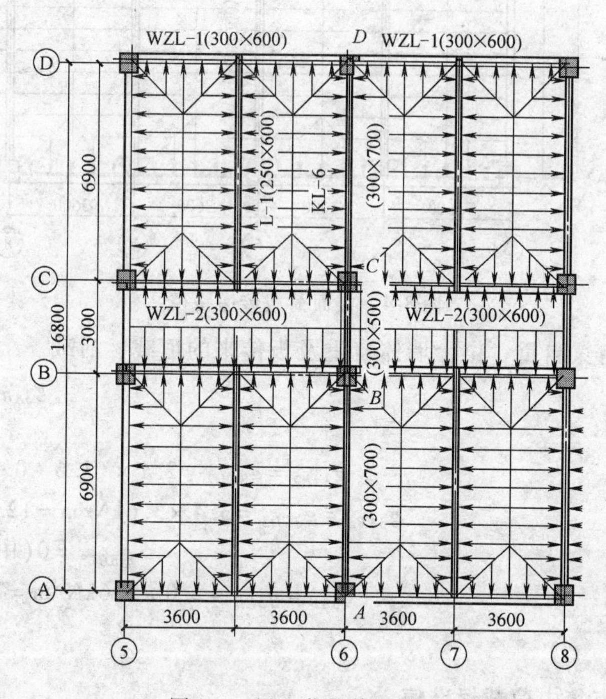

图 8-3 屋面荷载传递路径

KL-6 上线荷载有梁自重及板传来的恒载、活载。

梁自重 $g_{4AB1}=g_{4CD1}=4.74\text{kN/m}$

$g_{4BC1}=3.16\text{kN/m}$

板传来的恒荷载 $g_{4AB2}=g_{4CD2}=5.92\times3.6\text{kN/m}=21.31\text{kN/m}$（梯形荷载）

$g_{4BC2}=0$（中间走廊板为单向板）

板传来的活荷载 $q_{4AB}=q_{4CD}=0.5\times3.6\text{kN/m}=1.8\text{kN/m}$（梯形荷载）

$q_{4BC}=0$

8.4.3 三层楼面横梁竖向线荷载标准值（一、二层同三层）

楼面荷载传递路径如图 8-4 所示。

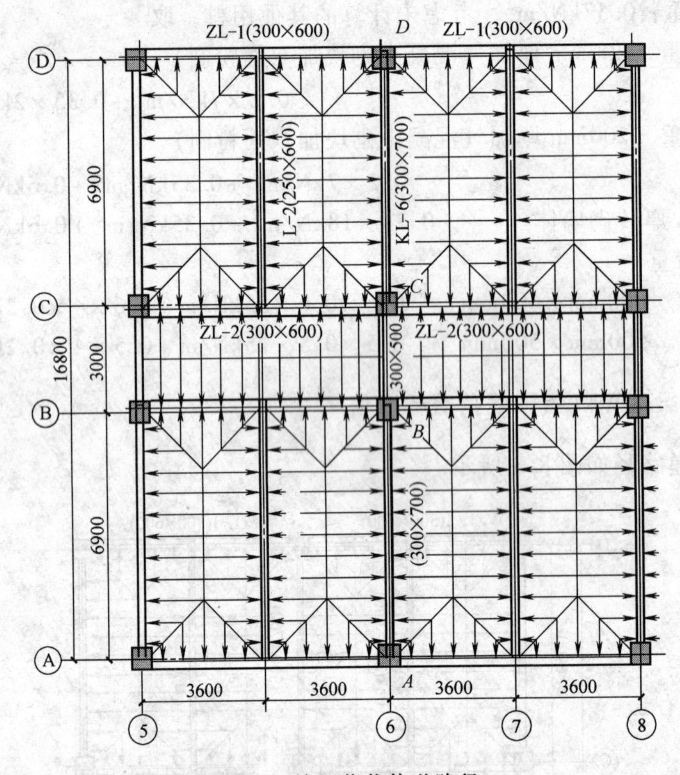

图 8-4 楼面荷载传递路径

KL-6 上线荷载有梁自重、梁上墙体自重及板传来的恒载、活载。

梁自重 $g_{3AB1}=g_{3CD1}=4.74\text{kN/m}$

$g_{3BC1}=3.16\text{kN/m}$

墙体自重 $g_{3AB2}=g_{3CD2}=2.1\times(3.6-0.7)\text{kN/m}=6.09\text{kN/m}$

板传来的恒荷载 $g_{3AB3}=g_{3CD3}=3.4\times3.6\text{kN/m}=12.24\text{kN/m}$(梯形荷载)

$g_{3BC3}=0$(中间走廊板为单向板)

板传来的活荷载 $q_{3AB}=q_{3CD}=2.0\times3.6\text{kN/m}=7.2\text{kN/m}$(梯形荷载)

$q_{3BC}=0$

8.4.4 屋面框架节点集中荷载标准值

由图 8-2 可知，屋面框架边柱上的集中力由纵向框架梁 WZL-1 传来。WZL-1 上的荷载包括梁自重、梁上女儿墙自重、屋面板传来的荷载（三角形）、L-1传来的荷载（集中力）。WZL-1上的荷载示意图如图8-5所示。L-1上的荷载包括梁自重、板传来的荷载（梯形）。L-1上的荷载示意图如图8-6所示。

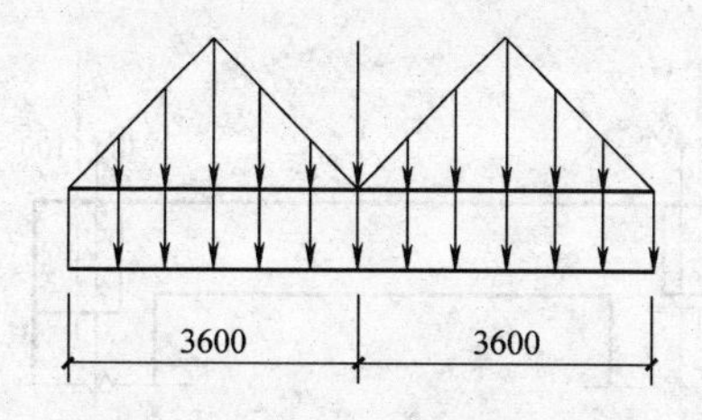

图8-5 WZL-1荷载示意图

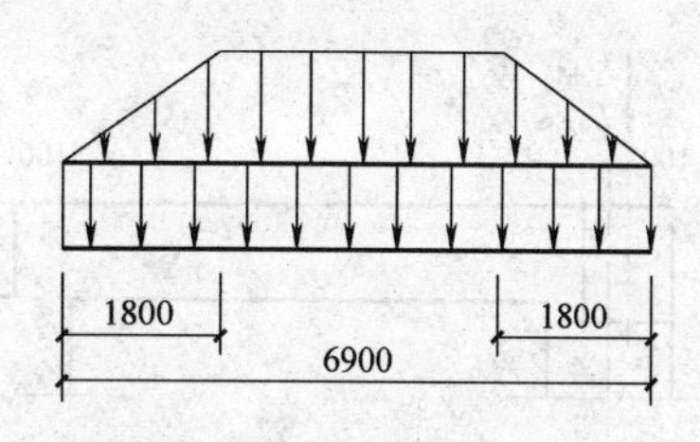

图8-6 L-1荷载示意图

1. L-1（250mm×600mm）上荷载

梁自重 3.33kN/m

板传来的梯形恒载 21.31kN/m

板传来的梯形活载 1.8kN/m

2. L-1传至WZL-1上的集中力为

梁和梁粉刷自重 $3.33\times6.9/2\text{kN}=11.49\text{kN}$

板传来的恒载 $\dfrac{6.9+(6.9-2\times1.8)}{2}\times21.31\div2\text{kN}=54.34\text{kN}$

板传来的活载 $\dfrac{6.9+(6.9-2\times1.8)}{2}\times1.8\div2\text{kN}=4.59\text{kN}$

故由L-1传至WZL-1上的恒载集中力为 $11.49\text{kN}+54.34\text{kN}=65.83\text{kN}$

由L-1传至WZL-1上的活载集中力为 4.59kN

3. WZL-1上的荷载

梁自重 $3.95\times7.2\text{kN}=28.44\text{kN}$

梁上1.2m高女儿墙（女儿墙采用240mm厚砖砌）自重 $1.2\times5.27\times7.2\text{kN}=45.53\text{kN}$

屋面板传来的恒载 $1.8\times5.92\times\dfrac{3.6}{2}\times2\text{kN}=38.38\text{kN}$

屋面板传来的活载 $1.8\times0.5\times\dfrac{3.6}{2}\times2\text{kN}=3.24\text{kN}$

4. 由WZL-1传到框架边柱上的集中力

WZL-1传到框架边柱上的恒载集中力

$$G_{4A}=G_{4D}=65.83\text{kN}+28.44\text{kN}+45.53\text{kN}+38.38\text{kN}=178.18\text{kN}$$

由WZL-1传到框架边柱上的活载集中力为 $P_{4A}=P_{4D}=4.59\text{kN}+3.24\text{kN}=7.83\text{kN}$

5. 由WZL-2传到框架中柱上的集中力

WZL-2自重及粉刷 28.44kN

由L-1传来的恒载集中力为 65.83kN

由L-1传来的活载集中力为 4.59kN

板传来的恒载 $38.38\text{kN}+5.92\text{kN}\times1.5\times7.2\text{kN}=102.32\text{kN}$

板传来的活载 $3.24\text{kN}+0.5\times1.5\times7.2\text{kN}=8.64\text{kN}$

$$G_{4B}=G_{4C}=28.44\text{kN}+102.32\text{kN}+65.83\text{kN}=196.59\text{kN}$$

$$P_{4B}=P_{4C}=4.59\text{kN}+8.64\text{kN}=13.23\text{kN}$$

顶层集中力如图 8-7 所示，偏心距为 250mm - 150mm = 100mm。

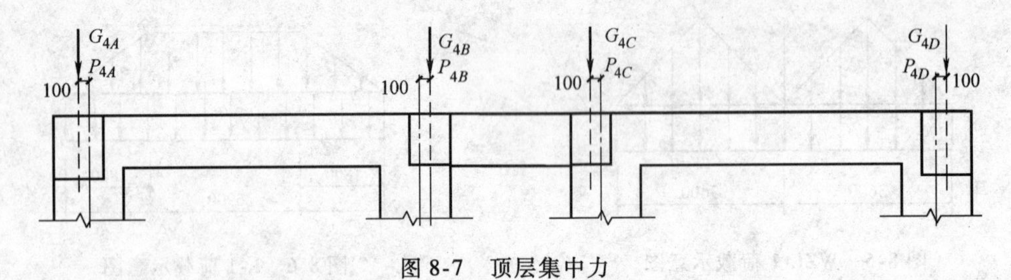

图 8-7　顶层集中力

8.4.5　楼面框架节点集中荷载标准值

由图 8-4 可知，楼面框架边柱上的集中力由纵向框架梁 ZL-1 传来。ZL-1 上的荷载包括梁自重、梁上外墙自重、楼面板传来的荷载（三角形）、L-2 传来的荷载（集中力）。ZL-1 上的荷载示意图如图 8-8 所示。L-2 上的荷载包括梁自重、板传来的荷载（梯形）。L-2 上的荷载示意图如图 8-9 所示。

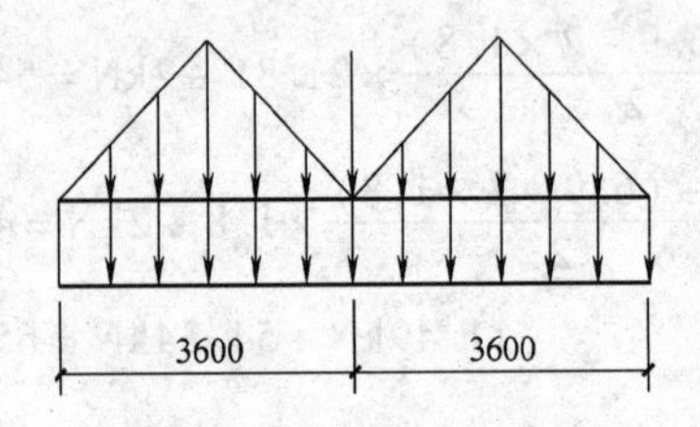

图 8-8　ZL-1 荷载示意图

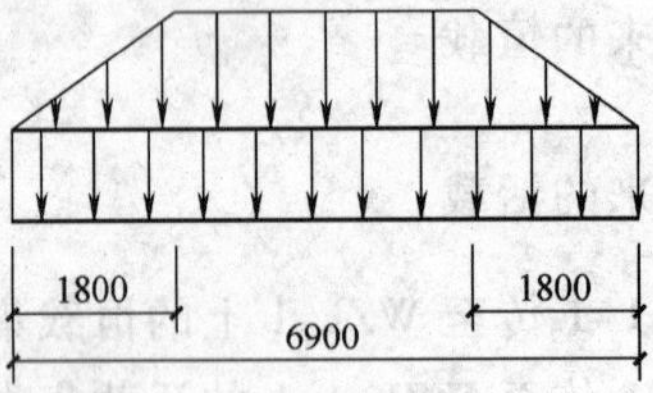

1800　1800　6900

图 8-9　L-2 荷载示意图

1. L-2（250mm × 600mm）上荷载

梁自重　3.33kN/m

板传来的梯形恒载　12.24kN/m

板传来的梯形活载　7.2kN/m

2. L-2 传至 ZL-1 上的集中力为

梁和梁粉刷自重　$3.33\times6.9/2\text{kN}=11.49\text{kN}$

板传来的恒载　$\dfrac{6.9+(6.9-2\times1.8)}{2}\times12.24\div2\text{kN}=31.21\text{kN}$

板传来的活载　$\dfrac{6.9+(6.9-2\times1.8)}{2}\times7.2\div2\text{kN}=18.36\text{kN}$

故由 L-2 传至 ZL-1 上的恒载集中力为　$11.49\text{kN}+31.21\text{kN}=42.70\text{kN}$

由 L-2 传至 ZL-1 上的活载集中力为　18.36kN

3. ZL-1 上的荷载

梁自重　$3.95\times7.2\text{kN}=28.44\text{kN}$

梁上外墙自重（200mm 厚加气混凝土砌块 + 窗户）

$$2.35\times[7.2\times(3.6-0.6)-1.8\times2.1\times2]\text{kN}+0.45\times1.8\times2.1\times2\text{kN}=36.40\text{kN}$$

楼面板传来的恒载　$1.8\times3.4\times\frac{3.6}{2}\times2\text{kN}=22.03\text{kN}$

楼面板传来的活载　$1.8\times2.0\times\frac{3.6}{2}\times2\text{kN}=12.96\text{kN}$

4. 由ZL-1传到框架柱上的集中力

ZL-1传到框架边柱上的恒载集中力 $G_{3A}=G_{3D}=42.70\text{kN}+28.44\text{kN}+36.40\text{kN}+22.03\text{kN}=129.57\text{kN}$，偏心距为250mm－150mm＝100mm。

由ZL-1传到框架边柱上的活载集中力为　$P_{3A}=P_{3D}=18.36\text{kN}+12.96\text{kN}=31.32\text{kN}$

5. 由ZL-2传到框架中柱上的集中力

ZL-2及粉刷自重　28.44kN

ZL-2上墙体自重（未扣除门所占面积）　$2.1\times(3.6-0.6)\times7.2\text{kN}=45.36\text{kN}$

由L-2传来的恒载集中力为　42.70kN

由L-2传来的活载集中力为　18.36kN

楼板传来的恒载　$22.03\text{kN}+3.4\times1.5\times7.2\text{kN}=58.75\text{kN}$

楼板传来的活载　$12.96\text{kN}+2.5\times1.5\times7.2\text{kN}=39.96\text{kN}$

$$G_{3B}=G_{3C}=28.44\text{kN}+45.36\text{kN}+42.70\text{kN}+58.75\text{kN}=175.25\text{kN}$$

$$P_{3B}=P_{3C}=18.36\text{kN}+39.96\text{kN}=58.32\text{kN}$$

节点集中力如图8-10所示。

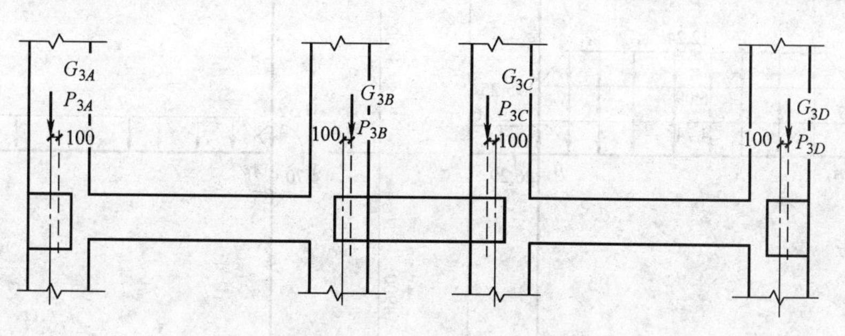

图8-10　三层节点集中力

一、二层节点集中力同三层，偏心距为300mm－150mm＝150mm，如图8-11所示。

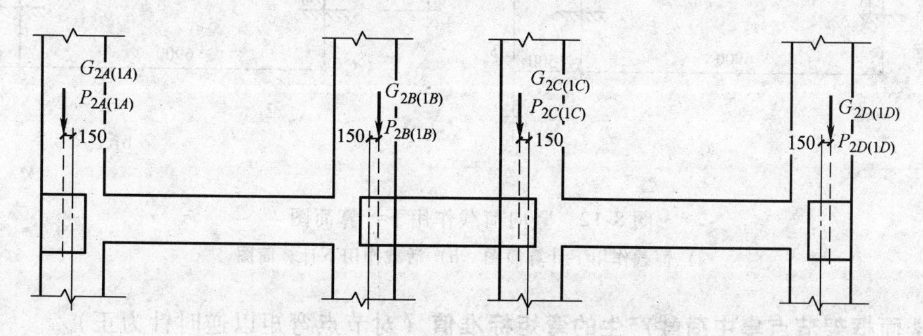

图8-11　二层（一层）节点集中力

即

$$G_{1A}=G_{2A}=G_{1D}=G_{2D}=129.57\text{kN}$$

$$G_{1B}=G_{2B}=G_{1C}=G_{2C}=175.25\text{kN}$$

$$P_{1A}=P_{2A}=P_{1D}=P_{2D}=31.32\text{kN}$$

$$P_{1C}=P_{2C}=P_{1B}=P_{2B}=58.32\text{kN}$$

框架在恒载和活载作用下的计算简图如图 8-12 所示。结构及荷载均对称，故计算仅取一半。

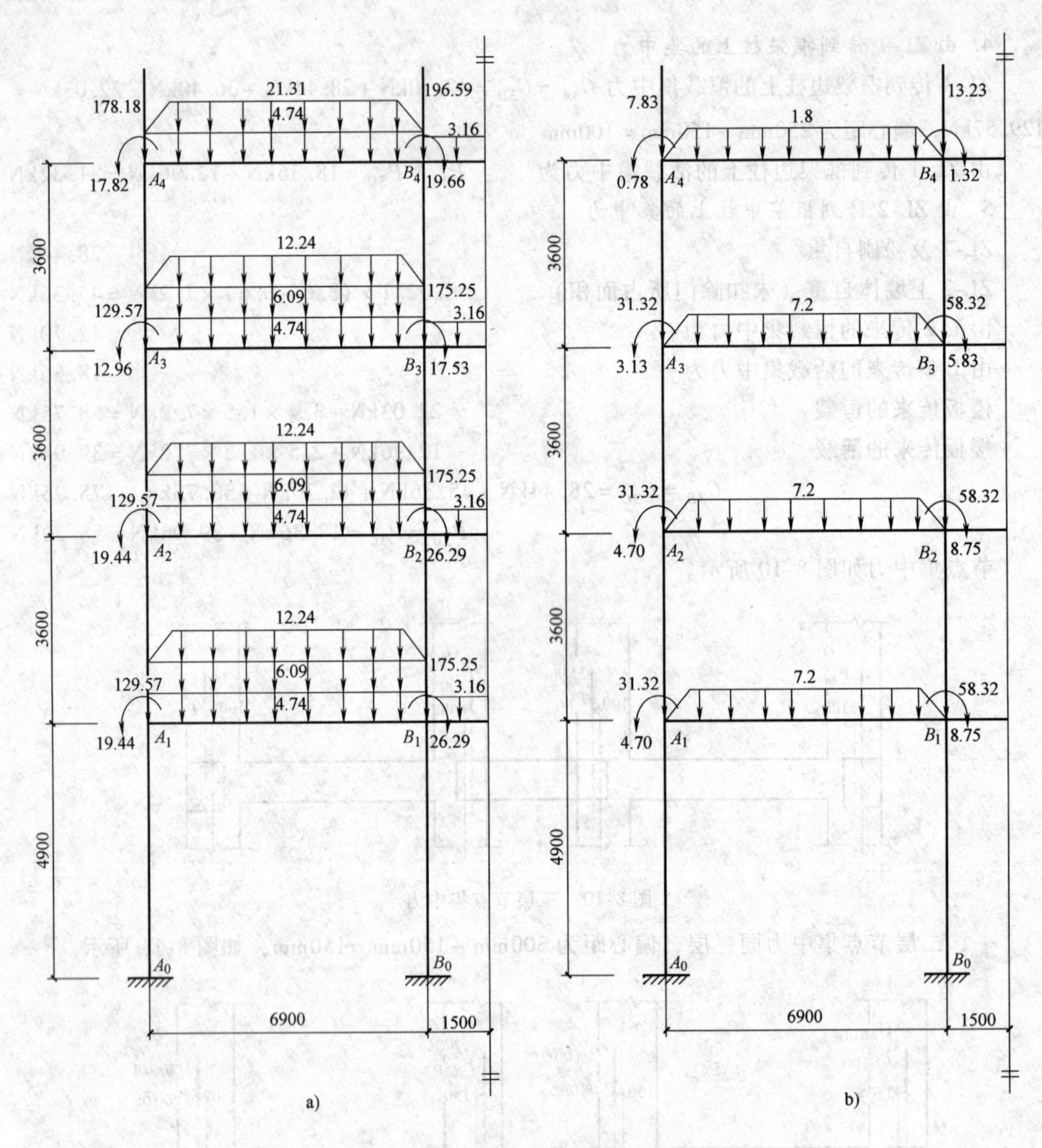

图 8-12 竖向荷载作用下计算简图

a）恒载作用下计算简图 b）活载作用下计算简图

8.4.6 楼面框架节点集中荷载产生的弯矩标准值（对节点弯矩以逆时针为正）

四层外纵梁 $M_{A4}=-M_{D4}=178.18\times0.1\text{kN}\cdot\text{m}=17.82\text{kN}\cdot\text{m}$

三层外纵梁 $M_{A3}=-M_{D3}=129.57\times0.1\text{kN}\cdot\text{m}=12.96\text{kN}\cdot\text{m}$

二层、一层外纵梁 $M_{A1、A2}=-M_{D1、D2}=129.57\times0.15\text{kN}\cdot\text{m}=19.44\text{kN}\cdot\text{m}$

四层中纵梁　$M_{B4} = -M_{C4} = -196.59 \times 0.1\text{kN} \cdot \text{m} = -19.66\text{kN} \cdot \text{m}$

三层中纵梁　$M_{B3} = -M_{C3} = -175.25 \times 0.1\text{kN} \cdot \text{m} = -17.53\text{kN} \cdot \text{m}$

二层、一层中纵梁　$M_{B1、B2} = -M_{C1、C2} = 175.25 \times 0.15\text{kN} \cdot \text{m} = 26.29\text{kN} \cdot \text{m}$

8.5　风荷载

主体结构计算时，垂直于建筑物表面单位面积上的风荷载标准值应按 $\omega_k = \beta_z \mu_s \mu_z \omega_0$ 计算。其中，基本风压 $\omega_0 = 0.45\text{kN/m}^2$，地面粗糙程度属 C 类；风压高度变化系数 μ_z 根据《建筑结构荷载规范》中表 8.2.1 的规定，并采用内插法确定；风荷载体型系数 μ_s 规定迎风面为 0.8，背风面为 -0.5，故 μ_s 取 1.3；因建筑物总高度 $H = 14.85\text{m} < 30\text{m}$，取风振系数 $\beta_z = 1$。风荷载计算见表 8-1。

表 8-1　风荷载计算

楼层	β_z	μ_s	Z/m	μ_z	ω_0	A/m^2	$B_i = \omega_k A/\text{kN}$
4	1.0	1.3	14.85	0.65	0.45	$7.2 \times (1.8 + 1.2) = 21.6$	8.21
3	1.0	1.3	11.25	0.65	0.45	$7.2 \times 3.6 = 25.92$	9.86
2	1.0	1.3	7.65	0.65	0.45	25.92	9.86
1	1.0	1.3	4.05	0.65	0.45	$7.2 \times (1.8 + 4.05/2) = 27.54$	10.47

计算简图如图 8-13 所示。

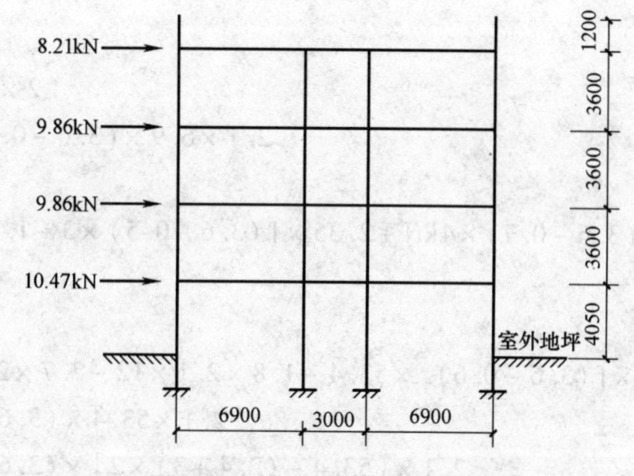

图 8-13　横向框架上的风荷载

8.6　地震作用

8.6.1　建筑物总重力荷载代表值 G_i 的计算

1. 集中于屋盖处的质点重力荷载代表值 G_4

50%雪荷载　　$0.5 \times 0.4 \times 16.8 \times 53.4\text{kN} = 179.42\text{kN}$

屋面荷载　　$5.92 \times 16.8 \times 53.4\text{kN} = 5310.95\text{kN}$

横梁自重 $4.74\times6.9\times2\times10\text{kN}+3.16\times3.0\times10\text{kN}+3.33\times6.9\times14\text{kN}=1070.60\text{kN}$

纵梁自重 $3.95\times53.4\times4\text{kN}+1.62\times5.4\times2\text{kN}=861.22\text{kN}$

女儿墙自重 $6.32\times(53.4+16.8)\times2\text{kN}=887.33\text{kN}$

柱重 $6.65\times1.8\times40\text{kN}=478.80\text{kN}$

内横墙自重 $2.1\times6.9\times(1.8-0.7)\times14\text{kN}=223.15\text{kN}$

山墙自重

$$2.35\times6.9\times(1.8-0.7)\times4\text{kN}+2.35\times(3-1.8)\times(1.8-0.5)\times2\text{kN}=78.68\text{kN}$$

纵墙自重

A 轴 $2.35\times(53.4-1.8\times12-2.7\times2)\times(1.8-0.6)\text{kN}=74.45\text{kN}$

B 轴 $2.1\times53.4\times(1.8-0.6)\text{kN}=134.57\text{kN}$

C 轴 $2.1\times[53.4-(2.4+3)\times2]\times(1.8-0.6)\text{kN}=107.35\text{kN}$

D 轴 $2.35\times(53.4-0.9\times6-1.8\times10)\times(1.8-0.6)\text{kN}=84.60\text{kN}$

窗自重 $(1.8\times22+0.9\times6+2.7\times2)\times(1.8-0.6)\times0.45\text{kN}+1.8\times2\times(1.8-0.5-0.1)\times0.45\text{kN}=29.16\text{kN}$

$G_4=9520.28\text{kN}$

2. 集中于四层处的质点重力荷载代表值 G_3

50%楼面活荷载 $0.5\times\{2.0\times[6.9\times(53.4-3.3\times2)+6.9\times53.4]+2.5\times(3\times53.4+6.9\times3.3\times2)\}\text{kN}=948.56\text{kN}$

楼面恒荷载 $3.4\times16.8\times53.4\text{kN}=3050.21\text{kN}$

横梁自重 1070.60kN

纵梁自重 861.22kN

柱重 $2\times478.80\text{kN}=957.60\text{kN}$

内横墙自重 $2.1\times6.9\times(3.6-0.7)\times14\text{kN}=588.29\text{kN}$

山墙自重

$$2.35\times6.9\times(3.6-0.7)\times4\text{kN}+2.35\times[(3.6-0.5)\times3-1.8\times2.1-1.8\times0.1]\times2\text{kN}=213.19\text{kN}$$

纵墙自重

A 轴 $2.35\times[(3.6-0.6)\times53.4-1.8\times2.1\times12-2.7\times2.1\times2]\text{kN}=243.23\text{kN}$

B 轴 $2.1\times53.4\times(3.6-0.6)\text{kN}=336.42\text{kN}$

C 轴 $2.1\times[53.4-(2.4+3)\times2]\times(3.6-0.6)\text{kN}=268.38\text{kN}$

D 轴 $2.35\times[(3.6-0.6)\times53.4-0.9\times2.1\times6-1.8\times2.1\times10]\text{kN}=260.99\text{kN}$

窗 $(1.8\times24+0.9\times6+2.7\times2)\times2.1\times0.45\text{kN}=51.03\text{kN}$

$G_3=8849.72\text{kN}$

3. 集中于三层处的质点重力荷载代表值 G_2

除柱重外，其他重力同四层。

柱重 $478.80\text{kN}+9.48\times1.8\times40\text{kN}=1161.36\text{kN}$

$G_2=9053.48\text{kN}$

4. 集中于二层处的质点重力荷载代表值 G_1

柱高$(3.6+4.9)/2\text{m}=4.25\text{m}$；内横墙及山墙边跨高度为$4.25\text{m}-0.7\text{m}=3.55\text{m}$；山墙

中跨高度为4.25m－0.5m＝3.75m；纵墙高度为4.25m－0.6m＝3.65m。

50%楼面活荷载　948.56kN

楼面恒荷载　3050.21kN

横梁自重　1070.60kN

纵梁自重　861.22kN

柱重　4.25×9.48×40kN＝1611.60kN

内横墙自重　2.1×6.9×3.55×14kN＝720.15kN

山墙自重

2.35×6.9×3.55×4kN＋2.35×(3.75×3－1.8×0.9－1.8×1.95)×2kN＝259.02kN

纵墙自重

A轴

2.35×[3.65×53.4－1.8×(0.9＋1.85)×12－2.7×(0.9＋1.85)×2]kN＝283.55kN

B轴　2.1×53.4×3.65kN＝409.31kN

C轴　2.1×[53.4－(2.4＋3)×2]×3.65kN＝326.53kN

D轴

2.35×[3.65×53.4－1.8×(0.9＋1.85)×10－0.9×(0.9＋1.85)×6]kN＝306.82kN

窗自重　(1.8×24＋0.9×6＋2.7×2)×(0.9＋1.85)×0.45kN＝66.83kN

$G_1=9914.40\text{kN}$

8.6.2　地震作用计算

1. 地震作用计算方法

高度不超过40m、以剪切变形为主且质量和刚度沿高度分布较均匀的高层建筑结构，可采用底部剪力法。

2. 地震作用计算

(1) 框架柱的抗侧移刚度　在计算梁柱线刚度时，应考虑楼盖对框架梁的影响。现浇楼盖中，中框架梁的抗弯惯性矩取 $I=2I_0$，边框架梁取 $I=1.5I_0$，I_0 为框架梁按矩形截面计算的截面惯性矩，$I=bh^3/12$，b、h 分别是构件截面尺寸。横梁、柱线刚度见表8-2。

表8-2　横梁、柱线刚度

杆件	截面尺寸		E_c/(kN/mm^2)	I_0/(×10^{9}mm^4)	I/(×10^{9}mm^4)	L/mm	$i=\frac{E_cI}{L}$/(kN·mm)	相对刚度
	b/mm	h/mm						
边框架梁	300	700	30	8.575	12.86	6900	5.59×10^7	1
边框架梁	300	500	30	3.125	4.688	3000	4.69×10^7	0.839
中框架梁	300	700	30	8.575	17.15	6900	7.46×10^7	1.33
中框架梁	300	500	30	3.125	6.25	3000	6.25×10^7	1.12
底层框架	600	600	30	10.8	10.8	4900	6.61×10^7	1.18
中层框架	600	600	30	10.8	10.8	3600	9.0×10^7	1.61
中层框架	500	500	30	5.21	5.21	3600	4.34×10^7	0.776

每层框架柱横向侧移刚度 D 值见表8-3。

表 8-3 每层框架柱横向侧移刚度 D 值

层	项目 柱类型及截面 /(mm×mm)	$K=\frac{\sum i_b}{2i_c}$(一般层) $K=\frac{\sum i_b}{i_c}$(底层)	$\alpha_c=\frac{K}{2+K}$(一般层) $\alpha_c=\frac{0.5+K}{2+K}$(底层)	$D=\alpha_c\times\frac{12i_c}{h^2}$ /(kN/mm)	根数
三、四层	边框架边柱 (500×500)	$\frac{2\times1}{2\times0.776}=1.289$	$\frac{1.289}{2+1.289}=0.392$	$0.392\times\frac{12\times4.34\times10^7}{3600^2}=15.75$	4
	边框架中柱 (500×500)	$\frac{2\times(1+0.839)}{2\times0.776}=1.427$	$\frac{1.427}{2+1.427}=0.416$	$0.416\times\frac{12\times4.34\times10^7}{3600^2}=16.72$	4
	中框架边柱 (500×500)	$\frac{2\times1.33}{2\times0.776}=1.714$	$\frac{1.714}{2+1.714}=0.461$	$0.461\times\frac{12\times4.34\times10^7}{3600^2}=18.54$	16
	中框架中柱 (500×500)	$\frac{2\times(1.33+1.12)}{2\times0.776}=3.157$	$\frac{3.157}{2+3.157}=0.612$	$0.612\times\frac{12\times4.34\times10^7}{3600^2}=24.59$	16
二层	边框架边柱 (600×600)	$\frac{2\times1}{2\times1.61}=0.62$	$\frac{0.62}{2+0.62}=0.237$	$0.237\times\frac{12\times9\times10^7}{3600^2}=19.75$	4
	边框架中柱 (600×600)	$\frac{2\times(1+0.839)}{2\times1.61}=1.14$	$\frac{1.14}{2+1.14}=0.363$	$0.363\times\frac{12\times9\times10^7}{3600^2}=30.25$	4
	中框架边柱 (600×600)	$\frac{2\times1.33}{2\times161}=0.826$	$\frac{0.826}{2+0.826}=0.292$	$0.292\times\frac{12\times9\times10^7}{3600^2}=24.33$	16
	中框架中柱 (600×600)	$\frac{2\times(1.33+1.12)}{2\times1.61}=1.52$	$\frac{1.52}{2+1.52}=0.432$	$0.432\times\frac{12\times9\times10^7}{3600^2}=36$	16
底层	边框架边柱 (600×600)	$\frac{1}{1.18}=0.848$	$\frac{0.5+0.848}{2+0.848}=0.473$	$0.473\times\frac{12\times6.61\times10^7}{4900^2}=15.62$	4
	边框架中柱 (600×600)	$\frac{1+0.839}{1.18}=1.559$	$\frac{0.5+1.559}{2+1.559}=0.579$	$0.579\times\frac{12\times6.61\times10^7}{4900^2}=19.13$	4
	中框架边柱 (600×600)	$\frac{1.33}{1.18}=1.127$	$\frac{0.5+1.127}{2+1.1727}=0.520$	$0.520\times\frac{12\times6.61\times10^7}{4900^2}=17.18$	16
	中框架中柱 (600×600)	$\frac{1.33+1.12}{1.18}=2.075$	$\frac{0.5+2.075}{2+2.075}=0.632$	$0.632\times\frac{12\times6.61\times10^7}{4900^2}=20.88$	16

注：i_c为柱的线刚度，i_b为梁的线刚度。

底层 $\sum D=4\times(15.62+19.13)\text{kN/mm}+16\times(17.18+20.88)\text{kN/mm}=747.96\text{kN/mm}$

二层 $\sum D=4\times(19.75+30.25)\text{kN/mm}+16\times(24.33+36)\text{kN/mm}=1165.28\text{kN/mm}$

三、四层 $\sum D=4\times(15.75+16.72)\text{kN/mm}+16\times(18.54+24.59)\text{kN/mm}=819.96\text{kN/mm}$

(2) 框架自振周期的计算　自振周期为　$T_1=1.7\alpha_0\sqrt{\Delta}=1.7\times0.7\times\sqrt{0.10746}\text{s}=0.39\text{s}$

式中　α_0——考虑结构非承重砖墙影响的折减系数，对于框架取0.7；

Δ——框架顶点假想水平位移。

计算见表8-4。

表8-4　框架顶点的假想水平位移

楼层	G_i/kN	$\sum G_i$/kN	$\sum D$/(kN/mm)	层间相对位移 $\delta=\sum G_i/\sum D$/mm	总位移 Δ/mm
四	9520.28	9520.28	819.96	11.61	107.46
三	8849.72	18370	819.96	22.40	95.85
二	9053.48	27423.48	1165.28	23.53	73.45
一	9914.40	37337.88	747.96	49.92	49.92

(3) 地震作用计算　在二类场地，8度设防区，设计地震分组为第一组情况下，结构的特征周期 $T_g=0.35\text{s}$，水平地震影响系数最大值 $a_{\max}=0.16$，衰减指数 $\gamma=0.9$。

$$\alpha_1=\left(\frac{T_g}{T_1}\right)^{\gamma}\eta_2\alpha_{\max}=\left(\frac{0.35}{0.39}\right)^{0.9}\times1\times0.16=0.15$$

结构等效总重力荷载　$G_{eq}=0.85\times37337.88\text{kN}=31737.20\text{kN}$

由于 $T_1=0.39\text{s}<1.4T_g=1.4\times0.35\text{s}=0.49\text{s}$，不需考虑顶点附加地震作用。

结构横向总水平地震作用标准值　$F_{Ek}=\alpha_1G_{eq}=0.15\times31737.20\text{kN}=4760.58\text{kN}$

楼层地震作用和地震剪力标准值计算见表8-5，横向框架上的地震作用计算简图如图8-14所示。剪力系数主要控制各楼层最小地震剪力，确保结构安全性，这个要求如同最小配筋率的要求，算出来的地震剪力如果达不到《建筑抗震设计规范》规定的要求，就要人为提高，并按这个最低要求完成后续计算。《建筑抗震设计规范》第5.2.5条规定了剪力系数的限值，8度抗震基本周期小于3.5s的结构，楼层最小地震剪力系数值为0.032。

表8-5　楼层地震作用和地震剪力标准值计算表

楼层	H_i/m	G_i/kN	G_iH_i	$F_i=\frac{G_iH_i}{\sum G_iH_i}F_{Ek}$	楼层剪力 V_i/kN	剪力系数 $\frac{V_i}{\sum_{j=i}^{n}G_j}$
四	15.7	9520.28	149468.40	1862.30	1862.30	0.20
三	12.1	8849.72	107081.61	1334.18	3196.48	0.17
二	8.5	9053.48	76954.58	958.81	4155.29	0.15
一	4.9	9914.40	48580.56	605.29	4760.58	0.13
			$\sum G_iH_i=382085.15$			均大于0.032，满足要求

(4) 地震作用下层间弹性位移计算　框架结构在水平荷载作用下产生的侧移主要有梁柱弯曲变形产生的侧移和柱轴向变形产生的侧移。当房屋高度小于50m，高宽比小于4时，可不考虑柱轴向变形产生的侧移。该工程高度14.85m，高宽比14.85/17.4=0.85，故只需考虑梁柱弯曲变形产生的侧移。柱抗侧移刚度 D 值的物理意义是单位层间侧移所需的层剪力，故当框架第 i 层的层剪力已知时，该层的相对线位移则为 $\Delta_{ue}=V_i/\sum D_i$。地震作用下层间弹性位移验算见表8-6。

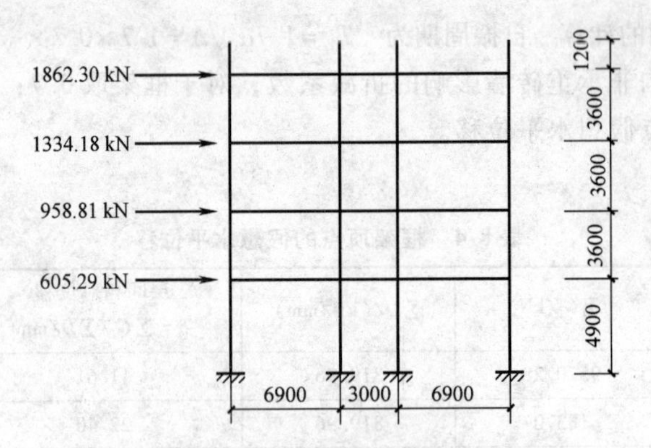

图 8-14 横向框架上的地震作用计算简图

表 8-6 地震作用下层间弹性位移验算

楼层	h/m	V_i/kN	$\sum D$/(kN/mm)	$\Delta_{ue}=V_i/\sum D_i$/mm	$[\theta_e]h_i$/mm
四	3.6	1862.30	819.96	2.27	6.55
三	3.6	3196.48	819.96	3.90	6.55
二	3.6	4155.29	1165.28	3.57	6.55
一	4.9	4760.58	747.96	6.36	8.91

$[\theta_e]$取 1/550。底层最大侧移小于层间位移限值，侧移满足要求。

(5) 风荷载作用下的侧移计算（见表 8-7）

表 8-7 地震作用下层间弹性位移验算

楼层	h/m	V_i/kN	$\sum D$/(kN/mm)	$\Delta_{ue}=V_i/\sum D_i$/mm	$[\theta_e]h_i$/mm
四	3.6	8.21	2×18.54+2×24.59=86.26	0.095	6.55
三	3.6	18.07	2×18.54+2×24.59=86.26	0.209	6.55
二	3.6	27.93	2×24.33+2×36=120.66	0.231	6.55
一	4.9	38.4	2×17.18+2×20.88=76.12	0.504	8.91

风荷载作用下的层间剪力远小于地震作用下的层间剪力，当地震作用下层间位移满足要求时，也可不进行风荷载作用下的层间位移验算。

8.7 框架内力计算

框架结构承受的荷载主要有恒载、活载、风荷载、地震荷载，其中恒载、活载为竖向荷载，风荷载和地震荷载为水平荷载。手算多层多跨框架结构的内力和侧移时，采用近似方法。求竖向荷载作用下的内力采用分层法，求水平荷载作用下的内力采用反弯点法、D 值法。在计算各项荷载作用下的效应时，一般按标准值进行计算，然后进行荷载效应组合。

8.7.1 计算方法

1. *分层法*

(1) 基本假定

1) 每层梁上的竖向荷载仅对本层梁及与本层梁相连的柱的内力产生影响，而对其他层梁、柱的内力影响忽略不计（多层框架简化为单层框架，分层作力矩分配计算）。

2）多层多跨框架在一般竖向荷载作用下，侧移小，可以忽略竖向荷载作用下框架的侧移及由侧移引起的弯矩（无侧移框架按力矩分配法进行内力分析）。

（2）计算步骤

1）由荷载计算杆件固端弯矩，求结点不平衡力矩；梁两端按固端考虑，固端弯矩值如图8-15所示。

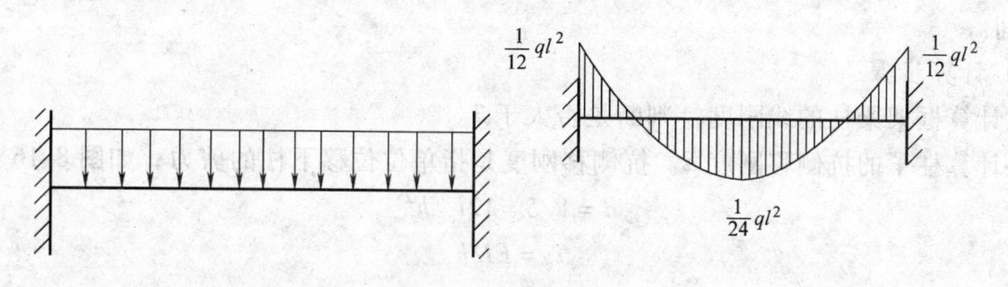

图8-15　固端弯矩

2）根据杆端转动刚度计算分配系数 μ_i。远端固定 $S=4i$，远端简支 $S=3i$，远端滑动 $S=i, \mu_i = S_i / \sum_{j=1}^{m} S_j$，上层柱线刚度 i 均乘以折减系数 0.9。

3）计算分配弯矩和传递弯矩。分配弯矩乘以传递系数即得传递弯矩；远端固定时，传递系数 $C=0.5$；远端铰支时，$C=0$。上层柱传递系数由1/2变为1/3。

4）循环上述步骤，直至收敛。

5）画弯矩图。分层法计算所得梁端弯矩即为最后梁端弯矩，柱端弯矩为上下层所得同一根柱子内力叠加；节点会不平衡，误差不大。如误差较大，可将节点不平衡弯矩再进行一次分配；杆端弯矩画出后，根据叠加原理画出梁柱弯矩图。梁弯矩图为二次抛物线，柱弯矩图为斜直线。

6）取杆件为隔离体，计算出杆端剪力，绘制剪力图。

7）取节点为隔离体，计算出杆件轴力，绘出轴力图。

2. 反弯点法

框架所承受的水平荷载主要是风荷载和水平地震荷载，它们都可以转化成作用在框架节点上的集中力。在这种力的作用下，无论是横梁还是柱子，它们的弯矩分布均成直线变化。一般情况下每根杆件都有一个弯矩为零的点，称为反弯点。如果在反弯点处将柱子切开，切断点处的内力将只有剪力和轴力。如果知道反弯点的位置和柱子的抗侧移刚度，即可求得各柱的剪力，从而求得框架各杆件的内力。反弯点法的关键是反弯点位置的确定和柱子抗侧移刚度的确定。

（1）基本假定

1）梁柱线刚度比很大，在水平荷载作用下，柱上下端转角为零；如果框架横梁刚度为无穷大，在水平力的作用下，框架节点将只有侧移而没有转角。实际上，框架横梁刚度不会是无穷大，在水平力下，节点既有侧移又有转角。但是，当梁、柱的线刚度之比大于3时，柱子端部的转角就很小。此时忽略节点转角的存在，对框架内力计算影响不大。由此也可以看出，反弯点法是有一定的适用范围的，即框架梁、柱的线刚度之比应不小于3。

2）忽略梁的轴向变形，即同一层各节点水平位移相同。

3）底层柱的反弯点在距柱底 2/3 高度处，其余各层柱的反弯点在柱中。当柱子端部转角为零时，反弯点的位置应该位于柱子高度的中间。而实际结构中，尽管梁、柱的线刚度之比大于 3，在水平力的作用下，节点仍然存在转角，那么反弯点的位置就不在柱子中间。尤其是底层柱子，由于柱子下端为嵌固，无转角，当上端有转角时，反弯点必然向上移，故底层柱子的反弯点取在距柱底 2/3 柱高处。上部各层，当节点转角接近时，柱子反弯点基本在柱子中间。

（2）计算步骤

1）计算框架梁柱的线刚度，判断是否大于 3。

2）计算柱子的抗侧移刚度 d。抗侧移刚度是指单位位移下柱的剪力，如图 8-16 所示。

$$d = V/\delta = 12i_c/h^2$$

$$i_c = EI/h$$

式中 V——柱剪力；

δ——柱层间位移；

h——层高；

i_c——柱线刚度；

EI——柱抗弯刚度。

3）将层间剪力在柱子中进行分配，求得各柱剪力值，计算简图如图 8-17 所示。第 i 层剪力 $V_i = \sum_{k=i}^{n} V_k$，第 i 层第 j 根柱的分配系数为 $\mu_{ij} = \dfrac{D_{ij}}{\sum_{j=1}^{m} d_{ij}}$，剪力 $V_{ij} = \mu_{ij} V_i$。对于等高同层柱，剪力分配系数可以简化为各柱的线刚度进行分配，$\mu_{ij} = \dfrac{i_{ij}}{\sum_{j=1}^{m} i_{ij}}$。

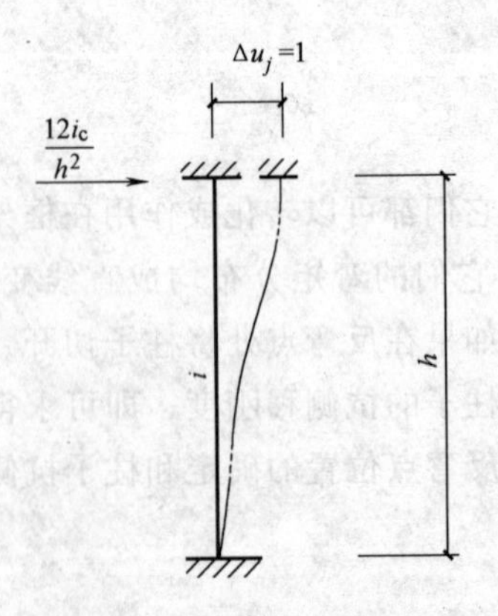

图 8-16 柱抗侧刚度

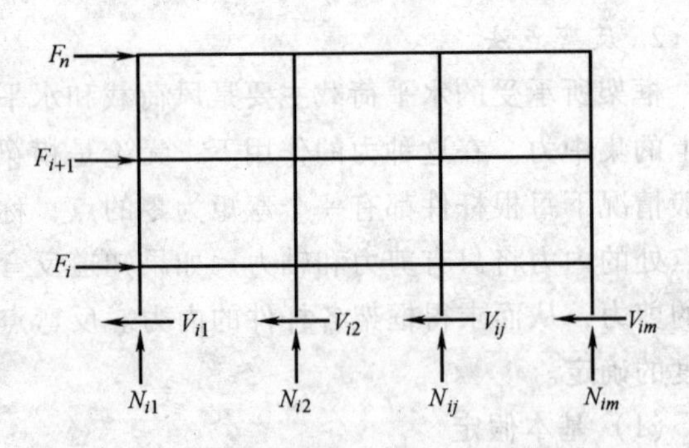

图 8-17 从第 i 层柱反弯点处截取的隔离体

4）确定各层柱反弯点的高度 yh。底层柱 $yh = \dfrac{2}{3}h$，其他层 $yh = 0.5h$。注意反弯点高度指反弯点到柱底部的距离。

5）计算柱端弯矩 $M_{ij上}$ 和 $M_{ij下}$。$M_{ij下} = V_{ij}yh$，$M_{ij上} = V_{ij}(h - yh)$，计算简图如图 8-18 所示。

6）计算梁端弯矩 M、$M_{左}$、$M_{右}$，计算简图如图8-19所示。

边节点 $M = M_{上} + M_{下}$

中间节点 $M_{左} = \frac{i_{左}}{i_{左} + i_{右}}(M_{上} + M_{下})$；$M_{右} = \frac{i_{右}}{i_{左} + i_{右}}(M_{上} + M_{下})$

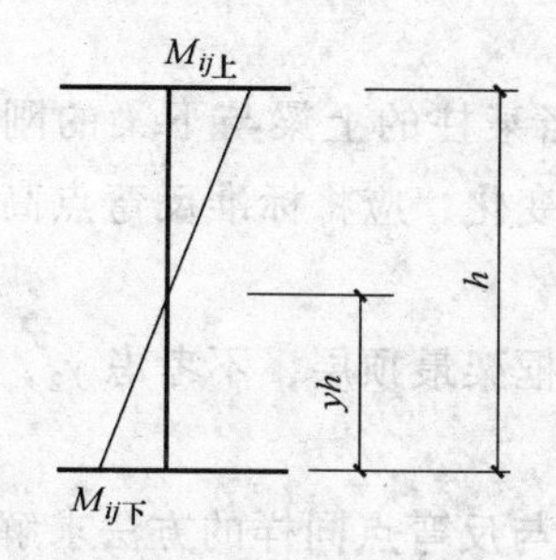

图8-18 柱端弯矩

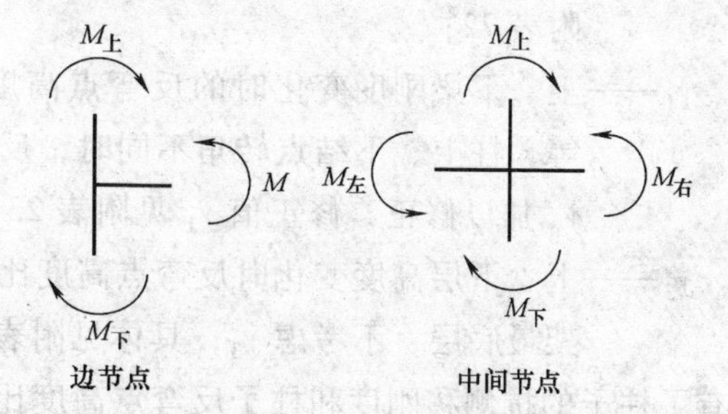

图8-19 梁端弯矩

7）根据梁端弯矩绘制弯矩图，根据弯矩图绘制剪力图和轴力图。

3. 水平荷载作用下的改进反弯点法——D值法

当框架的高度较大、层数较多时，柱子的截面尺寸一般较大，这时梁、柱的线刚度之比往往要小于3，反弯点法不再适用。如果仍采用类似反弯点的方法进行框架内力计算，就必须对反弯点法进行改进——改进反弯点法（D值法）。

（1）基本假定

1）假定同层各节点转角相同。承认节点转角的存在，但是为了计算的方便，假定同层各节点转角相同。

2）假定各层各节点的侧移相同。这一假定，实际上是忽略了框架梁的轴向变形。这与实际结构差别不大。

（2）抗侧移刚度

$$D = \alpha d$$

式中 α——柱子抗侧移刚度的修正系数，见附表20。

因此，同层各柱水平剪力分配系数为

$$\mu_{ij} = \frac{D_{ij}}{\sum_{j=1}^{m} D_{ij}}$$

（3）反弯点高度 柱子反弯点的位置——反弯点高度，取决于柱子两端转角的相对大小。如果柱子两端转角相等，反弯点必然在柱子中间；如果柱子两端转角不一样，反弯点必然向转角较大的一端移动。

1）反弯点高度的影响因素：结构总层数及该层所在位置；梁柱线刚度比；水平荷载分布特征；上下层梁线刚度比；上下层柱层高变化。

2）反弯点高度比的计算方法。在改进反弯点法中，柱子反弯点位置往往用反弯点高度来表示

$$\bar{y} = \frac{y}{h}$$

式中 $\bar{y}$——反弯点到柱子下端的距离，即反弯点高度；

h——柱子高度。

综合考虑上述因素，各层柱的反弯点高度比由下式计算

$$y = y_n + y_1 + y_2 + y_3 \tag{8-1}$$

式中 y_n——柱标准反弯点高度比。标准反弯点高度比是在各层等高、各跨相等、各层梁和柱线刚度都不改变时框架在水平荷载作用下的反弯点高度比，其值见附表 21、附表 22；

y_1——上、下梁刚度变化时的反弯点高度比修正值。当某柱的上梁与下梁的刚度不等，柱上、下结点转角不同时，反弯点位置会有变化，应将标准反弯点高度比 y_n 加以修正，修正值 y_1 见附表 23；

y_2、y_3——上、下层高度变化时反弯点高度比的修正值。在框架最顶层，不考虑 y_2，在框架最底层，不考虑 y_3，具体见附表 24。

有了柱子的抗侧移刚度和柱子反弯点高度比，就可以按照与反弯点同样的方法求解框架结构内力。

8.7.2 内力计算

1. 恒载作用下的框架内力

（1）计算简图 将图 8-12a 中梁上梯形荷载折算为均布荷载，其中 $a = 1.8\text{m}$，$l = 6.9\text{m}$，$\alpha = a/l = 1800/6900 = 0.26$，顶层梯形荷载折算为均布荷载值：$(1-2\alpha^2+\alpha^3)\times q = (1-2\times 0.26^2+0.26^3)\times 21.31\text{kN/m} = 18.8\text{kN/m}$，顶层总均布荷载为 $18.8\text{kN/m} + 4.74\text{kN/m} = 23.54\text{kN/m}$。其他层计算方法同顶层，计算值为 21.63kN/m。中间跨只作用有均布荷载，不需折算。由于该框架为对称结构，取框架的一半进行简化计算，计算简图如图 8-20 所示。

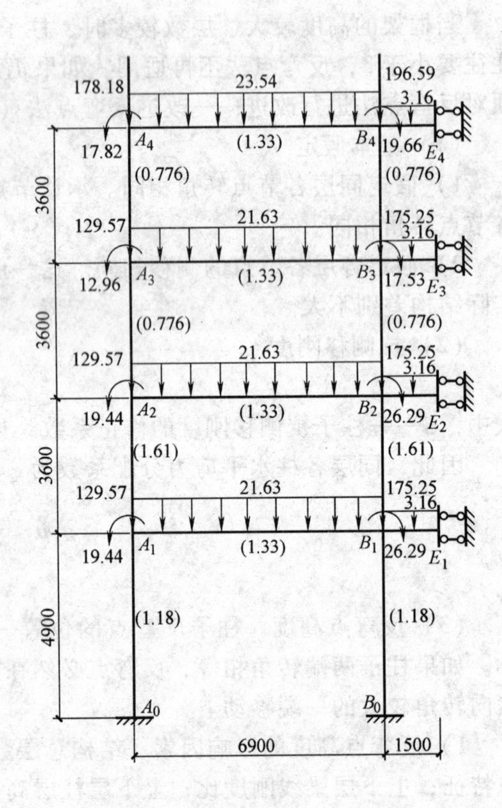

图 8-20 恒载作用下计算简图
（括号内数值为梁柱相对线刚度）

（2）弯矩分配系数

1）节点 A_1

$$S_{A1A0} = 4i_{A1A0} = 4\times 1.18 = 4.72$$

$$S_{A1B1} = 4i_{A1B1} = 4\times 1.33 = 5.32$$

$$S_{A1A2} = 0.9\times 4i_{A1A2} = 0.9\times 4\times 1.61 = 5.796$$

$$\sum_A S = 4.72 + 5.32 + 5.796 = 15.836$$

$$\mu_{A1A0} = \frac{S_{A1A0}}{\sum_A S} = \frac{4.72}{15.836} = 0.298$$

$$\mu_{A1B1} = \frac{S_{A1B1}}{\sum_A S} = \frac{5.32}{15.836} = 0.336$$

$$\mu_{A1A2} = \frac{S_{A1A2}}{\sum_A S} = \frac{5.796}{15.836} = 0.366$$

2）节点 B_1

$$S_{B1E1} = i_{B1E1} = 2 \times 1.12 = 2.24$$

$$\sum_B S = 15.836 + 2.24 = 18.076$$

$$\mu_{B1A1} = \frac{S_{B1A1}}{\sum_B S} = \frac{5.32}{18.076} = 0.296$$

$$\mu_{B1B0} = \frac{S_{B1B0}}{\sum_B S} = \frac{4.72}{18.076} = 0.261$$

$$\mu_{B1B2} = \frac{S_{B1B2}}{\sum_B S} = \frac{5.796}{18.076} = 0.321$$

$$\mu_{B1E1} = \frac{S_{B1E1}}{\sum_B S} = \frac{2.24}{18.076} = 0.124$$

3）节点 A_2

$$\mu_{A2A1} = \frac{0.9 \times 4 \times 1.61}{4 \times (0.9 \times 1.61 + 0.9 \times 0.776 + 1.33)} = \frac{0.9 \times 4 \times 1.61}{13.91} = 0.417$$

$$\mu_{A2A3} = \frac{0.9 \times 4 \times 0.776}{13.91} = 0.201$$

$$\mu_{A2B2} = \frac{4 \times 1.33}{13.91} = 0.382$$

4）节点 B_2

$$\mu_{B2A2} = \frac{4 \times 1.33}{4 \times 1.33 + 0.9 \times 4 \times 1.61 + 0.9 \times 4 \times 0.776 + 2 \times 1.12} = 0.329$$

$$\mu_{B2B1} = \frac{0.9 \times 4 \times 1.61}{16.15} = 0.359$$

$$\mu_{B2E1} = \frac{2 \times 1.12}{16.15} = 0.139$$

$$\mu_{B2B3} = \frac{0.9 \times 4 \times 0.776}{16.15} = 0.173$$

5）节点 A_3、B_3、A_4、B_4 的分配系数计算方法同上，具体计算略。

(3) 计算杆件固端弯矩（顺时针方向为正）

1）顶层横梁

$$\overline{M}_{A4B4} = -\overline{M}_{B4A4} = -\frac{1}{12}ql^2 = -\frac{1}{12} \times 23.54 \times 6.9^2 \text{kN} \cdot \text{m} = -93.4 \text{kN} \cdot \text{m}$$

$$\overline{M}_{B4E4} = -\frac{1}{3}ql^2 = -\frac{1}{3} \times 3.16 \times 3^2 \text{kN} \cdot \text{m} = -2.37 \text{kN} \cdot \text{m}$$

2）一、二、三层横梁

$$\overline{M}_{A1B1} = -\overline{M}_{B1A1} = -\frac{1}{12}ql^2 = -\frac{1}{12} \times 21.63 \times 6.9^2 \text{kN} \cdot \text{m} = -85.8 \text{kN} \cdot \text{m}$$

$$\overline{M}_{B1E1} = -\frac{1}{3}ql^2 = -\frac{1}{3} \times 3.16 \times 1.5^2 \text{kN} \cdot \text{m} = -2.37 \text{kN} \cdot \text{m}$$

（4）节点不平衡弯矩　横向框架的节点不平衡弯矩为通过该节点的各杆件在节点处的固端弯矩与通过该节点的纵梁引起柱端横向附加弯矩之和，根据平衡原则，节点弯矩的正方向与杆件弯矩方向相反，一律以逆时针方向为正。

节点 A_4 的不平衡弯矩 $M_{A4} = -93.4\text{kN}\cdot\text{m} + 17.82\text{kN}\cdot\text{m} = -75.58\text{kN}\cdot\text{m}$

节点 A_3 的不平衡弯矩 $M_{A3} = -85.8\text{kN}\cdot\text{m} + 12.96\text{kN}\cdot\text{m} = -72.84\text{kN}\cdot\text{m}$

节点 B_3 的不平衡弯矩 $M_{B3} = 85.8\text{kN}\cdot\text{m} - 17.53\text{kN}\cdot\text{m} - 2.37\text{kN}\cdot\text{m} = 65.90\text{kN}\cdot\text{m}$

节点 B_4 的不平衡弯矩 $M_{B4} = 93.4\text{kN}\cdot\text{m} - 19.66\text{kN}\cdot\text{m} - 2.37\text{kN}\cdot\text{m} = 71.37\text{kN}\cdot\text{m}$

节点 A_2、A_1 的不平衡弯矩 $M_{A1} = -85.8\text{kN}\cdot\text{m} + 19.44\text{kN}\cdot\text{m} = -66.36\text{kN}\cdot\text{m}$

节点 B_2、B_1 的不平衡弯矩 $M_{B1} = 85.8\text{kN}\cdot\text{m} - 26.29\text{kN}\cdot\text{m} - 2.37\text{kN}\cdot\text{m} = 57.14\text{kN}\cdot\text{m}$

（5）弯矩计算及弯矩图　根据对称原则，只计算 *AB*、*BE* 跨。在进行弯矩分配时，应将节点不平衡弯矩反号后再进行弯矩分配。恒载弯矩分配过程如图 8-21 所示。

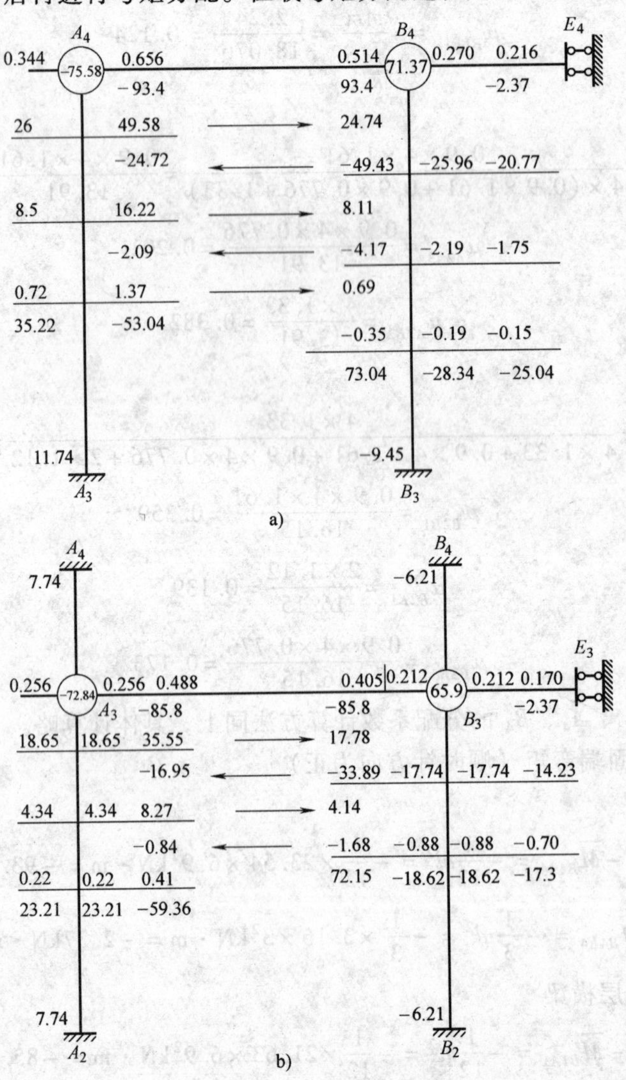

图 8-21　恒载弯矩分配过程

a）四层　b）三层

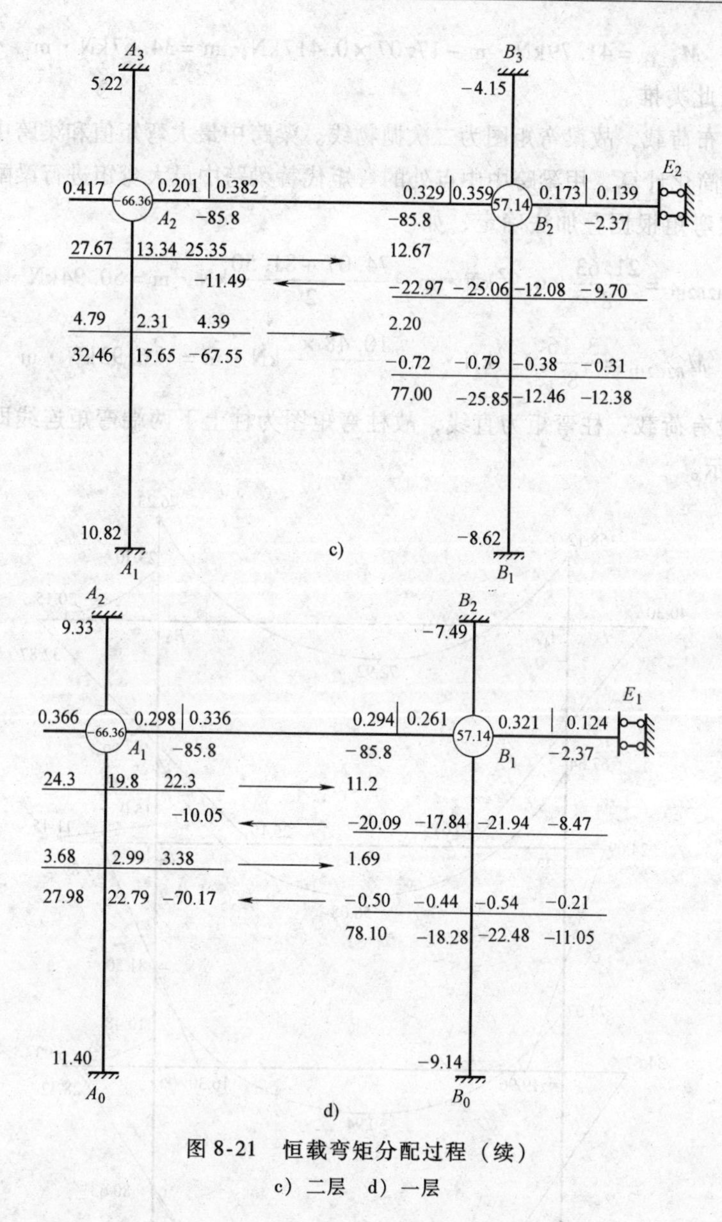

图 8-21　恒载弯矩分配过程（续）

c）二层　d）一层

梁端弯矩为计算所得弯矩，柱端弯矩为上下两层所得弯矩之和。以节点 A_2 为例：

梁端弯矩 $M_{A2B2} = -67.55\text{kN} \cdot \text{m}$

柱端弯矩 $M_{A2A3} = 15.65\text{kN} \cdot \text{m} + 7.74\text{kN} \cdot \text{m} = 23.39\text{kN} \cdot \text{m}$，$M_{A2A1} = 32.46\text{kN} \cdot \text{m} + 9.33\text{kN} \cdot \text{m} = 41.79\text{kN} \cdot \text{m}$

由于分层法计算的近似性，框架节点处的最终弯矩可能不平衡，但通常不会很大。如需进一步修改，可对节点的不平衡力矩再进行一次分配。该例题中，节点 A2 的不平衡力矩为 $7.74\text{kN} \cdot \text{m} + 9.33\text{kN} \cdot \text{m} = 17.07\text{kN} \cdot \text{m}$，该值较大，需再进行一次分配。故 A2 节点处的杆端弯矩分别为

$$M_{A2A3} = 23.39\text{kN} \cdot \text{m} - 17.07 \times 0.201\text{kN} \cdot \text{m} = 19.96\text{kN} \cdot \text{m}$$

$$M_{A2B2} = -67.55\text{kN} \cdot \text{m} - 17.07 \times 0.382\text{kN} \cdot \text{m} = -74.07\text{kN} \cdot \text{m}$$

$$M_{A2A1}=41.79\text{kN}\cdot\text{m}-17.07\times0.417\text{kN}\cdot\text{m}=34.67\text{kN}\cdot\text{m}$$

其他节点以此类推。

梁上作用均布荷载，故梁弯矩图为二次抛物线。梁跨中最大弯矩值和梁跨中中点处的弯矩值相差不大，为简化计算，用梁跨中中点处的弯矩代替梁跨中最大弯矩进行梁配筋计算。

梁跨中中点弯矩根据叠加法确定，如

$$M_{A2B2中}=\frac{21.63}{8}\times6.9^2\text{kN}\cdot\text{m}-\frac{74.07+81.50}{2}\text{kN}\cdot\text{m}=50.94\text{kN}\cdot\text{m}$$

$$M_{B2C2中}=\frac{3.16}{8}\times3^2\text{kN}\cdot\text{m}-\frac{10.48\times2}{2}\text{kN}\cdot\text{m}=-6.93\text{kN}\cdot\text{m}$$

因为柱中没有荷载，柱弯矩为直线，故柱弯矩图为柱上下两端弯矩连线即可。最后弯矩图如图8-22所示。

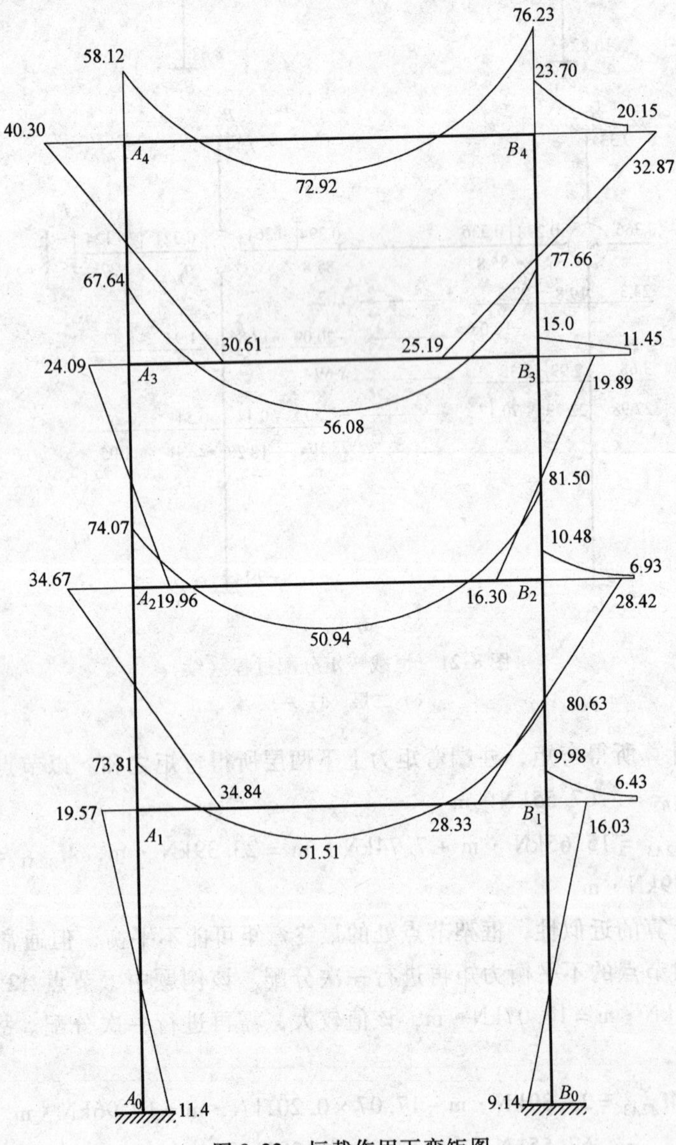

图8-22 恒载作用下弯矩图

（6）剪力计算及剪力图　取杆件为研究对象，利用平衡方程即可求出杆端剪力。以 $A2B2$ 梁为例说明计算方法。计算简图如图 8-23 所示。

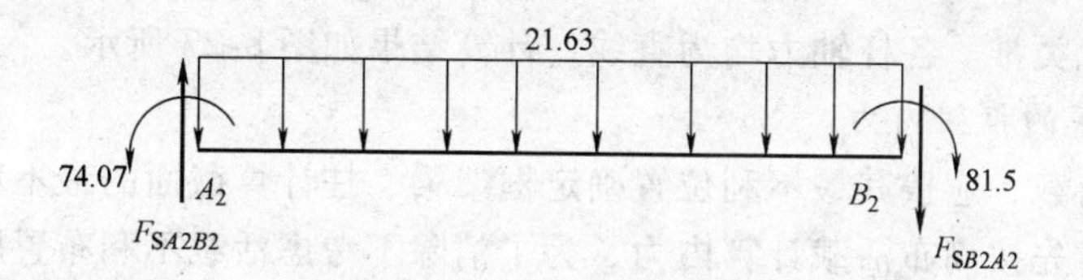

图 8-23　梁剪力计算图

对 $B2$ 点　$$F_{SA2B2}=\frac{74.07-81.5}{6.9}\text{kN}+21.63\times\frac{6.9}{2}\text{kN}=73.55\text{kN}$$

$$F_{SB2A2}=-21.63\text{kN}\times 6.9\text{kN}+73.55\text{kN}=75.70\text{kN}$$

柱剪力计算同梁，如 $A2A1$，计算简图如图 8-24 所示。计算过程如下

$$F_{SA2A1}=F_{SA1A2}=-\frac{34.97+34.84}{3.6}\text{kN}=-19.31\text{kN}$$

其他杆件计算以此类推。恒载作用下的剪力图如图 8-25 所示。

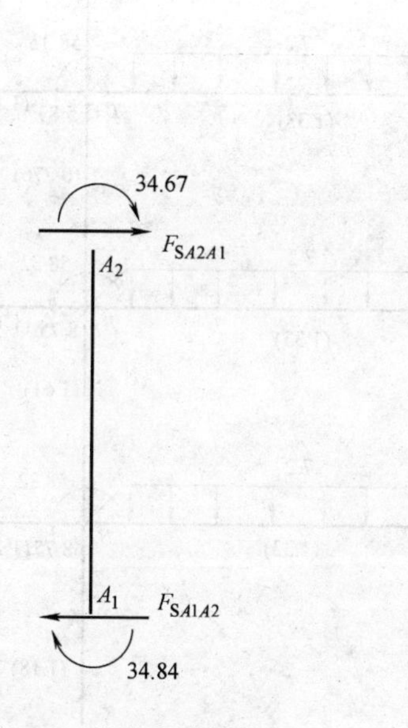

图 8-24　柱剪力计算简图

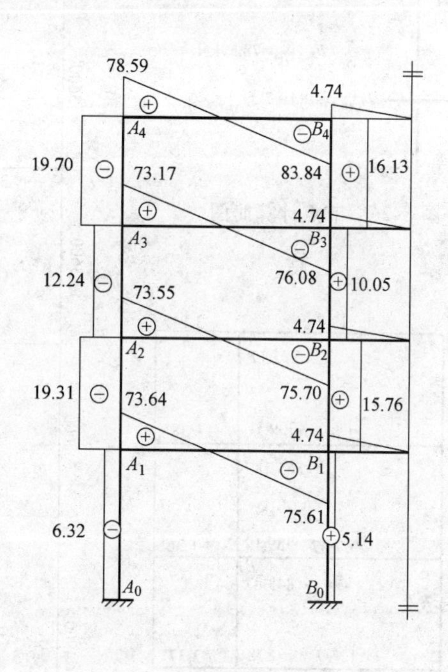

图 8-25　恒载作用下的剪力图

（7）轴力计算及轴力图　在恒载作用下，梁、柱中轴力以拉力为正，压力为负。取节点为研究对象，利用平衡方程即可求出杆件轴力。首先计算顶层边节点 $A4$，得出梁 $A4B4$、柱 $A4A3$ 顶端的轴力。柱 $A4A3$ 底端的轴力为柱 $A4A3$ 顶端的轴力加柱自重。再分别取 $B4$、$A3$ 节点逐个计算，即可得出所有杆件的轴力。节点 $A4$ 计算简图如图 8-26所示。

$$F_{NA4B4} = -F_{SA4A3} = 19.7\text{kN}$$

$$F_{NA4A3} = F_{SA4B4} + 178.18\text{kN} = 256.77\text{kN}$$

其他节点以此类推。各杆轴力均为直线，计算结果如图 8-27 所示。

2. 活载作用下的框架内力

活载为可变荷载，应按其最不利位置确定框架梁、柱计算截面的最不利内力。当活载作用相对较小时，常先按满布活载计算内力，为了消除不考虑活载不利布置所造成的误差，对满跨布置所计算出的跨中弯矩乘以 1.2 的系数，支座弯矩不调整。计算方法同恒载。

将图 8-12b 中梁上梯形荷载折算为均布荷载，其中 $a=1.8\text{m}$，$l=6.9\text{m}$，$\alpha=a/l=1800/6900=0.26$，顶层梯形荷载折算为均布荷载值：$(1-2\alpha^2+\alpha^3)\times q=(1-2\times0.26^2+0.26^3)\times 1.8\text{kN/m}=1.58\text{kN/m}$，其他层计算方法同顶层，计算值为 6.34kN/m。中间跨荷载为零。由于该框架为对称结构，取框架的一半进行简化计算，计算简图如图 8-28 所示。活载作用下的弯矩图、剪力图、轴力图分别如图8-29～图 8-31 所示。

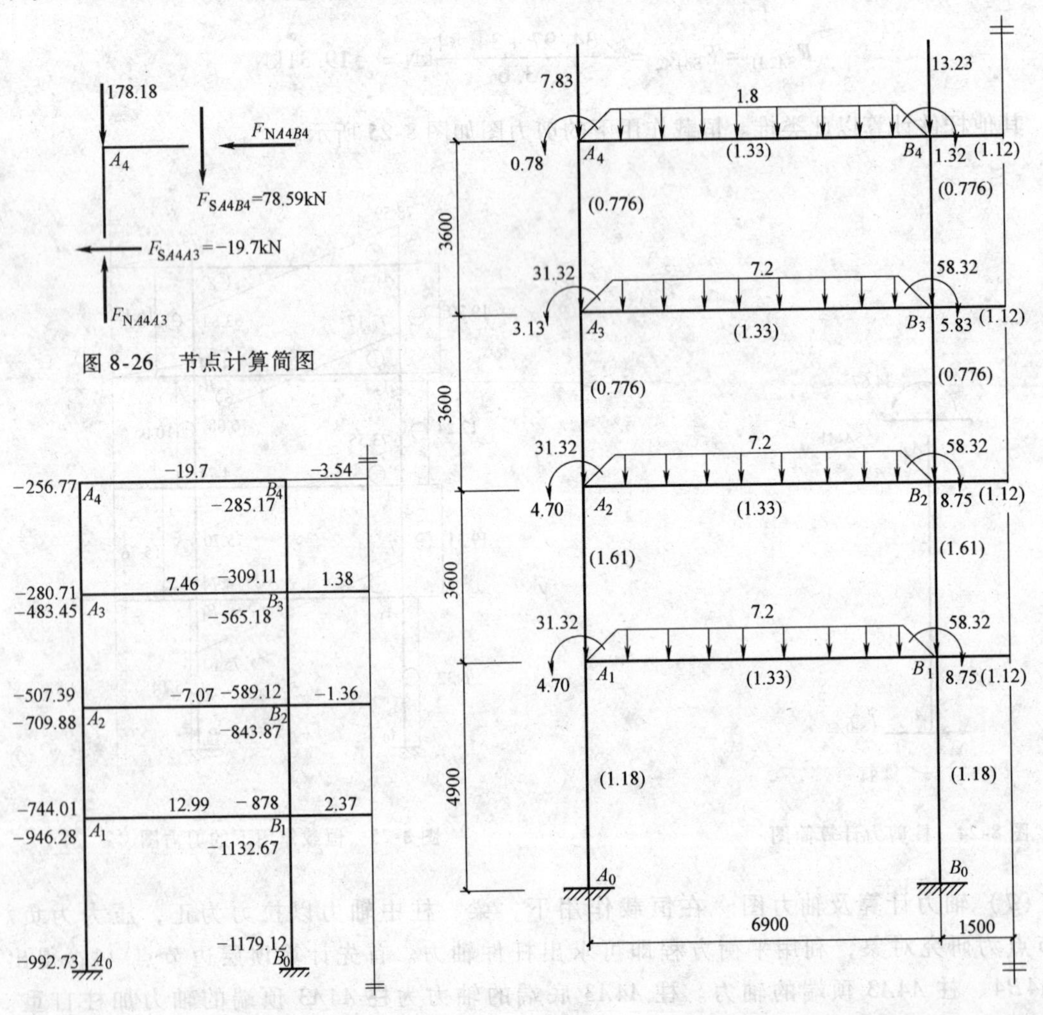

图 8-26 节点计算简图

图 8-27 恒载作用下轴力图

图 8-28 活载作用下的计算简图
（括号内数值为梁柱相对线刚度）

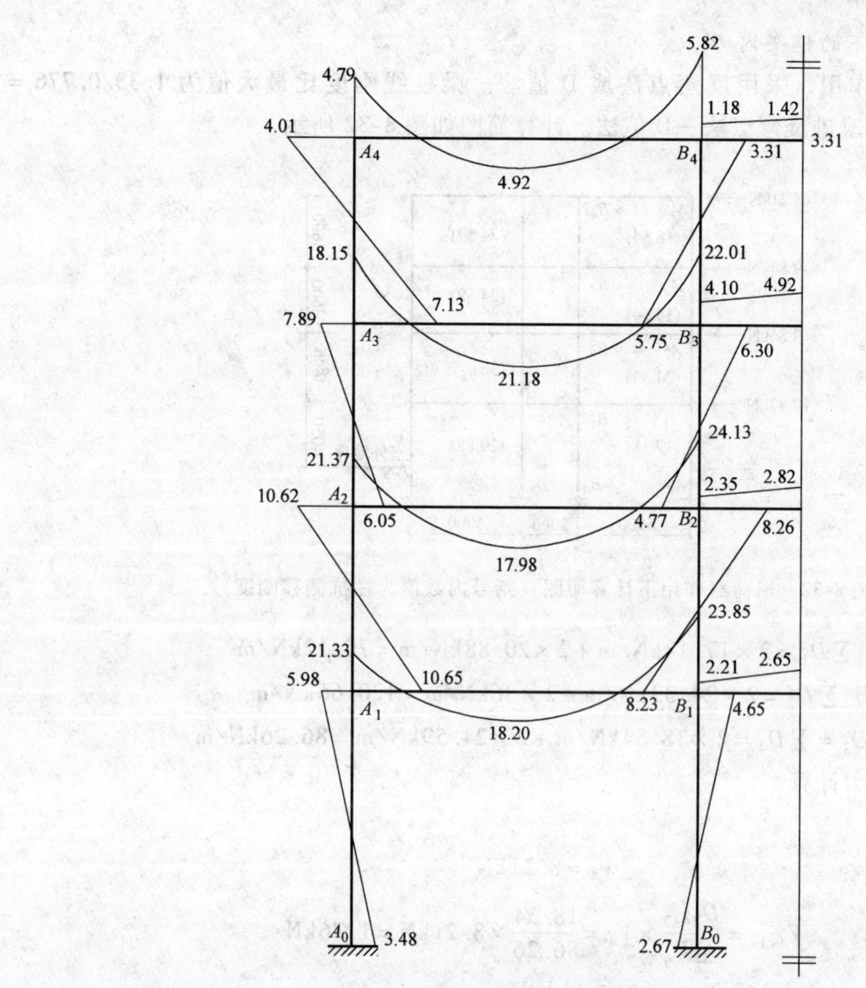

图 8-29　活载作用下的弯矩图

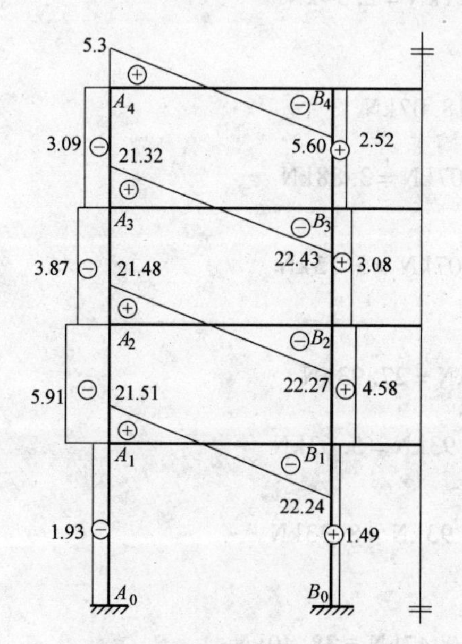

图 8-30　活载作用下的剪力图

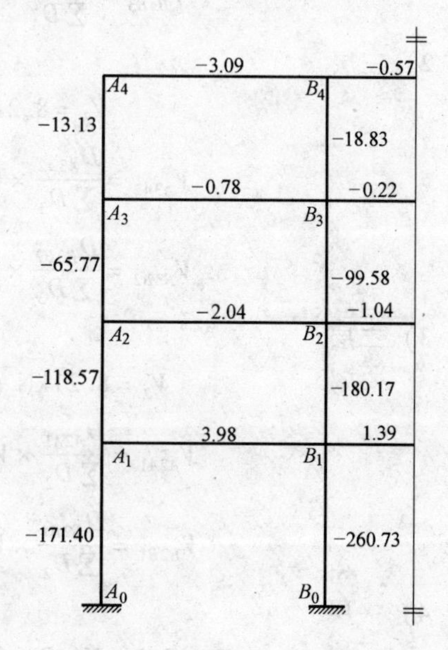

图 8-31　活载作用下的轴力图

3. 风荷载作用下的框架内力

风荷载为水平作用，采用反弯点法或 D 值法。梁柱线刚度比最大值为 1.33/0.776 = 1.71 <3，故需采用改进反弯点法—D 值法。计算简图如图 8-32 所示。

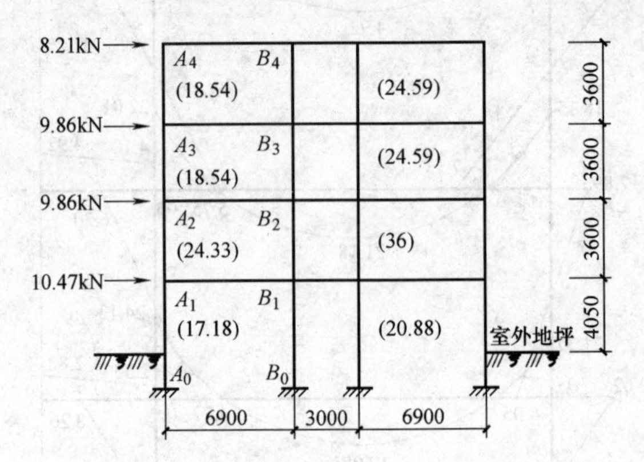

图 8-32　风荷载作用下计算简图（括号内数值为柱抗侧移刚度）

$$\sum D_1 = 2\times17.18\text{kN/m} + 2\times20.88\text{kN/m} = 76.12\text{kN/m}$$

$$\sum D_2 = 2\times24.33\text{kN/m} + 2\times36\text{kN/m} = 120.66\text{kN/m}$$

$$\sum D_3 = \sum D_4 = 2\times18.54\text{kN/m} + 2\times24.59\text{kN/m} = 86.26\text{kN/m}$$

（1）各层柱剪力计算

1）四层

$$V_4 = 8.21\text{kN}$$

$$V_{A4A3} = \frac{D_{A4A3}}{\sum D_4}\times V_4 = \frac{18.54}{86.26}\times8.21\text{kN} = 1.76\text{kN}$$

$$V_{B4B3} = \frac{D_{B4B3}}{\sum D_4}\times V_4 = \frac{24.59}{86.26}\times8.21\text{kN} = 2.34\text{kN}$$

2）三层

$$V_3 = 8.21\text{kN} + 9.86\text{kN} = 18.07\text{kN}$$

$$V_{A3A2} = \frac{D_{A3A2}}{\sum D_3}\times V_3 = \frac{18.54}{86.26}\times18.07\text{kN} = 3.88\text{kN}$$

$$V_{B3B2} = \frac{D_{B3B2}}{\sum D_3}\times V_3 = \frac{24.59}{86.26}\times18.07\text{kN} = 5.15\text{kN}$$

3）二层

$$V_2 = 8.21\text{kN} + 9.86\text{kN} + 9.86\text{kN} = 27.93\text{kN}$$

$$V_{A2A1} = \frac{D_{A2A1}}{\sum D_2}\times V_2 = \frac{24.33}{120.66}\times27.93\text{kN} = 5.63\text{kN}$$

$$V_{B2B1} = \frac{D_{B2B1}}{\sum D_2}\times V_2 = \frac{36}{120.66}\times27.93\text{kN} = 8.33\text{kN}$$

4）一层

$$V_1 = 8.21\text{kN} + 9.86\text{kN} + 9.86\text{kN} + 10.47\text{kN} = 38.40\text{kN}$$

$$V_{A1A0}=\frac{D_{A1A0}}{\sum D_1}\times V_1=\frac{17.18}{76.12}\times 38.40\text{kN}=8.67\text{kN}$$

$$V_{B1B0}=\frac{D_{B1B0}}{\sum D_1}\times V_1=\frac{20.88}{76.12}\times 38.4\text{kN}=10.53\text{kN}$$

（2）各层柱反弯点高度计算（见表8-8）

表8-8　柱反弯点高度比

楼层	柱别	K	α_2	y_2	α_3	y_3	y_0	y
四	边柱	1.714	—	0	1	0	0.386	0.386
	中柱	3.157	—	0	1	0	0.450	0.45
三	边柱	1.714	1	0	1	0	0.450	0.45
	中柱	3.157	1	0	1	0	0.500	0.50
二	边柱	0.826	1	0	1.36	-0.04	0.45	0.41
	中柱	1.520	1	0	1.36	0	0.476	0.476
一	边柱	1.127	0.735	0	—	0	0.594	0.594
	中柱	2.075	0.735	0	—	0	0.55	0.55

注：风荷载作用下反弯点高度比按均布水平力考虑，查附表21。

（3）计算柱端弯矩 $M_{ij上}$ 和 $M_{ij下}$　$M_{ij下}=V_{ij}yh$，$M_{ij上}=V_{ij}(h-yh)$，见表8-9。

表8-9　风荷载作用下框架柱剪力及柱端弯矩

楼层	h/m	柱别	V_{ij}/kN	y	$M_{ij下}=V_{ij}yh$	$M_{ij上}=V_{ij}(h-yh)$
四	3.6	边柱	1.76	0.386	2.45	3.89
		中柱	2.34	0.45	3.79	4.63
三	3.6	边柱	3.88	0.45	6.29	7.68
		中柱	5.15	0.50	9.27	9.27
二	3.6	边柱	5.63	0.41	8.31	11.96
		中柱	8.33	0.476	14.27	15.71
一	4.9	边柱	8.67	0.594	25.23	17.25
		中柱	10.53	0.55	28.33	23.22

（4）风荷载作用下框架梁端弯矩计算

边节点　$$M=M_上+M_下$$

中间节点　$$M_左=\frac{i_左}{i_左+i_右}(M_上+M_下),M_右=\frac{i_右}{i_左+i_右}(M_上+M_下)$$

四层：　$$M_{A4B4}=M_{A4A3}=3.89\text{kN}\cdot\text{m}$$

$$M_{B4A4}=\frac{i_{B4A4}}{i_{B4A4}+i_{B4C4}}\times M_{B4B3}=\frac{1.33}{1.33+1.12}\times 4.63\text{kN}\cdot\text{m}=2.51\text{kN}\cdot\text{m}$$

$$M_{B4C4}=\frac{i_{B4C4}}{i_{B4A4}+i_{B4C4}}\times M_{B4B3}=\frac{1.12}{1.33+1.12}\times 4.63\text{kN}\cdot\text{m}=2.12\text{kN}\cdot\text{m}$$

一、二、三层计算方法同上，计算结果如图8-33所示。风荷载作用下的杆件弯矩均为直线，画弯矩图时，将杆件两端弯矩直接连线即可。

风荷载作用下的剪力和轴力计算与恒载作用下相同，此处不再赘述。计算结果如图8-34所示。

2.51
2.12
3.89
3.89
4.63
4.63
3.89
A4
B4
C4
D4
3.89
2.12
2.51
7.09
5.97
10.13
2.45
7.68
9.27
9.27
A3
3.79 B3
3.79 C3
2.45 D3
7.68
10.13
5.97
7.09
13.56
11.42
18.25
6.29
11.96
15.71
15.71
A2
9.27 B2
9.27 C2
6.29 D2
11.96
18.25
11.42
13.56
20.36
17.13
25.56
8.31
17.25
23.22
23.22
A1
14.27 B1
14.27 C1
8.31 D1
17.25
25.56
17.13
20.36
A0
B0
C0
D0
25.23
28.38
28.38
25.23

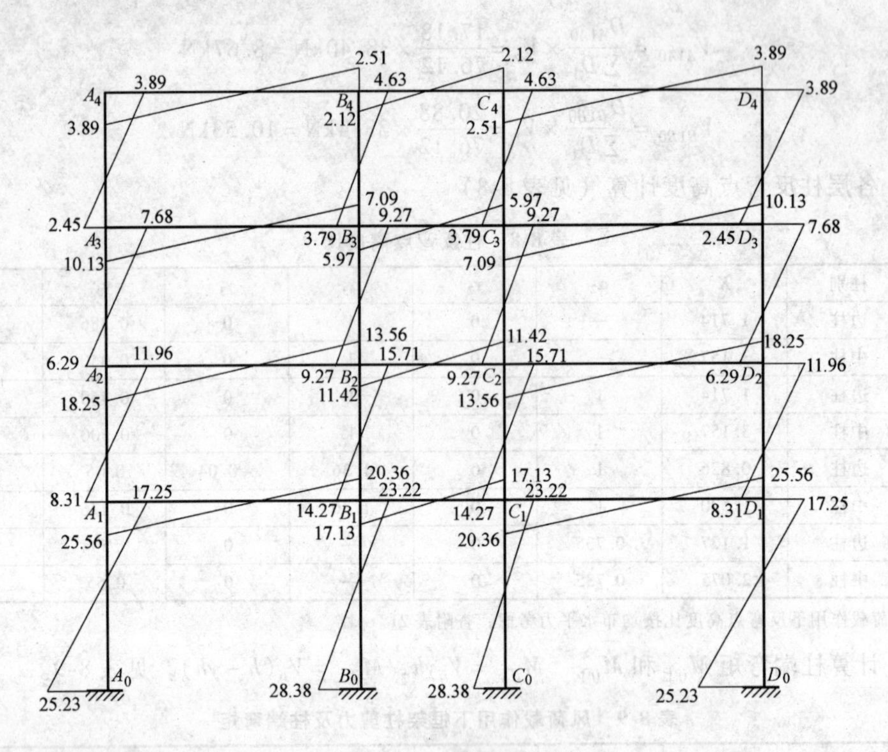

图 8-33 风荷载作用下弯矩图（单位：kN · m）

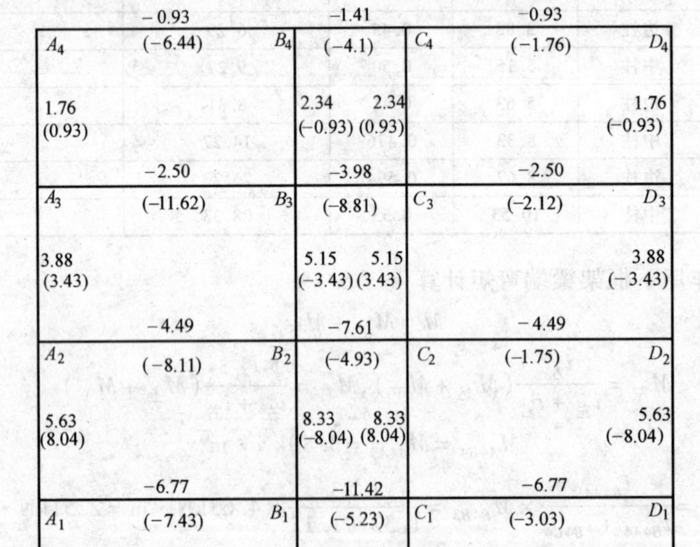

−0.93
(−6.44)
−1.41
(−4.1)
−0.93
(−1.76)
A4
B4
C4
D4
1.76
(0.93)
2.34
(−0.93)
2.34
(0.93)
1.76
(−0.93)
−2.50
(−11.62)
−3.98
(−8.81)
−2.50
(−2.12)
A3
B3
C3
D3
3.88
(3.43)
5.15
(−3.43)
5.15
(3.43)
3.88
(−3.43)
−4.49
(−8.11)
−7.61
(−4.93)
−4.49
(−1.75)
A2
B2
C2
D2
5.63
(8.04)
8.33
(−8.04)
8.33
(8.04)
5.63
(−8.04)
−6.77
(−7.43)
−11.42
(−5.23)
−6.77
(−3.03)
A1
B1
C1
D1
8.67
(14.70)
10.53
(−14.70)
10.53
(14.70)
8.67
(−14.70)
A0
B0
C0
D0

图 8-34 风荷载作用下的剪力值（轴力值）（单位：kN）

4. 地震作用下的框架内力计算

地震作用下的计算方法和风荷载一样采用D值法。

$\sum D_1 = 747.96\text{kN/m}$，$\sum D_2 = 1165.28\text{kN/m}$，$\sum D_3 = \sum D_4 = 819.96\text{kN/m}$

（1）各层各柱剪力计算

1）四层

$$V_4 = 1862.30\text{kN}$$

$$V_{A4A3} = \frac{D_{A4A3}}{\sum D_4} \times V_4 = \frac{18.54}{819.96} \times 1862.30\text{kN} = 42.10\text{kN}$$

$$V_{B4B3} = \frac{D_{B4B3}}{\sum D_4} \times V_4 = \frac{24.59}{819.96} \times 1862.30\text{kN} = 55.85\text{kN}$$

2）三层

$$V_3 = 1862.30\text{kN} + 1334.18\text{kN} = 3196.48\text{kN}$$

$$V_{A3A2} = \frac{D_{A3A2}}{\sum D_3} \times V_3 = \frac{18.54}{819.96} \times 3196.48\text{kN} = 72.28\text{kN}$$

$$V_{B3B2} = \frac{D_{B3B2}}{\sum D_3} \times V_3 = \frac{24.59}{819.96} \times 3196.48\text{kN} = 95.86\text{kN}$$

3）二层

$$V_2 = 1862.30\text{kN} + 1334.18\text{kN} + 958.81\text{kN} = 4155.29\text{kN}$$

$$V_{A2A1} = \frac{D_{A2A1}}{\sum D_2} \times V_2 = \frac{24.33}{1765.28} \times 4155.29\text{kN} = 57.27\text{kN}$$

$$V_{B2B1} = \frac{D_{B2B1}}{\sum D_2} \times V_2 = \frac{36}{1765.28} \times 4155.29\text{kN} = 84.74\text{kN}$$

4）一层

$$V_1 = 1862.30\text{kN} + 1334.18\text{kN} + 958.81\text{kN} + 605.29\text{kN} = 4760.58\text{kN}$$

$$V_{A1A0} = \frac{D_{A1A0}}{\sum D_1} \times V_1 = \frac{17.18}{747.96} \times 4760.58\text{kN} = 109.35\text{kN}$$

$$V_{B1B0} = \frac{D_{B1B0}}{\sum D_1} \times V_1 = \frac{20.88}{747.96} \times 4760.58\text{kN} = 132.90\text{kN}$$

（2）各层柱反弯点高度计算（见表8-10）

表8-10　柱反弯点高度

楼层	柱别	K	α_2	y_2	α_3	y_3	y_0	y
四	边柱	1.714	—	0	1	0	0.436	0.436
	中柱	3.157	—	0	1	0	0.450	0.450
三	边柱	1.714	1	0	1	0	0.450	0.45
	中柱	3.157	1	0	1	0	0.500	0.50
二	边柱	0.826	1	0	1.36	-0.04	0.50	0.46
	中柱	1.520	1	0	1.36	0	0.50	0.50
一	边柱	1.127	0.735	0	—	0	0.637	0.637
	中柱	2.075	0.735	0	—	0	0.55	0.55

注：地震作用下反弯点高度按倒三角水平分布力考虑，查附表22。

（3）计算柱端弯矩 $M_{ij上}$ 和 $M_{ij下}$　$M_{ij下}=V_{ij}yh$，$M_{ij上}=V_{ij}(h-yh)$，见表 8-11。

表 8-11　风荷载作用下框架柱剪力及柱端弯矩

楼层	h/m	柱别	V_{ij}/kN	y	$M_{ij下}=V_{ij}yh$	$M_{ij上}=V_{ij}(h-yh)$
四	3.6	边柱	42.10	0.436	-66.08	-85.48
		中柱	55.85	0.450	-90.48	-110.58
三	3.6	边柱	72.28	0.45	-117.09	-143.11
		中柱	95.86	0.50	-172.55	-172.55
二	3.6	边柱	57.27	0.46	-94.84	-111.33
		中柱	84.74	0.50	-152.53	-152.53
一	4.9	边柱	111.36	0.637	-347.58	-198.08
		中柱	130.18	0.55	-350.84	-287.05

地震作用下框架梁端弯矩计算方法同风荷载作用下梁端计算方法，此处不再赘述，弯矩图如图 8-35 所示。

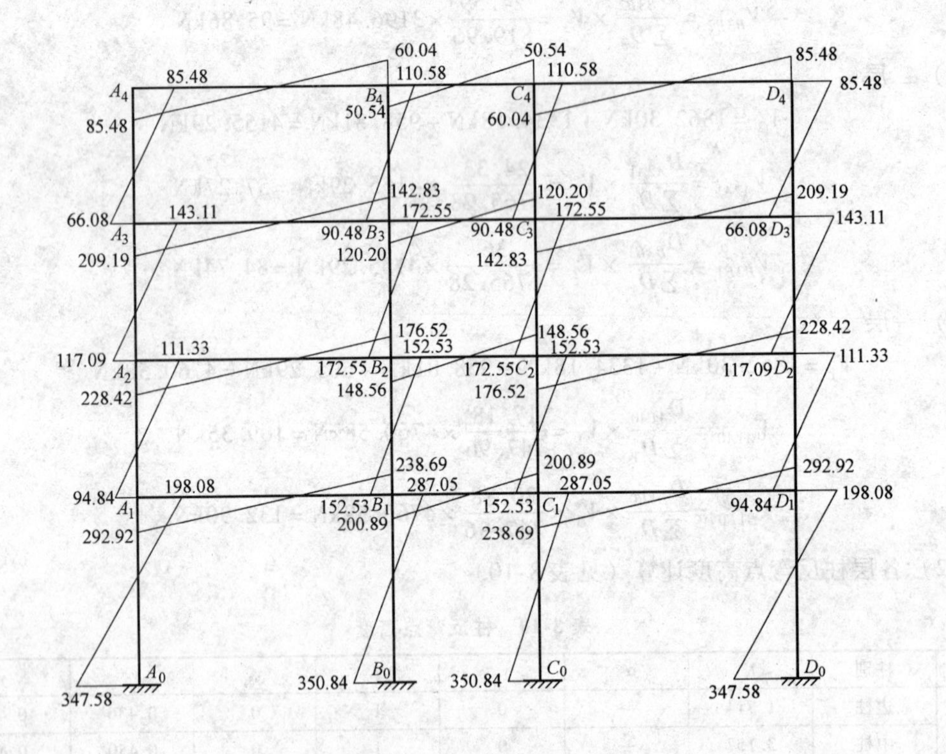

图 8-35　地震作用下弯矩图（单位：kN·m）

地震作用下的剪力图和轴力图如图 8-36 所示。

5. 0.5 雪荷载 + 活荷载作用下的内力计算

因雪荷载为 0.4kN/m²，与活载 0.5kN/m² 相差不大，故取 0.5 活载进行计算，计算简图如图 8-37 所示。0.5 活载作用下的内力计算同恒载计算方法。计算结果如图 8-38、图 8-39 所示。

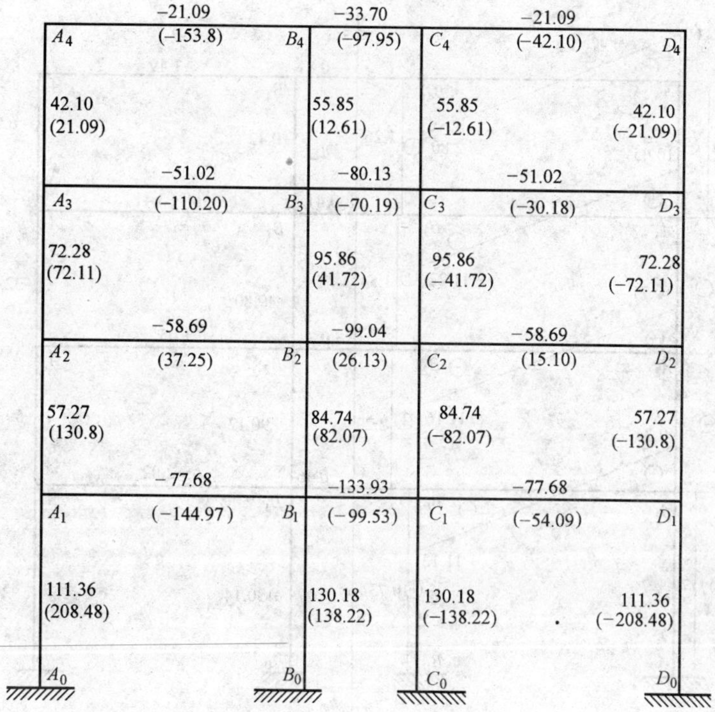

图 8-36　地震作用下的剪力值（轴力值）（单位：kN）

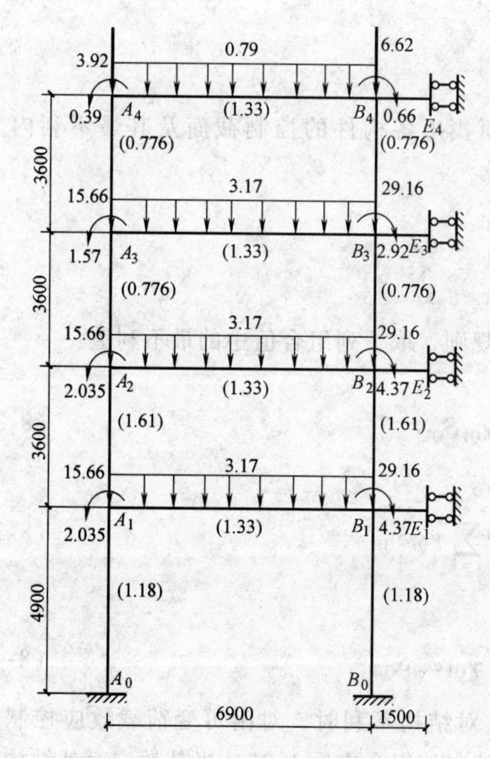

图 8-37　0.5 活载作用下计算简图

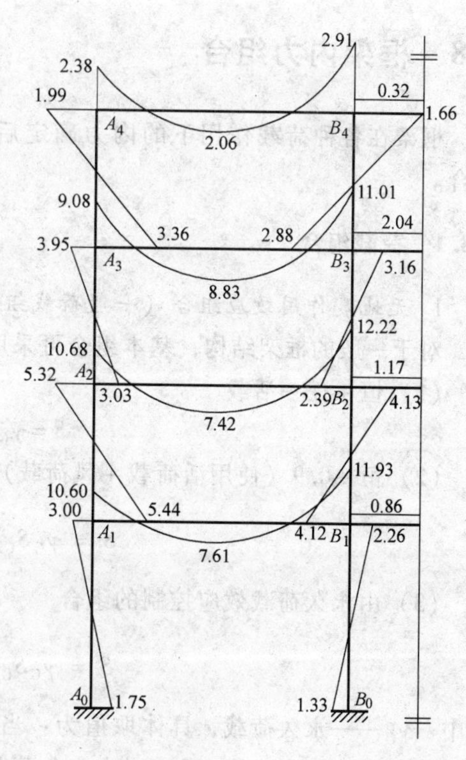

图 8-38　0.5 活载作用下的弯矩图（单位：kN · m）

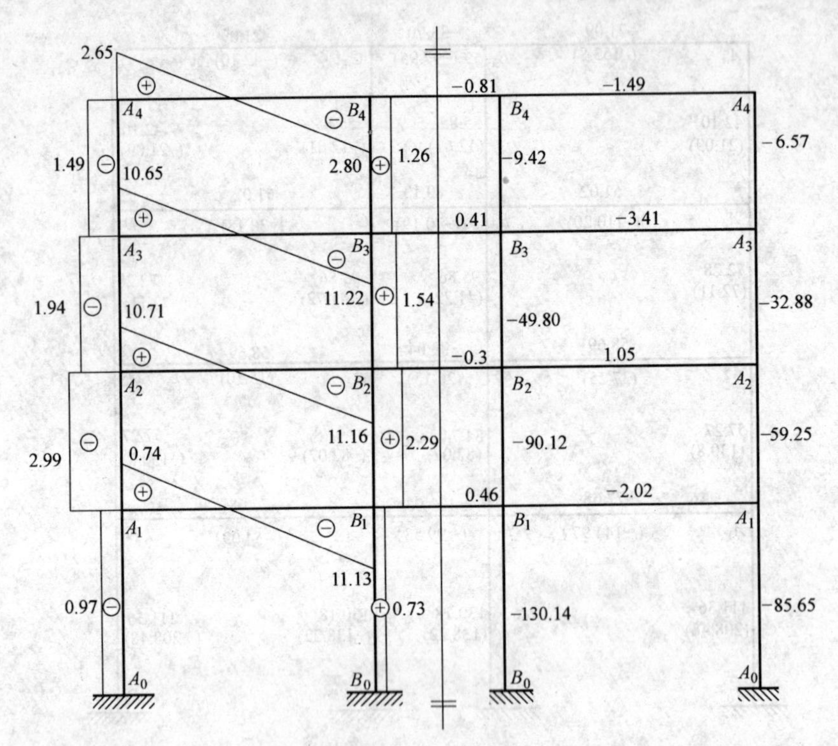

图 8-39 0.5 活载作用下的剪力图和轴力图（单位：kN）

8.8 框架内力组合

框架在各种荷载作用下的内力确定后，必须找出各构件的控制截面及其最不利内力组合。

8.8.1 荷载组合

1. 无地震作用效应组合（一般荷载组合）

对于一般的框架结构，基本组合可采用简化规则，取下列组合值中的最不利值：

（1）恒 + 任一活载

$$S = \gamma_G S_{Gk} + \gamma_{Q1} S_{Qk1} \tag{8-2}$$

（2）恒 +0.9（使用活荷载 + 风荷载）

$$S = \gamma_G S_{Gk} + 0.9 \sum_{i=1}^{n} \gamma_{Qi} S_{Qik} \tag{8-3}$$

（3）由永久荷载效应控制的组合

$$S = \gamma_G S_{Gk} + \sum_{i=1}^{n} \gamma_{Q1} \varphi_{ci} S_{Qik} \tag{8-4}$$

式中 γ_G——永久荷载，具体取值为：当其效应对结构不利时，对由可变荷载效应控制的组合应取 1.2，对由永久荷载效应控制的组合应取 1.35，当其效应对其结构不利时，一般情况下应取1.0，对结构的倾覆、滑移或漂浮验算应取0.9；

γ_{Qi}——第i个可变荷载的分项系数，其中γ_{Q1}为可变荷载Q_1的分项系数，一般情况下应取1.4，对活载标准值大于$4kN/m^2$的工业房屋，分项系数应取1.3，对于某些特殊情况，可按建筑结构有关设计规范的规定确定；

S_{Gk}——按永久荷载标准值G_k计算的荷载效应值；

S_{Qik}——按可变荷载标准值Q_{ik}计算的荷载效应值，其中S_{Q1k}为诸多可变荷载效应中起控制作用的荷载；

φ_{ci}——可变荷载Q_i的组合值系数，对于民用建筑楼面活载，除了书库、档案室、储藏室、通风及电梯机房取0.9，其余情况均取0.7，对于风荷载的组合系数取0.6，对于雪荷载的组合系数取0.7；

n——参与组合的可变荷载数。

2. 有地震作用效应组合

有地震作用效应组合时，应按下式计算

$$S=\gamma_G S_{GE}+\gamma_{Eh}S_{Ehk}+\gamma_{EV}S_{EVk}+\varphi_W\gamma_W S_{Wk} \tag{8-5}$$

式中　S——结构构件内力组合的设计值，包括组合的弯矩、轴向力和剪力设计值；

γ_G——重力荷载分项系数，一般情况应采用1.2，当重力荷载效应对构件承载能力有利时，不应大于1.0；

γ_{Eh}、γ_{EV}——水平竖向地震作用分项系数（见表8-12）；

γ_W——风荷载分项系数，应采用1.4；

S_{GE}——重力荷载代表值的效应，有起重机时，尚应包括悬吊物重力标准值的效应；

S_{Ehk}——水平地震标准值的效应，尚应乘以相应的增大系数或调整系数；

S_{EVk}——竖向地震作用标准值的效应，尚应乘以相应的增大系数或调整系数；

S_{Wk}——风荷载标准值的效应；

φ_W——风荷载组合值系数，一般结构取0.0，风荷载起控制作用的高层建筑应采用0.2。

表8-12　地震作用分项系数

地震作用	γ_{Eh}	γ_{EV}
仅计算水平地震作用	1.3	0
仅计算竖向地震作用	0	1.3
同时计算水平与竖向地震作用	1.3	0.5

各内力组合时的单位及方向仍沿用结构力学的规定：

1）柱弯矩M单位为kN·m，顺时针为正，逆时针为负。

2）梁、柱轴力N单位为kN，柱受压为正，受拉为负。

3）梁、柱剪力V单位为kN，顺时针为正，逆时针为负。

4）梁的弯矩方向以下部受拉为正，上部受拉为负。

8.8.2　控制截面及最不利内力

1. 控制截面

对于框架梁，其控制截面为梁端柱边缘截面和梁的跨中截面。而在框架结构计算时，计算的梁端弯矩和剪力却是柱子中心点的值。为此，需将梁端内力调整到柱边。柱边梁端的剪力和弯矩的计算图如图 8-40 所示。

计算公式为

$$V' = V - (g + p) \times \frac{b}{2} \tag{8-6}$$

$$M' = M - \frac{V'b}{2} \tag{8-7}$$

式中　b——柱的宽度。

对于柱子，其控制截面一般为柱端梁边缘截面。需要将计算到的柱子内力调整到梁边缘截面。

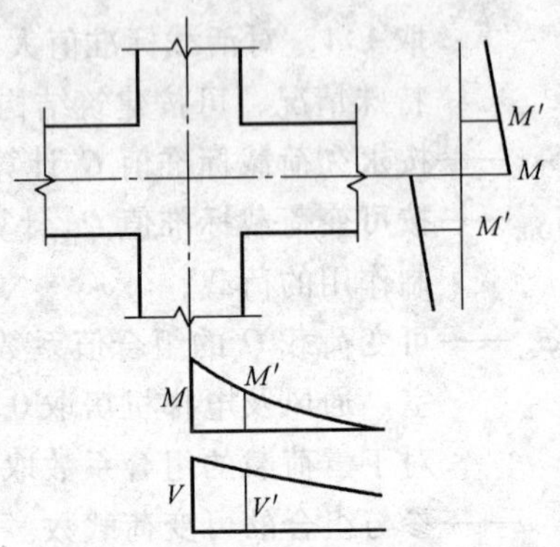

图 8-40　柱边梁端剪力及弯矩计算

2. 最不利内力组合

框架梁的最不利内力为：梁端取最大正负弯矩、最大剪力；跨中取最大正负弯矩。

框架柱端的最不利内力取下列四种情况：$|M|_{max}$及相应的 N；N_{max}及相应的 M；N_{min}及相应的 M；$|M|$ 比较大但 N 比较小或比较大。

当然，为了验算柱子的斜截面抗剪承载力，柱截面也要组合 V_{max}。

8.8.3　弯矩调幅

在竖向荷载作用下，梁端截面往往有较大的负弯矩，如按弯矩计算配筋，负钢筋将过于密集，施工难度较大。而强柱弱梁的设计原则又要求塑性铰首先出现在梁端，考虑框架梁端塑性变形产生的内力重分布，设计中可以把梁端负弯矩进行调幅，降低负弯矩，以减少配筋面积。现浇框架，支座弯矩调幅系数可取 0.8～0.9。

支座弯矩确定后，梁跨中弯矩应按平衡条件相应增大。计算公式为

$$M'_0 = M - \frac{M'_1 + M'_2}{2} \tag{8-8}$$

式中　M'_0——调幅后跨中弯矩；

M——按简支梁计算的跨中弯矩；

M'_1、M'_2——调幅后的左右支座弯矩。

计算出的跨中弯矩还应满足

$$M'_0 \geqslant \frac{M}{2} \tag{8-9}$$

注意：应先对竖向荷载作用下的框架梁的弯矩进行调幅，再与水平作用产生的框架梁弯矩进行组合；由于对梁在竖向荷载作用下产生的支座弯矩进行了调幅，因此，其界限相对受压区高度应取 0.35 而不是 ξ_b。

8.8.4　弯矩调幅计算

取调幅系数 0.85，弯矩调幅计算过程见表 8-13。

表 8-13 弯矩调幅计算

荷载种类	杆件	跨向	弯矩标准值			调幅	调幅后弯矩标准值			$0.5M_{中}$	$M_{终}$
			M^{l0}	M^{r0}	M_0	β	M^l	M^r	M		
恒载	四层	AB	-58.12	-76.23	72.92	0.85	-49.40	-64.80	82.99	70.05	82.99
		BC	-23.70	-23.70	-20.15	0.85	-20.15	-20.15	-16.60	1.78	1.78
	三层	AB	-67.64	-77.66	56.08	0.85	-57.49	-66.01	66.98	64.36	66.98
		BC	-15.00	-15.00	-11.45	0.85	-12.75	-12.75	-9.20	1.78	1.78
	二层	AB	-74.07	-81.50	50.94	0.85	-62.96	-69.28	62.61	64.36	64.36
		BC	-10.48	-10.48	-6.93	0.85	-8.91	-8.91	-5.36	1.78	1.78
	一层	AB	-73.81	-80.63	51.51	0.85	-62.74	-68.54	63.09	64.36	64.36
		BC	-9.98	-9.98	-6.43	0.85	-8.48	-8.48	-4.93	1.78	1.78
活载	四层	AB	-4.79	-5.82	4.92	0.85	-4.07	-4.95	4.89	4.7	4.89
		BC	-1.18	-1.18	-1.42	0.85	-1.00	-1.00	-1.00	0	0
	三层	AB	-18.15	-22.01	21.18	0.85	-15.43	-18.71	20.66	18.86	20.66
		BC	-4.10	-4.10	-4.92	0.85	-3.49	-3.49	-3.49	0	0
	二层	AB	-1.37	-24.13	17.98	0.85	-18.16	-20.51	18.40	18.86	18.86
		BC	-2.35	-2.35	-2.82	0.85	-2.00	-2.00	-2.00	0	0
	一层	AB	-21.33	-23.80	18.20	0.85	-18.13	-20.23	18.55	18.86	18.86
		BC	-2.21	-2.21	-2.65	0.85	-1.88	-1.88	-1.88	0	0
0.5(雪载+活载)	四层	AB	-2.38	-2.91	2.06	0.85	-2.02	-2.47	2.46	2.35	2.46
		BC	-0.32	-0.32	-0.32	0.85	-0.27	-0.27	-0.27	0	0
	三层	AB	-9.08	-11.01	8.83	0.85	-7.72	-9.36	10.33	9.44	10.33
		BC	-2.04	-2.04	-2.04	0.85	-1.73	-1.73	-1.73	0	0
	二层	AB	-10.68	-12.22	7.42	0.85	-9.08	-10.39	9.14	9.44	9.44
		BC	-1.17	-1.17	-1.17	0.85	-0.99	-0.99	-0.99	0	0
	一层	AB	-10.60	-11.93	7.61	0.85	-9.01	-10.14	9.30	9.44	9.44
		BC	-0.68	-0.86	-0.86	0.85	-0.73	-0.73	-0.73	0	0

8.8.5 横向框架梁内力组合

1）一般组合见表 8-14。

2）考虑地震作用组合见表 8-15。

8.8.6 框架柱内力组合

1）一般组合见表 8-16。

2）考虑地震作用组合见表 8-17。

3）框架柱剪力一般组合见表 8-18。

4）框架柱剪力考虑抗震组合见表 8-19。

表 8-14 横向框架梁内力组合（一般组合）

（单位 M：kN · m；V：kN）

杆件	跨向	截面	内力	荷载种类				内力组合			
				恒载	活载	风载		1.2 恒 + 1.4 活	1.2 恒 +0.9 ×（1.4 活 +1.4 风）		1.35 恒 + 活 +1.4 × 0.7 活
						左风	右风		左风	右风	
四层横梁	AB 跨	梁左端	M	-49.4	-4.07	3.89	-3.89	-64.98	-59.51	-69.31	-70.68
			V	78.59	5.3	-0.93	0.93	101.73	99.81	102.16	111.29
		跨中	M	82.99	4.89	0.68	-0.68	106.43	106.61	104.89	116.83
		梁右端	M	-64.8	-4.95	-2.51	2.51	-84.69	-87.16	-80.83	-92.33
			V	-83.84	-5.60	-0.93	0.93	-108.45	-108.84	-106.49	-118.67
	BC 跨	梁左端	M	-20.15	-1.00	2.12	-2.12	-25.58	-22.77	-28.11	-28.18
			V	4.74	0	-1.41	1.41	5.69	3.91	7.46	6.40
		跨中	M	-16.60	-1.00	0	0	-21.32	-21.18	-21.18	-23.39
		梁右端	M	-20.15	-1.00	2.12	-2.12	-25.58	-19.61	-31.27	-28.18
			V	-4.74	0	-1.41	1.41	-5.69	-7.46	-3.91	-6.40
三层横梁	AB 跨	梁左端	M	-57.49	-15.43	10.13	-10.13	-90.59	-75.67	-101.19	-92.73
			V	73.17	21.32	-2.50	2.50	117.65	111.52	117.81	119.67
		跨中	M	66.98	20.66	1.51	-1.51	109.30	108.31	104.51	110.67
		梁右端	M	-66.01	-18.71	-7.09	7.09	-105.41	-111.72	-93.85	-107.45
			V	-76.08	-22.43	-2.50	2.50	-122.70	-122.71	-116.41	-124.69
	BC 跨	梁左端	M	-12.75	-3.49	5.97	-5.97	-20.19	-12.18	-27.22	-20.63
			V	4.74	0	-3.98	3.98	5.69	0.67	10.7	6.40
		跨中	M	-9.2	-3.49	0	0	-15.93	-15.42	-15.44	-15.84
		梁右端	M	-12.75	-3.49	-5.97	5.97	-20.19	-27.22	-12.18	-20.63
			V	-4.74	0	-3.98	3.98	-5.69	-10.7	-0.67	-6.40
二层横梁	AB 跨	梁左端	M	-62.96	-18.16	18.25	-18.25	-100.98	-75.44	-121.43	-102.79
			V	73.55	21.48	-4.49	4.49	118.33	109.67	120.98	120.34
		跨中	M	64.37	18.86	2.76	-2.76	103.65	104.49	97.53	105.38
		梁右端	M	-69.28	-20.51	-13.56	13.56	-111.85	-126.06	-91.89	-113.63
			V	-75.70	-22.27	-4.49	4.49	-122.02	-124.56	-113.24	-124.02
	BC 跨	梁左端	M	-8.91	-2.00	11.42	-11.42	-13.49	1.18	-27.60	-13.99
			V	4.74	0	-7.61	7.61	5.69	-2.95	15.28	6.40
		跨中	M	-5.36	-2.00	0	0	-9.23	-8.95	-8.95	-9.20
		梁右端	M	-8.91	-2.00	-11.42	11.42	-13.49	-27.60	1.18	-13.99
			V	-4.74	0	-7.61	7.61	-5.69	-15.28	2.93	-6.40
一层横梁	AB 跨	梁左端	M	-62.74	-18.13	25.56	-25.56	-100.67	-65.93	-130.34	-102.47
			V	73.64	21.51	-6.77	6.77	118.48	106.94	124.00	120.49
		跨中	M	64.37	18.86	2.20	-2.20	103.65	103.78	98.24	105.38
		梁右端	M	-68.54	-20.23	-20.36	20.36	-110.57	-133.39	-82.08	-112.35
			V	-75.61	-22.24	-6.77	6.77	-121.87	-127.28	-110.22	-123.87
	BC 跨	梁左端	M	-8.48	-1.88	17.13	-17.13	-12.81	9.04	-34.13	-13.29
			V	4.74	0	-11.42	11.42	5.69	-8.7	20.08	6.40
		跨中	M	-4.93	-1.88	0	0	-8.55	-8.28	-8.28	-8.50
		梁右端	M	-8.48	-1.88	-17.13	17.13	-12.81	-34.13	9.04	-13.29
			V	-4.74	0	-11.42	11.42	-5.69	-20.08	-8.7	-6.40

表 8-15　横向框架梁内力组合（考虑地震组合）

（单位 M：kN·m；V：kN）

杆件	跨向	截面	内力	荷载种类				内力组合	
				恒载	0.5（雪+活）	地震作用		1.2〔恒+0.5（雪+活）〕+1.3 地震作用	
						向左	向右	向左	向右
四层横梁	*AB* 跨	梁左端	*M*	-49.4	-2.02	85.48	-85.48	49.42	-172.83
			V	78.59	2.65	-21.09	21.09	70.07	124.91
		跨中	*M*	82.99	2.46	12.69	-12.69	119.04	86.04
		梁右端	*M*	-64.8	-2.47	-60.04	60.04	-158.78	-2.67
			V	-83.84	-2.8	-21.09	21.09	-131.39	-76.55
	BC 跨	梁左端	*M*	-20.15	-0.27	50.54	-50.54	41.20	-90.21
			V	4.74	0	-33.70	33.70	-38.12	49.50
		跨中	*M*	-16.6	-0.27	0	0	-20.24	-20.24
		梁右端	*M*	-20.15	-0.27	-50.54	50.54	-90.21	41.20
			V	-4.74	0	-33.70	33.70	-49.50	38.12
三层横梁	*AB* 跨	梁左端	*M*	-57.49	-7.72	209.19	-209.19	193.70	-350.20
			V	73.17	10.65	-51.02	51.02	34.26	166.91
		跨中	*M*	66.98	10.33	33.17	-33.17	135.89	49.65
		梁右端	*M*	-66.01	-9.36	-142.83	142.83	-276.12	95.24
			V	-76.08	-11.22	-51.02	51.02	-171.09	-38.43
	BC 跨	梁左端	*M*	-12.75	-1.73	120.20	-120.20	138.88	-173.64
			V	4.74	0	-80.13	80.13	-98.48	109.86
		跨中	*M*	-9.20	-1.73	0	0	-13.12	-13.12
		梁右端	*M*	-12.75	-1.73	-120.20	120.20	-173.64	138.88
			V	-4.74	0	-80.13	80.13	-109.86	98.48
二层横梁	*AB* 跨	梁左端	*M*	-62.96	-9.08	228.42	-228.42	210.50	-383.39
			V	73.55	10.71	-58.69	58.69	24.82	177.41
		跨中	*M*	64.37	9.44	25.94	-25.94	122.29	54.85
		梁右端	*M*	-69.28	-10.39	-176.52	176.52	-325.08	133.87
			V	-75.7	-11.16	-58.69	58.69	-180.53	-27.94
	BC 跨	梁左端	*M*	-8.91	-0.99	148.56	-148.56	181.25	-205.01
			V	4.74	0	-99.04	99.04	-123.06	134.44
		跨中	*M*	-5.36	-0.99	0	0	-7.62	-7.62
		梁右端	*M*	-8.91	-0.99	-148.56	148.56	-205.01	181.25
			V	-4.74	0	-99.04	99.04	-134.44	123.06
一层横梁	*AB* 跨	梁左端	*M*	-62.74	-9.01	292.92	-292.92	294.70	-466.90
			V	73.64	10.74	-77.68	77.68	0.27	202.24
		跨中	*M*	64.37	9.44	24.92	-24.92	120.97	56.18
		梁右端	*M*	-68.54	-10.14	-238.69	238.69	-404.71	215.88
			V	-75.61	-11.13	-77.68	77.68	-205.07	-3.10
	BC 跨	梁左端	*M*	-8.48	-0.73	200.89	-200.89	250.11	-272.21
			V	4.74	0	-133.93	133.93	-168.42	179.80
		跨中	*M*	-4.93	-0.73	0	0	-6.79	-6.79
		梁右端	*M*	-8.48	-0.73	-200.89	200.89	-272.21	250.11
			V	-4.74	0	-133.93	133.93	-179.80	168.42

表 8-16 横向框架柱内力组合（一般组合） （单位 M: kN·m; N: kN）

杆件	跨向	截面	内力	荷载种类				内力组合				$\|M_{max}\|$ 及相应的 N	N_{min} 及相应的 M	N_{max} 及相应的 M
				恒载	满跨活荷载	风荷载		1.2 恒 + 1.4 活	1.2 恒 +0.9（1.4 活 +1.4 风）		1.35 恒 +（0.7 × 1.4）活			
						左风	右风		左风	右风				
四层柱	A 柱	柱顶	M	40.30	4.01	-3.89	3.89	53.97	48.51	58.31	58.33	58.33	58.33	58.33
			N	256.77	13.13	0.93	-0.93	326.51	325.84	323.50	359.51	359.51	359.51	359.51
		柱底	M	30.61	7.13	-2.45	2.45	46.71	42.63	48.80	48.31	48.80	48.80	48.31
			N	280.71	13.13	0.93	-0.93	355.23	354.57	352.22	391.83	352.22	352.22	391.83
	B 柱	柱顶	M	-32.87	-3.31	-4.63	4.63	-44.08	-49.45	-37.78	-47.62	-49.45	-49.45	-47.62
			N	285.17	18.83	-0.93	0.93	368.57	364.76	367.10	403.43	364.76	364.76	403.43
		柱底	M	-25.19	-5.75	-3.79	3.79	-38.28	-42.25	-32.70	-39.64	-42.25	-42.25	-39.64
			N	309.11	18.83	-0.93	0.93	397.29	393.49	395.83	435.75	393.49	393.49	435.75
三层柱	A 柱	柱顶	M	24.09	7.89	-7.68	7.68	39.95	29.17	48.53	40.25	48.53	48.53	40.25
			N	483.45	65.77	3.43	-3.43	672.22	667.33	658.69	717.11	658.69	658.69	717.11
		柱底	M	19.96	6.05	-6.29	6.29	32.42	23.65	39.50	32.88	39.50	39.50	32.88
			N	507.39	65.77	3.43	-3.43	700.95	696.06	687.42	749.43	687.42	687.42	749.43
	B 柱	柱顶	M	-19.89	-6.30	-9.27	9.27	-32.69	-43.49	-20.13	-33.03	-43.49	-43.49	-33.03
			N	565.18	99.58	-3.43	3.43	817.63	799.37	808.01	860.58	799.37	799.37	860.58
		柱底	M	-16.30	-4.77	-9.27	9.27	-26.24	-37.25	-13.89	-26.68	-37.25	-37.25	-26.68
			N	589.12	99.58	-3.43	3.43	846.36	828.09	836.74	892.90	828.09	828.09	892.90

（续）

杆件	跨向	截面	内力	荷载种类				内力组合				$\|M_{max}\|$ 及相应的 N	N_{min} 及相应的 M	N_{max} 及相应的 M
				恒载	满跨活荷载	风荷载		1.2恒+1.4活	1.2恒+0.9（1.4活+1.4风）		1.35恒+（0.7×1.4）活			
						左风	右风		左风	右风				
二层柱	A柱	柱顶	M	34.67	10.60	-11.00	11.90	56.47	39.92	70.05	57.21	70.05	70.05	57.21
			N	709.80	118.00	8.04	-8.00	1017.00	1011.00	991.10	1074.00	991.10	991.10	1074.00
		柱底	M	34.84	10.60	-8.1	8.13	56.72	44.98	65.47	57.47	65.47	65.47	57.47
			N	744.00	118.00	8.04	-8.00	1058.00	1052.00	1032.00	1120.00	1032.00	1032.00	1120.00
	B柱	柱顶	M	-28.40	-8.21	-15.00	15.70	-45.60	-64.20	-24.60	-46.40	-64.20	-64.20	-46.40
			N	843.80	180.00	-8.00	8.04	1264.00	1229.00	1249.00	1315.0	1229.00	1229.00	1315.00
		柱底	M	-28.30	-8.23	-14.00	14.20	-45.50	-62.30	-26.30	-46.30	-62.3	-62.3	-46.3
			N	878.00	180.00	-8.00	8.04	1305.00	1270.00	1290.00	1361.00	1270.00	1270.00	1361.00
一层柱	A柱	柱顶	M	19.57	5.89	-17.00	17.20	31.73	9.17	52.64	32.19	52.64	52.64	32.19
			N	946.2	171.00	14.7	-14.00	1375	1370.00	1332.00	1445.00	1332.00	1332.00	1445.00
		柱底	M	11.40	3.48	-25.00	25.20	18.55	-13.70	49.85	18.80	49.85	49.85	18.80
			N	992.70	171.00	14.7	-14.00	1431.00	1425.00	1388.00	1508.00	1388.00	1388.00	1508.00
			V	-6.32	-1.93	8.67	-8.60	-10.20	0.91	-20.90	-10.42	-20.90	-20.90	-10.42
	B柱	柱顶	M	-16.00	-4.65	-23.00	23.20	-25.70	-54.30	4.16	-26.20	-54.30	-54.30	-26.20
			N	1132.00	260.00	-14.00	14.70	1724.00	1669.00	1706.00	1784.00	1669.00	1669.00	1784.00
		柱底	M	-9.14	-2.67	-28.00	28.30	-14.70	-50.00	21.43	-14.90	-50.00	-50.00	-14.90
			N	1179.00	260.00	-17.00	14.70	1779.00	1721.00	1761.00	1847.00	1721.00	1721.00	1847.00
			V	5.14	-1.49	10.50	-10.00	4.08	17.56	-8.98	5.48	17.56	17.56	5.48

表 8-17　横向框架柱内力组合（考虑地震作用）

杆件	跨向	截面	内力	荷载种类				内力组合				
				恒载	0.5 （雪＋活）	地震作用		1.2[恒＋0.5(雪＋活)]＋1.3 地震作用		$\pm\lvert M_{max}\rvert$ 及相应的 N	N_{min} 及相应的 M	N_{max} 及相应的 M
						向左	向右	向左	向右			
四层柱	A 柱	柱顶	M	40.30	1.99	−85.48	85.48	−60.38	161.87	161.87	−60.38	161.87
			N	256.77	6.57	−21.09	21.09	288.59	343.43	343.43	288.59	343.43
		柱底	M	30.61	3.36	−66.08	66.08	−45.14	126.67	126.67	−45.14	126.67
			N	280.71	6.57	−21.09	21.09	317.32	372.15	372.15	317.32	372.15
	B 柱	柱顶	M	−32.87	−1.66	−110.58	110.58	−185.19	102.32	−185.19	−185.19	102.32
			N	285.17	9.42	−12.61	12.61	337.12	369.90	337.12	337.12	369.90
		柱底	M	−25.19	−2.88	−90.48	90.48	−151.31	83.94	−151.31	−151.31	83.94
			N	309.11	9.42	−12.61	12.61	365.84	398.63	365.84	365.84	398.63
三层柱	A 柱	柱顶	M	24.09	3.95	−143.11	143.11	−152.40	219.69	219.69	−152.40	219.69
			N	483.15	32.88	−72.11	72.11	525.49	712.98	712.98	525.49	712.98
		柱底	M	19.96	3.03	−117.09	117.09	−124.63	179.81	179.81	−124.63	179.81
			N	507.39	32.88	−72.11	72.11	554.58	742.07	742.07	554.58	742.07
	B 柱	柱顶	M	−19.89	−3.16	−172.55	172.55	−251.98	196.66	−251.98	−251.98	196.66
			N	565.18	49.80	−41.72	41.72	683.74	792.21	683.74	683.74	792.21
		柱底	M	−16.30	−2.39	−172.55	172.55	−246.74	201.89	−246.74	−246.74	201.89
			N	589.12	49.80	−41.72	41.72	712.47	820.94	712.47	712.47	820.94

（续）

杆件	跨向	截面	内力	荷载种类				内力组合				
				恒载	0.5（雪+活）	地震作用		1.2〔恒+0.5（雪+活）〕+1.3地震作用		±$\lvert M_{max}\rvert$及相应的N	N_{min}及相应的M	N_{max}及相应的M
						向左	向右	向左	向右			
二层柱	A柱	柱顶	M	34.67	5.32	-111.33	111.33	-96.74	192.72	192.72	-96.74	192.72
			N	709.88	59.25	-57.27	57.27	848.51	997.41	997.41	848.51	997.41
		柱底	M	34.84	5.44	-94.84	94.84	-74.96	171.63	171.63	-74.96	171.63
			N	744.01	59.25	-57.27	57.27	889.46	1038.36	1038.36	889.46	1038.36
	B柱	柱顶	M	-28.42	-4.13	-152.53	152.53	-237.35	159.23	-237.35	-237.35	159.23
			N	843.87	90.12	-82.07	82.07	1014.10	1227.48	1014.10	1014.10	1227.48
		柱底	M	-28.33	-4.12	-152.53	152.53	-237.23	159.35	-237.23	-237.23	159.35
			N	878.00	90.12	-82.07	82.07	1055.05	1268.44	1055.05	1055.05	1268.44
一层柱	A柱	柱顶	M	19.57	3.00	-198.08	198.08	-230.42	284.59	284.59	-230.42	284.59
			N	946.28	85.65	-208.48	208.48	967.29	1509.34	1509.34	967.29	1509.34
		柱底	M	11.40	1.75	-347.58	347.58	-436.07	467.63	-436.07	-436.07	467.63
			N	992.73	85.65	-208.48	208.48	1023.03	1565.08	1023.03	1023.03	1565.08
			V	-6.32	-0.97	111.36	-111.36	136.02	-153.52	136.02	136.02	-153.52
	B柱	柱顶	M	-16.03	-2.26	-287.05	287.05	-395.11	351.22	-395.11	-395.11	351.22
			N	1132.67	130.14	-138.22	138.22	1335.69	1695.06	1335.69	1335.69	1695.06
		柱底	M	-9.14	-1.13	-350.84	350.84	-468.42	443.77	-468.42	-468.42	443.77
			N	1179.12	130.14	-138.22	138.22	1391.43	1750.80	1391.43	1391.43	1750.80
			V	5.14	0.73	130.18	-130.18	176.28	176.28	176.28	176.28	-162.19

表 8-18　横向框架柱剪力组合（一般组合）　（单位：kN）

层数	杆件	荷载种类				内力组合				$\lvert V_{max} \rvert$
		恒载	满跨活载	风荷载		1.2恒+1.4活	1.2恒+0.9(1.4活+1.4风)		1.35恒+(0.7×1.4)活	
				左风	右风		左风	右风		
四层柱	A柱	-19.70	-3.09	1.76	-1.76	-27.97	-25.32	-31.95	-29.62	-31.95
	B柱	16.13	2.52	2.34	-2.34	22.88	25.48	22.74	24.25	25.48
三层柱	A柱	-12.24	-3.87	3.88	-3.88	-20.11	-14.68	-24.11	-20.32	-24.11
	B柱	10.05	3.08	5.15	-5.15	16.37	22.43	12.21	16.59	22.43
二层柱	A柱	-19.31	-5.91	5.63	-5.63	-31.45	-23.52	-37.42	-31.86	-37.42
	B柱	15.76	4.58	8.33	-8.33	25.32	35.18	18.69	25.76	35.18
一层柱	A柱	-6.32	-1.93	8.67	-8.67	-10.29	0.91	-18.39	-10.42	-18.39
	B柱	5.14	1.49	10.53	-10.53	8.25	21.31	-0.94	8.40	21.31

表 8-19　框架柱剪力组合（考虑地震组合）　（单位：kN）

层数	杆件	荷载种类				内力组合		$\lvert V_{max} \rvert$
		恒载	0.5(雪+活)	地震作用		1.2[恒+0.5(雪+活)]+1.3地震作用		
				向左	向右	向左	向右	
四层柱	A柱	-19.70	-1.49	42.10	-42.10	29.30	-80.16	-80.16
	B柱	16.13	1.26	55.85	-55.85	93.47	-51.74	93.47
三层柱	A柱	-12.24	-1.94	72.28	-72.28	76.95	-110.98	-110.98
	B柱	10.05	1.54	95.86	-95.86	138.53	-110.71	138.53
二层柱	A柱	-19.31	-2.99	57.27	-57.27	47.69	-101.21	-101.21
	B柱	15.76	2.29	84.74	-84.74	131.82	-88.50	131.82
一层柱	A柱	-6.32	-0.97	111.36	-111.36	136.02	-153.52	-153.52
	B柱	5.14	0.73	130.18	-130.18	176.28	-162.19	176.28

8.9 框架梁柱截面设计

计算出框架梁柱控制截面内力后，应分别按无地震作用效应组合内力和有地震作用效应组合内力进行截面设计，截面设计时分别采用下列设计表达式，实际配筋取两者中计算出的较大值。

无地震作用效应组合　　$\gamma_0 S \leqslant R$

有地震作用效应组合　　$S \leqslant R/\gamma_{RE}$

式中　γ_0——结构重要性系数，对安全等级为二级或设计使用年限为50年的结构构件，不应小于1.0；

S——荷载效应组合的设计值；

R——结构构件抗力设计值；

γ_{RE}——构件承载力抗震调整系数，混凝土受弯梁取0.75，轴压比小于0.15的偏心受压柱取0.75，轴压比大于等于0.15的偏压柱取0.80，混凝土受剪构件取0.85。

8.9.1　框架梁截面设计

框架梁的截面设计包括正截面抗弯承载力设计和斜截面抗剪承载力设计。计算钢筋同时要满足构造要求。

1. 框架梁正截面抗弯承载力设计

框架梁纵向钢筋根据一般组合和地震组合的弯矩值进行计算。跨中截面当下部受拉时按T形梁设计，当上部受拉时按矩形截面设计；支座截面按矩形截面设计。计算公式为

$$A_s = \frac{\alpha_1 f_c b h_0 \xi}{f_y} \tag{8-10}$$

$$\xi = 1 - \sqrt{1 - 2\frac{M}{\alpha_1 f_c b h_0^2}}\text{（一般组合时）} \tag{8-11}$$

$$\xi = 1 - \sqrt{1 - 2\frac{\gamma_{RE} M}{\alpha_1 f_c b h_0^2}}\text{（考虑地震组合时）} \tag{8-12}$$

一类T形截面计算时将b用b'_f代替即可。T形梁受压区有效翼缘计算宽度的取值见表8-20。

表8-20　受弯构件受压区有效翼缘计算宽度 b'_f

情　况	T形、I形截面		倒L形截面
	肋形梁（板）	独立梁	肋形梁（板）
按计算跨度 l_0 考虑	$l_0/3$	$l_0/3$	$l_0/6$
按梁（肋）净距 s_n 考虑	$b+s_n$	—	$b+s_n/2$
按翼缘高度 h'_f 考虑	$b+12h'_f$	b	$b+5h'_f$

框架梁纵向钢筋构造要求：

1）梁端计入受压钢筋的混凝土受压区高度和有效高度之比（相对受压区高度ξ），一级不应大于0.25，二、三级不应大于0.35。

2）梁端截面的底面和顶面纵向钢筋配筋量的比值，除按计算确定外，一级不应小于0.5，二、三级不应小于0.3。

3）梁端纵向受拉钢筋的配筋率不宜大于2.5%。沿梁全长顶面和底面的配筋，对一、二级抗震等级，钢筋直径不应小于14mm，且分别不应少于梁两端顶面和底面纵向受力钢筋中较大截面面积的1/4；对三、四级抗震等级，钢筋直径不应小于12mm。

4）最小配筋率 ρ_{min}。不考虑地震作用时，取 0.2% 和 $45f_t/f_y \times 100\%$ 的较大值；考虑地震作用时，最小配筋率见表 8-21。

表 8-21 框架梁纵向受拉钢筋的最小配筋率

抗震等级	梁中位置	
	支座	跨中
一级	0.40 和 $80f_t/f_y \times 100\%$ 中较大值	0.30 和 $65f_t/f_y \times 100\%$ 中较大值
二级	0.30 和 $65f_t/f_y \times 100\%$ 中较大值	0.25 和 $55f_t/f_y \times 100\%$ 中较大值
三级、四级	0.25 和 $55f_t/f_y \times 100\%$ 中较大值	0.2 和 $45f_t/f_y \times 100\%$ 中较大值

采用一般组合和考虑地震作用组合得出的组合内力进行配筋计算，具体计算见表 8-22、表 8-23。

表 8-22 横梁 *AB*、*BC* 跨正截面受弯承载力计算（一般组合）

层	$b \times h$ /(mm × mm)	截面位置	组合内力		柱边截面弯矩 /(kN·m)	$h_0 = h - a_s$ /mm	b 或 b'_f	ξ	A_S	A_{smin} /mm²
			M/(kN·m)	V/kN						
四层	300×700	A4 支座	−70.68	111.29	−42.86	660	300	0.023	219	450
		跨中	116.83			660	1500	0.013	594	450
		B4 支座	−92.33	−118.67	−62.66	660	300	0.034	322	450
	300×500	B4 支座	−28.18	6.40	−26.56	460	300	0.030	196	321
		跨中	2.14			460	1500	0.000	0	321
		C4 支座	−31.27	−6.40	−29.67	460	300	0.033	219	321
三层	300×700	A3 支座	−101.19	119.67	−71.27	660	300	0.039	367	450
		跨中	110.67			660	1500	0.012	562	450
		B3 支座	−111.72	−124.69	−80.55	660	300	0.044	416	450
	300×500	B3 支座	−27.22	6.40	−25.62	460	300	0.029	188	321
		跨中	2.14			460	300	0.000	0	321
		C3 支座	−27.22	−6.40	−25.62	460	300	0.029	188	321
二层	300×700	A2 支座	−121.43	120.98	−85.14	660	300	0.047	440	450
		跨中	105.38			660	1500	0.011	535	450
		B2 支座	−126.06	−124.56	−88.65	660	300	0.049	460	450
	300×500	B2 支座	−27.60	6.40	−25.68	460	300	0.029	189	321
		跨中	2.14			460	1500	0.000	0	321
		C2 支座	−27.60	−6.40	−25.68	460	300	0.029	189	321
一层	300×700	A1 支座	−130.34	124.00	−93.14	660	300	0.051	483	450
		跨中	105.38			660	1500	0.011	535	450
		B1 支座	−133.39	−127.27	−95.21	660	300	0.052	494	450
	300×500	B1 支座	−34.13	6.40	−32.21	460	300	0.036	238	321
		跨中	2.14			460	1500	0.000	0	321
		C1 支座	−34.13	−6.40	−32.21	460	300	0.036	238	321

表 8-23 横梁 AB、BC 跨正截面受弯承载力计算（考虑地震组合）

层	$b\times h$ /(mm×mm)	截面位置	组合内力		柱边截面弯矩/(kN·m)	$h_0=h-a_s$ /mm	b 或 b'_f	ξ	A_S	A_{smin} /mm²
			M/(kN·m)	V/kN						
四层	300×700	A4 支座	−172.83	124.91	−141.6025	660	300	0.059	552.55	651
		跨中	119.04			660	1500	0.010	453.08	550
		B4 支座	−158.78	−131.39	−125.93	660	300	0.052	489.71	651
	300×500	B4 支座	−90.21	49.50	−77.835	460	300	0.067	437.57	465
		跨中	2.14		−20.24	460	1500	0.000	0	393
		C4 支座	−90.21	−49.50	−77.84	460	300	0.067	437.60	465
三层	300×700	A3 支座	−350.20	166.91	−308.472	660	300	0.133	1251.42	651
		跨中	135.89			660	1500	0.011	517.57	550
		B3 支座	−276.12	−171.09	−233.35	660	300	0.000	929.69	651
	300×500	B3 支座	−173.64	109.86	−146.175	460	300	0.129	849.25	465
		跨中	2.14		−13.12	460	1500	0.000	0	393
		C3 支座	−173.64	−109.86	−146.18	460	300	0.129	849.28	465
二层	300×700	A2 支座	−383.39	177.41	−330.167	660	300	0.143	1346.71	651
		跨中	122.29			660	1500	0.010	465.52	550
		B2 支座	−325.08	−180.53	−270.92	660	300	0.115	1089.04	651
	300×500	B2 支座	−205.01	134.44	−164.678	460	300	0.147	965.91	465
		跨中	2.14		−7.62	460	1500	0.000	0	393
		C2 支座	−205.01	−134.44	−164.68	460	300	0.147	965.92	465
一层	300×700	A1 支座	−466.9	202.24	−406.228	660	300	0.179	1690.06	651
		跨中	120.97			660	1500	0.010	460.47	550
		B1 支座	−404.71	−205.07	−343.19	660	300	0.149	1404.46	651
	300×500	B1 支座	−272.21	179.80	−218.27	460	300	0.200	1318.36	465
		跨中	2.14			460	1500	0.000	0	393
		C1 支座	−272.21	−179.80	−218.27	460	300	0.200	1318.36	465

（1）柱边弯矩计算

1）A4 支座柱边弯矩的计算　$-70.68\text{kN}\cdot\text{m}+\dfrac{0.5}{2}\times111.29\text{kN}\cdot\text{m}=-42.86\text{kN}\cdot\text{m}$

2）A2 支座柱边弯矩的计算　$-121.43\text{kN}\cdot\text{m}+\dfrac{0.6}{2}\times120.98\text{kN}\cdot\text{m}=-85.14\text{kN}\cdot\text{m}$

其他柱边弯矩以此类推。

（2）参数取值　$a_s=40\text{mm}$。b'_f的取值：AB 跨取 $l_0/3=6900/3\text{mm}=2300\text{mm}$；$b+s_n=300\text{mm}+(3600-150-125)\ \text{mm}=3625\text{mm}$；$b+12h'_f=300\text{mm}+12\times100\text{mm}=1500\text{mm}$ 三项计算中的最小值。故 $b'_f=1500\text{mm}$。BC 跨跨中为负弯矩，梁上部受拉，故仍按矩形截面设计。ξ 均小于 0.35，满足要求。

(3) 最小配筋率

1) 一般组合时：取 0.2% 和 $45f_t/f_y \times 100\% = 45 \times \frac{1.43}{300} \times 100\% = 0.2145\%$ 中较大值，所以最小配筋面积为：

AB 跨　　$0.2145\% \times 300 \times 700\text{mm}^2 = 450.45\text{mm}^2$

BC 跨　　$0.2145\% \times 300 \times 500\text{mm}^2 = 321\text{mm}^2$

2) 考虑地震作用组合时：

支座处：0.30% 和 $65f_t/f_y \times 100\% = 65 \times \frac{1.43}{300} \times 100\% = 0.31\%$ 中较大值，所以最小配筋面积为：

A 支座及 B 左支座　　$0.31\% \times 300 \times 700\text{mm}^2 = 651\text{mm}^2$

B 右支座　　$0.31\% \times 300 \times 500\text{mm}^2 = 465\text{mm}^2$

跨中：0.25% 和 $55f_t/f_y \times 100\% = 0.262\%$ 中较大值，所以最小配筋面积为：

AB 跨　　$0.262\% \times 300 \times 700\text{mm}^2 = 550\text{mm}^2$

BC 跨　　$0.262\% \times 300 \times 500\text{mm}^2 = 393\text{mm}^2$

(4) 计算钢筋和最小钢筋面积　比较两种组合，取较大值选用钢筋直径和根数，并满足构造要求和施工要求。框架梁配筋见表 8-24。

表 8-24　框架梁配筋

楼层	$b \times h$ /(mm×mm)	截面位置	一般组合 A_s/mm^2	考虑地震组合 A_s/mm^2	应配钢筋面积 A_s/mm^2	实配钢筋	实配钢筋面积 A_s/mm^2
四层	300×700	A4 支座	450	651	651	2Φ16+2Φ14	710
		跨中	594	550	594	3Φ16	603
		B4 支座	450	651	651	2Φ16+2Φ14	710
	300×500	B4 支座	321	465	465	2Φ16+2Φ14	710
		跨中	321	393	393	2Φ16	402
		C4 支座	321	465	465	2Φ16+2Φ14	710
三层	300×700	A3 支座	450	1251	1251	4Φ20	1257
		跨中	562	550	562	3Φ16	603
		B3 支座	450	930	930	3Φ20	942
	300×500	B3 支座	321	849	849	3Φ20	942
		跨中	321	393	393	2Φ16	402
		C3 支座	321	849	849	3Φ20	942
二层	300×700	A2 支座	450	1347	1347	2Φ20+2Φ22	1388
		跨中	535	550	550	3Φ16	603
		B2 支座	450	1089	1089	3Φ22	1140
	300×500	B2 支座	321	966	966	3Φ22	1140
		跨中	321	393	393	2Φ16	402
		C2 支座	321	966	966	3Φ22	1140

（续）

楼层	$b\times h$ /(mm×mm)	截面位置	一般组合 A_s/mm^2	考虑地震组合 A_s/mm^2	应配钢筋面积 A_s/mm^2	实配钢筋	实配钢筋面积 A_s/mm^2
一层	300×700	A1 支座	483	1690	1690	2Φ25+2Φ22	1742
		跨中	535	550	550	3Φ16	603
		B1 支座	494	1404	1404	3Φ25	1473
	300×500	B1 支座	321	1318	1318	3Φ25	1473
		跨中	321	393	393	3Φ14	462
		C1 支座	321	1318	1318	3Φ25	1473

1）由表8-24可以看出，跨中截面的配筋由一般组合控制，支座截面的配筋由考虑地震作用组合控制。

2）最大配筋率：一层 BC 跨配筋率最大 $\rho_{max}=\frac{1473}{300\times460}\times100\%=1.07\%<2.5\%$；钢筋直径最小为14mm，梁底面和顶面配筋之比一层 BC 跨，$\frac{462}{1473}=0.31>0.3$；经计算其他梁也均满足此项要求。

3）为施工方便，需将 AB 跨的 B 支座和 BC 跨的 B 支座采用相同的配筋。

2. 框架梁斜截面抗剪承载力设计

（1）剪力调整　为确保框架梁"强剪弱弯"，抗震设计中，抗震等级一、二、三级的框架梁，其端部截面组合的剪力设计值应按下式调整

$$V=\eta_{vb}(M_b^l+M_b^r)/l_n+V_{GB}$$

式中　V——梁端截面组合的剪力设计值；

l_n——梁的净跨；

M_b^l、M_b^r——梁左右两端逆时针或顺时针方向组合的弯矩设计值；

V_{GB}——梁在重力荷载代表值作用下，按简支梁分析的梁端截面剪力设计值；

η_{vb}——梁端剪力增大系数，一级可取1.3，二级可取1.2，三级可取1.1。

（2）框架梁箍筋配置的计算

1）不考虑地震作用。

当 $\frac{h_w}{b}\leqslant4$ 时　$$V\leqslant0.25\beta_c f_c bh_0 \tag{8-13}$$

当 $\frac{h_w}{b}\geqslant6$ 时　$$V\leqslant0.2\beta_c f_c bh_0 \tag{8-14}$$

当 $4<\frac{h_w}{b}<6$ 时　$$V\leqslant0.025\left(14-\frac{h_w}{b}\right)\beta_c f_c bh_0 \tag{8-15}$$

式中　V——截面最大剪力设计值，应取柱边处剪力值；

β_c——混凝土强度影响系数，当混凝土强度等级不超过C50时，取1.0；

h_w——截面腹板高度，矩形截面取有效高度，T形截面取有效高度减翼缘高度。

仅配置箍筋时斜截面受剪承载力计算公式

$$V \leqslant \alpha_{cv} f_t b h_0 + f_{yv} \frac{A_{sv}}{s} h_0 \tag{8-16}$$

式中 α_{cv}——斜截面受剪承载力系数，对于一般受弯构件取 0.7；对集中荷载作用下（包括作用有多种荷载，其集中力对支座截面或节点边缘所产生的剪力值占总剪力 75% 以上的情况）的独立梁，取 $\alpha_{cv} = \frac{1.75}{\lambda + 1}$。

2）考虑地震作用。当跨高比大于 2.5 时，其受剪截面应符合下列条件

$$V \leqslant \frac{1}{\gamma_{RE}}(0.20\beta_c f_c b h_0) \tag{8-17}$$

当跨高比不大于 2.5 时，其受剪截面应符合下列条件

$$V \leqslant \frac{1}{\gamma_{RE}}(0.15\beta_c f_c b h_0) \tag{8-18}$$

仅配置箍筋时斜截面受剪承载力计算公式

$$V \leqslant \frac{1}{\gamma_{RE}}\left(0.6\alpha_{cv} f_t b h_0 + f_{yv} \frac{A_{sv}}{s} h_0\right) \tag{8-19}$$

（3）箍筋的构造要求

1）不考虑地震作用时最小配箍率 $\rho_{sv,\min} = 0.24 \frac{f_t}{f_{yv}}$

剪力设计值满足 $V \leqslant \alpha_{cv} f_t b h_0$ 时，虽按计算不需配置箍筋，但应按构造配置箍筋。箍筋的最大间距和最小直径宜满足表 8-25 的要求。

2）考虑地震作用时最小配箍率：

一级抗震等级 $\rho_{sv,\min} = 0.30 \frac{f_t}{f_{yv}}$

二级抗震等级 $\rho_{sv,\min} = 0.28 \frac{f_t}{f_{yv}}$

三、四级抗震等级 $\rho_{sv,\min} = 0.26 \frac{f_t}{f_{yv}}$

表 8-25 梁中箍筋的最大间距和最小直径

梁截面高度 h/mm	最大间距/mm		最小直径/mm
	$V > \alpha_{cv} f_t b h_0$	$V \leqslant \alpha_{cv} f_t b h_0$	
$150 < h \leqslant 300$	150	200	6
$300 < h \leqslant 500$	200	300	6
$500 < h \leqslant 800$	250	350	6
$h > 800$	300	400	8

其他构造要求：梁端箍筋加密区的长度、箍筋最大间距和最小直径应按表 8-26 采用，当梁端纵向受拉钢筋配筋率大于 2% 时，表中箍筋最小直径数值应增大 2mm。梁箍筋加密区长度内的箍筋肢距：一级抗震等级，不宜大于 200mm 和 20 倍箍筋直径的较大值；二、三级抗震等级，不宜大于 250mm 和 20 倍箍筋直径的较大值；四级不宜大于 300mm。梁端设置的第一个箍筋距框架节点边缘不应大于 50mm 。非加密区的箍筋间距不宜大于加密区箍筋间

距的 2 倍。

表 8-26 箍筋构造要求

抗震等级	加密区长度(采用较大值) /mm	箍筋最大间距(采用较小值) /mm	箍筋最小直径 /mm
一	$2h_b$,500	$h_b/4,6d,100$	10
二	$1.5h_b$,500	$h_b/4,8d,100$	8
三	$1.5h_b$,500	$h_b/4,8d,150$	8
四	$1.5h_b$,500	$h_b/4,8d,150$	6

注：1. d 为纵向钢筋的直径，h_b 为梁截面高度。
2. 箍筋直径大于 12mm，数量不少于 4 肢且肢距不大于 150mm 时，一、二级的最大间距应允许适当放宽，但不得大于 150mm。

(4) 斜截面抗剪承载力计算　一般组合：A 支座、B 支座左 $\frac{h_w}{b}=\frac{660-100}{300}=1.87\leqslant 4$，$0.25\beta_c f_c bh_0=0.25\times 1\times 14.3\times 300\times 660\text{kN}=707.85\text{kN}$

B 支座右和 C 支座左 $\frac{h_w}{b}=\frac{460-100}{300}=1.2\leqslant 4$，$0.25\beta_c f_c bh_0=0.25\times 1\times 14.3\times 300\times 460\text{kN}=493.35\text{kN}$

所有的剪力值均小于 $0.25\beta_c f_c bh_0$，说明截面尺寸满足要求。

A 支座、B 支座左 $\alpha_{cv}f_t bh_0=0.7\times 1.43\times 300\times 660\text{kN}=198.2\text{kN}$

B 支座右和 C 支座左 $\alpha_{cv}f_t bh_0=0.7\times 1.43\times 300\times 460\text{kN}=138.1\text{kN}$

所有的剪力值均小于 $\alpha_{cv}f_t bh_0$，均按最小配箍率配置箍筋并满足构造要求。

最小配箍率　$\rho_{sv,\min}=0.24\frac{f_t}{f_{yv}}=0.24\times\frac{1.43}{270}\times 100\%=0.13\%$。

配置Φ8@250，$\frac{A_{sv}}{bs}=\frac{100.48}{300\times 250}\times 100\%=0.134\%>0.13\%$，且满足最小直径和最大间距的要求。

梁剪力调整计算见表 8-27。

表 8-27 梁剪力调整计算

楼层	跨	M_b^l(逆) /kN·m ①	M_b^l(顺) /kN·m ②	M_b^r(逆) /kN·m ③	M_b^r(顺) /kN·m ④	顺时针组合 ②+③	逆时针组合 ①+④	V_{Gb}/kN	V/kN
四	AB	172.83	49.42	158.78	2.67	208.2	175.5	93.43	132.46
	BC	90.21	41.20	90.21	41.20	131.41	131.41	4.74	67.82
三	AB	350.20	193.70	276.12	95.23	469.82	445.43	95.23	183.32
	BC	173.64	138.88	173.64	138.88	312.52	312.52	4.74	154.75
二	AB	383.39	210.50	325.08	133.87	535.58	517.26	95.23	195.61
	BC	205.01	181.25	205.01	181.25	386.26	386.26	4.74	190.14
一	AB	466.90	294.70	404.71	215.88	699.41	682.78	95.23	226.37
	BC	272.21	250.11	272.21	250.11	522.32	522.32	4.74	255.45

二级抗震等级的箍筋构造要求：最小直径 8mm，加密区最大间距取 $h_b/4 = 700/4\text{mm} = 175\text{mm}$，$8d = 8 \times 14 = 112$，100 三值中的较小值，为 100mm。所有满足抗震要求的箍筋构造要求为：加密区Φ8@100，非加密区Φ8@200。加密区长度：AB 跨取 $1.5h_b = 1.5 \times 700\text{mm} = 1050\text{mm}$，500 两者较大值，故取 1050mm；$CB$ 跨取 $1.5h_b = 1.5 \times 500\text{mm} = 750\text{mm}$，500 两者较大值，故取 750mm。具体计算见表 8-28。

表 8-28 横梁 AB、BC 跨斜截面受剪抗震验算

楼层	$b \times h$ /(mm×mm)	斜截面位置	V/kN	$\frac{0.2\beta_c f_c bh_0}{\gamma_{RE}}$ /kN	$\frac{0.42f_t bh_0}{\gamma_{RE}}$ /kN	选用配筋（双肢）	$V_{cs} = \frac{1}{\gamma_{RE}}\left(0.42f_t bh_0 + f_{yv}\frac{A_{sv}}{S}h_0\right)$/kN
四层	300×700	A4 支座 B4 支座左	132.46	666.21	139.9	按构造要求配置 Φ8@200	—
	300×500	B4 支座右 C4 支座左	67.82	463.33	97.51	按构造要求配置 Φ8@200	—
三层	300×700	A3 支座 B3 支座左	183.32	666.21	139.9	Φ8@200	269.41
	300×500	B3 支座右 C3 支座左	154.75	463.33	97.51	Φ8@200	269.41
二层	300×700	A2 支座 B2 支座左	195.61	666.21	139.9	Φ8@200	269.41
	300×500	B2 支座右 C2 支座左	190.14	463.33	97.51	Φ8@200	269.41
一层	300×700	A1 支座 B1 支座左	226.37	666.21	139.9	Φ8@200	269.41
	300×500	B1 支座右 C1 支座左	255.45	463.33	97.51	Φ8@200	269.41

8.9.2 框架柱截面设计

1. 剪跨比、剪压比、轴压比

框架柱抗震设计时要尽量使构件有较好的延性，通过控制剪跨比、剪压比、轴压比可以使柱有较好的延性。

（1）剪跨比 λ　它是反映柱截面弯矩与剪力相对大小，区分变形特征和变形能力的一个参数。

$$\lambda = \frac{M}{Vh_0}$$

假定柱反弯点在中点处，则有

$$\lambda = \frac{M}{Vh_0} = \frac{H_{c0}}{2h_c}$$

式中　H_{c0}——柱计算高度，对现浇框架，底层取柱高度，其他层取 1.25 倍柱高；

h_c——柱截面高度。

经核算不同组合作用下的框架柱剪跨比值均大于4。根据表8-28计算结果，所有框架梁箍筋配置为：梁端加密区Φ8@100，非加密区Φ8@200。

在$\lambda=\frac{M}{Vh_0}=\frac{H_{c0}}{2h_c}$公式中，$\frac{H_{c0}}{h_c}$为柱的长细比，若$\frac{H_{c0}}{h_c}>4$，即$\lambda>2$，柱子为长柱，一般发生具有延性变形能力的弯曲破坏；若$3\leqslant\frac{H_{c0}}{h_c}\leqslant4$，即$1.5\leqslant\lambda\leqslant2.0$，柱子为短柱，一般发生具有一定延性变形能力剪压破坏；$\frac{H_{c0}}{h_c}<3$，即$\lambda<1.5$，柱子为极短柱，柱子将发生脆性的剪切斜拉破坏。本工程中底层$\frac{H_{c0}}{h_c}=\frac{4900}{600}=8.1>4$，二层$\frac{H_{c0}}{h_c}=\frac{1.25\times3600}{600}=7.5>4$，其他层也均满足柱为长柱的要求。

（2）剪压比　剪压比$\beta=\frac{\gamma_{RE}V}{f_cbh_0}$主要用于限制柱剪力、保证延性。剪跨比大于2的柱应满足：$\beta\leqslant0.2$；剪跨比不大于2的柱应满足：$\beta\leqslant0.15$。本工程剪跨比均大于2，剪压比最小值$\beta=\frac{\gamma_{RE}V}{f_cbh_0}=\frac{0.8\times176.28\times10^3}{14.3\times600\times550}=0.03<0.2$。

（3）轴压比　轴压比$n=\frac{N}{f_cb_ch_c}$是反映柱截面轴力与轴心抗压承载力相对大小的参数；对压弯构件，轴压比增大，可能导致大偏压破坏状态向小偏压破坏状态转化，降低构件截面的延性变形能力。轴压比限值见表8-29。

表8-29　轴压比限值

结构类型	抗震等级			
	一	二	三	四
框架结构	0.65	0.75	0.85	0.90

最大轴压比$n=\frac{N}{f_cb_ch_c}=\frac{1750.80\times1000}{14.3\times600\times600}=0.34$，故轴压比均小于0.75，满足要求。

2. 强柱弱梁调整

对计算柱端弯矩进行调整，保证梁端的破坏先于柱端的破坏，以达到强柱弱梁的目的。对同一节点，使其在地震作用组合下，柱端的弯矩设计值大于梁端的弯矩设计值和抗弯能力。《建筑抗震设计规范》规定：除框架顶层和柱轴压比小于0.15的柱以及框支梁与框支柱的节点外，柱端组合的弯矩设计值应符合下式要求

$$\sum M_c=\eta_c\sum M_b \tag{8-20}$$

式中　η_c——柱端弯矩增大系数（强柱系数），对框架结构一、二、三、四级分别取1.7、1.5、1.3、1.2；

$\sum M_c$——节点上下柱端截面顺时针或反时针方向组合的弯矩设计值之和，上下柱端的弯矩设计值，可按弹性分析分配；

$\sum M_b$——节点左右梁端截面反时针或顺时针方向组合的弯矩设计值之和，一级框架节点左右两端均为负弯矩时，绝对值较小的弯矩应取零。

当反弯点不在柱的层高范围内时，柱端截面组合的弯矩设计值应乘以上述柱端弯矩增大

系数。一、二、三级框架结构的底层，柱下端截面组合的弯矩设计值，应分别乘以增大系数1.7、1.5和1.3。底层柱纵向钢筋宜按上下端的不利情况配置。底层指无地下室的基础以上或地下室以上的首层。弯矩调整计算见表8-30。

表8-30　强柱弱梁调整 M_{max}

柱类别	层次	柱截面	组合内力		弯矩设计值				
			M/(kN·m)	N/kN	轴压比	η_c	$\sum M_b$	$\sum M_c$	M_{max}
A柱	四层	上端	161.87	343.43					161.87
		下端	126.67	372.15		1.5	350.20	525.3	126.67
	三层	上端	219.69	712.98					262.65
		下端	179.81	742.07	0.21	1.5	383.39	575.09	186.90
	二层	上端	192.72	997.41					388.18
		下端	171.63	1038.36	0.20	1.5	466.90	700.35	404.10
	一层	上端	284.59	1509.34					296.25
		下端	467.63	1565.08	0.30	1.5			701.45
B柱	四层	上端	185.19	337.12					185.19
		下端	151.31	365.84		1.5	415.00	622.5	151.31
	三层	上端	251.98	683.74					311.25
		下端	246.74	712.47	0.19	1.5	506.33	759.50	246.84
	二层	上端	237.35	1014.10					512.66
		下端	237.23	1055.05	0.20	1.5	654.82	982.23	566.75
	一层	上端	395.11	1335.69					415.48
		下端	468.42	1391.43	0.27	1.5			702.63

注：1. 柱截面的组合内力采用的是 $|M_{max}|$ 及相应的 N。
2. 四层不需考虑调整。其他层柱的轴压比均大于0.15，均需考虑。
3. 二级框架结构柱端弯矩增大系数取1.5，一层柱下端弯矩增大系数取1.5。

以二层 $A2$、$B2$ 节点为例。

1）$A2$ 节点：$M_{A2B2\max}=383.39\text{kN}\cdot\text{m}$，该弯矩值乘以增大系数后按上下柱的线刚度进行分配。

$M_{A2A1}=1.5\times383.39\times\dfrac{1.61}{1.61+0.776}\text{kN}\cdot\text{m}=388.18\text{kN}\cdot\text{m}$ 并和二层柱顶弯矩192.72kN·m比较，取大值。

$M_{A2A3}=1.5\times383.39\times\dfrac{0.776}{1.61+0.776}\text{kN}\cdot\text{m}=186.90\text{kN}\cdot\text{m}$ 并和三层柱底弯矩179.81kN·m比较，取大值。

2）$B2$ 节点。

$$\sum M_b(\text{顺时针})=133.87\text{kN}\cdot\text{m}+205.01\text{kN}\cdot\text{m}=338.88\text{kN}\cdot\text{m}$$

$$\sum M_b(\text{逆时针})=325.08\text{kN}\cdot\text{m}+181.25\text{kN}\cdot\text{m}=506.33\text{kN}\cdot\text{m}$$

取两者大值，即 $\sum M_b=506.33\text{kN}\cdot\text{m}$。

$$\sum M_c = \eta_c \sum M_b = 1.5 \times 506.33\text{kN}\cdot\text{m} = 759.50\text{kN}\cdot\text{m}$$

$M_{B2B1} = 759.50 \times \dfrac{1.61}{1.61+0.776}\text{kN}\cdot\text{m} = 512.66\text{kN}\cdot\text{m} > 237.35\text{kN}\cdot\text{m}$，故取调整后的值。

$M_{B2B3} = 759.50 \times \dfrac{0.776}{1.61+0.776}\text{kN}\cdot\text{m} = 246.84\text{kN}\cdot\text{m} > 246.74\text{kN}\cdot\text{m}$，故取调整后的值。

3. 强剪弱弯调整

根据“强剪弱弯”原则，一、二、三、四级的框架柱和框支柱组合的剪力设计值应按下式调整

$$V = \frac{\eta_{Vc}(M_c^b + M_c^t)}{H_n} \tag{8-21}$$

式中 V——柱端截面组合的剪力设计值；

H_n——柱的净高；

M_c^b、M_c^t——柱的上下端顺时针或反时针方向截面组合的弯矩设计值，应采用考虑不同抗震等级调整后的弯矩设计值；

η_{Vc}——柱剪力增大系数，对框架结构，一、二、三、四级分别取 1.5、1.3、1.2、1.1，对其他结构类型的框架一级取 1.4，二级取 1.2，三、四级取 1.1。

一、二、三级框架的角柱，经上述调整后的组合弯矩设计值、剪力设计值尚应乘以不小于 1.10 的增大系数。强剪弱弯调整见表 8-31。

表 8-31 强剪弱弯调整

柱类别	楼层	柱截面	M/(kN·m)	η_{vc}	H_n/m	V/kN	考虑地震组合后的框架柱剪力值
A 柱	四层	上端	161.87	1.3	3.6	104.20	80.16
		下端	126.67	1.3			
	三层	上端	262.65	1.3	3.6	162.33	110.98
		下端	186.90	1.3			
	二层	上端	388.18	1.3	3.6	286.10	101.21
		下端	404.10	1.3			
	一层	上端	296.25	1.3	4.9	264.70	153.52
		下端	701.45	1.3			
B 柱	四层	上端	185.19	1.3	3.6	121.51	93.47
		下端	151.31	1.3			
	三层	上端	311.25	1.3	3.6	201.53	138.53
		下端	246.84	1.3			
	二层	上端	512.66	1.3	3.6	389.79	131.82
		下端	566.75	1.3			
	一层	上端	415.48	1.3	4.9	296.64	176.28
		下端	702.63	1.3			

从表 8-31 可以看出，调整后的剪力值均大于考虑地震组合作用下的剪力值。

4. 框架柱配筋计算

框架柱受有轴力、弯矩、剪力。在轴力和弯矩作用下按偏心受压构件进行设计，确定纵向钢筋的面积，并满足构造要求。在剪力和轴力作用下，确定箍筋面积，满足构造要求。

(1) 偏心受压构件正截面计算 基本设计资料：C30 混凝土 $f_c = 14.3\text{N/mm}^2$，HRB335

级$f_y = f'_y = 300\text{N/mm}^2$，三、四层柱 $b \times h = 500\text{mm} \times 500\text{mm}$，一、二层柱 $b \times h = 600\text{mm} \times 600\text{mm}$，$a_s = a'_s = 50\text{mm}$，$h_0 = h - a_s$，$\beta = 0.8$，$\xi_b = 0.55$。

1）判断是否考虑附加弯矩。《混凝土结构设计规范》规定，对弯矩作用平面对称的偏心受压构件，当同一主轴方向的杆端弯矩比$\dfrac{M_1}{M_2} \leqslant 0.9$，且设计轴压比不大于0.9时，若构件的长细比 $l_c/i \leqslant 34 - 12(M_1/M_2)$，可以不考虑附加弯矩影响。若不满足以上条件，则需要考虑附加弯矩的影响。

$$M = C_m \eta_{ns} M_2, C_m = 0.7 + 0.3\frac{M_1}{M_2}$$

$$\eta_{ns} = 1 + \frac{1}{1300\left(\dfrac{M_2}{N} + e_a\right)/h_0}\left(\frac{l_c}{h}\right)^2 \zeta_c \tag{8-22}$$

式中 η_{ns}——弯矩增大系数；

M_1，M_2——柱顶和柱底弯矩的较小值和较大值；

e_a——取20mm和$h/30$的较大值；

l_c——柱计算长度，可近似取偏心受压构件相应主轴方向两支撑点之间的距离；

ζ_c——截面曲率修正系数，$\zeta_c = \dfrac{0.5 f_c A}{N}$且$\zeta_c \leqslant 1$。

2）判断偏压类型。$x = \dfrac{N}{\alpha_1 f_c b} \leqslant \xi_b h_0$（一般组合），$x = \dfrac{\gamma_{RE} N}{\alpha_1 f_c b} \leqslant \xi_b h_0$（考虑地震组合）为大偏压，否则为小偏压。

3）计算钢筋面积。

大偏压：若$2a'_s \leqslant x \leqslant \xi_b h_0$，$A_s = A'_s = \dfrac{Ne - \alpha_1 f_c b h_0^2 \xi(1 - 0.5\xi)}{f'_y(h_0 - a'_s)}$（一般组合），$A_s = A'_s = \dfrac{\gamma_{RE} Ne - \alpha_1 f_c b h_0^2 \xi(1 - 0.5\xi)}{f'_y(h_0 - a'_s)}$（考虑地震作用组合），其中，$\xi = \dfrac{x}{h_0}$，$e = e_i + \dfrac{h}{2} - a_s$，$e_i = e_0 + e_a$，$e_a = \dfrac{M}{N}$。

若$x < 2a'_s$，$A_s = A'_s = \dfrac{Ne'}{f_y(h_0 - a'_s)}$（一般组合），$A_s = A'_s = \dfrac{\gamma_{RE} Ne'}{f_y(h_0 - a'_s)}$（考虑地震组合），其中$e' = -\dfrac{h}{2} + a'_s + e_i$。

小偏压：需要重新计算相对受压区高度ξ

$$\xi = \frac{\gamma_{RE} N - \alpha_1 f_c b h_0 \xi_b}{\dfrac{Ne - 0.43\alpha_1 f_c b h_0^2}{(\beta_1 - \xi_b)(h_0 - a'_s)} + \alpha_1 f_c b h_0} + \xi_b \tag{8-23}$$

$$A_s = A'_s = \frac{\gamma_{RE} Ne - \alpha_1 f_c b h_0^2 \xi(1 - 0.5\xi)}{f'_y(h_0 - a'_s)} \tag{8-24}$$

4）垂直于弯矩作用平面的受压承载力验算

$$N_u = 0.9\varphi(f_c A + f'_y A'_s) \tag{8-25}$$

大偏心受压一般不需做此项验算。

（2）偏心受压构件斜截面计算

1）不考虑地震作用：

截面最小尺寸要求：当$\frac{h_w}{b} \leqslant 4$时

$$V \leqslant 0.25\beta_c f_c b h_0 \tag{8-26}$$

当$\frac{h_w}{b} \geqslant 6$时

$$V \leqslant 0.2\beta_c f_c b h_0 \tag{8-27}$$

当$4 < \frac{h_w}{b} < 6$时

$$V \leqslant 0.025\left(14 - \frac{h_w}{b}\right)\beta_c f_c b h_0 \tag{8-28}$$

$$V = \frac{1.75}{\lambda + 1} f_t b h_0 + f_{yv}\frac{A_{sv}}{s} h_0 + 0.07N \tag{8-29}$$

式中，当框架柱的反弯点在柱层高范围内时，$\lambda = \frac{H_n}{2h_0}$；当$\lambda < 1$时，取$\lambda = 1$；当$\lambda > 3$时，取$\lambda = 3$。当$N > 0.3f_c A$时，取$0.3f_c A$。

2）考虑地震作用：

当剪跨比大于2时，其受剪截面应符合下列条件

$$V \leqslant \frac{1}{\gamma_{RE}}(0.20\beta_c f_c b h_0) \tag{8-30}$$

当剪跨比不大于2时，其受剪截面应符合下列条件

$$V \leqslant \frac{1}{\gamma_{RE}}(0.15\beta_c f_c b h_0) \tag{8-31}$$

斜截面受剪承载力计算公式

$$V \leqslant \frac{1}{\gamma_{RE}}\left(\frac{1.05}{\lambda + 1} f_t b h_0 + f_{yv}\frac{A_{sv}}{s} h_0 + 0.056N\right) \tag{8-32}$$

当$\lambda < 1$时，取$\lambda = 1$；当$\lambda > 3$时，取$\lambda = 3$。当$N > 0.3f_c A$时，取$0.3f_c A$。

5. 框架柱配筋构造要求

1）柱纵向钢筋构造。柱的纵向钢筋宜对称配置。框架柱截面纵向钢筋最小总配筋率应按表8-32采用，同时每一侧配筋率不应小于0.2%。采用335MPa级、400 MPa级纵向受力钢筋时，应分别按表中数值增加0.1和0.05采用；当混凝土强度等级为C60以上时，应按表中数值增加0.1采用。截面边长大于400mm的柱，纵向钢筋间距不宜大于200mm；柱总配筋率不应大于5%；一级且剪跨比不大于2的柱，每侧纵向钢筋配筋率不宜大于1.2%。

2）柱箍筋在规定的范围内应加密，加密区的箍筋间距和直径，应符合下列要求：

一般情况下，箍筋的最大间距和最小直径，应按表8-33采用。一级框架柱的箍筋直径大于12mm且箍筋肢距不大于150mm及二级框架柱的箍筋直径不小于10mm且箍筋肢距不大于200mm时，除底层柱下端外最大间距应允许采用150mm；三级框架柱的截面尺寸不大

于400mm时，箍筋最小直径应允许采用6mm；四级框架柱剪跨比不大于2时，箍筋直径不应小于8mm。剪跨比不大于2的框架柱，箍筋间距不应大于100mm。

表8-32 框架柱截面纵向钢筋最小总配筋率（%）

类别	抗震等级			
	一	二	三	四
中柱和边柱	1.0	0.8	0.7	0.6
角柱、框支柱	1.1	0.9	0.8	0.7

表8-33 柱箍筋加密区的箍筋最大间距和最小直径

抗震等级	箍筋最大间距/mm	箍筋最小直径/mm
一	纵向钢筋直径的6倍和100中的较小值	10
二	纵向钢筋直径的8倍和100中的较小值	8
三	纵向钢筋直径的8倍和150(柱根100)中的较小值	8
四	纵向钢筋直径的8倍和150(柱根100)中的较小值	6(柱根8)

注：柱根是指柱下端的箍筋加密区范围。

3）柱的箍筋加密范围，应按下列规定采用：柱端，取截面高度（圆柱直径），柱净高的1/6和500mm三者的最大值；底层柱，柱根不小于柱净高的1/3，以及刚性地面上下各500mm；剪跨比不大于2的柱、因设置填充墙等形成的柱净高与柱截面高度之比不大于4的柱、框支柱、一级和二级框架的角柱，取全高。

4）柱箍筋加密区箍筋肢距，一级不宜大于200mm，二、三级不宜大于250mm和20倍箍筋直径的较大值，四级不宜大于300mm。至少每隔一根纵向钢筋宜在两个方向有箍筋或拉筋约束；采用拉筋复合箍时，拉筋宜紧靠纵向钢筋并勾住箍筋。

5）箍筋加密区箍筋的体积配箍率应符合下列规定

$$\rho_v \geqslant \lambda_v \frac{f_c}{f_{yv}} \tag{8-33}$$

式中 ρ_v——柱箍筋加密区的体积配筋率，一级不应小于0.8%，二级不应小于0.6%，三、四级不应小于0.4%；

λ_v——最小配箍特征值，见表8-34。

表8-34 柱箍筋加密区的箍筋最小配箍特征值

抗震等级	箍筋形式	柱轴压比								
		0.3	0.4	0.5	0.6	0.7	0.8	0.9	1.0	1.05
一	普通箍、复合箍	0.10	0.11	0.13	0.15	0.17	0.20	0.23	—	—
二	普通箍、复合箍	0.08	0.09	0.11	0.13	0.15	0.17	0.19	0.22	0.24
三、四	普通箍、复合箍	0.06	0.07	0.09	0.11	0.13	0.15	0.17	0.20	0.22

6）柱箍筋非加密区的箍筋配置，应符合下列要求：柱箍筋非加密区的体积配箍率不应小于加密区的50%；箍筋间距，一、二级框架柱不应大于10倍纵向钢筋直径，三、四级框架柱不应大于15倍的钢筋直径。

6. 框架梁柱节点设计

一、二、三级抗震等级的框架应进行节点核心区抗震受剪承载力验算，四级抗震等级的框架节点可不进行计算，但应符合抗震构造措施的要求。

(1) 节点核心区剪力设计值 为了实现强节点，二、三级抗震等级的框架梁柱节点核心区的剪力设计值，应按下列规定计算：

顶层中间节点和端节点
$$V_j = \frac{\eta_{jb} \sum M_b}{h_{b0} - a'_s} \tag{8-34}$$

其他层中间节点和端节点
$$V_j = \frac{\eta_{jb} \sum M_b}{h_{b0} - a'_s}\left(1 - \frac{h_{b0} - a'_s}{H_c - h_b}\right) \tag{8-35}$$

式中 $\sum M_b$——节点左右梁端截面逆时针或顺时针方向组合的弯矩设计值之和；

η_{jb}——节点剪力增大系数，对于框架结构，一级取1.50，二级取1.35，三级取1.20；

h_{b0}、h_b——梁的截面有效高度、截面高度，当节点两侧梁高不相同时，取其平均值；

H_c——节点上柱和下柱反弯点之间的距离；

a'_s——梁纵向受压钢筋合力点至截面近边的距离。

（2）框架梁柱核心区的截面尺寸

$$V_j \leqslant \frac{1}{\gamma_{RE}}(0.3\eta_j\beta_c f_c b_j h_j) \tag{8-36}$$

式中 h_j——框架节点核心区的截面高度，可取验算方向的柱截面高度 h_c；

b_j——框架节点核心区的截面有效验算宽度，当 b_b 不小于 $b_c/2$ 时，可取 b_c；

η_j——正交梁对节点的约束影响系数，当楼板为现浇，梁柱中线重合、四侧各梁截面宽度不小于该侧柱截面宽度1/2，且正交方向梁高度不小于较高框架梁高度的3/4，可取 η_j 为1.5，当不满足上述条件时，应取 η_j 为1.0。

（3）框架梁柱节点的抗震受剪承载力计算　除9度设防的一级抗震等级框架外，框架梁柱节点的抗震受剪承载力计算公式为

$$V_j \leqslant \frac{1}{\gamma_{RE}}\left(1.1\eta_j f_c b_j h_j + 0.05\eta_j N \frac{b_j}{b_c} + f_{yv} A_{svj} \frac{h_{b0} - a'_s}{s}\right)$$

式中 N——对应于考虑地震组合剪力设计值的节点上柱底部的轴向力设计值，当 N 为压力时，取轴向压力设计值的较小值，且当 N 大于 $0.5f_c b_c h_c$ 时，取 $0.5f_c b_c h_c$，当 N 为拉力时，取为0；

A_{svj}——核心区有效验算宽度范围内同一截面验算方向箍筋各肢的全部截面面积；

h_{b0}——框架梁截面有效高度，当节点两侧梁高不相同时，取其平均值。

（4）框架梁柱节点配筋构造要求　框架中间层中间节点处，框架梁的上部纵向钢筋应贯穿中间节点。贯穿中柱的每根纵向梁筋直径，对一、二、三级抗震等级，当柱为矩形截面时，不宜大于柱在该方向截面尺寸的1/20。框架节点核心区箍筋的最大间距和最小直径和柱相同；一、二、三级框架节点核心区配箍特征值分别不宜小于0.12、0.10、0.08，且体积配箍率分别不宜小于0.6%、0.5%、0.4%。柱剪跨比不大于2的框架节点核心区，体积配箍率不宜小于核心区上下柱端的较大体积配箍率。

7. 配筋计算结果

框架柱正截面压弯（一般组合）、框架柱正截面压弯（考虑地震作用组合）配筋计算见表8-35～表8-47，框架柱斜截面配筋计算见表8-48，框架梁柱节点验算见表8-49。计算说明如下：

1）l_c 为柱的计算高度，首层取柱高4.9m，其他层取柱高的1.25倍，即1.25×3.6m =

4.5m。

2）柱下端和上端的弯矩较大值为 M_2，较小值为 M_1。

三、四层 $i=\sqrt{\frac{I}{A}}=\frac{h}{\sqrt{12}}=\frac{500}{\sqrt{12}}\text{mm}=144.3\text{mm}$，$\frac{l_c}{i}=\frac{4500}{144.3}=31.18$。

柱轴压比最大值 $\frac{N}{f_c A}=\frac{1750800}{14.3\times600\times600}=0.34$，均小于 0.9。

一、二层 $\frac{M_2}{M_1}>0.9$，可直接判断需考虑附加弯矩影响。

3）e_a 取 20mm 和 $\frac{h}{30}=\frac{500}{30}\text{mm}=16.7\text{mm}$ 或 $\frac{h}{30}=\frac{600}{30}\text{mm}=20\text{mm}$ 的较大值，故各柱均取 20mm。

4）在计算 η_{ns} 时，N 值取小值，因为大偏心受压构件当 N 值较小时容易破坏。

5）B 柱底层 $\zeta_c=\frac{0.5f_c A}{N}=\frac{0.5\times14.3\times600\times600}{1750800}=1.47>1.0$，其他柱轴力均小于 B 柱底层，所以 $\zeta_c>1.0$。

6）当调整过后的弯矩值小于 M_2 时，取 M_2 的值。

7）判断偏心类别时，$\xi_b=0.55$，$\xi_b h_0=0.55\times450\text{mm}=247.5\text{mm}$，或 $\xi_b h_0=0.55\times550\text{mm}=302.5\text{mm}$。

8. 柱箍筋加密区体积配箍率验算

柱轴压比最大值为 0.31，故二级抗震等级 λ_v 均取 0.08。

$\rho_v=\frac{n_1 A_{s1} l_1+n_2 A_{s2} l_2}{A_{cor} S}$（该公式中字母含义见《混凝土结构设计规范》第 6.6.3 条）

三、四层 A、B 柱

$$\rho_v=\frac{n_1 A_{s1} l_1+n_2 A_{s2} l_2}{A_{cor} S}=\frac{3\times50.24\times460+3\times50.24\times460}{460\times460\times100}\times100\%=0.66\%\begin{cases}>0.6\%\\>\lambda_v\frac{f_c}{f_{yv}}=0.08\times\frac{14.3}{270}=0.42\%\end{cases}$$

一、二层 A、B 柱

$$\rho_v=\frac{n_1 A_{s1} l_1+n_2 A_{s2} l_2}{A_{cor} S}=\frac{4\times50.24\times560+4\times50.24\times560}{560\times560\times100}\times100\%=0.72\%\begin{cases}>0.6\%\\>\lambda_v\frac{f_c}{f_{yv}}=0.08\times\frac{14.3}{270}=0.42\%\end{cases}$$

故柱箍筋加密区的体积配箍率均满足要求。

9. 节点抗剪验算

二级抗震等级 λ_v 均取 0.1。三、四层 A、B 柱：$\rho_v=0.66\%$；一层 A 柱、二层 A、B 柱：$\rho_v=0.72\%$；一层 B 柱：$\rho_v=0.80\%$；均大于 0.5% 和 $\lambda_v\frac{f_c}{f_{yv}}=0.1\times\frac{14.3}{270}=0.53\%$。故节点箍筋配置满足要求。

一榀框架配筋图见附图 20（见书后插页）。

表 8-35 框架柱正截面压弯 $|M_{max}|$ （一般组合）

柱类别	层次	$b \times h$ /(mm×mm)	l_c/m	l_c/h	柱截面	组合力		判断是否考虑附加弯矩			计算构件弯矩设计值			
						M/(kN·m)	N/kN	$\frac{M_1}{M_2}$	$\frac{l_c}{i}$	$34-12\frac{M_1}{M_2}$	h_0/mm	C_m	η_{ns}	M/(kN·m)
A柱	四层	500×500	4.50	9.00	上端 M_2	58.33	359.51	0.84	31.18	23.92	450	0.952	1.154	64.08
					下端 M_1	48.80	352.22							
	三层	500×500	4.50	9.00	上端 M_2	48.53	658.69	0.81	31.18	24.28	450	0.943	1.309	59.90
					下端 M_1	39.50	687.42							
	二层	600×600	4.50	7.50	上端 M_2	70.05	991.12	0.93			550	0.979	1.271	87.16
					下端 M_1	65.47	1032.08							
	一层	600×600	4.90	8.17	上端 M_2	52.64	1332.98	0.95			550	0.985	1.488	77.15
					下端 M_1	49.85	1388.72							
B柱	四层	500×500	4.50	9.00	上端 M_2	49.45	364.76	0.86	31.8	23.68	450	0.958	1.192	56.47
					下端 M_1	42.25	393.49							
	三层	500×500	4.50	9.00	上端 M_2	43.49	799.37	0.86	31.18	23.68	450	0.958	1.387	57.79
					下端 M_1	37.25	828.09							
	二层	600×600	4.50	7.50	上端 M_2	64.24	1229.52	0.97			550	0.991	1.337	85.12
					下端 M_1	62.35	1270.48							
	一层	600×600	4.90	8.17	上端 M_2	54.35	1669.20	0.92			550	0.976	1.548	82.11
					下端 M_1	50.09	1721.54							

表 8-36 框架柱正截面压弯 $|M_{max}|$ （一般组合）配筋

柱类别	楼层	$b \times h$ /(mm × mm)	组合内力		判断偏心类别				计算钢筋面积				
			M/(kN · m)	N/kN	x/mm	$\xi_b h_0$/mm	$2a'_s$/mm	偏心类别	e_0/mm	e_i/mm	e/mm	e'/mm	$A_s = A'_s$/mm^2
A柱	四层	500 × 500	64.08	352.22	49.26	247.50	100	大偏心	181.94	201.94		1.94	5.69
	三层	500 × 500	59.90	658.69	92.12	247.50	100	大偏心	90.95	110.95		−89.05	<0
	二层	600 × 600	87.16	991.12	115.52	302.50	100	大偏心	87.94	107.94	357.94		<0
	一层	600 × 600	77.15	1332.98	155.36	302.50	100	大偏心	57.88	77.88	327.88		<0
B柱	四层	500 × 500	56.47	364.76	51.06	247.50	100	大偏心	154.81	174.81		−25.19	<0
	三层	500 × 500	57.79	799.37	111.80	247.50	100	大偏心	72.29	92.29	292.29		<0
	二层	600 × 600	85.12	1229.52	143.30	302.50	100	大偏心	69.23	89.23	339.23		<0
	一层	600 × 600	82.11	1669.20	194.55	302.50	100	大偏心	49.19	69.19	319.19		<0

表 8-37 框架柱正截面压弯 $|N_{max}|$（一般组合）

柱类别	楼层	$b \times h$ /(mm×mm)	l_c/m	l_c/h	柱截面	组合力		判断是否考虑附加弯矩			计算构件弯矩设计值			
						M/(kN·m)	N/kN	$\frac{M_1}{M_2}$	$\frac{l_c}{i}$	$34-12\frac{M_1}{M_2}$	h_0/mm	C_m	η_{ns}	M/(kN·m)
A柱	四层	500×500	4.50	9.00	上端 M_2	58.33	359.51	0.83	31.18	24.06	450	0.948	1.166	64.48
					下端 M_1	48.31	391.83							
	三层	500×500	4.50	9.00	上端 M_2	40.25	7171.11	0.82	31.18	24.20	450	0.945	1.380	52.51
					下端 M_1	32.88	749.43							
	二层	600×600	4.50	7.50	上端 M_1	57.31	1074.54	0.995			550	0.999	1.334	76.50
					下端 M_2	57.47	1120.61							
	一层	600×600	4.90	8.17	上端 M_2	32.19	1445.45	0.58	28.29	27.00	550	0.875	1.683	47.41
					下端 M_1	18.80	1508.16							
B柱	四层	500×500	4.50	9.00	上端 M_2	47.62	403.43	0.83	31.18	24.01	450	0.950	1.217	55.05
					下端 M_1	39.64	435.75							
	三层	500×500	4.50	9.00	上端 M_2	33.03	860.58	0.81	31.18	24.31	450	0.942	1.492	46.42
					下端 M_1	26.68	892.90							
	二层	600×600	4.50	7.50	上端 M_2	46.41	1315.79	0.998			550	0.999	1.440	66.77
					下端 M_1	46.31	1361.87							
	一层	600×600	4.90	8.17	上端 M_2	26.20	1784.62	0.57	28.29	27.15	550	0.871	1.826	41.67
					下端 M_1	14.96	1847.33							

表 8-38　框架柱正截面压弯 $|N_{max}|$（一般组合）配筋

柱类别	楼层	$b \times h$ /(mm × mm)	组合内力		判断偏心类别				计算钢筋面积				
			M/(kN · m)	N/kN	x	$\xi_b h_0$	$2a'_s$	偏心类别	e_0/mm	e_i	e	e'	$A_s = A'_s$
A 柱	四层	500 × 500	64. 48	359. 51	50. 28	247. 50	100	大偏压	179. 36	199. 36		−0. 64	<0
	三层	500 × 500	52. 51	717. 11	100. 30	247. 50	100	大偏压	73. 22	93. 22	293. 22		<0
	二层	600 × 600	76. 50	1074. 54	125. 24	302. 50	100	大偏压	71. 19	91. 19	341. 19		<0
	一层	600 × 600	47. 41	1445. 45	168. 47	302. 50	100	大偏压	32. 80	52. 80	302. 80		<0
B 柱	四层	500 × 500	55. 05	403. 43	56. 42	247. 50	100	大偏压	136. 45	156. 45		−43. 55	<0
	三层	500 × 500	46. 42	860. 58	120. 36	247. 50	100	大偏压	53. 94	73. 94	273. 94		<0
	二层	600 × 600	66. 77	1315. 79	153. 35	302. 50	100	大偏压	50. 75	70. 75	320. 75		<0
	一层	600 × 600	41. 67	1784. 62	208. 00	302. 50	100	大偏压	23. 35	43. 35	293. 35		<0

表8-39 框架柱正截面压弯 $|N_{min}|$（一般组合）

柱类别	楼层	$b \times h$ /(mm×mm)	l_c/m	l_c/h	柱截面	组合内力 M/(kN·m)	组合内力 N/kN	判断是否考虑附加弯矩 $\frac{M_1}{M_2}$	判断是否考虑附加弯矩 $\frac{l_c}{i}$	判断是否考虑附加弯矩 $34-12\frac{M_1}{M_2}$	计算构件弯矩设计值 h_0/mm	计算构件弯矩设计值 C_m	计算构件弯矩设计值 η_{ns}	计算构件弯矩设计值 M/(kN·m)
A柱	四层	500×500	4.50	9.00	上端 M_2	58.31	323.50	0.837	31.18	23.96	450	0.951	1.15	63.84
					下端 M_1	48.80	352.22							
	三层	500×500	4.50	9.00	上端 M_2	48.53	658.69	0.814	31.18	24.23	450	0.944	1.31	60.00
					下端 M_1	39.50	687.42							
	二层	600×600	4.50	7.50	上端 M_2	70.05	991.12	0.935			550	0.980	1.27	87.28
					下端 M_1	65.47	1032.08							
	一层	600×600	4.90	8.17	上端 M_2	52.64	1332.98	0.947			550	0.984	1.49	77.09
					下端 M_1	49.85	1388.72							
B柱	四层	500×500	4.50	9.00	上端 M_2	49.45	364.76	0.854	31.18	22.75	450	0.956	1.19	56.39
					下端 M_1	42.25	393.49							
	三层	500×500	4.50	9.00	上端 M_2	43.49	799.37	0.857	31.18	23.72	450	0.957	1.39	57.71
					下端 M_1	37.25	828.09							
	二层	600×600	4.50	7.50	上端 M_2	64.24	1229.53	0.971			550	0.991	1.34	85.15
					下端 M_1	62.35	1270.48							
	一层	600×600	4.90	8.17	上端 M_2	54.35	1669.20	0.927			550	0.978	1.55	82.27
					下端 M_1	50.09	1721.54							

表 8-40 框架柱正截面压弯 $|N_{min}|$（一般组合）配筋

柱类别	楼层	$b \times h$ /(mm×mm)	组合内力		判断偏心类别				计算钢筋面积				
			M/(kN·m)	N/kN	x	$\xi_b h_0$	$2a'_s$	偏心类别	e_0/mm	e_i	e	e'	$A_s = A'_s$
A柱	四层	500×500	63.84	323.50	45.24	247.50	100	大偏心	197.3	217.30		17.30	47
	三层	500×500	60.00	658.90	92.15	247.50	100	大偏心	91.10	111.10		-88.90	<0
	二层	600×600	82.28	991.72	115.59	302.50	100	大偏心	83.00	103.00	353.00		716
	一层	600×600	77.07	1332.98	155.36	302.50	100	大偏心	57.80	77.80	327.80		915
B柱	四层	500×500	56.39	364.76	51.02	247.50	100	大偏心	154.60	174.60		-25.40	<0
	三层	500×500	57.71	799.37	111.80	247.50	100	大偏心	72.20	92.20	292.20		670
	二层	600×600	85.15	1229.53	143.30	302.50	100	大偏心	69.30	89.30	339.30		889
	一层	600×600	82.27	1669.20	194.58	302.50	100	大偏心	49.30	69.30	319.30		1270

表 8-41 框架柱正截面压弯 $|M_{max}|$（地震组合）

柱类别	楼层	$b \times h$ /(mm × mm)	l_c/m	l_c/h	柱截面	组合内力		判断是否考虑附加弯矩			计算构件弯矩设计值			
						M/(kN·m)	N/kN	$\frac{M_1}{M_2}$	$\frac{l_c}{i}$	$34-12\frac{M_1}{M_2}$	h_0/mm	C_m	η_{ns}	M/(kN·m)
A柱	四层	500×500	4.50	9.00	上端 M_2	161.87	343.43	0.783	31.18	24.61	450	0.935	1.06	161.87
					下端 M_1	126.67	372.15							
	三层	500×500	4.50	9.00	上端 M_2	262.65	712.98	0.712	31.18	25.46	450	0.913	1.07	262.65
					下端 M_1	186.9	742.07							
	二层	600×600	4.50	7.50	上端 M_1	388.18	997.41	0.961			550			404.10
					下端 M_2	404.10	1038.36							
	一层	600×600	4.90	8.17	上端 M_1	296.25	1509.34	0.422	25.98	28.93	550			701.45
					下端 M_2	701.45	1565.08							
B柱	四层	500×500	4.50	9.00	上端 M_2	185.19	337.12	0.623	31.18	26.52	450	0.887	1.05	185.19
					下端 M_1	115.31	365.84							
	三层	500×500	4.50	9.00	上端 M_2	311.25	683.74	0.793	31.18	24.48	450	0.938	1.06	311.25
					下端 M_1	246.84	712.47							
	二层	600×600	4.50	7.50	上端 M_1	512.66	1014.10	0.905			550			566.75
					下端 M_2	566.75	1055.05							
	一层	600×600	4.90	8.17	上端 M_1	415.48	1335.69	0.591	25.98	26.90	550			702.63
					下端 M_2	702.63	1391.43							

表 8-42　框架柱正截面压弯 $|M_{max}|$（地震组合）配筋

柱类别	楼层	$b\times h$ /(mm×mm)	组合内力		轴压比	γ_{RE}	判断偏心类别				计算钢筋面积				
			M/(kN·m)	N/kN			x	$\xi_b h_0$	$2a'_s$	偏心类型	e_0/mm	e_i	e	e'	$A_s=A'_s$
A柱	四层	500×500	161.87	343.43	0.10	0.75	36.02	247.50	100	大偏压	471.33	491.33		291.30	625.30
	三层	500×500	262.65	712.98	0.20	0.80	79.78	247.50	100	大偏压	368.38	388.38		188.40	895.50
	二层	600×600	404.10	997.41	0.20	0.80	93.00	302.50	100	大偏压	405.15	425.15		175.20	1164.60
	一层	600×600	701.45	1509.34	0.30	0.80	140.73	302.50	100	大偏压	464.74	484.74	734.40		1265.00
B柱	四层	500×500	185.19	337.12	0.10	0.75	35.36	247.50	100	大偏压	549.33	569.33		369.30	778.10
	三层	500×500	311.25	683.74	0.20	0.80	76.50	247.50	100	大偏压	455.22	475.22		275.20	1254.40
	二层	600×600	566.75	1014.11	0.20	0.80	94.55	302.50	100	大偏压	558.87	578.87		328.87	2223.40
	一层	600×600	702.63	1335.69	0.26	0.80	124.54	302.50	100	大偏压	526.04	546.04	796.00		1466.00

表 8-43 框架柱正截面压弯 $|N_{max}|$（地震组合）

柱类别	楼层	$b \times h$ /(mm×mm)	l_c/m	l_c/h	柱截面	组合内力		判断是否考虑附加弯矩			计算构件弯矩设计值			
						M/(kN·m)	N/kN	$\frac{M_1}{M_2}$	$\frac{l_c}{i}$	$34-12\frac{M_1}{M_2}$	h_0/mm	C_m	η_{ns}	M/(kN·m)
A 柱	四层	500×500	4.50	9.00	上端 M_2	161.87	343.43	0.783	31.18	24.61	450	0.935	1.06	161.87
					下端 M_1	126.67	372.15							
	三层	500×500	4.50	9.00	上端 M_2	262.65	712.98	0.712	31.18	25.46	450	0.913	1.07	262.65
					下端 M_1	186.90	742.07							
	二层	600×600	4.50	7.50	上端 M_1	388.18	997.41	0.961			550			404.10
					下端 M_2	404.10	1038.36							
	一层	600×600	4.90	8.17	上端 M_1	296.25	1059.34	0.422	25.98	28.93	550	0.827	1.00	701.45
					下端 M_2	701.45	1565.08							
B 柱	四层	500×500	4.50	9.00	上端 M_2	185.19	369.90	0.817	31.18	24.20	450	0.945	1.06	185.19
					下端 M_1	151.31	398.63							
	三层	500×500	4.50	9.00	上端 M_2	311.25	792.21	0.793	31.18	24.48	450	0.938	1.07	312.50
					下端 M_1	246.84	820.94							
	二层	600×600	4.50	7.50	上端 M_1	512.66	1227.48	0.905			550			566.25
					下端 M_2	566.75	1268.44							
	一层	600×600	4.90	8.17	上端 M_1	415.48	1695.06	0.591	25.98	26.90	550	0.877	1.00	702.63
					下端 M_2	702.63	1750.80							

表 8-44　框架柱正截面压弯 $|N_{max}|$（地震组合）配筋

柱类别	楼层	$b \times h$ /(mm × mm)	组合内力		轴压比	γ_{RE}	判断偏心类别				计算钢筋面积				
			M/(kN · m)	N/kN			x	$\xi_b h_0$	$2a'_s$	偏心类型	e_0/mm	e_i	e	e'	$A_s = A'_s$
A 柱	四层	500 × 500	161. 87	343. 43	0. 10	0. 75	36. 02	247. 50	100	大偏压	471. 33	491. 33		291. 30	625. 30
	三层	500 × 500	262. 65	712. 98	0. 20	0. 80	79. 72	247. 50	100	大偏压	368. 38	388. 38		188. 40	895. 50
	二层	600 × 600	404. 10	997. 41	0. 20	0. 80	93. 00	302. 50	100	大偏压	405. 15	425. 15		175. 15	1164. 60
	一层	600 × 600	701. 45	1059. 34	0. 20	0. 80	98. 77	302. 50	100	大偏压	662. 16	682. 16		432. 16	3052. 00
B 柱	四层	500 × 500	185. 19	369. 90	0. 10	0. 75	38. 80	247. 50	100	大偏压	500. 65	520. 65		320. 65	741. 20
	三层	500 × 500	312. 50	792. 21	0. 22	0. 80	88. 64	247. 50	100	大偏压	394. 47	414. 47		214. 47	1132. 70
	二层	600 × 600	566. 25	1227. 48	0. 24	0. 80	110. 45	302. 50	100	大偏压	461. 31	481. 31	741. 40		938. 20
	一层	600 × 600	702. 63	1695. 06	0. 33	0. 80	158. 05	302. 50	100	大偏压	414. 52	434. 52	684. 50		1089. 10

表 8-45　框架柱正截面压弯 $|N_{min}|$（地震组合）

柱类别	楼层	$b \times h$ /(mm×mm)	l_c/m	l_c/h	柱截面	组合内力		判断是否考虑附加弯矩			计算构件弯矩设计值			
						M /(kN·m)	N/kN	$\frac{M_1}{M_2}$	$\frac{l_c}{i}$	$34-12\frac{M_1}{M_2}$	h_0/mm	C_m	η_{ns}	M /(kN·m)
A 柱	四层	500×500	4.50	9.00	上端 M_2	161.87	288.59	0.78	31.18	24.61	450	0.935	1.05	161.87
					下端 M_1	126.67	317.32							
	三层	500×500	4.50	9.00	上端 M_2	262.65	525.49	0.71	31.18	25.46	450	0.913	1.06	262.65
					下端 M_1	186.90	554.58							
	二层	600×600	4.50	7.50	上端 M_1	388.18	848.51	0.96			550			404.10
					下端 M_2	404.10	889.46							
	一层	600×600	4.90	8.17	上端 M_1	296.25	967.29	0.42	25.98	28.93	550			701.45
					下端 M_2	701.45	1023.03							
B 柱	四层	500×500	4.50	9.00	上端 M_2	185.19	337.12	0.82	31.18	24.20	450	0.945	1.05	185.19
					下端 M_1	151.31	365.84							
	三层	500×500	4.50	9.00	上端 M_2	311.25	683.74	0.79	31.18	24.48	450	0.938	1.06	311.25
					下端 M_1	246.84	712.47							
	二层	600×600	4.50	7.50	上端 M_1	512.66	1014.10	0.90			550			566.75
					下端 M_2	566.75	1055.05							
	一层	600×600	4.90	8.17	上端 M_1	415.48	1335.69	0.59	25.98	26.90	550			702.63
					下端 M_2	702.63	1391.43							

表 8-46 框架柱正截面压弯 $|N_{min}|$（地震组合）配筋

柱类别	楼层	$b\times h$ /(mm×mm)	组合内力		轴压比	γ_{RE}	判断偏心类别				计算钢筋面积				
			M/(kN·m)	N/kN			x	$\xi_b h_0$	$2a'_s$	偏心类型	e_0/mm	e_i	e	e'	$A_s=A'_s$
A 柱	四层	500×500	161.87	288.59	0.08	0.75	30.27	247.50	100	大偏心	560.90	580.90		380.90	687.02
	三层	500×500	262.65	525.49	0.147	0.75	55.12	247.50	100	大偏心	499.82	519.82		319.80	1050.32
	二层	600×600	404.10	848.51	0.165	0.80	79.12	302.50	100	大偏心	476.25	496.25		246.25	1392.97
	一层	600×600	701.45	967.29	0.188	0.80	90.19	302.50	100	大偏心	725.17	745.17		495.17	3193.15
B 柱	四层	500×500	185.19	337.12	0.09	0.75	35.36	247.50	100	大偏心	549.33	569.33		369.30	778.11
	三层	500×500	311.25	683.74	0.191	0.80	76.50	247.50	100	大偏心	455.22	475.22		275.20	1254.43
	二层	600×600	566.75	1014.1	0.197	0.80	94.55	302.50	100	大偏心	558.87	578.87		328.87	2223.38
	一层	600×600	702.63	1335.7	0.259	0.80	124.54	302.50	100	大偏心	526.04	546.04	796		2196.02

表 8-47 弯矩比较并配筋

柱类别	楼层	$b\times h$ /(mm×mm)	一般组合			地震组合			钢筋面积最大值 /mm²	每侧选配钢筋 /mm²	实配钢筋面积 /mm²
			$\lvert M_{max}\rvert$ /(kN·m)	$\lvert N_{max}\rvert$ /kN	$\lvert N_{min}\rvert$ /kN	$\lvert M_{max}\rvert$ /(kN·m)	$\lvert N_{max}\rvert$ /kN	$\lvert N_{min}\rvert$ /kN			
A 柱	四层	500×500	5.69	<0	47.00	625.30	625.30	687.02	687.02	4Φ18	1018
	三层	500×500	<0	<0	<0	895.50	895.50	1050.32	1050.32	4Φ20	1256
	二层	600×600	<0	<0	716.00	1164.60	1164.60	1392.97	1392.97	4Φ22	1521
	一层	600×600	<0	<0	915.00	1265.00	3052.00	3193.15	3193.15	5Φ25+2Φ22	3214
B 柱	四层	500×500	<0	<0	<0	778.10	741.20	778.11	778.11	4Φ18	1018
	三层	500×500	<0	<0	670.00	1254.40	1132.70	1254.43	1254.43	4Φ20	1256
	二层	600×600	<0	<0	889.00	2223.40	938.20	2223.38	2223.38	5Φ25	2454
	一层	600×600	<0	<0	1270.00	1466.00	1089.10	2196.02	2196.02	5Φ25	2454

注：全部钢筋的最小配筋率：$0.8\%bh=0.8\%\times500\times500mm^2=2000mm^2$（三、四层），$0.8\%bh=0.8\%\times600\times600mm^2=2880mm^2$（一、二层）。

表 8-48　框架柱抗剪计算（地震组合）

柱类别	楼层	N/kN	V/kN	$\gamma_{RE}V$/kN	$\frac{1.05}{\lambda+1}f_t bh_0+0.056N$		$\frac{A_{sv}}{s}$	实配箍筋	实配$\frac{A_{sv}}{s}$	满足构造要求的配箍	加密区高度
A柱	四层	288.59	104.20	88.57	104.62	按构造配筋		采用3肢 Φ8@200		加密区Φ8@100 非加密区Φ8@200	柱端上下各600mm
	三层	525.49	162.33	137.98	117.89	按计算配筋	0.17	采用3肢 Φ8@200	0.75	加密区Φ8@100 非加密区Φ8@200	柱端上下各600mm
	二层	848.51	286.10	243.19	135.98	按计算配筋	0.72	采用4肢 Φ8@200	1.00	加密区Φ8@100 非加密区Φ8@200	柱端上下各600mm
	一层	967.29	264.70	225.00	142.63	按计算配筋	0.55	采用4肢 Φ8@200	1.00	加密区Φ8@100 非加密区Φ8@200	柱端上600mm 柱端下1650mm
B柱	四层	337.12	121.51	103.28	107.34	按构造配筋		采用3肢 Φ8@200		加密区Φ8@100 非加密区Φ8@200	柱端上下各600mm
	三层	683.74	201.53	171.30	126.75	按计算配筋	0.37	采用3肢 Φ8@200	0.75	加密区Φ8@100 非加密区Φ8@200	柱端上下各600mm
	二层	1014.10	389.79	331.32	145.25	按计算配筋	1.25	采用4肢 Φ8@150	1.33	加密区Φ8@100 非加密区Φ8@150	柱端上下各600mm
	一层	1335.69	296.64	252.14	163.26	按计算配筋	0.60	采用4肢 Φ8@200	1.00	加密区Φ8@100 非加密区Φ8@200	柱端上600mm 柱端下1650mm

表 8-49　节点配筋验算

楼层	节点	强节点剪力调整计算						截面尺寸验算						配置箍筋后节点抗剪承载力计算				结论
		η_{jb}	$\sum M_b$ /(kN·m)	h_b /mm	h_{b0} /mm	H_c /m	V_j /kN	γ_{RE}	η_j	b_j /mm	h_j /mm	V_{jmax} /kN	判断	N /kN	A_{svj}	s /mm	V_j kN	
四层	A4	1.35	172.8	700	660		376.3	0.85	1.5	500	500	1892.6	满足	218.5	150.7	100	1010.0	满足
	B4	1.35	200.0	600	560		519.2	0.85	1.5	500	500	1892.6	满足	243.9	150.7	100	964.4	满足
三层	A3	1.35	350.2	700	660	3.6	599.5	0.85	1.5	500	500	1892.6	满足	317.32	150.7	100	1018.8	满足
	B3	1.35	415.0	600	560	3.6	890.7	0.85	1.5	500	500	1892.6	满足	365.84	150.7	100	975.2	满足
二层	A2	1.35	383.4	700	660	3.6	656.3	0.85	1.5	600	600	2725.4	满足	554.58	201	100	1444.1	满足
	B2	1.35	506.3	600	560	3.6	1086.7	0.85	1.5	600	600	2725.4	满足	712.47	201	100	1394.2	满足
一层	A1	1.35	466.9	700	660	4.25	839.1	0.85	1.5	600	600	2725.4	满足	889.46	201	100	1473.7	满足
	B1	1.35	654.8	600	560	4.25	1457.8	0.85	1.5	600	600	2725.4	满足	1055.05	201	100 (90)	1424.4 (1461)	不满足 (满足)

注：从表 8-49 可以看出，节点配箍如果和柱加密区一样，*B*1 节点抗剪承载力不满足要求。需要重新进行配筋。*B*1 节点配筋间距由 100 改为 90，计算剪力承载力为 1461kN，大于 1457.8kN。

9

第9章

柱下独立（联合）基础设计

地基基础设计是土木工程结构设计的重要组成部分，必须根据上部结构条件（建筑物的用途和安全等级、建筑布置、上部结构类型等）和工程地质条件（建筑场地、地基岩土和气候条件等），结合考虑其他方面的要求（工期、施工条件、造价和节约资源等），合理选择地基基础方案，因地制宜、精心设计，以确保建筑物和构筑物的安全和正常使用。

9.1 浅基础的设计内容与步骤

浅基础设计的内容与步骤如下：

1）初步设计基础的结构形式、材料与平面布置。

2）确定基础的埋置深度 d。

3）计算地基承载力特征值 f_{ak}，并经深度和宽度修正，确定修正后的地基承载力特征值 f_a。

4）根据作用在基础顶面荷载 F 和深宽修正后的地基承载力特征值，计算基础的底面积。

5）若地基持力层下部存在软弱土层时，则需验算软弱下卧层的承载力。

6）计算基础高度并确定剖面形状。

7）地基基础设计等级为甲、乙级建筑物和部分丙级建筑物应计算地基的变形。

8）验算建筑物或构筑物的稳定性。

9）基础细部结构和构造设计。

10）绘制基础施工图。

如果步骤1）~7）中有不满足要求的情况，可对基础设计进行调整，如采取加大基础埋置深度 d 或加大基础宽度 b 等措施，直到全部满足要求为止。

9.2 地基基础设计基本规定

9.2.1 地基基础设计等级

GB 50007—2011《建筑地基基础设计规范》（以下简称《地基基础规范》）规定：地基基础设计应根据地基复杂程度、建筑物规模和功能特征以及由于地基问题可能造成建筑物破坏或影响正常使用的程度分为三个设计等级，设计时应根据具体情况，按表 9-1 选用。

表 9-1 地基基础设计等级

设计等级	建筑和地基类型
甲级	重要的工业与民用建筑物 30 层以上的高层建筑 体型复杂，层数相差超过 10 层的高低层连成一体建筑物 大面积的多层地下建筑物（如地下车库、商场、运动场等） 对地基变形有特殊要求的建筑物 复杂地质条件下的坡上建筑物（包括高边坡） 对原有工程影响较大的新建建筑物 场地和地基条件复杂的一般建筑物 位于复杂地质条件及软土地区的二层及二层以上地下室的基坑工程 开挖深度大于 15m 的基坑工程 周边环境条件复杂、环境保护要求高的基坑工程
乙级	除甲级、丙级以外的工业与民用建筑物 除甲级、丙级以外的基坑工程
丙级	场地和地基条件简单、荷载分布均匀的七层及七层以下民用建筑及一般工业建筑；次要的轻型建筑物 非软土地区且场地地质条件简单、基坑周边环境条件简单、环境保护要求不高且开挖深度小于 5.0m 的基坑工程

9.2.2 地基计算的规定

根据建筑物地基基础设计等级及长期荷载作用下地基变形对上部结构的影响程度，地基基础设计应符合下列规定：

1）所有建筑物的地基计算均应满足承载力计算的有关规定。

2）设计等级为甲级、乙级的建筑物，均应按地基变形设计。

3）表 9-2 所列范围内设计等级为丙级的建筑物可不作变形验算，如有下列情况之一时，仍应作变形验算：①地基承载力特征值小于 130kPa，且体型复杂的建筑；②在基础上及其附近有地面堆载或相邻基础荷载差异较大，可能引起地基产生过大的不均匀沉降时；③软弱地基上的建筑物存在偏心荷载时；④相邻建筑距离过近，可能发生倾斜时；⑤地基内有厚度较大或厚薄不均的填土，其自重固结未完成时。

表 9-2 可不作地基变形计算的设计等级为丙级框架结构房屋

地基主要受力层情况	地基承载力特征值 f_{ak}/kPa	$80 \leqslant f_{ak} < 100$	$100 \leqslant f_{ak} < 130$	$130 \leqslant f_{ak} < 160$	$160 \leqslant f_{ak} < 200$	$200 \leqslant f_{ak} < 300$
	各土层坡度（%）	≤5	≤10	≤10	≤10	≤10
框架结构（层数）		≤5	≤5	≤6	≤6	≤7

注：地基主要受力层系指条形基础底面下深度 $3b$（b 为基础底面宽度），独立基础下为 $1.5b$，且厚度均不小于 5m 的范围（二层以下一般的民用建筑除外）。

4）对经常受水平荷载作用的高层建筑、高耸结构和挡土墙等，以及建造在斜坡上或边坡附近的建筑物和构筑物，尚应验算其稳定性。

5）基坑工程应进行稳定性验算。

6）建筑地下室或地下构筑物存在上浮问题时，尚应进行抗浮验算。

9.2.3 荷载效应最不利组合与相应的抗力限值

在地基基础设计时，荷载效应最不利组合与相应的抗力限值应按下列规定采用：

1）按地基承载力确定基础底面积及埋深，传至基础底面上的作用效应应按正常使用极限状态下作用的标准组合。相应的抗力应采用地基承载力特征值。

2）计算地基变形时，传至基础底面上的作用效应应按正常使用极限状态下作用的准永久组合，不应计入风荷载和地震作用；相应的限值应为地基变形允许值。

3）在确定基础高度、计算基础内力、确定配筋和验算材料强度时，上部结构传来的作用效应和相应的基底反力，应按承载能力极限状态下作用的基本组合，采用相应的分项系数；当需要验算基础裂缝宽度时，应按正常使用极限状态作用的标准组合。

4）基础设计安全等级、结构设计使用年限、结构重要性系数应按有关规范的规定采用，但结构重要性系数（γ_0）不应小于1.0。

地基基础设计时，作用组合的效应设计值应符合下列规定：

1）正常使用极限状态下，标准组合的效应设计值 S_k 应按下式确定

$$S_k = S_{Gk} + S_{Q1k} + \psi_{c2} S_{Q2k} + \cdots + \psi_{ci} S_{Qik} + \cdots + \psi_{cn} S_{Qnk} \tag{9-1}$$

式中 S_{Gk}——永久作用标准值 G_k 的效应；

S_{Qik}——第 i 个可变作用标准值 Q_{ik} 的效应；

ψ_{ci}——第 i 个可变作用 Q_i 的组合值系数，按《建筑结构荷载规范》的规定取值。

2）准永久组合的效应设计值 S_k 应按下式确定

$$S_k = S_{Gk} + \psi_{q1} S_{Q1k} + \psi_{q2} S_{Q2k} + \cdots + \psi_{qci} S_{Qik} + \cdots + \psi_{qn} S_{Qnk} \tag{9-2}$$

式中 ψ_{qci}——第 i 个可变作用的准永久值系数，按《建筑结构荷载规范》的规定取值。

3）承载能力极限状态下，由可变作用控制的基本组合的效应设计值 S_d，应按下式确定

$$S_d = \gamma_G S_{Gk} + \gamma_{Q1} S_{Q1k} + \gamma_{Q2} \psi_{c2} S_{Q2k} + \cdots + \gamma_{Qi} \psi_{ci} S_{Qik} \cdots + \gamma_{Qn} \psi_{cn} S_{Qnk} \tag{9-3}$$

式中 γ_G——永久作用的分项系数，按《建筑结构荷载规范》的规定取值；

γ_{Qi}——第 i 个可变作用的分项系数，按《建筑结构荷载规范》的规定取值。

4）对由永久作用控制的基本组合，也可采用简化规则，基本组合的效应设计值 S_d 可按下式确定

$$S_d = 1.35 S_k \tag{9-4}$$

式中 S_k——标准组合的作用效应设计值。

9.3 地基计算

9.3.1 选择基础的材料、类型，进行基础平面布置

多层框架结构的柱下基础，首先考虑采用柱下钢筋混凝土独立基础，若存在上部结构或场地工程地质条件复杂等因素，可考虑选用双柱联合基础，柱下条形、筏形或箱形基础

（本书仅介绍独立基础和联合基础）。

基础平面布置在柱网平面内，在每个柱位处布置一个单独的基础，即柱下独立基础。若在为相邻两柱分别配置独立基础时，其中一柱靠近建筑界线，或因两柱距离较小，而出现基底面积不足或荷载偏心过大等情况，此时，可考虑采用联合基础。

9.3.2 基础埋置深度的确定

基础埋深是指基础底面至天然地面的距离。基础应埋置于地表以下，除岩石地基外，基础埋深不宜小于0.5m，基础顶面一般至少应低于设计地面0.1m。在保证安全可靠的前提下，基础尽量浅埋。基础的埋置深度，应按下列条件具体确定。

1. 建筑物的功能和用途

确定基础埋深首先应考虑建筑物的功能和用途的要求，如必须设置地下室、带有地下设施、属于半埋式结构物时，基础埋深应满足这些结构的深度要求。

2. 作用在地基上的荷载大小和性质

在按地基承载力确定基础埋深时，需要考虑作用在地基上的荷载大小和性质。多层框架结构的柱间距和层数是影响其荷载大小的最主要因素。一般地，柱间距越大，层数越多，相应的荷载也越大，在确定基础埋深时，则要求的地基承载力也越高。

3. 工程地质条件

为了满足建筑对地基承载力和地基变形的要求，基础应尽可能埋置在较好的持力层上。对于多层框架结构建筑物，可把处于坚硬、硬塑或可塑状态的黏性土层，密实或中密状态的砂土层和碎石土层，以及属于低、中压缩性的其他土层视作良好的土层，否则为软弱土层。

1）当上层地基的承载力大于下层土时，宜利用上层土为持力层。

2）当在地基受力层范围内自上而下都是良好土层时，基础埋深由其他条件和最小埋深确定。

3）当上部为软弱土层而下部为良好土层时，基础的埋深取决于上部软弱土层的厚度。一般来说，软弱土层的厚度小于2m者，应选取下部良好土层作为持力层。

4）当上部软弱土层较厚时，则应考虑采用连续基础、人工地基或深基础方案。

5）当基础埋置在易风化的岩层上，施工时应在基坑开挖后立即铺筑垫层。

4. 水文地质条件

基础宜埋置在地下水位以上，以避免地下水对基坑开挖、基础施工和使用期间的影响。当基础必须埋置在地下水位以下时，应考虑施工期间的基坑降水、坑壁围护是否可能产生流砂或涌水等问题，并采取保护地基土不受扰动的措施。此外设计时还应考虑由于地下水的浮力而引起的基础底板内力的变化。

5. 场地条件

当存在相邻建筑物时，新建建筑物的基础埋深不宜大于原有建筑基础埋深，新、旧基础之间应保持一定净距，其数值不宜小于两者底面高差的1～2倍（土质好时可取低值）。

6. 地基土的冻融条件

1）地基土的冻胀类别分为不冻胀、弱冻胀、冻胀、强冻胀和特强冻胀，可按《地基基础规范》附录G查取。

2）季节性冻土地区基础埋置深度宜大于场地冻结深度。对于深厚季节冻土地区，当建筑基础底面土层为不冻胀、弱冻胀、冻胀土时，基础埋置深度可以小于场地冻结深度，基底允许冻土层最大厚度应根据当地经验确定。没有地区经验时可按《地基基础规范》附录G查取。此时，基础最小埋深 d_{min} 可按下式计算

$$d_{min} = z_d - h_{max} \tag{9-5}$$

式中　h_{max}——基础底面下允许冻土层的最大厚度（m）；

z_d——场地冻结深度（m），当有实测资料时按 $z_d = h' - \Delta z$ 计算，否则应按下式进行计算

$$z_d = z_0 \psi_{zs} \psi_{zw} \psi_{ze} \tag{9-6}$$

式中　h'——最大冻深出现时场地最大冻土层厚度（m）；

Δz——最大冻深出现时场地地表冻胀量（m）；

z_0——标准冻结深度（m）。当无实测资料时，按《地基基础规范》附录F采用；

ψ_{zs}——土的类别对冻深的影响系数，按表9-3采用；

ψ_{zw}——土的冻胀性对冻深的影响系数，按表9-4采用；

ψ_{ze}——环境对冻深的影响系数，按表9-5采用。

表9-3　土的类别对冻深的影响系数

土的类别	影响系数 ψ_{zs}	土的类别	影响系数 ψ_{zs}
黏性土	1.00	中、粗、砾砂	1.30
细砂、粉砂、粉土	1.20	大块碎石土	1.40

表9-4　土的冻胀性对冻深的影响系数

冻胀性	影响系数 ψ_{zw}	冻胀性	影响系数 ψ_{zw}
不冻胀	1.00	强冻胀	0.85
弱冻胀	0.95	特强冻胀	0.80
冻胀	0.90		

表9-5　环境对冻深的影响系数

周围环境	影响系数 ψ_{ze}	周围环境	影响系数 ψ_{ze}
村、镇、旷野	1.00	城市市区	0.90
城市近郊	0.95		

注：环境影响系数一项，当城市市区人口为20万～50万时，按城市近郊取值；当城市市区人口大于50万小于或等于100万时，只计入市区影响；当城市市区人口超过100万时，除计入市区影响外，尚应考虑5km以内的郊区近郊影响系数。

3）在冻胀、强冻胀和特强冻胀地基上采用防冻害措施时应符合下列规定：

① 对在地下水位以上的基础，基础侧表面应回填不冻胀的中、粗砂，其厚度不应小于200mm；对在地下水位以下的基础，可采用桩基础、保温性基础、自锚式基础（冻土层下有扩大板或扩底短桩），也可将独立基础或条形基础做成正梯形的斜面基础。

② 宜选择地势高、地下水位低、地表排水条件好的建筑场地。对低洼场地，建筑物的室外地坪标高应至少高出自然地面300～500mm，其范围不宜小于建筑四周向外各一倍冻深距离的范围。

③ 应做好排水设施，施工和使用期间防止水浸入建筑地基。在山区应设截水沟或在建筑物下设置暗沟，以排走地表水和潜水。

④ 在强冻胀性和特强冻胀性地基上，其基础结构应设置钢筋混凝土圈梁和基础梁，并控制建筑的长高比。

⑤ 当独立基础联系梁下有冻土时，应在梁下留有相当于该土层冻胀量的空隙。

⑥ 外门斗、室外台阶和散水坡等部位宜与主体结构断开，散水坡分段不宜超过 1.5m，坡度不宜小于 3%，其下宜填入非冻胀性材料。

⑦ 对跨年度施工的建筑，入冬前应对地基采取相应的防护措施；按采暖设计的建筑物，当冬季不能正常采暖时，也应对地基采取保温措施。

9.3.3 地基承载力特征值的确定

按照《地基基础规范》，地基承载力特征值可由载荷试验或其他原位测试公式计算，并结合工程实践经验等方法综合确定。

1. 按规范提供的理论公式计算

当偏心距 $e \leqslant 0.033$ 倍基础底面宽度时，根据土的抗剪强度指标确定地基承载力特征值可按下式计算，并应满足变形要求

$$f_a = M_b \gamma b + M_d \gamma_m d + M_d \gamma_m d + M_c c_k \tag{9-7}$$

式中 f_a——由土的抗剪强度指标确定的地基承载力特征值（kPa）；

M_b、M_d、M_c——承载力系数，按表 9-6 确定；

b——基础底面宽度（m），大于 6m 时按 6m 取值，对于砂土小于 3m 时按 3m 取值；

c_k——基底下一倍短边宽度的深度范围内土的黏聚力标准值（kPa）。

γ——基础底面以下土的重度（kN/m^3），地下水位以下取浮重度；

γ_m——基础底面以上土的加权平均重度（kN/m^3），位于地下水位以下的土层取有效重度；

d——基础埋置深度（m），采用独立基础或条形基础时，应从室内地面标高算起。

表 9-6 承载力系数 M_b、M_d、M_c

土的内摩擦角标准值 φ_k(°)	M_b	M_d	M_c
0	0	1.00	3.14
2	0.03	1.12	3.32
4	0.06	1.25	3.51
6	0.10	1.39	3.71
8	0.14	1.55	3.93
10	0.18	1.73	4.17
12	0.23	1.94	4.42
14	0.29	2.17	4.69
16	0.36	2.43	5.00

（续）

土的内摩擦角标准值 φ_k(°)	M_b	M_d	M_c
18	0.43	2.72	5.31
20	0.51	3.06	5.66
22	0.61	3.44	6.04
24	0.80	3.87	6.45
26	1.10	4.37	6.90
28	1.40	4.93	7.40
30	1.90	5.59	7.95
32	2.60	6.35	8.55
34	3.40	7.21	9.22
36	4.20	8.25	9.97
38	5.00	9.44	10.80
40	5.80	10.84	11.73

注：φ_k 为基底下一倍短边宽度的深度范围内土的内摩擦角标准值（°）。

2. 通过载荷试验确定

1）P-S 曲线上有明显直线段时，取直线段的末点所对应的压力（临塑荷载）P_{cr}作为地基承载力特征值。

2）对于少数呈“脆性”破坏的土，P_{cr}与极限荷载 P_u 很接近，故当 $P_u<2P_{cr}$时取 $P_u/2$ 作为地基承载力特征值。

3）对于松砂、填土、可塑性黏土等中、高压缩性土，其 P-S 曲线往往无明显直线段，规范规定可取 $s=(0.01-0.015)b$（b 为承压载荷板的宽度或直径）对应的荷载，但其值不能大于最大加载量的一半。

3. 按规范承载力表格确定

我国各地规范给出了按野外鉴别结果、室内物理力学指标或现场动力触探试验锤击数查取地基承载力特征值的表格，可以按规范表格查取地基承载力特征值。

4. 按建筑经验确定

在拟建场地附近，常有不同时期建造的各类建筑物。调查这些建筑物的结构类型、基础形式、地基条件和使用现状，对于确定拟建场地的地基承载力具有一定的参考价值。

5. 地基承载力的修正

当基础宽度大于3m或埋置深度大于0.5m时，从载荷试验或其他原位测试、经验值等方法确定的地基承载力特征值，尚应按下式修正

$$f_a=f_{ak}+\eta_b\gamma(b-3)+\eta_d\gamma_m(d-0.5) \tag{9-8}$$

式中　f_a——修正后的地基承载力特征值（kPa）；

f_{ak}——地基承载力特征值（kPa）；

η_b、η_d——基础宽度和埋深的地基承载力修正系数，按基底下土的类别查表9-7取值；

其他字母含义见式（9-7）。

表 9-7　承载力修正系数

土的类别		η_b	η_d
淤泥和淤泥质土		0	1.0
人工填土 e 或 I_L 大于等于 0.85 的黏性土		0	1.0
红黏土	含水比 $\alpha_w > 0.8$	0	1.2
	含水比 $\alpha_w \leqslant 0.8$	0.15	1.4
大面积压实填土	压实系数大于 0.95、黏粒含量 $\rho_c \geqslant 10\%$ 的粉土	0	1.5
	最大干密度大于 2100kg/m^3 的级配砂石	0	2.0
粉土	黏粒含量 $\rho_c \geqslant 10\%$ 的粉土	0.3	1.5
	黏粒含量 $\rho_c < 10\%$ 的粉土	0.5	2.0
e 及 I_L 均小于 0.85 的黏性土		0.3	1.6
粉砂、细砂（不包括很湿与饱和时的稍密状态）		2.0	3.0
中砂、粗砂、砾砂和碎石土		3.0	4.4

注：1. 强风化和全风化的岩石，可参照所风化成的相应土类取值，其他状态下的岩石不修正。
2. 地基承载力特征值按《地基基础规范》附录 D 深层平板载荷试验确定时 η_d 取 0。
3. 含水比是指土的天然含水量与液限的比值。
4. 大面积压实填土是指填土范围大于两倍基础宽度的填土。

6. *岩石地基承载力特征值*

对于完整、较完整、较破碎的岩石地基承载力特征值可按《地基基础规范》附录 H 岩石地基载荷试验方法确定；对破碎、极破碎的岩石地基承载力特征值，可根据平板载荷试验确定。对完整、较完整和较破碎的岩石地基承载力特征值，也可根据室内饱和单轴抗压强度按下式进行计算

$$f_a = \psi_r f_{ak} \tag{9-9}$$

式中　f_a——岩石地基承载力特征值（kPa）；

f_{ak}——岩石饱和单轴抗压强度标准值（kPa），可按《地基基础规范》附录 J 确定；

ψ_r——折减系数

折减系数可根据岩体完整程度以及结构面的间距、宽度、产状和组合，由地方经验确定。无经验时，对完整岩体可取 0.5；对较完整岩体可取 0.2～0.5；对较破碎岩体可取 0.1～0.2。上述折减系数值未考虑施工因素及建筑物使用后风化作用的继续；对于黏土质岩，在确保施工期及使用期不致遭水浸泡时，也可采用天然湿度的试样，不进行饱和处理。

9.3.4 基础底面尺寸的确定

确定基础底面尺寸时，首先应满足地基承载力要求，包括持力层土的承载力计算和软弱下卧层的验算；其次，对部分建（构）筑物，仍需考虑地基变形的影响，验算建（构）筑物的变形特征值，并对基础底面尺寸作必要的调整。

1. *按持力层承载力确定基底尺寸*

根据《地基基础规范》，"所有建筑物的地基计算均应满足承载力"的基本原则，按持力层的承载力特征值计算所需的基础底面尺寸。

（1）基础受轴心荷载作用

$$p_k \leqslant f_a \tag{9-10}$$

由于

$$p_k = \frac{F_k + G_k}{A} = \frac{F_k + \gamma_G A d}{A} \tag{9-11}$$

解得

$$A \geqslant \frac{F_k}{f_a - \gamma_G d} \tag{9-12}$$

式中 p_k——相应于荷载效应标准组合时，基础底面处的平均压力值（kPa）；

f_a——修正后的地基承载力特征值（kPa）；

F_k——相应于作用的标准组合时，上部结构传至基础顶面的竖向力值（kN）；

G_k——基础自重和基础上的土重（kN）；

γ_G——基础及回填土的平均重度，一般取 $20kN/m^3$，地下水位以下取 $10kN/m^3$；

d——基础平均埋深（m）；

A——基础底面面积（m^2）。

1）方形基础

基础边长 $l = b$

$$b \geqslant \sqrt{\frac{F_k}{f_a - \gamma_G d}} \tag{9-13}$$

2）矩形基础

$$A = lb \geqslant \frac{F_k}{f_a - \gamma_G d} \tag{9-14}$$

令 $l/b = n$，$n = 1.0 \sim 2.0$。

必须指出，在按式（9-14）计算 A 时，需要先确定修正后的地基承载力特征值 f_a，但 f_a 值又与基础底面尺寸 A 有关，也即式（9-14）中的 A 与 f_a 都是未知数，因此，可能要通过反复试算确定。计算方法如下：

1）先假设 $b < 0.3m$，按式（9-8）对地基承载力只进行深度修正，计算 f_a 值。

2）然后按式（9-14）求出 A，令 $l = nb$，（$n = 1 \sim 2$，如 1.1、1.2、1.3…），则 $A = nb \cdot b$，求出 b。

3）若 $b > 0.3m$，将 b 代入式（9-8）求 f_a。

4）用新的 f_a 重复第 2）步求出 b，然后求出 l，则 l 和 b 即为基础底面尺寸初步设计值。

（2）基础受偏心荷载作用

$$p_{kmax} \leqslant 1.2 f_a \tag{9-15}$$

式中 p_{kmax}——相应于荷载效应标准组合时，基础底面边缘的最大压力值（kPa）。

偏心荷载作用下的基底压力计算公式

$$p_{\substack{kmax \\ kmin}} = \frac{F_k + G_k}{A} \pm \frac{M_k}{W} = \frac{F_k + G_k}{l \cdot b}\left(1 \pm \frac{6e}{b}\right) \tag{9-16}$$

当偏心矩 $e > b/6$ 时，基础边缘的最大压力（见图 9-1）按下式计算

$$p_{\mathrm{kmax}}=\frac{2(F_{\mathrm{k}}+G_{\mathrm{k}})}{3ba} \tag{9-17}$$

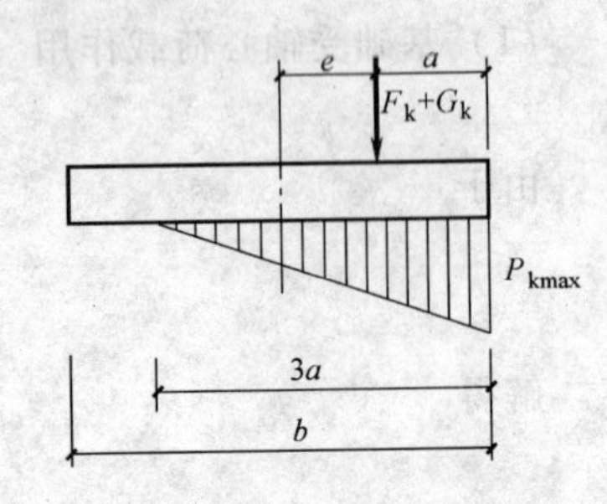

图 9-1 偏心荷载（$e>b/6$）下基底压力计算示意图

式中 M_{k}——相应于荷载效应标准组合时，上部结构传至基础顶面处的力矩值（kN）；

W——基础底面的抵抗矩（m^3）；

e——偏心距（m），$e=M_{\mathrm{k}}/(F_{\mathrm{k}}+G_{\mathrm{k}})$；

l——力矩作用方向的矩形基础底面边长（m）；

b——垂直于力矩作用方向的矩形基础底面边长（m）；

a——偏心荷载作用点至最大压力作用边缘的距离（m），$a=(l/2)-e$。

偏心荷载作用下，按下列步骤确定基础底面尺寸：

1）先不考虑偏心，按轴心荷载条件初步估算所需的基础底面积。

2）根据偏心距的大小，将基础底面积增大（10～40）%，即

$$A\geqslant(1.1\sim1.4)\frac{F_{\mathrm{k}}}{f_{\mathrm{a}}-\gamma_{\mathrm{G}}d} \tag{9-18}$$

并以适当比例选定基础长度和宽度。

3）由调整后的基础底面尺寸计算基底最大压力 p_{kmax} 和最小压力 p_{kmin}，并使其满足 $p_{\mathrm{k}}\leqslant f_{\mathrm{a}}$ 和 $p_{\mathrm{kmax}}\leqslant1.2f_{\mathrm{a}}$ 的要求。如不满足要求，或压力过小，地基承载力未能充分发挥，应调整基础尺寸，直至最后确定合适的基础底面尺寸。

通常，基底的最小压力不宜出现负值，即要求偏心距 $e\leqslant b/6$，但对于低压缩性土及短暂作用的荷载，可适当放宽至 $e\leqslant b/4$。

2. 软弱下卧层的承载力验算

当地基压缩层范围内存在软弱下卧层时（持力层与下卧土层的压缩模量比值大于或等于3），应按下式验算软弱下卧层承载力（见图9-2）

$$p_z+p_{cz}\leqslant f_{az} \tag{9-19}$$

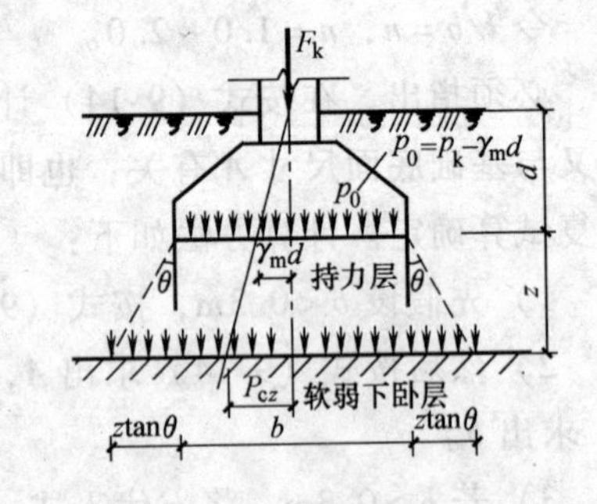

图 9-2 软弱下卧层承载力验算图

式中 p_z——相应于作用的标准组合时，软弱下卧层顶面处的附加压力值（kPa）；

p_{cz}——软弱下卧层顶面处土的自重压力值（kPa）；

f_{az}——软弱下卧层顶面处经深度修正后的地基承载力特征值（kPa）。

对条形基础和矩形基础，式（9-19）中的 p_z 值可按下列公式简化计算

条形基础

$$p_z=\frac{b(p_{\mathrm{k}}-p_{\mathrm{c}})}{b+2z\tan\theta} \tag{9-20}$$

矩形基础

$$p_z=\frac{lb(p_{\mathrm{k}}-p_{\mathrm{c}})}{(b+2z\tan\theta)(l+2z\tan\theta)} \tag{9-21}$$

式中　b——矩形基础或条形基础底边的宽度（m）；

l——矩形基础底边的长度（m）；

p_c——基础底面处土的自重应力值（kPa），$p_c = r_m d$；

z——基础底面至软弱下卧层顶面的距离（m）；

θ——地基压力扩散线与垂直线的夹角（°），可按表9-8采用。

表9-8　地基压力扩散角 θ

E_{s1}/E_{s2}	z/b	
	0.25	0.50
3	6°	23°
5	10°	25°
10	20°	30°

注：1. E_{s1}为上层土压缩模量，E_{s2}为下层土压缩模量。

2. $z/b<0.25$时取$\theta=0°$，必要时，宜由试验确定；$z/b>0.50$时θ值不变。

9.3.5　地基变形验算

选择基础底面尺寸后，必要时还要对地基的变形或稳定性进行验算。

1. 地基变形计算要求

《地基基础规范》按不同建筑物的地基变形特征，要求建筑物的地基变形计算值，不应大于地基变形允许值，即

$$s \leqslant [s] \tag{9-22}$$

式中　s——地基变形计算值，为地基广义变形值，可分为沉降量、沉降差、倾斜和局部倾斜等，对于因建筑地基不均匀、荷载差异大及体形复杂等因素引起的地基变形，在框架结构中应由相邻柱基的沉降差控制。

$[s]$——地基变形允许值，它是根据建筑物的结构特点，使用条件和地基土的类别而确定的，按照《地基基础规范》规定取值（见表9-9）。

表9-9　建筑物的地基变形允许值 [s]

变形特征		地基土类别	
		中、低压缩性土	高压缩性土
工业与民用建筑相邻柱基的沉降差	框架结构	$0.002l$	$0.003l$
	砌体墙填充的边排柱	$0.0007l$	$0.001l$
	当基础不均匀沉降时不产生附加应力的结构	$0.005l$	$0.005l$
多层和高层建筑的整体倾斜 2	$H_g \leqslant 24$	0.004	
	$24 < H_g \leqslant 60$	0.003	
	$60 < H_g \leqslant 100$	0.0025	
	$H_g > 100$	0.002	

注：1. 本表数值为建筑物地基实际最终变形允许值。

2. l为相邻柱基的中心距离（mm）；H_g为自室外地面起算的建筑物高度（m）。

3. 倾斜指基础倾斜方向两端点的沉降差与其距离的比值。

在必要情况下，需要分别预估建筑物在施工期间和使用期间的地基变形值，以便预留建筑物有关部分之间的净空，选择连接方法和施工顺序。

一般建筑物在施工期间完成的沉降量，对于砂土可认为其最终沉降量已基本完成；对于低压缩性黏性土可认为已完成最终沉陷量的50% ~80%；对于中压缩黏性土可认为已完成20% ~50%；对于高压缩黏性土可认为已完成5% ~20%；根据预估的沉降量，可预留建筑物有关部分之间的净空，考虑连接方法和施工顺序等。

2. 最终变形量

1）计算地基变形时，地基内的应力分布，可采用各向同性均质线性变形体理论，其最终变形量可按下式进行计算

$$s = \psi_s s' = \psi_s \sum_{i=1}^{n} \frac{p_0}{E_{si}}(z_i\bar{\alpha}_i - z_{i-1}\bar{\alpha}_{i-1}) \tag{9-23}$$

式中 s——地基最终变形量（mm）；

s'——按分层总和法计算出的地基变形量（mm）；

ψ_s——沉降计算经验系数，根据地区沉降观测资料及经验确定，无地区经验时可根据变形计算深度范围内压缩模量的当量值（$\bar{E}_s$）、基底附加压力按表9-10取值；

n——地基变形计算深度范围内所划分的土层数如图9-3所示；

p_0——相应于作用的准永久组合时基础底面处的附加压力（kPa）；

E_{si}——基础底面下第 i 层土的压缩模量（MPa），应取土的自重压力至土的自重压力与附加压力之和的压力段计算；

z_i、z_{i-1}——基础底面至第 i 层土、第 $i-1$ 层土底面的距离（m）；

$\bar{\alpha}_i$、$\bar{\alpha}_{i-1}$——基础底面计算点至第 i 层土、第 $i-1$ 层土底面范围内平均附加应力系数，可按《地基基础规范》附录K采用。

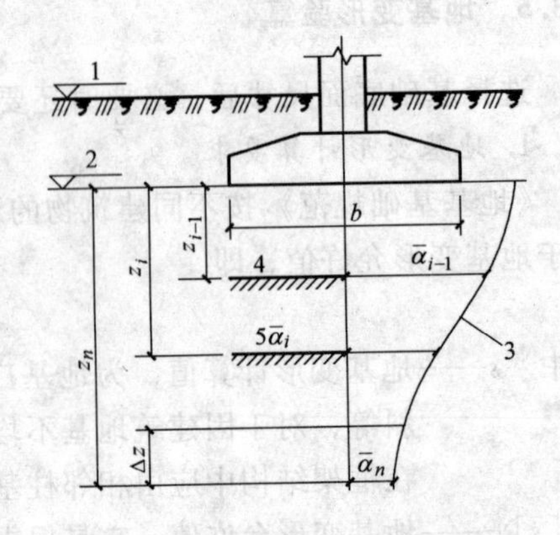

图9-3 基础沉降计算的分层示意
1—天然地面标高 2—基底标高 3—平均附加应力系数 $\bar{\alpha}$ 曲线 4—$i-1$层 5—i层

表9-10 沉降计算经验系数 ψ_s

$\bar{E}_s$/MPa 基底附加压力	2.5	4.0	7.0	15.0	20.0
$p_0 \geq f_{ak}$	1.4	1.3	1.0	0.4	0.2
$p_0 \leq 0.75 f_{ak}$	1.1	1.0	0.7	0.4	0.2

2）变形计算深度范围内压缩模量的当量值（$\bar{E}_s$），应按下式计算

$$\bar{E}_s = \frac{\sum A_i}{\sum \frac{A_i}{E_{si}}} \tag{9-24}$$

式中 A_i——第 i 层土附加应力系数沿土层厚度的积分值。

3）地基变形计算深度 z_n，如图9-3所示，应符合式（9-25）的规定。当计算深度下部仍有较软土层时，应继续计算

$$\Delta s'_n \leqslant 0.025\sum_{i=1}^{n}\Delta s'_i \tag{9-25}$$

式中 $\Delta s'$——在计算深度范围内，第 i 层土的计算变形值（mm）；

$\Delta s'_n$——由计算深度向上取厚度为 Δz 的土层计算变形值（mm），Δz 如图9-3所示，并按表9-11确定。

表9-11　Δz 表

b/m	≤2	2 < b≤4	4 < b≤8	b > 8
Δz/m	0.3	0.6	0.8	1.0

4）当无相邻荷载影响，基础宽度为1~30m时，基础中点的地基变形计算深度也可按式（9-26）进行计算

$$z_n = b(2.5 - 0.4\ln b) \tag{9-26}$$

式中 b——基础宽度（m）。

在计算深度范围内存在基岩时，z_n 可取至基岩表面。

5）当存在相邻荷载时，应计算相邻荷载引起的地基变形，其值可按应力叠加原理，采用角点法计算。

9.4 基础结构设计

9.4.1 独立（联合）基础设计的规范要求

1. 独立（联合）基础的构造要求

独立基础构造的一般要求如图9-4所示。

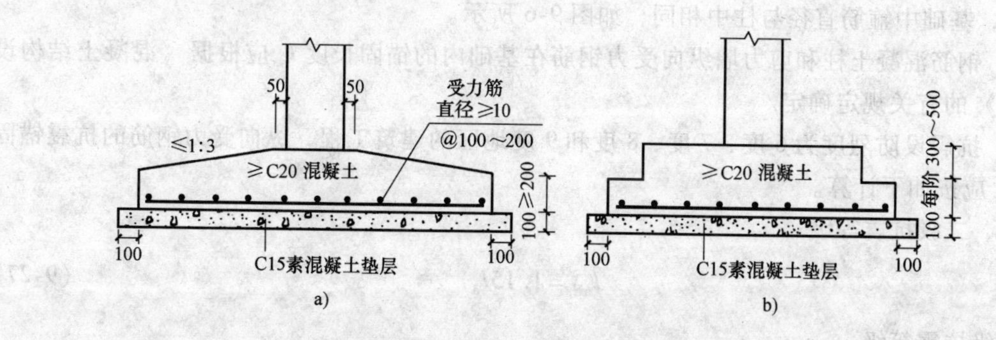

图9-4　独立基础构造的一般要求

a）锥形基础　b）阶梯形基础

（1）基础边缘高度　锥形基础边缘高度一般不小于200mm，且两个方向的坡度不宜大于1:3，顶部每边应沿柱边放出50mm；阶梯形基础每个台阶高度一般为300~500mm，当基

础高度大于等于600mm而小于900mm时，阶梯形基础分两级，当基础高度大于等于900mm时，则分三级。

（2）基底垫层　垫层厚度不宜小于70mm，垫层混凝土强度等级不宜低于C10；常采用100mm厚C15素混凝土垫层，每边各伸出基础50～100mm。

（3）钢筋　基础受力钢筋最小配筋率不应小于0.15%，底板受力钢筋直径不小于10mm，间距不宜大于200mm，也不宜小于100mm；当基础的边长大于或等于2.5m时，底板受力钢筋长度可减小10%，并宜均匀交错布置。联合基础的分布钢筋直径不宜小于8mm，间距不大于300mm，每米分布钢筋的面积不应小于受力钢筋面积的15%。柱下独立基础底板受力钢筋布置如图9-5所示。

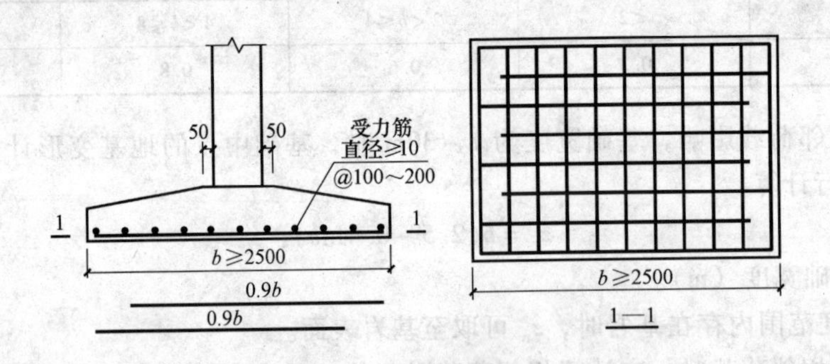

图9-5　柱下独立基础底板受力钢筋布置

（4）底板钢筋的保护层　当有垫层时不小于40mm，无垫层时不小于70mm。

（5）混凝土　混凝土强度等级不应低于C20。

（6）基础插筋　现浇柱基础中应留出插筋，插筋的下端宜做成直钩放在基础底板钢筋网上。插筋在柱内的纵向钢筋连接宜优先采用焊接或机械连接的接头，插筋在基础内应符合下列要求：

1）插筋的数量、直径及钢筋种类应与柱内的纵向受力钢筋相同。

2）基础中插筋至少需分别在基础顶面下100mm和插筋下端设置箍筋，且间距不大于800mm，基础中箍筋直径与柱中相同，如图9-6所示。

3）钢筋混凝土柱和剪力墙纵向受力钢筋在基础内的锚固长度l_a应根据《混凝土结构设计规范》的有关规定确定。

4）抗震设防烈度为6度、7度、8度和9度地区的建筑工程，纵向受力钢筋的抗震锚固长度l_{aE}应按如下计算。

一、二级抗震等级

$$l_{aE}=1.15l_a \tag{9-27}$$

三级抗震等级

$$l_{aE}=1.05l_a \tag{9-28}$$

四级抗震等级

$$l_{aE}=l_a \tag{9-29}$$

式中　l_a——纵向受拉钢筋的锚固长度（m）。

5）当基础高度小于l_a（l_{aE}）时，纵向受力钢筋的锚固总长度除符合上述要求外，其最小直锚段的长度不应小于 $20d$，弯折段的长度不应小于150mm。

6）当符合下列条件之一时，可仅将四角的插筋伸至底板钢筋网上，其余插筋锚固在基础顶面下l_a或l_{aE}处，如图9-6所示：柱为轴心受压或小偏心受压，基础高度大于等于1200mm；柱为大偏心受压，基础高度大于等于1400mm。

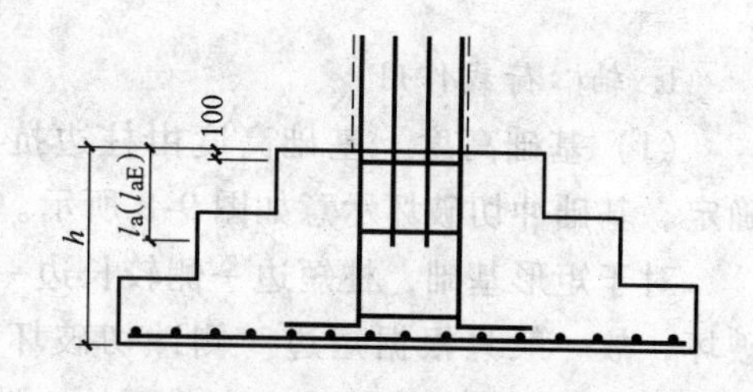

图9-6　现浇柱的基础中插筋构造示意图

（7）基础拉梁

1）属于以下情况之一时，应在独立基础之间设置拉梁：①一、二级抗震框架；②各柱基承受竖向荷载差异较大；③基础埋置较深，或各基础埋置深度差异较大；④地基主要受力层范围内存在软弱土层、液化土层和严重不均匀土层。基础拉梁如图9-7所示。

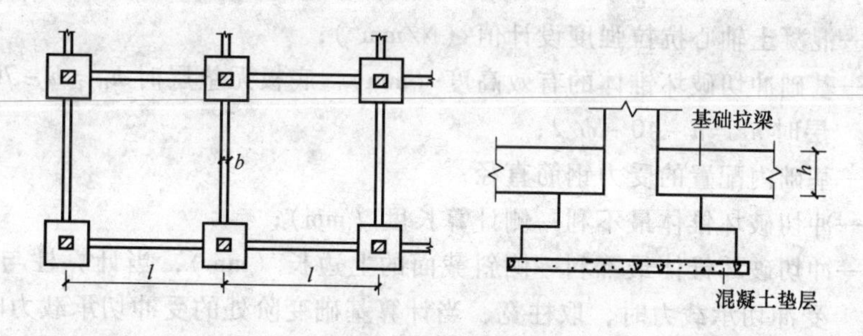

图9-7　基础拉梁

当两根柱子相距较近，或基底面积较大，以至不能做成单独柱基时，应设计成联合基础。注意应将柱子合力中心与基础底面形心重合。

2）当拉梁不承受隔墙重力，只承受轴向拉力时，梁高 $h \geqslant (l/20 \sim l/15)$，梁宽 $b \geqslant (l/35 \sim l/25)$。拉力值取 $0.1N$（N为拉梁所拉结的柱子中最大的柱子轴力）。内力计算按轴心受拉构件 $0.1N \leqslant f_y A_s$，A_s为梁截面钢筋总面积。箍筋在梁端无需加密。

3）当拉梁承受隔墙重力时，可按纯弯构件计算纵筋及箍筋面积（此面积偏大，因拉梁下有垫层，并为托空，不能像纯弯构件一样变形），然后与 $0.1N$ 产生的内力所需钢筋面积叠加，且配筋率应大于 $\rho_{min}=0.15\%$（≤C35混凝土），$\rho_{min}=0.2\%$（混凝土为C40～C60）。

2. 基础计算的其他规定

1）对于柱下独立基础，当冲切破坏锥体落在基础底面以内时，应验算柱与基础交接处以及基础变阶处的受冲切承载力。

2）对于基础底面短边尺寸小于或等于柱宽加两倍基础有效高度的柱下独立基础，应验算柱与基础交接处的基础受剪切承载力。

3）基础底板的配筋，应按抗弯计算确定。

4）当基础的混凝土强度等级小于柱的混凝土强度等级时，尚应验算柱下基础顶面的局部受压承载力。

9.4.2 现浇柱下独立基础设计

1. 轴心荷载作用

（1）基础高度　基础高度由柱边抗冲切破坏的要求确定。基础冲切破坏示意如图 9-8 所示。

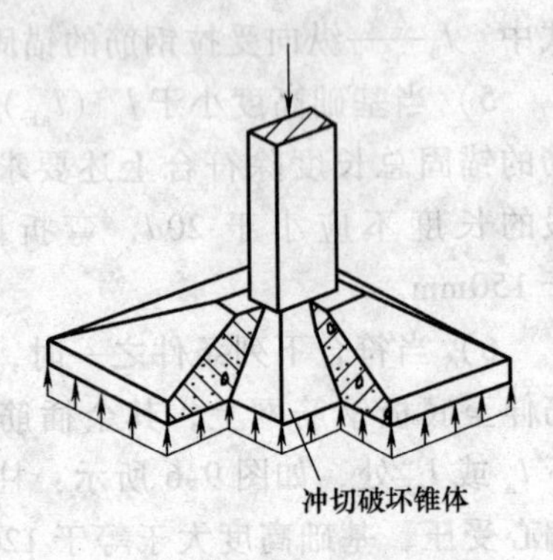

图 9-8　基础冲切破坏示意图

对于矩形基础，柱短边一侧较长边一侧更易发生冲切破坏，故一般只根据短边一侧冲切破坏条件确定底板厚度。计算截面位置为柱边、变截面处。设计时先假设一个基础高度 h ，然后再验算抗冲切能力。

$$F_l \leqslant 0.7\beta_{hp} f_t a_m h_0 \tag{9-30}$$

$$a_m = (a_t + a_b)/2 \tag{9-31}$$

$$F_l = p_j A_l \tag{9-32}$$

式中　β_{hp}——受冲切承载力截面高度影响系数，当 $h \leqslant 800$mm 时，β_{hp} 取 1.0，当 $h \geqslant 1200$mm 时，β_{hp} 取 0.9，其间按线性内插法取用；

f_t——混凝土轴心抗拉强度设计值（N/mm^2）；

h_0——基础冲切破坏锥体的有效高度（mm），底板无垫层时 $h_0 = h - 70 - \phi/2$，无垫层时 $h_0 = h - 40 - \phi/2$；

ϕ——基础内配置的受力钢筋直径；

a_m——冲切破坏锥体最不利一侧计算长度（mm）；

a_t——冲切破坏锥体最不利一侧斜截面的上边长（mm），当计算柱与基础交接处的受冲切承载力时，取柱宽，当计算基础变阶处的受冲切承载力时，取上阶宽；

a_b——冲切破坏锥体最不利一侧斜截面在基础底面积范围内的下边长（mm），当冲切破坏锥体的底面落在基础底面以内，即 $b \geqslant b_c + 2h_0$，计算柱与基础交接处的受冲切承载力时，取柱宽加两倍基础有效高度，即 $a_b = a_c + 2h_0$；当计算基础变阶处的受冲切承载力时，取上阶宽加两倍该处的基础有效高度；当冲切破坏锥体的底面在 l 方向落在基础底面以外，即 $b < b_c + 2h_0$ 时，取 $a_b = b$；

p_j——扣除基础自重及其上土重后相应于荷载效应基本组合时的地基土单位面积净反力（N/mm^2）；

A_l——冲切力的作用面积；

F_l——相应于荷载效应基本组合时作用在 A_l 上的地基土净反力设计值。

需要注意的是，式（9-30）通常考虑以下四种情况：

1）如图 9-9a 所示，当 $b \geqslant b_c + 2h_0$，冲切破坏锥体的底面积落在基础底面以内时，式（9-30）可用下式表示

$$p_j\left[\left(\frac{1}{2} - \frac{a_c}{2} - h_0\right)b - \left(\frac{b}{2} - \frac{b_c}{2} - h_0\right)^2\right] \leqslant 0.7\beta_{hp} f_t (b_c + h_0) h_0 \tag{9-33}$$

2）如图 9-9b 所示，当 $b < b_c + 2h_0$，冲切破坏锥体的底面积落在基础底面以外时，式（9-30）可用下式表示

$$p_j\left(\frac{l}{2} - \frac{a_c}{2} - h_0\right)b \leqslant 0.7\beta_{hp} f_t\left[(b_c + h_0)h_0 - \left(\frac{b_c}{2} + h_0 - \frac{b}{2}\right)^2\right] \tag{9-34}$$

此外，尚应验算柱与基础交接处的基础受剪切承载力，如图 9-10 所示。

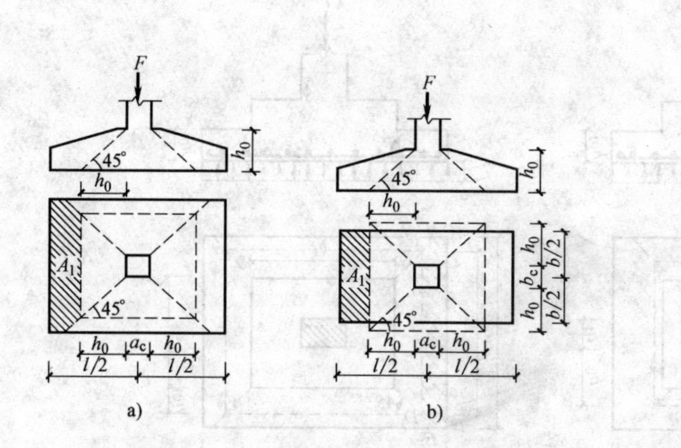

图 9-9　基础受冲切承载力截面位置

a）$b \geqslant b_c + 2h_0$　b）$b < b_c + 2h_0$

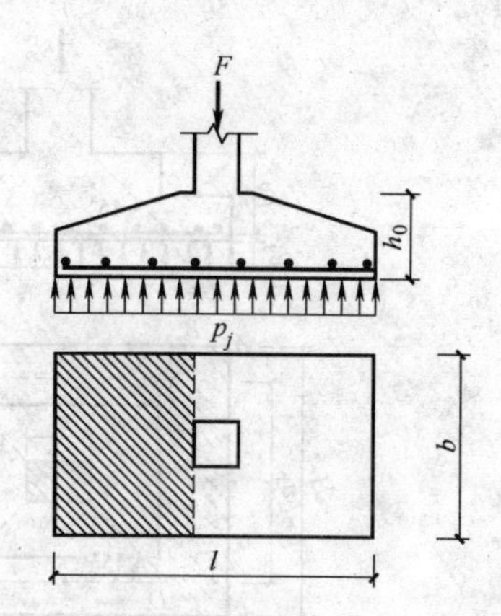

图 9-10　验算锥形基础受剪切承载力示意图

$$V_s \leqslant 0.7\beta h_s f_t A_0 \tag{9-35}$$

$$\beta_{hs} = (800/h_0)^{1/4} \tag{9-36}$$

式中　V_s——柱与基础交接处的剪力设计值（kN），图 9-10 中的阴影面积乘以基底平均净反力；

β_{hs}——受剪切承载力截面高度影响系数，当 $h_0 < 800\text{mm}$ 时，取 $h_0 = 800\text{mm}$，当 $h_0 > 2000\text{mm}$ 时，取 $h_0 = 2000\text{mm}$；

A_0——验算截面处基础的有效截面面积（m^2），当验算截面为阶形或锥形时，可将其截面折算成矩形截面。

3）基础底面全部落在 45°冲切破坏锥体底边以内，即刚性基础，无需进行冲切验算。

4）当基础有变阶时，尚需验算变阶处的冲切强度，此时可将上台阶底周边看做柱周边，即将式（9-33）、式（9-34）中柱截面尺寸 a_c、b_c（见图 9-11a 中的 a_t、b_t）分别换成上台阶的底面尺寸 a_{c1}、b_{c1}（见图 9-11b 中的 a_t、b_t），将基础有效高度 h_0 换成下台阶的有效高度 h_{01}。

（2）基础底板配筋计算　由于单独基础底板在地基净反力作用下，在两个方向均发生弯曲，所以两个方向都要配受力钢筋，钢筋面积按两个方向的最大弯矩分别计算。计算截面位置为柱边及变截面处。轴心受压柱基础底板配筋计算图如图 9-12 所示。

在轴心荷载作用下，各种情况的最大弯矩及配筋面积的计算公式如下：

1）柱边（Ⅰ—Ⅰ截面）弯矩 M_{I}、$A_{s\text{I}}$

$$M_{\text{I}} = \frac{1}{24} p_j (l - a_c)^2 (2b + b_c) \tag{9-37}$$

$$A_{s\text{I}} = \frac{M_{\text{I}}}{0.9 h_0 f_y} \tag{9-38}$$

2）柱边（Ⅱ—Ⅱ截面）弯矩 M_{II}、$A_{s\text{II}}$

$$M_{\text{II}} = \frac{1}{24} p_j (b - b_c)^2 (2l + a_c) \tag{9-39}$$

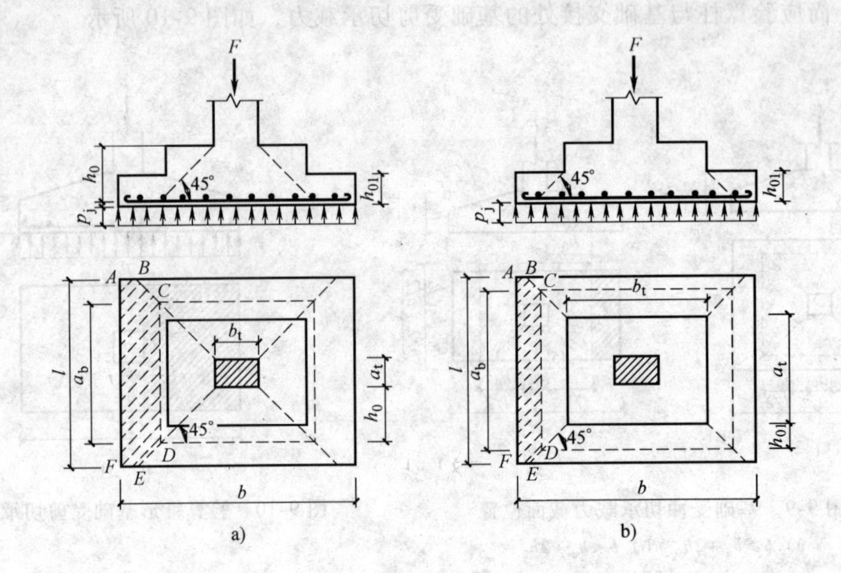

图 9-11 验算阶形基础受剪切承载力示意图

a）柱与基础交接处 b）基础变阶处

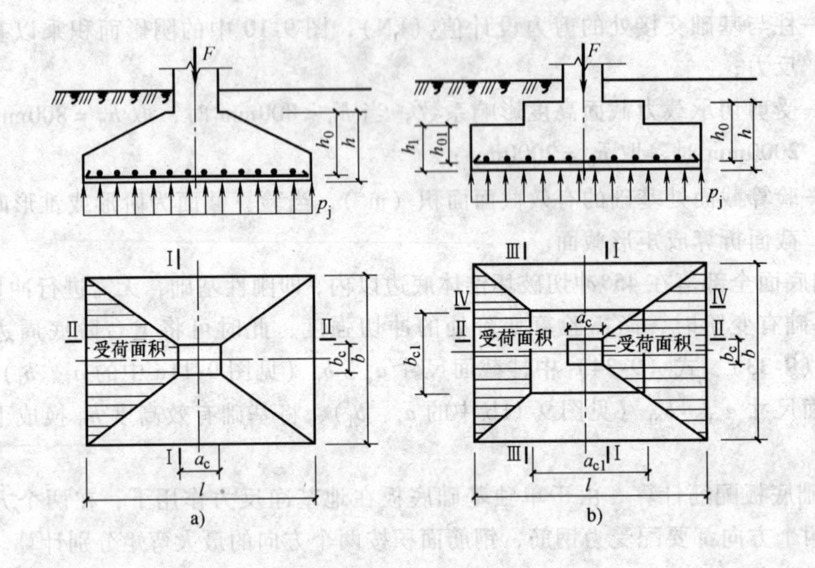

图 9-12 轴心受压柱基础底板配筋计算

a）锥形基础 b）阶梯形基础

$$A_{s\mathrm{II}}=\frac{M_{\mathrm{II}}}{0.9h_0f_y} \tag{9-40}$$

3）变截面处（Ⅲ—Ⅲ截面）弯矩 M_{III}、$A_{s\mathrm{III}}$

$$M_{\mathrm{III}}=\frac{1}{24}p_j(l-a_{c1})^2(2b+b_{c1}) \tag{9-41}$$

$$A_{s\mathrm{III}}=\frac{M_{\mathrm{III}}}{0.9h_0f_y} \tag{9-42}$$

4）变截面处（Ⅳ—Ⅳ截面）弯矩 $M_{Ⅳ}$、$A_{sⅣ}$

$$M_{Ⅳ}=\frac{1}{24}p_j(b-b_{c1})^2(2l+a_{c1}) \tag{9-43}$$

$$A_{sⅣ}=\frac{M_{Ⅳ}}{0.9h_0f_y} \tag{9-44}$$

式中 A_s——平行于 l 方向（垂直于Ⅰ—Ⅰ截面）的受力钢筋面积（mm）；

$0.9h_0$——为截面内力臂的近似值（mm）；

f_y——受力钢筋抗拉强度设计值（N/mm^2）。

注意：两个方向截面处的 h_0 相差一个钢筋直径，如果 $A_{sⅠ}$在下面（先计算），则Ⅱ—Ⅱ截面处 h_0 为（$h_0-\phi_{A_{sⅠ}}$）。进行比较，按 $A_{sⅠ}$ 和 $A_{sⅢ}$ 中的大值配置平行于 l 方向的钢筋，并放置在下层；按 $A_{sⅡ}$ 和 $A_{sⅣ}$ 中的大值配平行于 b 边方向的钢筋，并放置在上排。当基底和柱截面均为正方形时，$M_Ⅰ=M_Ⅱ$，$M_Ⅲ=M_Ⅳ$，这时只需计算一个方向即可。此外，基础底板配筋除满足计算要求外，还应满足构造要求。

2. 偏心荷载作用

如果只在矩形基础长边方向产生偏心，则当荷载偏心距 $e\leqslant l/6$ 时，基础净反力设计值的最大和最小值为

$$\left.\begin{matrix}p_{jmax}\\p_{jmin}\end{matrix}\right\}=\frac{F}{lb}\left(1\pm\frac{6e_0}{l}\right) \tag{9-45}$$

或

$$\left.\begin{matrix}p_{jmax}\\p_{jmin}\end{matrix}\right\}=\frac{F}{lb}\pm\frac{6M}{bl^2} \tag{9-46}$$

（1）基础高度 可按式（9-33）或式（9-34）计算，但应以 p_{jmax} 代替式中的 p_j，如图9-13所示。

（2）底板配筋 柱边截面仍可按式（9-38）和式（9-40）计算配筋面积，但式（9-38）中的 $M_Ⅰ$ 按下式计算

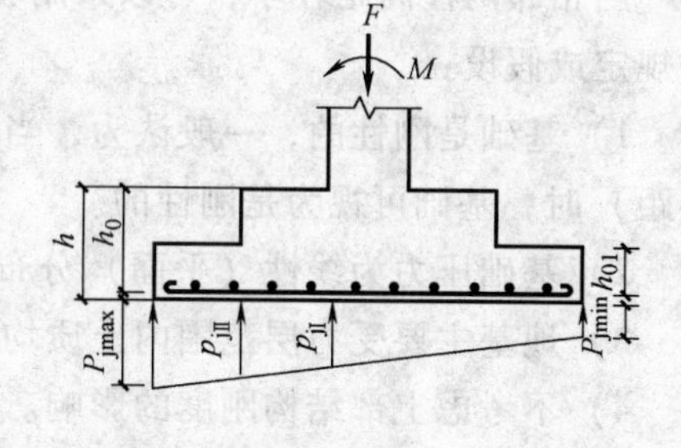

图9-13 偏心荷载作用下基底净反力设计值

$$M_Ⅰ=\frac{1}{48}[(p_{jmax}+p_{jⅠ})(2b+b_c)+(p_{jmax}-p_{jⅠ})b](l-a_c)^2 \tag{9-47}$$

$$p_{jⅠ}=p_{jmin}+\frac{l+a_c}{2l}(p_{jmax}-p_{jmin}) \tag{9-48}$$

式中 $p_{jⅠ}$——Ⅰ—Ⅰ截面处净反力设计值，按式（9-48）计算。

变阶处截面仍按式（9-42）和式（9-44）计算配筋面积，但式（9-42）中的 $M_Ⅲ$ 按下式计算

$$M_Ⅲ=\frac{1}{48}[(p_{jmax}+p_{jⅡ})(2b+b_{c1})+(p_{jmax}-p_{jⅡ})b](l-a_{c1})^2 \tag{9-49}$$

$$p_{jⅡ}=p_{jmin}+\frac{l+a_{c1}}{2l}(p_{jmax}-p_{jmin}) \tag{9-50}$$

9.4.3 联合基础设计

当柱网平面内出现如下情况之一时采用联合基础：

1）当两柱相距很近（如内廊柱）时，分别采用独立基础时，基础之间的净距很小，甚至出现搭接或重叠。

2）若在为相邻两柱分别配置独立基础时，其中一柱靠近建筑界线，单独扩展基础无法设置，或基础面积不足而无法使扩展基础承受偏心荷载。

典型的双柱联合基础分为三种类型，即矩形联合基础、梯形联合基础和连梁式联合基础。

当两柱荷载相差不大，柱子周围的空间足够，调整柱列两端柱外侧的基础尺寸就能做到基础形心和两柱荷载合力作用点大致重合，从而保证基础底板承受均匀地基反力时，采用矩形联合基础。当两柱荷载相差较大或某一柱柱列外侧扩展尺寸受限，采用矩形底板不易做到基础底板的形心与柱合力作用点重合时，应考虑采用梯形联合基础。如果柱距较大，可在两个扩展基础之间加设不着地的刚性联系梁，形成连梁式联合基础，使之达到阻止两个扩展基础转动、调整各自底面压力趋于均匀的目的。

在《地基基础规范》中，尚没有与双柱联合基础有关的条文。在我国 PKPM 建筑结构系列软件的基础设计软件（JCCAD）中，有双柱联合基础的处理方法，该方法源于我国规范中单独基础的算法，但尚待完善。目前相关文献采用较多的设计计算方法是来源于美国的 ACI 规范，该方法在美国应用已较为广泛。下面主要介绍美国的 ACI 规范的算法，简要介绍基于我国规范中单独基础的算法。

1. 美国的 ACI 规范的算法

当相邻两柱间距较小，可以采用联合基础，基础为一等厚板。联合基础的设计通常作如下规定或假设：

1）基础是刚性的，一般认为，当基础高度不小于柱距的 1/6（即 $h \geqslant l_0/6$，l_0 为两柱中心距）时，基础可视为是刚性的。

2）基础压力为线性（平面）分布。

3）地基主要受力层范围内土质均匀。

4）不考虑上部结构刚度的影响。

当基础的底板为矩形时，联合基础的设计步骤如下：

1）计算柱荷载的合力作用点（荷载重心）位置。

2）确定基础长度 l，使基础底面形心尽可能与柱荷载重心重合。

3）按地基承载力确定基础底面宽度。

$$b = \frac{F_{k1} + F_{k2}}{l(f_a - \gamma_G d)} \tag{9-51}$$

4）按反力线性分布假定计算基底净反力设计值 bp_j，并用静定分析法计算基础内力，即将基础看作以双柱为支撑的两端挑出的倒梁，基底净反力 bp_j 为作用在梁上的分布荷载，柱底弯矩、剪力和轴力为支座反力，计算基础内力并画出弯矩图和剪力图。基底净反力设计值 bp_j 由下式计算

$$bp_{\mathrm{j}}=\frac{F_{\mathrm{k1}}+F_{\mathrm{k2}}}{b} \tag{9-52}$$

5）根据冲切和受剪承载力确定基础高度。一般可先假设基础高度，再代入式（9-53）和式（9-54）进行验算。联合基础抗剪切、抗冲切和横向配筋计算简图如图 9-14 所示。

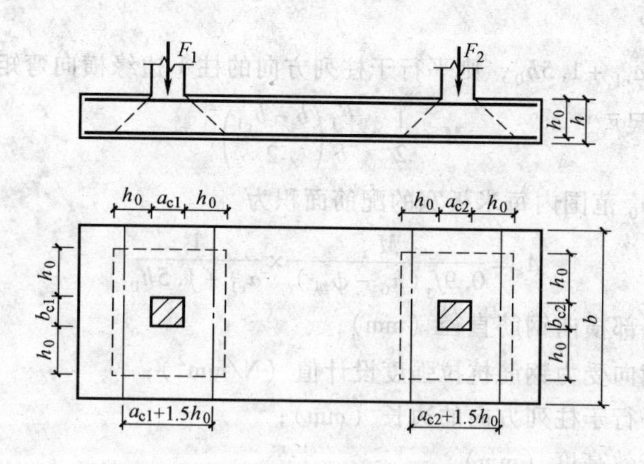

图 9-14　联合基础抗剪切、抗冲切和横向配筋计算简图

① 受冲切承载力验算

$$F_l \leqslant 0.7\beta_{\mathrm{hp}} f_{\mathrm{t}} u_{\mathrm{m}} h_0 \tag{9-53}$$

式中　F_l——相应于荷载效应基本组合时的冲切力设计值，取柱轴心荷载设计值减去冲切破坏锥体范围内的基底净反力；

u_{m}——临界截面的周长，取距离柱周边 $h_0/2$ 处板垂直截面的最不利周长；

其余符号与式（9-33）相同。

② 受剪承载力验算。由于基础高度较大，无需配置受剪钢筋。验算公式如下

$$V \leqslant 0.7\beta_{\mathrm{h}} f_{\mathrm{t}} b h_0 \tag{9-54}$$

式中　V——验算截面处相应于荷载效应基本组合时的剪力设计值（kN），验算截面按梁宽可取在冲切破坏锥体底面边缘处；

β_{h}——截面高度影响系数，$\beta_{\mathrm{h}}=(800/h_0)^{1/4}$，当 $h_0<800\mathrm{mm}$ 时，取 $h_0=800\mathrm{mm}$，当 $h_0>2000\mathrm{mm}$ 时，取 $h_0=2000\mathrm{mm}$；

b——基础底面宽度（mm）；

其余符号意义同前。

6）按弯矩图中的最大正负弯矩进行纵向配筋计算。根据最大正弯矩计算基础底板纵向配筋面积，根据最大负弯矩计算基础顶板纵向配筋面积，最后结合构造要求配筋。计算公式如下

$$A_{\mathrm{s}}=\frac{M}{0.9h_0 f_{\mathrm{y}}} \tag{9-55}$$

7）按等效梁概念进行横向配筋计算。由于矩形联合基础为一等厚的平板，其在两柱间的受力方式如同一块单向板，而在靠近柱位的区段，基础的横向刚度很大。因此，根据 J. E. 波勒斯（Bowles）的建议，认为可在柱边以外各取等于 $0.75h_0$ 的宽度与柱宽合计作为“等效梁”宽度。基础的横向受力钢筋按横向等效梁的柱边截面弯矩计算并配置于该截面

内，等效梁以外区段按构造要求配置。各横向等效梁底面的基底净反力以相应等效梁上的柱荷载计算。

① 基础底面横向配筋计算。以柱 1（柱 2 计算方法同柱 1）为例，计算出等效梁宽（柱边以外各取 $0.75h_0$），保守地将两柱底轴力分布在其等效梁宽范围内，然后按悬挑板（梁）计算弯矩并配筋。

柱 1 等效梁宽为 $a_{c1}+1.5h_0$，则平行于柱列方向的柱 1 边缘横向弯矩为

$$M=\frac{1}{2}\times\frac{F_1}{b}\left(\frac{b-b_{c1}}{2}\right)^2 \tag{9-56}$$

在梁宽 $a_{c1}+1.5h_0$ 范围内每米板宽的配筋面积为

$$A_s=\frac{M}{0.9f_y(h_0-\phi_{纵})}\times\frac{1}{a_{c1}+1.5h_0} \tag{9-57}$$

式中 $\phi_{纵}$——基础底部横向钢筋直径（mm）；

f_y——基底横向受力钢筋抗拉强度设计值（N/mm^2）；

a_{c1}——柱 1 平行于柱列方向的边长（mm）；

h_0——基础有效高度（mm）。

以上计算结果结合构造要求选配钢筋，布置在效梁宽 $a_{c1}+1.5h_0$ 范围内，等效梁宽范围以外按构造要求配置受力钢筋。

②基础顶面横向配筋。基础顶面横向钢筋按构造要求选配分布钢筋（见 9.4.1 节），用来固定基础顶面纵向钢筋。

2. *基于我国规范中单独基础的算法*

该方法为我国规范中的单柱独立基础计算方法在双柱联合基础中的推广应用，故本文称基于我国规范中单独基础的算法。其计算要点如下：

1）计算双柱联合基础底面尺寸，其荷载取基础上所有柱上荷载的矢量和。

2）基础形状可设计成锥形或阶梯形。

3）确定基础高度，对基础变截面处、两柱外接矩形边界处进行抗冲切验算；柱与基础交接处进行受剪承载力验算，抗剪公式可采用式（9-35）、式（9-36）。

4）基础底板配筋计算，沿两个方向计算基础变截面处和两柱外接矩形边界处的底板弯矩，基础底板配置双向受力钢筋，计算方法同式（9-37）~式（9-44）。

5）必要时，基础主体的两柱之间可设置具有一定承载力及刚度的钢筋混凝土暗梁。所谓暗梁，并非一个明确的构件，而是在基础主体中的一个条带，当这个条带配筋后就能抵抗纵向弯矩和剪力。暗梁截面的高度取基础高度，其截面宽度近似取为柱宽，可偏于安全地不考虑基础主体中相邻部分的增强作用。将两柱之间的暗梁视为两端固定于柱边的倒置单跨梁。在 PKPM-JCCAD 软件中，对柱间暗梁配筋没有进行计算，但指出需用户自己补充。本文推荐下列方法进行暗梁设计计算。

① 当两柱荷载相差不大，基础底面积不大，基础两方向的尺寸近似对称，且满足 $l_0\leqslant l/2$（l_0 为两柱中心距，l 为基础长向边长）时，柱间一般不会出现负弯矩，不设暗梁，可仅在板底配筋，称为“板式双柱联合基础”。板厚应满足冲切要求；柱列方向的板底配筋，按悬挑尺寸为 l_1（l_1 为柱中心到基础端部的距离）的悬臂板计算；宽度方向的板底配筋，按悬挑尺寸为 $b/2$（b 为基础宽度）的悬臂板计算。

② 两柱间的间距较大采用板式双柱联合基础就不经济，混凝土用量很大，此时在两柱间设计钢筋混凝土暗梁，称为“梁板式双柱联合基础”，由梁来承受柱列方向的弯矩。梁板式双柱联合基础沿柱列方向可按照静定法计算正负弯矩（见本节“美国的 ACI 规范的算法”中的内力计算方法），在梁内配置受力钢筋。基础底板仅仅承受单向弯矩，按单向悬臂板，即一般条形基础底板的设计方法确定横向弯矩并配筋。

应当注意的是，PKPM-JCCAD 软件对双柱基础仅是根据地基承载力特征值及上部结构荷载确定基础底面积，并取两柱间中点作为基础中点，并未进行基础尺寸调整，以使基础形心与两柱荷载中心重合。实际上由于两柱荷载有差异等原因，其合力作用点的位置不一定在两柱中点。设计人员设计时应根据底层柱底最大内力值、柱间距等，调整基础底板尺寸，使基础形心与两柱荷载合力作用点尽量重合。当两者难以重合时，可选择合理的联合基础形式(平面形状为梯形的联合基础)，尽量使基底压力均匀且满足 $p_{kmax} \leqslant f_a$ 和 $e \leqslant l/6$ 的要求。若不进行调整，将有可能导致受力不合理，不满足规范要求，严重时会存在事故隐患或发生工程事故。

9.4.4 拉梁的实用简化设计

拉梁是设置在单独柱基之间的梁。拉梁的作用是将各个独立基础拉在一起，使基础成为一个整体，以免各个独立基础沉降导致各柱间产生沉降差，使结构产生次生应力，致使结构产生开裂等其他不利影响。另外拉梁也有承托首层柱间轻质隔墙重力的作用。

一般拉梁底标高和柱基顶标高一致为好，这样受力明确，可以承担柱底弯矩，使偏心受压基础变为轴心受压基础。同时，拉梁上部的填充墙也不会太高。如果梁底和基础底平，虽然能较好地调节柱基间的不均匀沉降，但不能很好地分配柱底弯矩，填充墙也会很高。如果拉梁顶和室外地坪标高相同，虽然填充墙高度减少了，但拉梁底和基础顶之间容易形成短柱，需要对短柱箍筋加密或采用其他加强措施。

拉梁截面尺寸设计见第 9.4.1 节有关拉梁的构造要求。拉梁受力分析如下：

1）拉梁自重及上部填充墙传来的均布荷载。此时，拉梁可以简化为两端固定梁，跨中弯矩和支座弯矩可取 $ql^2/16$（考虑塑性内力重分布）。

2）当单独柱基按轴心受压考虑时，拉梁承受柱底弯矩，弯矩按连接柱底的连梁刚度进行分配。

3）当单独柱基按偏心受压考虑时，拉梁按轴心受拉构件计算。轴力取所拉结柱子中轴力较大者的 1/10 取值。拉梁配筋同主次梁一样，用下式计算

$$A_s = \frac{M}{0.875 f_y h_0} \tag{9-58}$$

4）拉梁剪力计算。考虑塑性内力重分布，可按下式进行计算

$$V = a_V (g+q) l_n \tag{9-59}$$

其中 a_V 取 0.55。

配筋时需要注意：

1）拉梁要考虑抗震。因为拉梁刚度比柱基刚度小，在地震作用下，拉梁端部容易产生塑性铰，故拉梁配筋要满足抗震构造要求。

2）拉梁用来平衡柱底弯矩时，因为地震的往复性，柱底弯矩会变号，故拉梁的主筋宜

对称配置。

9.5 设计实例

9.5.1 基本设计资料

1. 上部结构资料

上部结构为多层全现浇框架结构，底层框架柱截面尺寸为600 mm×600 mm，室外地坪标高同自然地面，室内外高差450mm。

2. 横向框架柱内力组合

框架内力组合考虑一般组合（见表9-12）和地震作用组合（见表9-13）。

表9-12 横向框架柱内力组合（一般组合）

	内力	恒载	活载	右风	内力组合 （1.35 恒$_k$ + 活$_k$）
A柱	M	11.4	3.48	25.23	18.8
	N	992.73	171.4	-14.7	1508.1
	V	-6.32	-1.93	-8.67	-10.42
B柱	M	-9.14	-2.67	28.38	-14.96
	N	1179.1	260.73	14.7	1847.3
	V	5.14	-1.49	-10.53	5.48

表9-13 横向框架柱内力组合（考虑地震作用组合）

	内力	恒载	活载	右震	内力组合
A柱	M	11.4	1.75	347.58	467.63
	N	992.73	85.65	208.48	1565.08
	V	-6.32	-0.97	-111.36	-153.52
B柱	M	-9.14	-1.13	350.84	443.77
	N	1179.12	130.14	138.22	1750.8
	V	5.14	0.73	-130.18	-162.19

3. 场地条件

拟建建筑场地平整，土层起伏不大。场地地下水类型为潜水，水位在地表下2.5m，对混凝土无侵蚀性。场地土层等效剪切波速为146m/s，3m≤d_{ov}≤50m。场地为稳定场地，场地类别为Ⅱ类。自上而下土层分布如下：

1）①层杂填土：厚约0.5m，含部分建筑垃圾。

2）②层粉质黏土：厚0.9m，软塑，潮湿，承载力特征值f_{ak}=130kPa。

3）③层粉质黏土：厚2.5m，可塑，稍湿，承载力特征值f_{ak}=186kPa。

4）④层淤泥质粉质黏土：厚2m，承载力特征值f_{ak}=95kPa。

5）⑤层强风化砂质泥岩：厚3.0m，承载力特征值f_{ak}=300kPa。

6）⑥层中风化砂质泥岩：厚4.0m，承载力特征值$f_{ak}=620kPa$。

场地物理力学性质指标见表9-14。

表9-14 场地物理力学指标

层号	天然重度 $r/(kN/m^3)$	孔隙比 e	黏聚力 c/kPa	内摩擦角 $\varphi(°)$	压缩模量 E_s/MPa	抗压强度 f_{rk}/MPa	承载力特征值 f_{ak}/kPa
①	17.2						
②	19.3	0.65	34	13	10.0		130
③	19.4	0.62	25	23	8.1		186
④	17.5	1.10	18	7.3	2.7		95
⑤	22		20	25		3.0	300
⑥	24		15	40		4.0	620

9.5.2 荷载计算

基础承载力计算时，应采用荷载标准组合。恒+0.9（活$_k$+风$_k$）或恒$_k$+活$_k$，取两者中大者。

以轴线⑥为计算单元进行基础设计，上部结构传来柱底荷载标准值详见表9-12、表9-13。

1. 边柱柱底

（1）恒+0.9（活$_k$+风$_k$）

$M_k=11.4kN\cdot m+0.9\times(3.48+25.23)kN\cdot m=37.239kN\cdot m$

$N_k=992.73kN+0.9\times(171.4-14.7)kN=1133.76kN$

$V_k=-6.32kN+0.9\times(-1.93-8.67)kN=-15.86kN$

（2）恒$_k$+活$_k$

$M_k=11.4kN\cdot m+3.48kN\cdot m=14.88kN\cdot m$

$N_k=992.73kN+171.4kN=1164.13kN$

$V_k=-6.32kN-1.93kN=-8.25kN$

由于恒+0.9（活$_k$+风$_k$）<恒$_k$+活$_k$，则荷载组合采用（恒$_k$+活$_k$）。

2. 中柱柱底

（1）恒+0.9（活$_k$+风$_k$）

$M_k=-9.14kN\cdot m+0.9\times(-2.67+28.38)kN\cdot m=13.999kN\cdot m$

$N_k=1179.1kN+0.9\times(260.73+14.7)kN=1426.987kN$

$V_k=5.14kN+0.9\times(-1.49-10.53)kN=-5.678kN$

（2）恒$_k$+活$_k$

$M_k=-9.14kN\cdot m-2.67kN\cdot m=-11.81kN\cdot m$

$N_k=1179.1kN+260.73kN=1439.83kN$

$V_k=5.14kN-1.49kN=3.65kN$

由于恒+0.9（活$_k$+风$_k$）<恒$_k$+活$_k$，则荷载组合采用（恒$_k$+活$_k$）。

3. 基础拉梁重

设计基础拉梁底面与基础顶面位于同一标高，拉梁设计截面尺寸如下：

梁高7200 ×（1/20 ~ 1/15）mm = 360 ~ 480mm，取 h = 400mm

梁宽7200 ×（1/35 ~ 1/25）mm = 206 ~ 288mm，取 b = 240mm

则拉梁传来荷载标准值为 25 ×0. 4 ×0. 24kN/m = 2. 4kN/m

4. 底层墙重

底层墙高包括两部分。一是首层框架梁底至 ±0. 000m，高度为 3. 6m – 0. 6m = 3. 0m；二是 ±0. 000m 至基础拉梁顶面，高度为 4. 9m – 3. 6m – 0. 4m = 0. 9m。则底层墙重为：

±0. 000m 以上 3. 6 ×0. 2 ×3. 0kN/m = 2. 16kN/m（墙体采用轻质填充砌块，γ = 3. 6kN/m^3）

±0. 000mm 以下 19 ×0. 24 ×0. 9kN/m = 4. 104kN/m（采用一般黏土砖，γ = 19kN/m^3）

单位长度基础拉梁、底层墙传来荷载标准值为

2. 16kN/m + 4. 104kN/m + 2. 4kN/m = 8. 664kN/m（与纵向轴距离 0. 18m）

根据以上计算结果，基础受力简图如图 9-15 所示，柱 A、柱 B 下基础所受荷载标准值如下：

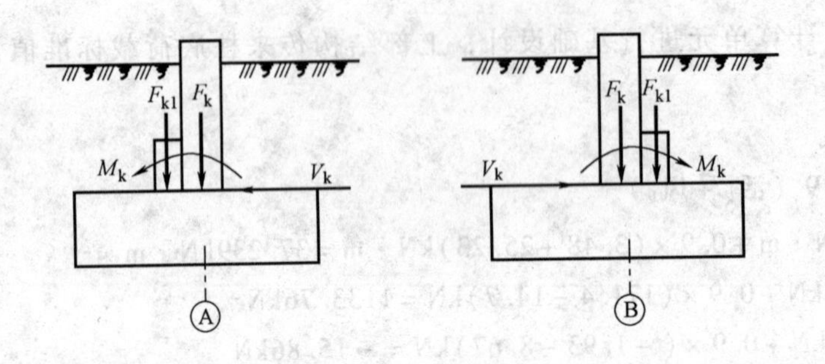

图 9-15　基础受力简图

（1）柱 A 基础　框架柱传来的竖向力 F_k = 1164. 13kN；底层墙、基础拉梁重 F_{k1} = 8. 664 ×7. 2kN = 62. 38kN，偏离纵向轴 0. 18m；基础顶面传来的柱底弯矩 M_k = 14. 88kN · m；基础顶面传来的柱底剪力 V_k = 8. 25kN。

（2）柱 B 基础　框架柱传来的竖向力 F_k = 1439. 83kN；底层墙、基础拉梁重 F_{k1} = 8. 664 ×7. 2kN = 62. 38kN，偏离纵向轴 0. 18m；基础顶面传来的柱底弯矩 M_k = 11. 81kN · m；基础顶面传来的柱底剪力 V_k = 3. 65kN。

9. 5. 3　选择基础埋深

根据工程地质条件，取第③层粉质黏土作为持力层，地基承载力特征值 f_{ak} = 186kPa。设基础在持力层中的嵌固深度为 0. 15m，室外地坪标高同天然地面，则室外埋深为 1. 45m，室内埋深 1. 9m（室内外高差 0. 45m）。土层分布及基础埋深示意图如图 9-16 所示。

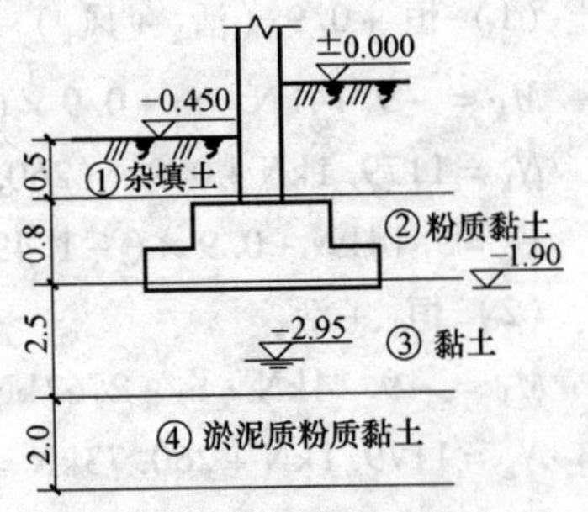

图 9-16　土层分布及基础埋深示意图

9.5.4　确定基础底面积

1. A 柱

（1）初估基底尺寸　由于基底尺寸未知，持力层的承载力特征值仅考虑深度修正，持力层为粉质黏土，查《地基基础规范》得 $\eta_d = 1.6$。

从天然地面算起，加权土重度：其中第①层杂填土重度 17.2 kN/m³，第②层粉质黏土重度 19.3 kN/m³，第③层粉质黏土重度 19.4 kN/m³。

基底以上土的加权平均重度 $r_m = \dfrac{17.2 \times 0.5 + 19.3 \times 0.8 + 19.4 \times 0.15}{1.45} \text{kN/m}^3 = 18.59 \text{kN/m}^3$

地基承载力修正值 $f_a = f_{ak} + \eta_d \gamma_m (d - 0.5) = 186\text{kPa} + 1.6 \times 18.59 \times (1.45 - 0.5)\text{kPa} = 214.26\text{kPa}$

基础顶面竖向荷载标准组合值 $\sum F_k = 1164.13\text{kN} + 8.664 \times 7.2\text{kN} = 1226.51\text{kN}$

偏心受压，基础底面积 $A \geqslant \dfrac{1.1\sum F_k}{f_a - \gamma_G d} = \dfrac{1.1 \times 1226.51}{214.26 - 20 \times 0.5 \times (1.9 + 1.45)} \text{m}^2 = 7.46\text{m}^2$

设 $l/b = 1.2$，$b = \sqrt{A/1.2} = \sqrt{7.46/1.2}\text{m} = 2.49\text{m} < 3.0\text{m}$

取 $b = 2.5\text{m}$，$l = 3.0\text{m}$

（2）按持力层强度验算基底尺寸

回填土和基础重 $G_k = \gamma_G dA = 20 \times 2.5 \times 3.0 \times \dfrac{1}{2} \times (1.9 + 1.45)\text{kN} = 251.25\text{kN}$

基底形心处竖向力 $F_k + G_k = 1226.51\text{kN} + 251.25\text{kN} = 1477.76\text{kN}$

预估基础高度 0.6m。

基底形心处弯矩 $\sum M_k = 14.88\text{kN} \cdot \text{m} + 62.38 \times 0.18\text{kN} \cdot \text{m} + 8.25 \times 0.6\text{kN} \cdot \text{m} = 31.06\text{kN} \cdot \text{m}$

偏心距 $e_k = \dfrac{M_k}{F_k + G_k} = \dfrac{31.06}{1477.76}\text{m} = 0.021\text{m} < \dfrac{l}{6} = 0.5\text{m}$

基底压力 $p_k = \dfrac{F_k + G_k}{A} = \dfrac{1477.76}{2.5 \times 3.0}\text{kPa} = 197.03\text{kPa} < 214.26\text{kPa}$

基底最大压力 $p_{kmax} = p_k\left(1 + \dfrac{6e_k}{l}\right) = 197.03 \times \left(1 + \dfrac{6 \times 0.021}{3.0}\right)\text{kPa}$

$= 205.31\text{kPa} < 1.2f_a = 1.2 \times 214.26\text{kPa} = 257.35\text{kPa}$

满足要求。

（3）按软卧层强度验算基底尺寸　由于 $\dfrac{E_{s1}}{E_{s2}} = \dfrac{8.1}{2.7} = 3$，所以需进行软卧层承载力验算。

软卧层顶面处土的自重应力

$p_{cz} = 17.2 \times 0.5\text{kPa} + 19.3 \times 0.8\text{kPa} + 19.4 \times (2.5 - 0.5 - 0.8)\text{kPa} + (19.4 - 10) \times (0.5 + 0.8 + 2.5 - 2.5)\text{kPa}$

$= 59.54\text{kPa}$（地下水位以下土取浮重度）

软卧层顶面土的加权重度 $r_m = \dfrac{p_{cz}}{d + z} = \dfrac{59.54}{1.45 + 2.35}\text{kN/m}^3 = 15.67\text{kN/m}^3$

已知软卧层承载力特征值 $f_{ak} = 95\text{kPa}$，查《地基基础规范》表格，深度修正系数 $\eta_d = 1.0$。

软卧层承载力修正 $f_{az}=f_{ak}+\eta_d\gamma_m(d-0.5)$

$=95\text{kPa}+1.0\times15.67\times(0.5+0.8+2.5-0.5)\text{kPa}=146.71\text{kPa}$

由$\dfrac{E_{s1}}{E_{s2}}=3$，$\dfrac{z}{b}=\dfrac{2.35}{2.5}>0.5$，查《地基基础规范》，得 $\theta=23°$。

软卧层顶面处的附加应力 $p_z=\dfrac{(p_k-p_{cd})lb}{(b+2z\tan\theta)(l+2z\tan\theta)}$

$=\dfrac{(197.03-15.67\times1.45)\times2.5\times3.0}{(2.5+2\times2.35\tan23°)\times(3.0+2\times2.35\tan23°)}\text{kPa}$

$=63.31\text{kPa}$

软卧层承载验算 $p_z+p_{cz}=59.54\text{kPa}+63.31\text{kPa}=122.85\text{kPa}<f_{az}=146.71\text{kPa}$

所以满足要求。

2. B 柱

（1）初估基底尺寸　因 B、C 轴间距仅 3m，B、C 柱分别设为独立基础场地不够，所以将两柱做成双柱联合基础。

因两柱荷载对称，所以联合基础近似按中心受压设计基础，基础埋深 1.9m。B-C 柱联合基础埋深示意图如图 9-17 所示。

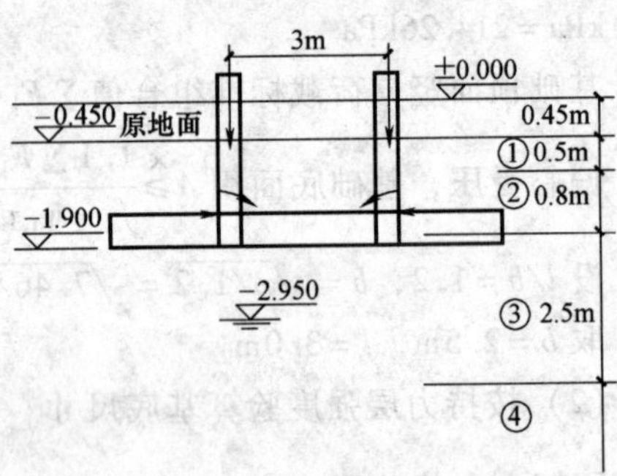

图 9-17　B-C 柱联合基础埋深示意图

基础受竖向荷载标准组合值 $F_k=1439.83\text{kN}+62.38\text{kN}=1502.21\text{kN}$

基础底面积 $A\geqslant\dfrac{2F_k}{f_a-\gamma_G d}=\dfrac{2\times1502.21}{214.26-20\times1.9}\text{m}^2=17.5\text{m}^2$

设 $l/b=1.8$，$b=\sqrt{A/1.8}=\sqrt{17.5/1.8}\text{m}=3.12\text{m}>3\text{m}$，尚需对地基承载力进行宽度修正，$\eta_d=0.3$。

$f_a=f_{ak}+\eta_b\gamma(b-3)+\eta_d\gamma_m(d-0.5)$

$=186\text{kPa}+0.3\times19.4\times(3.12-3)\text{kPa}+1.6\times18.59\times(1.45-0.5)\text{kPa}$

$=214.96\text{kPa}$

$A\geqslant\dfrac{2F_k}{f_a-\gamma_G d}=\dfrac{2\times1502.21}{214.96-20\times1.9}\text{m}^2=16.98\text{m}^2$

设 $l/b=1.8$，$b=\sqrt{A/1.8}=\sqrt{16.98/1.8}\text{m}=3.07\text{m}$

取 $b=3.1\text{m}$，$l=5.6\text{m}$。

（2）软卧层承载力验算　由于$\dfrac{E_{s1}}{E_{s2}}=\dfrac{8.1}{2.7}=3$，所以需进行软卧层承载力验算。

软卧层顶面土的自重应力

$p_{cz}=17.2\times0.5\text{kPa}+19.3\times0.8\text{kPa}+19.4\times(2.5-0.5-0.8)\text{kPa}+(19.4-10)\times(0.5+0.8+2.5-2.5)\text{kPa}$

$=59.54\text{kPa}$（地下水位以下土取浮重度）

$\gamma_m=\dfrac{p_{cz}}{d+z}=\dfrac{59.31}{1.45+2.35}\text{kN/m}^3=15.67\text{kN/m}^3$

已知软卧层承载力特征值 $f_{ak}=95\text{kPa}$

$$\eta_d=1.0$$

软卧层承载力修正 $f_{az}=f_{ak}+\eta_d\gamma_m(d-0.5)$

$$=95\text{kPa}+1.0\times15.67\times(0.5+0.8+2.5-0.5)\text{kPa}=146.71\text{kPa}$$

基底压力 $p_k=\dfrac{2F_k+G_k}{A}=\dfrac{2\times1502.21+20\times3.1\times5.6\times1.9}{3.1\times5.6}\text{kPa}=211.07\text{kPa}$

（此处将原地面标高 -0.450m 至室内地面标高 ±0.000m 范围内的填土作为外荷载加入 p_k。）

由 $\dfrac{E_{s1}}{E_{s2}}=3$，$\dfrac{z}{b}=\dfrac{2.35}{2.5}>0.5$，查得 $\theta=23°$。

$$p_z=\frac{(p_k-p_{cd})lb}{(b+2z\tan\theta)(l+2z\tan\theta)}$$

$$=\frac{(211.07-15.67\times1.45)\times3.1\times5.6}{(3.1+2\times2.35\tan23°)(5.6+2\times2.35\tan23°)}\text{kPa}=84.49\text{kPa}$$

软卧层承载力验算 $p_z+p_{cz}=59.54\text{kPa}+84.49\text{kPa}=144.03\text{kPa}<f_{az}=146.71\text{kPa}$

所以满足要求。

3. 抗震验算

根据《建筑抗震设计规范》，本工程需进行地基抗震验算。内力取表 9-13 数据，采用荷载标准组合：恒载 +0.5（雪 + 活）+ 地震作用。

（1）*A* 柱

上部传来竖向力 992.73kN + 85.65kN + 208.48kN = 1286.86kN

底层墙重 8.664 × 7.2kN = 62.38kN

总竖向力 $N_k=1349.24\text{kN}$

上部传来弯矩 11.4kN · m + 1.75kN · m + 347.58kN · m = 360.73kN · m

底层墙产生弯矩 62.38 × 0.18kN · m = 11.23kN · m

总弯矩 $M_k=371.96\text{kN}\cdot\text{m}$

柱底剪力 $V_k=-6.32\text{kN}-0.97\text{kN}-111.36\text{kN}=-118.65\text{kN}$

（2）（*B-C*）柱

上部传来竖向力（1179.12 + 130.14 + 138.22）× 2kN = 2894.96kN

底层墙重 8.664 × 7.2 × 2kN = 124.76kN

总竖向力 $N_k=3019.72\text{kN}$

（3）*A* 柱基础持力层承载力验算

基础形心处竖向力 $F_k+G_k=1349.24\text{kN}+20\times2.5\times3.0\times0.5\times(1.9+1.45)\text{kN}=1600.49\text{kN}$

弯矩 $\sum M_k=371.96\text{kN}+118.65\times0.6\text{kN}=443.15\text{kN}$

偏心距 $e=\dfrac{\sum M_k}{F_k+G_k}=\dfrac{443.15}{1600.49}\text{m}=0.28\text{m}$

$$p_k=\frac{F_k+G_k}{b\times l}=\frac{1600.49}{2.5\times3.0}\text{kPa}=213.40\text{kPa}<f_{aE}=\zeta_a f_a=1.3\times214.26\text{kPa}=278.54\text{kPa}$$

根据《建筑抗震设计规范》，$150\text{kPa}<f_{ak}=186\text{kPa}<300\text{kPa}$，取 $\zeta_a=1.3$。

$$p_{\substack{kmax \\ kmin}} = p_k\left(1 \pm \frac{6e}{l}\right) = 213.40 \times \left(1 \pm \frac{6 \times 0.28}{3.0}\right)\text{kPa} = \frac{332.90}{98.90}\text{kPa}$$

$p_{kmax} = 332.90\text{kPa} < 1.2 f_{aE} = 334.25\text{kPa}$

满足要求。

(4) (B-C) 柱基础持力层承载力验算

$F_k + G_k = 3019.72\text{kPa} + 20 \times 1.9 \times 3.1 \times 5.6\text{kPa} = 3679.4\text{kPa}$

$$p_k = \frac{F_k + G_k}{b \times l} = \frac{3679.4}{3.1 \times 5.6}\text{kPa} = 211.95\text{kPa} < f_{aE} = \zeta_a f_a = 1.3 \times 214.96\text{kPa} = 279.445\text{kPa}$$

满足要求。

9.5.5 基础结构设计

基础采用 C30 混凝土 ($f_c = 1.43\text{N/mm}^2$); HPB300 级钢筋 ($f_y = 270\text{N/mm}^2$)、HRB335 级钢筋 ($f_y = 300\text{N/mm}^2$); 垫层采用 C15 素混凝土。

1. 荷载设计值

基础结构设计时，需按荷载效应基本组合的设计值进行计算，预估基础高度 600mm。

(1) A 柱　已知柱底传来荷载基本组合值 1.35 恒$_k$ + 活$_k$ (见表 9-12) 为 $N = 1508.1\text{kN}$, $M = 18.8\text{kPa}$, $V = -10.42\text{kN}$; 底层墙、基础拉梁重 $F_{k1} = 62.38\text{kN}$ (偏离纵向轴 0.18m), 则

基础顶面竖向力设计值 $F = 1508.1\text{kN} + 62.38 \times 1.35\text{kN} = 1592.31\text{kN}$

基础底面弯矩设计值 $M = 18.8\text{kN}\cdot\text{m} + 62.38 \times 0.18 \times 1.35\text{kN}\cdot\text{m} + 0.6 \times 10.42\text{kN}\cdot\text{m} = 40.21\text{kN}\cdot\text{m}$

(2) (B-C) 柱　已知柱底传来荷载基本组合值 1.35 恒$_k$ + 活$_k$ (见表 9-12) 为 $N = 1847.3\text{kN}$, $M = -14.96\text{kPa}$, $V = 5.48\text{kN}$; 底层墙、基础拉梁重 $F_{k1} = 62.38\text{kN}$ (偏离纵向轴 0.18m), 则:

基础顶面竖向力设计值 $F_B = F_C = 1847.3\text{kN} + 62.38 \times 1.35\text{kN} = 1931.51\text{kN}$

基础底面弯矩设计值 $M_B = -M_C = 14.96\text{kN}\cdot\text{m} + 62.38 \times 0.18 \times 1.35\text{kN}\cdot\text{m} + 0.6 \times 5.48\text{kN}\cdot\text{m} = 33.40\text{kN}\cdot\text{m}$

2. A 柱基础结构设计

(1) 地基净反力

$$p_j = \frac{F}{A} = \frac{1592.31}{2.5 \times 3.0}\text{kPa} = 212.31\text{kPa}$$

$$p_{\substack{jmax \\ jmin}} = \frac{F}{A} \pm \frac{M}{W} = 212.31\text{kPa} \pm \frac{40.21}{1/6 \times 2.5 \times 3.0^2}\text{kPa} = \frac{223.03}{201.59}\text{kPa}$$

(2) 基础高度

1) 柱边截面。基础柱边截面抗冲切破坏计算简图如图 9-18 所示。

要求: $F_l \leqslant 0.7\beta_{hp} f_t b_m h_0$, 取 $h = 600\text{mm} < 800\text{mm}$, 则 $\beta_{hp} = 1.0$, $h_0 = (600 - 40 - 5)\text{mm} = 555\text{mm}$。

已知柱截面尺寸 $a_c \times b_c = 600\text{mm} \times 600\text{mm}$, 则

$b_t = b_c = 0.6\text{m}$

$b_m = (b_t + b_b)/2 = b_c + h_0 = (0.6 + 0.555)\text{m} = 1.155\text{m}$

由于 $b_c + 2h_0 = (0.6 + 2 \times 0.555)\text{m} = 1.71\text{m} < b = 2.5\text{m}$（破坏锥体落在基础平面内部）

$$\text{所以} A_1 = \left(\frac{l}{2} - \frac{a_c}{2} - h_0\right)b - \left(\frac{b}{2} - \frac{b_c}{2} - h_0\right)^2$$

$$= \left(\frac{3.0}{2} - \frac{0.6}{2} - 0.555\right) \times 2.5\text{m}^2 - \left(\frac{2.5}{2} - \frac{0.6}{2} - 0.555\right)\text{m}^2$$

$$= 1.456\text{m}^2$$

偏心受压，取 $p_{jmax} = 223.03\text{kPa}$

冲切力 $F_l = p_{jmax}A_l = 223.03 \times 1.456\text{kN} = 324.73\text{kN}$

抗冲切力 $0.7\beta_{hp}f_t b_m h_0 = 0.7 \times 1.0 \times 1.43 \times 10^3 \times 1.155 \times 0.555\text{kN} = 641.67\text{kN} > F_l$

所以基础高度满足要求。

2）变阶处截面。基础变阶处截面抗冲切破坏计算简图如图 9-19 所示。

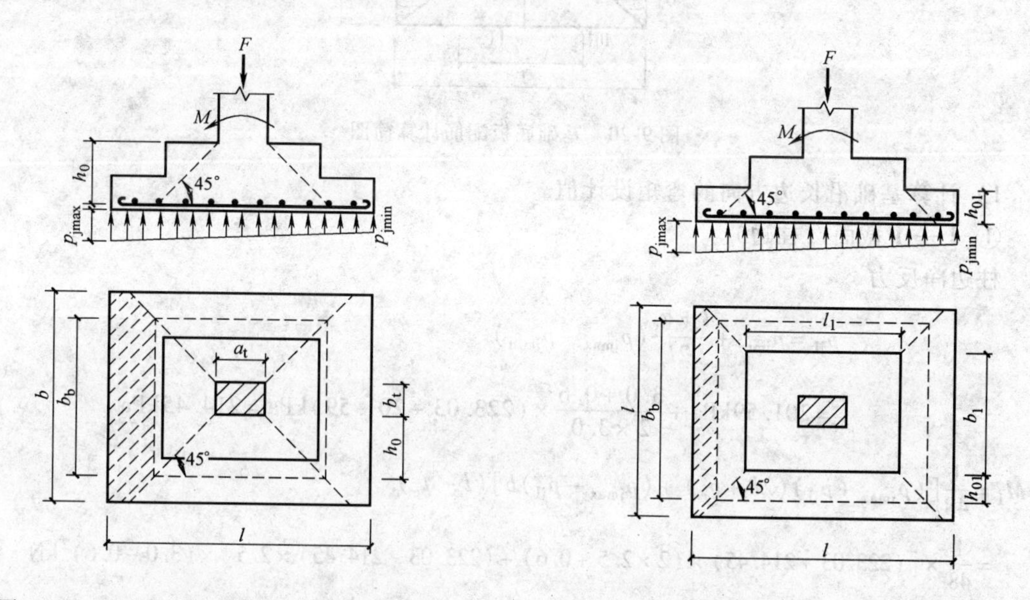

图 9-18 基础柱边截面抗冲切破坏计算简图　　图 9-19 基础变阶处截面抗冲切破坏计算简图

基础分两级，下阶高 $h_1 = 300\text{mm}$，有效高度 $h_{01} = 255\text{mm}$，取破坏锥体顶面尺寸 $l_1 = 150\text{mm}$，$b_1 = 125\text{mm}$。

$b_1 + 2h_{01} = 1.25\text{m} + 2 \times 0.255\text{m} = 1.76\text{m} < b = 2.5\text{m}$

$$\text{冲切力} p_{jmax}\left[\left(\frac{l}{2} - \frac{l_1}{2} - h_{01}\right)b - \left(\frac{b}{2} - \frac{b_1}{2} - h_{01}\right)^2\right]$$

$$= 223.03 \times \left[\left(\frac{3.0}{2} - \frac{1.5}{2} - 0.255\right) \times 2.5 - \left(\frac{2.5}{2} - \frac{1.25}{2} - 0.255\right)^2\right]\text{kN}$$

$$= 245.47\text{kN}$$

抗冲切力 $0.7\beta_{hp}f_t(b_1 + h_{01})h_{01}$

$$= 0.7 \times 1.0 \times 1.43 \times 10^3 \times (1.25 + 0.255) \times 0.555\text{kN}$$

$$= 384.16\text{kN} > 245.47\text{kN}$$

满足要求。

(3) 配筋计算　基础底板配筋计算简图如图 9-20 所示。

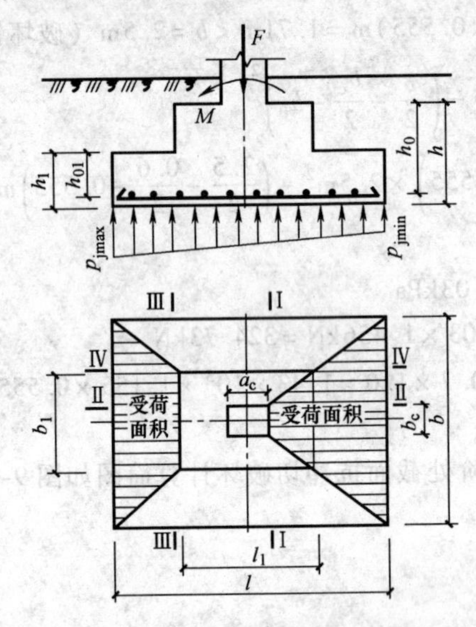

图 9-20　基础底板配筋计算简图

1) 计算基础沿长边方向的弯矩设计值。

① Ⅰ—Ⅰ截面（柱边）。

柱边净反力

$$p_{j\text{I}} = p_{jmin} + \frac{l + a_c}{2l}(p_{jmax} - p_{jmin})$$

$$= 201.59\text{kPa} + \frac{3.0 + 0.6}{2 \times 3.0} \times (223.03 - 201.59)\text{kPa} = 214.45\text{kPa}$$

$$M_\text{I} = \frac{1}{48}[(p_{jmax} + p_{j\text{I}})(2b + b_c) + (p_{jmax} - p_{j\text{I}})b](l - a_c)^2$$

$$= \frac{1}{48} \times [(223.03 + 214.45) \times (2 \times 2.5 + 0.6) + (223.03 - 214.45) \times 2.5] \times (3.0 - 0.6)^2\text{kN} \cdot \text{m}$$

$$= 296.56\text{kN} \cdot \text{m}$$

$$A_{s\text{I}} = \frac{M_\text{I}}{0.9 f_y h_0} = \frac{296.56 \times 10^6}{0.9 \times 270 \times 555}\text{mm}^2 = 2198.94\text{mm}^2$$

② Ⅲ—Ⅲ截面（变阶处）。

$$p_{j\text{III}} = p_{jmin} + \frac{l + l_1}{2l}(p_{jmax} - p_{jmin})$$

$$= 201.59\text{kPa} + \frac{3.0 + 1.5}{2 \times 3.0} \times (223.03 - 201.59)\text{kPa} = 217.67\text{kPa}$$

$$M_\text{III} = \frac{1}{48}[(p_{jmax} + p_{j\text{III}})(2b + b_1) + (p_{jmax} - p_{j\text{III}})b](l - l_1)^2$$

$$= \frac{1}{48} \times [(223.03 + 217.67) \times (2 \times 2.5 + 1.25) + (223.03 - 217.67) \times 2.5] \times (3.0 - 1.5)^2\text{kN} \cdot \text{m}$$

$$= 131.63\text{kN} \cdot \text{m}$$

$$A_{s\text{Ⅲ}}=\frac{M_{\text{Ⅲ}}}{0.9f_y h_{01}}=\frac{131.63\times10^6}{0.9\times270\times255}\text{mm}^2=2124.26\text{mm}^2$$

比较$A_{s\text{Ⅰ}}$和$A_{s\text{Ⅲ}}$，应按$A_{s\text{Ⅰ}}$配筋，现于2.5m宽度范围内（平行于长边方向）配21ф12@125，$A_s=2375\text{mm}^2$，并置于下层。

2）计算基础沿短边方向的弯矩设计值。按轴心受压计算，前已算得$p_j=212.31\text{kPa}$。

① Ⅱ—Ⅱ截面（柱边）

$$M_{\text{Ⅱ}}=\frac{1}{24}p_j(b-b_c)^2(2l+a_c)$$

$$=\frac{1}{24}\times212.31\times(2.5-0.6)^2\times(2\times3.0+0.6)\text{kN}\cdot\text{m}$$

$$=210.77\text{kN}\cdot\text{m}$$

$$A_{s\text{Ⅱ}}=\frac{M_{\text{Ⅱ}}}{0.9f_y h_0}=\frac{210.77\times10^6}{0.9\times270\times(555-12)}\text{mm}^2=1597.36\text{mm}^2$$

由于平行于短边的钢筋放在长边钢筋上方，所以存在有效计算高度差12mm。

② Ⅳ—Ⅳ截面（变阶处）

$$M_{\text{Ⅳ}}=\frac{1}{24}p_j(b-b_1)^2(2l+l_1)$$

$$=\frac{1}{24}\times212.31\times(2.5-1.25)^2\times(2\times3.0+1.5)\text{kN}\cdot\text{m}$$

$$=103.67\text{kN}\cdot\text{m}$$

$$A_{s\text{Ⅳ}}=\frac{M_{\text{Ⅳ}}}{0.9f_y h_0}=\frac{103.67\times10^6}{0.9\times270\times(255-12)}\text{mm}^2=1755.67\text{mm}^2$$

比较$A_{s\text{Ⅱ}}$和$A_{s\text{Ⅳ}}$，应按$A_{s\text{Ⅳ}}$配筋，现于3.0m宽度范围内（平行于短边方向）布置16ф12@200，$A_s=1810\text{mm}^2$，并置于上层。

3.（*B-C*）柱基础结构设计

$l=5.6\text{m}$，$b=3.1\text{m}$，两柱截面尺寸均为$a_c=b_c=0.6\text{m}$，初选基础高度$h=0.6\text{m}$（等厚）。

（1）基底净反力　前文已算得$F_B=F_C=1931.51\text{kPa}$，故

$$p_j=\frac{F}{lb}=\frac{1931.51\times2}{5.6\times3.1}\text{kPa}=222.53\text{kPa}$$

（2）冲切计算　联合基础抗冲切验算计算简图如图9-21所示。

要求$F_l\leqslant0.7\beta_{hp}f_t u_m h_0$

$$u_m=(a_c+h_0)\times4=(0.6+0.555)\times4\text{m}=4.62\text{m}$$

$$\beta_{hp}=1.0, f_t=1.43\text{N/mm}^2$$

$$F_l=F_B-(a_c+2h_0)^2p_j=1931.51\text{kN}-(0.6+2\times0.555)^2\times222.53\text{kN}=1280.81\text{kN}$$

$$0.7\beta_{hp}f_t u_m h_0=0.7\times1.0\times1.43\times4.62\times555\text{kN}=2566.66\text{kN}>F_l$$

所以满足要求。

（3）纵向内力计算

$$bp_j=3.1\times222.53\text{kN/m}=689.84\text{kN/m}$$

弯矩和剪力的计算结果如图9-22所示。

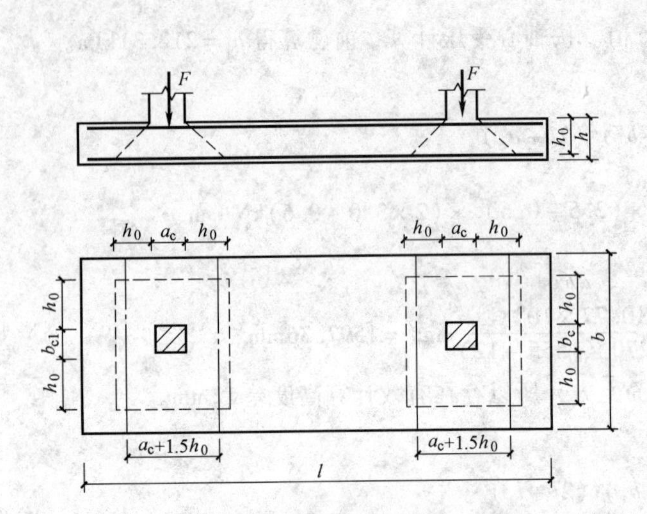

图 9-21　联合基础抗冲切验算计算简图

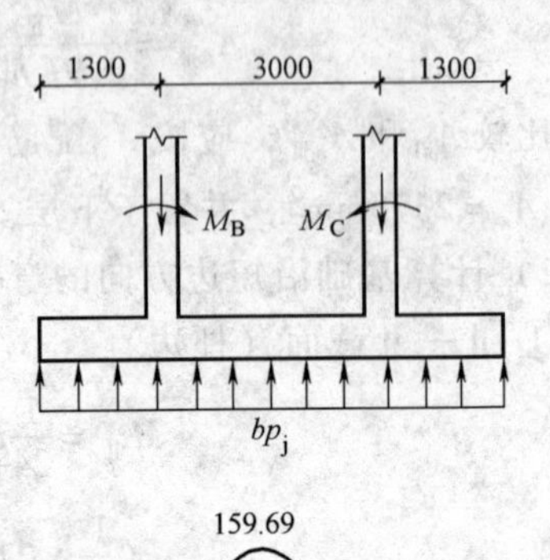

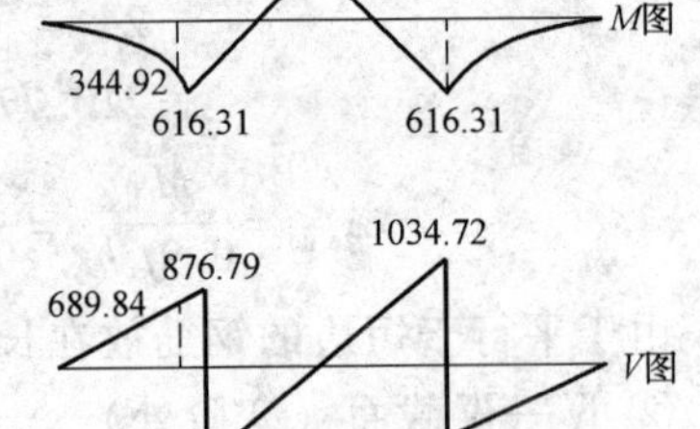

图 9-22　弯矩和剪力计算结果

（4）抗剪验算

柱边剪力 $V_{\max}=689.84\text{kN}$

$h=600\text{mm}<800\text{mm}$ 取，$\beta_h=1.0$

$$0.7\beta_h f_t b h_0=0.7\times1.0\times1.43\times3.1\times555\text{kN}=1722.22\text{kN}>V_{\max}$$

满足要求。

（5）纵向配筋计算

1）板底纵筋选用 HRB335，钢筋 $f_y=f'y=300\text{N/mm}^2$

$$A_s=\frac{M}{0.9f_y h_0}=\frac{616.31\times10^6}{0.9\times300\times555}\text{mm}^2=4112.85\text{mm}^2$$

选配 21Φ16@155（实配 $A_s=4223.1\text{mm}^2$）

2）板顶纵筋选用 HPB300，钢筋 $f_y=f'_y=300\text{N/mm}^2$

$$A_s=\frac{M}{0.9f_y h_0}=\frac{159.69\times10^6}{0.9\times270\times555}\text{mm}^2=1184.07\text{mm}^2$$

按构造要求配筋Φ10@200（实配 $A_s=1218.3\text{mm}^2$）

（6）横向配筋

柱下等效梁宽为

$$a_c+2\times0.75h_0=0.6\text{m}+2\times0.75\times0.555\text{m}=1.43\text{m}$$

柱边弯矩：

$$M=\frac{F_B}{b}\times\frac{1}{2}\times\left(\frac{b-b_c}{2}\right)^2=\frac{1931.51}{3.1}\times\frac{1}{2}\times\left(\frac{3.1-0.6}{2}\right)^2\text{kN}\cdot\text{m}=486.71\text{kN}\cdot\text{m}$$

板底横筋选用 HRPB335 钢筋 $f_y=f'_y=300\text{N/mm}^2$

$$A_s=\frac{M}{0.9f_yh_0}=\frac{486.71\times10^6}{0.9\times300\times(555-16)}\text{mm}^2=3344.81\text{mm}^2$$

板底：在两柱下1.43m范围内分别布置11Φ20@140（实配$A_s=4418\text{mm}^2$）的横向受力钢筋，该范围外按构造要求布置Φ10@200的横向钢筋。

板顶：按构造要求布置Φ8@250的横向分布钢筋，仅起固定板顶纵向钢筋的作用。

9.5.6　基础拉梁设计

1. 荷载计算

（1）A柱　柱底传来荷载基本组合值（1.35恒$_k$+活$_k$）为

$$N=1508.1\text{kN};\ M=-18.8\text{kPa};\ V=-10.42\text{kN}$$

底层墙、基础拉梁重$F_{k1}=8.664\text{kN/m}$（偏离纵向轴0.18m）。

（2）（B-C）柱　柱底传来荷载基本组合值（1.35恒$_k$+活$_k$）为

$$N=1847.3\text{kN};\ M=-14.96\text{kPa};\ V=5.48\text{kN}$$

底层墙、基础拉梁重　$F_{k1}=8.664\text{kN/m}$（偏离纵向轴0.18m）。

2. 选择截面及材料

梁截面高度：$h=400\text{mm}$，则$h_0=(400-35)\text{mm}=365\text{mm}$；梁截面宽度取240mm。拉梁跨度7.2m，且相邻跨跨度相等。拉梁混凝土强度等级取C30（$f_t=1.43\text{N/mm}^2$），配置HRB335级钢筋（$f_y=300\text{N/mm}^2$）。

3. 拉梁内力计算

如图9-23所示，由于拉梁承受隔墙重力，可按纯弯构件计算纵筋及箍筋面积（此面积偏大，因拉梁下有垫层，视为托空，不能像纯弯构件一样变形），然后与$0.1\text{N}\leqslant f_yA_s$产生的内力所需钢筋面积叠加，且配筋率应大于$\rho_{min}=0.15\%$（≤C35混凝土）。

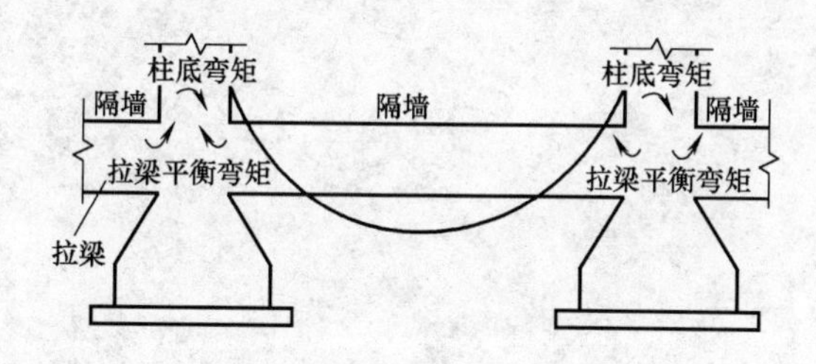

图9-23　拉梁内力示意图

（1）A柱　支座弯矩：柱底弯矩分配18.8/2kN·m=9.4kN·m（因相邻跨跨度相同，截面尺寸相同，两端梁分配系数各取0.5）

自重及隔墙产生的弯矩　$\frac{ql^2}{16}=\frac{8.664\times7.2^2}{16}\text{kN}\cdot\text{m}=28.07\text{kN}\cdot\text{m}$

弯矩叠加　$M=(9.4+28.07)\text{kN}\cdot\text{m}=37.47\text{kN}\cdot\text{m}$

$$A_s=\frac{M}{0.875f_yh_0}=\frac{37.47\times10^6}{0.875\times300\times365}\text{mm}^2=391.08\text{mm}^2$$

按式$0.1N\leqslant f_yA_s$计算配筋面积

$$A_s \geqslant \frac{0.1N}{f_y} = \frac{0.1 \times 1508.1 \times 10^3}{300}\text{mm}^2 = 502.7\text{mm}^2$$

配筋面积叠加 $A_s \geqslant (391.08 + 502.7)\text{mm}^2 = 893.78\text{mm}^2$

选用 4Φ18（$A_s = 1018\text{mm}^2$）。

(2)（*B-C*）柱 支座弯矩：柱底弯矩分配 14.96/2kN · m = 7.48kN · m（因相邻跨跨度相同，截面尺寸相同，两端梁分配系数各取 0.5）。

自重及隔墙产生的弯矩 $\frac{ql^2}{16} = \frac{8.664 \times 7.2^2}{16}\text{kN} \cdot \text{m} = 28.07\text{kN} \cdot \text{m}$

弯矩叠加 $M = (7.48 + 28.07)\text{mm} = 35.55\text{kN} \cdot \text{m}$

$$A_s = \frac{M}{0.875 f_y h_0} = \frac{35.55 \times 10^6}{0.875 \times 300 \times 365}\text{mm}^2 = 371.04\text{mm}^2$$

按式 $0.1N \leqslant f_y A_s$ 计算配筋面积

$$A_s \geqslant \frac{0.1N}{f_y} = \frac{0.1 \times 1847.3 \times 10^3}{300}\text{mm}^2 = 615.77\text{mm}^2$$

配筋面积叠加 $A_s \geqslant (371.04 + 615.77)\text{mm} = 986.81\text{mm}^2$

选用 4Φ18（$A_s = 1018\text{mm}^2$）。

(3) 箍筋设计

由弯矩产生的剪力值 $\frac{7.48 \times 2}{7.2}\text{kN} = 2.07\text{kN}$

剪力值 $V = a_V (g + q) l_n = 0.55 \times 8.664(7.2 - 0.6)\text{kN} = 31.45\text{kN}$

总剪力值 33.52kN

$$0.7 f_t b h_0 = 0.4 \times 1.43 \times 240 \times 365\text{kN} = 50.1\text{kN} > 33.52\text{kN}$$

按构造配筋，选配 Φ8@200。

基础施工图详见附图 10 和附图 11（见书后插页）。

第 10 章

10

PKPM 软件在框架结构设计中的应用

PKPM 系列设计程序是中国建筑科学研究院所开发的一种土木建筑结构设计软件，包含结构、建筑、钢结构、特种结构、砌体结构、鉴定加固、设备等设计部分。目前我国大部分建筑设计研究院应用该系列程序进行建筑结构设计。许多高校土木工程专业都以较为常见的框架结构作为毕业设计内容，要求学生在设计中以手算为主、电算复核的方法完成结构设计任务。因此，本章结合工程实例介绍 PKPM 在框架结构设计中的应用，以便学生在毕业设计中能够熟练地应用 PKPM 完成结构设计电算相关内容。

10.1 PMCAD

PMCAD 是 PKPM 系列结构设计的前处理核心模块，图 10-1 所示为 PMCAD 主菜单，其功能主要包括：为设计人员提供较好的人机交互界面，输入各楼层的几何及荷载数据，通过绘制结构标准层进行楼层组装，形成整楼模型，自动计算全楼构件自重，自动形成各标准层与整楼的几何与荷载数据库，为后续设计分析程序提供数据接口，还可以完成现浇楼板的内力分析与配筋计算，绘出板的结构施工图。

图 10-1 PMCAD 主菜单

下面结合本书手算部分的工程实例，简单介绍一下建模过程及设计中常用参数的来源，其他参数取默认值不再一一介绍，具体操作及参数详细介绍请参照 PKPM 系列软件的用户手册。

10.1.1 结构模型的建立和荷载输入

结合手算部分中绘制的建筑图以及梁柱尺寸，在 PMCAD 中通过轴线输入、网格生成、楼层定义以及各楼层上的荷载分布，绘制相应的标准层，如图 10-2 所示第 1 标准层，通过楼层组装可以得到整楼模型，如图 10-3 所示。

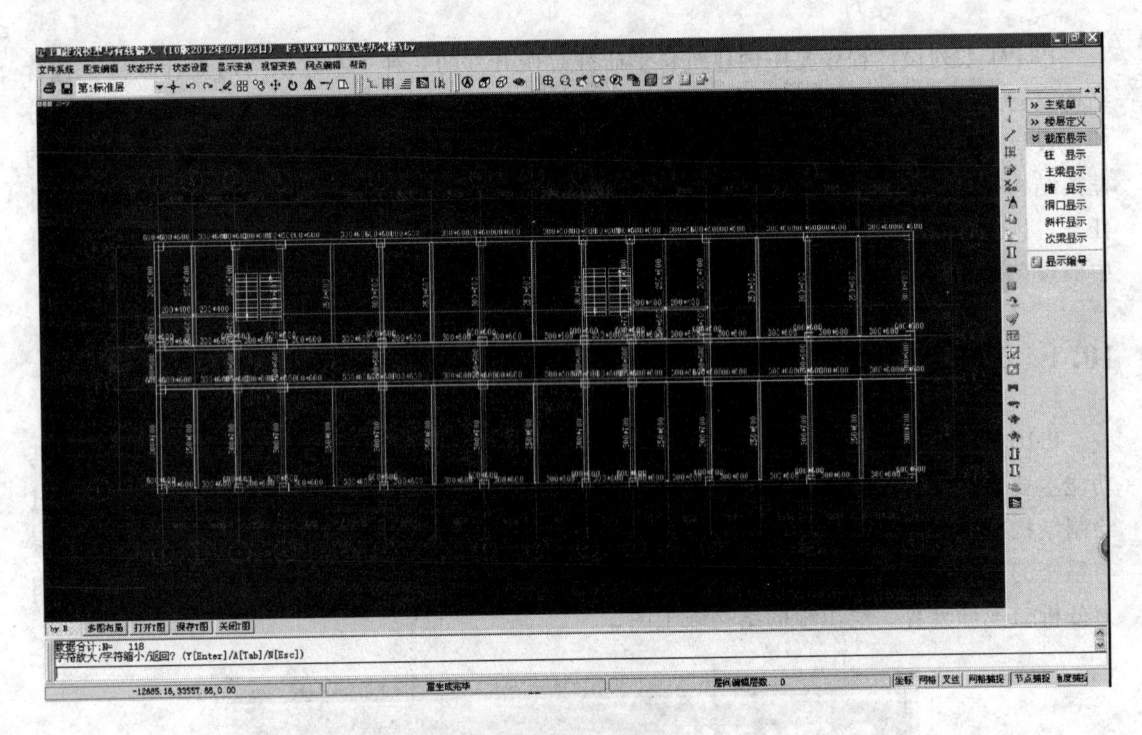

图 10-2 第 1 标准层

在建模过程中，根据建筑图进行相应的轴线输入。梁、板、柱等框架模型参数见表 10-1，办公楼部分楼面荷载平面图和屋面荷载平面图分别如图 10-4、图 10-5 所示。

表 10-1 框架模型参数

自然层	标准层	层高 /mm	柱 /(mm×mm)	横向框梁 /(mm×mm)	纵向框梁 /(mm×mm)	次梁 /(mm×mm)	板厚 /mm	混凝土强度等级
1	1	4900	600×600	300×700	300×600	250×600	100	C30
2	1	3600	600×600	300×700	300×600	250×600	100	C30
3	2	3600	500×500	300×700	300×600	250×600	100	C30
4	3	3600	500×500	300×700	300×600	250×600	100	C30

注：横向框梁的中间跨为 300mm×500mm，卫生间次梁为 200mm×400mm。

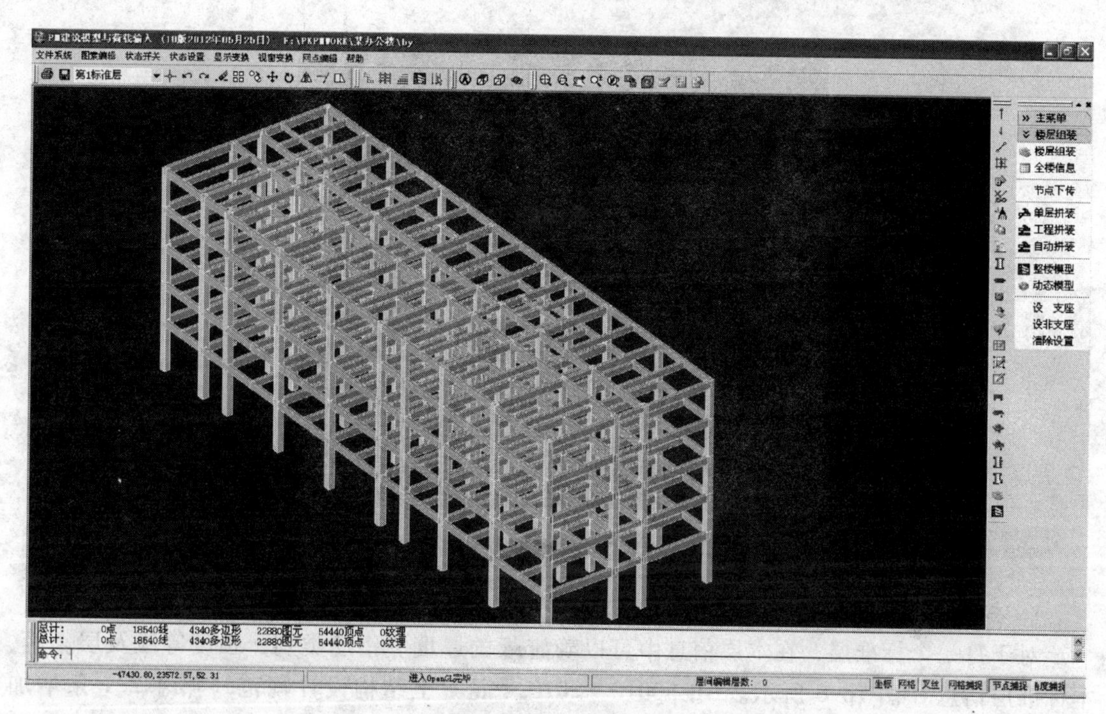

图 10-3 整楼模型

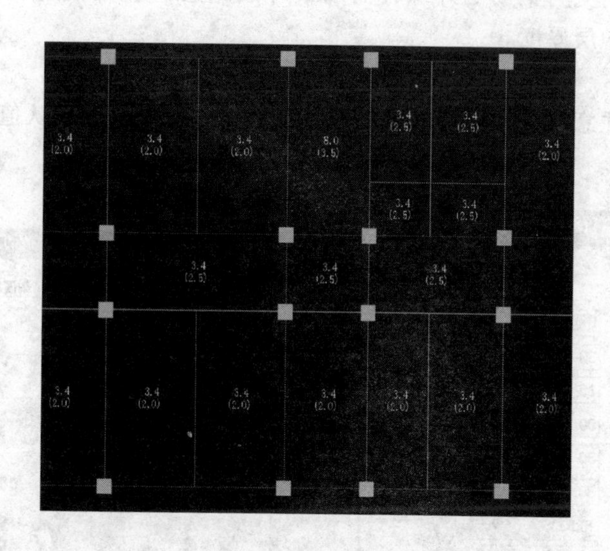

图 10-4 办公楼部分楼面荷载平面图

10.1.2 设计参数的选取

PMCAD 中有三类参数，第一类为选项参数，第二类为内定参数，第三类为必填参数，《混凝土结构设计规范》、《高层建筑混凝土技术规程》、《建筑抗震设计规范》对设计参数有重大调整，选取参数时要结合新规范。设计参数共包括总信息、材料信息、地震信息、风荷载信息和钢筋信息五项。

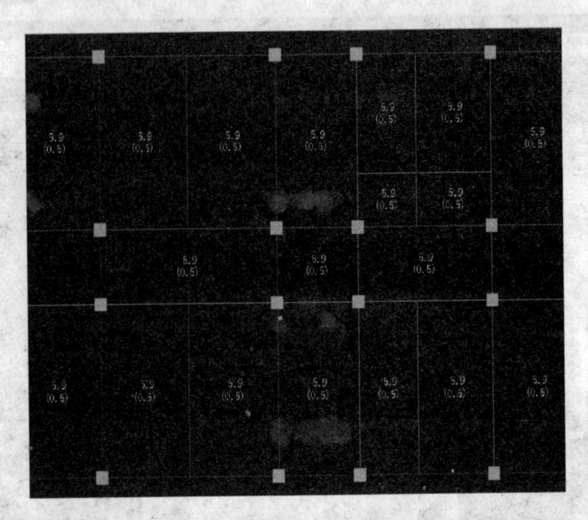

图 10-5 办公楼部分屋面荷载平面图

1. 本层信息中参数的确定

对于每一个标准层，在本层信息中可以确定板的厚度、钢筋类别、强度等级及层高等，本标准层信息如图 10-6 所示。GB 50010—2010《混凝土结构设计规范》第 4.2.1 条增加 500MPa 级热轧带肋钢筋，用 300MPa 级光圆钢筋取代 235MPa 级钢筋；第 8.2.1 条混凝土保护层厚度不再以纵向受力钢筋的外缘，而以最外层钢筋（包括箍筋、构造筋、分布筋）的外缘计算混凝土保护层厚度。

2. 建模总信息

本信息中重点注意梁柱保护层厚度的选取，本设计按照程序默认值 20mm 选用，建模总信息如图 10-7 所示。

用光标点明要修改的项目 [确定]返回

本标准层信息

板厚 (mm)	100
板混凝土强度等级	30
板钢筋保护层厚度 (mm)	15
柱混凝土强度等级	30
梁混凝土强度等级	30
剪力墙混凝土强度等级	30
梁钢筋类别	HRB335
柱钢筋类别	HRB335
墙钢筋类别	HRB335
本标准层层高 (mm)	4900

确定 取消 帮助

图 10-6 本标准层信息

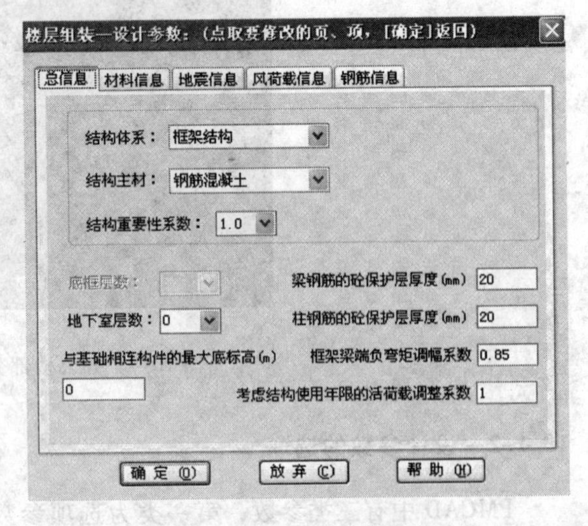

图 10-7 建模总信息

3. 建模材料信息

新版菜单仍保留了 HPB235 级钢筋，同原Ⅰ级钢，建模材料信息如图 10-8 所示。

4. 建模地震信息

根据前文中的设计信息，建模地震信息如图 10-9 所示。

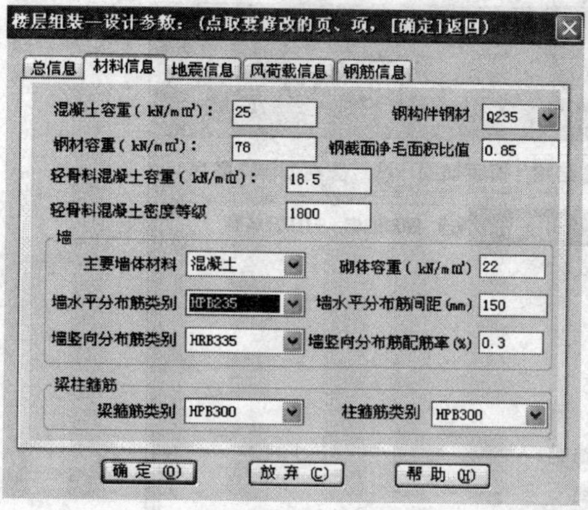

图 10-8　建模材料信息

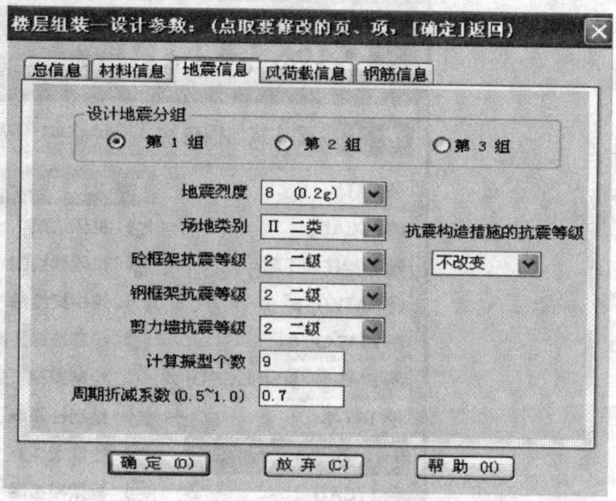

图 10-9　建模地震信息

5. 建模风荷载信息

本地区基本风压为 $\omega_0 = 0.45\mathrm{kN/m^2}$，地面粗糙度为 C 类，建模风荷载信息如图 10-10 所示。

6. 建模钢筋信息

建模钢筋信息一般情况采用默认值，本设计中选用默认值，如图 10-11 所示。

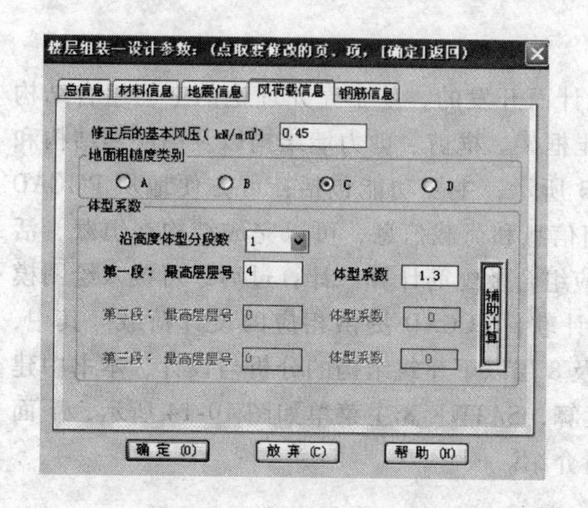

图 10-10　建模风荷载信息

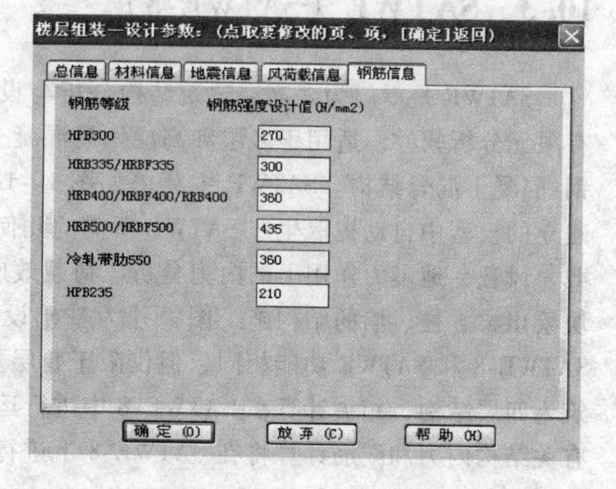

图 10-11　建模钢筋信息

10.2　PK 程序

PK 程序主要用于平面二维结构计算和接力二维计算的框架、连续梁、排架的施工图设计。如图 10-12 所示 PK 主菜单，主要功能包括：可与 PMCAD 模块接口，自动导荷并生成结构计算所需的数据信息；可提供丰富的计算简图及结果图形，提供模板图及钢筋材料表；按照梁柱整体画、梁柱分开画、梁柱钢筋平面图表示法和广东地区梁表柱表四种方式绘制施工图。

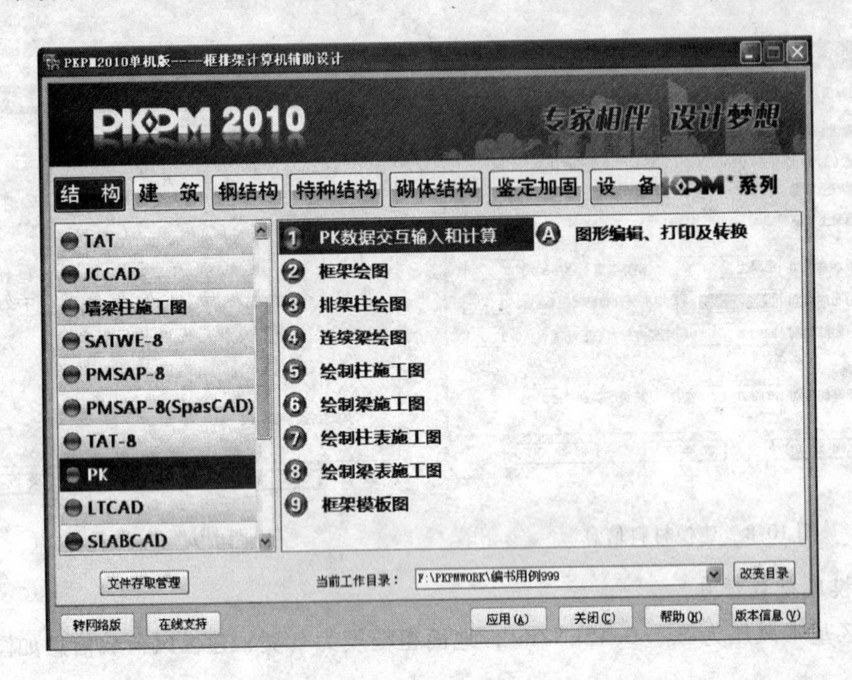

图 10-12 PK 主菜单

10.3 SATWE（SATWE-8）

SATWE 是专门为多高层建筑结构分析与设计而开发的、基于壳元理论的空间组合结构有限元分析软件，适用于多层和高层钢筋混凝土框架、框剪、剪力墙结构以及高层钢结构和钢-混凝土混合结构。SATWE 主菜单如图 10-13 所示，主要功能包括：可方便地从 PMCAD 建立的模型中自动提取生产 SATWE 所需的几何信息和荷载信息，可以完成结构在恒载、活载、风载、地震力作用下的内力分析、荷载效应组合及配筋计算。计算过后，可接入绘图模块绘出梁、柱、墙的结构施工图，并为基础设计软件 JCCAD 提供相应的设计荷载。其中，SATWE-8 和 SATWE 功能相同，但仅限于 8 层及 8 层以下建筑结构的分析与设计，本书中建筑为四层结构，相关计算在 SATWE-8 中进行运算，SATWE-8 主菜单如图 10-14 所示，下面有关结构内力和配筋计算将在 SATWE-8 下进行介绍。

10.3.1 SATWE-8 参数的选取

接 PMCAD 生成 SATWE 数据，菜单中的第 1 和第 6 选项必须执行，SATWE 前处理菜单如图 10-15 所示，参数取值及说明详见 PKPM 系列软件中 SATWE 应用手册。

完成第 1 项“SATWE 分析与设计参数补充定义”命令后，倘若无特殊构件和荷载定义，可直接执行第 6 项“生成 SATWE 数据文件及数据检查”命令，然后生成后续计算所需的数据文件。

图 10-13　SATWE 主菜单

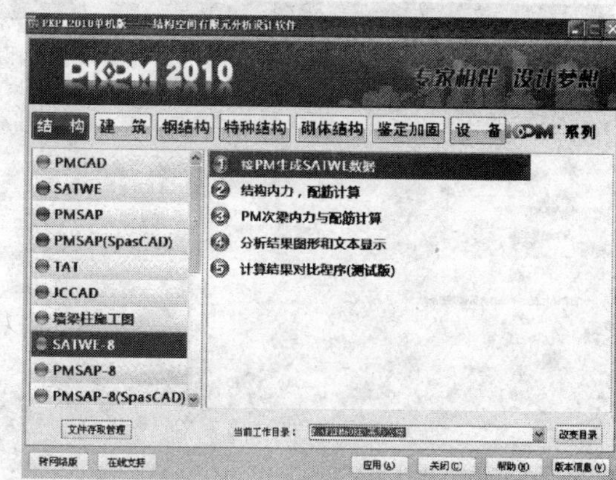

图 10-14　SATWE-8 主菜单

“SATWE 分析与设计参数补充定义”中的参数设置如图 10-16 ~ 图 10-23 所示。

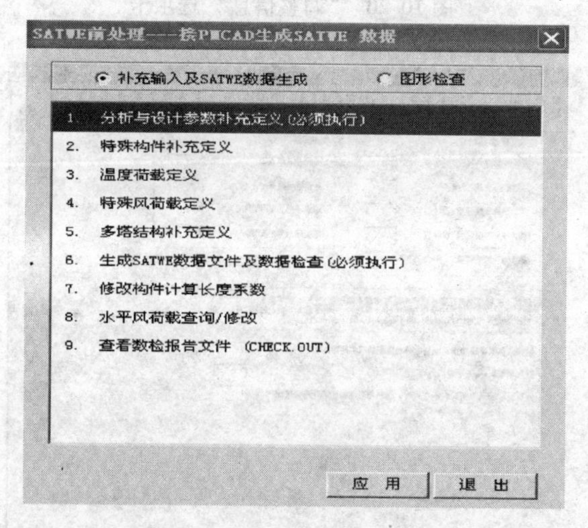

图 10-15　SATWE 前处理菜单

图 10-16　“总信息”选项卡

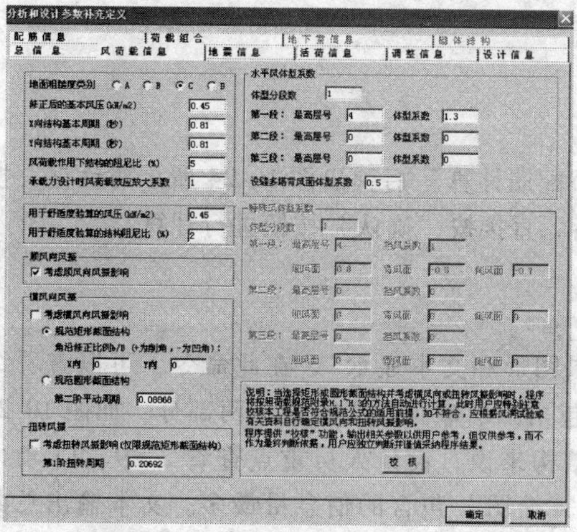

图 10-17　“风荷载信息”选项卡

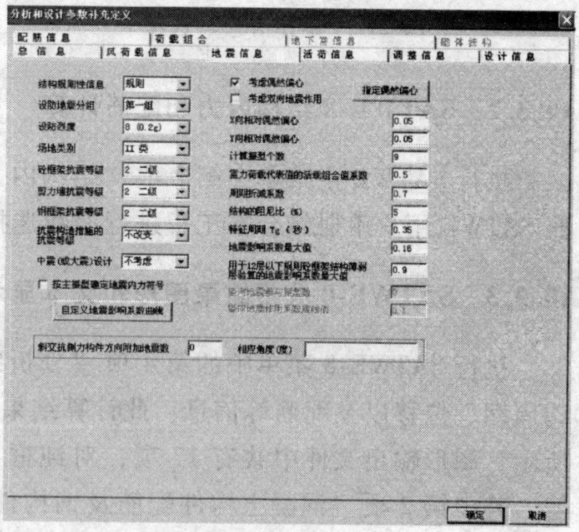

图 10-18　“风荷载信息”选项卡

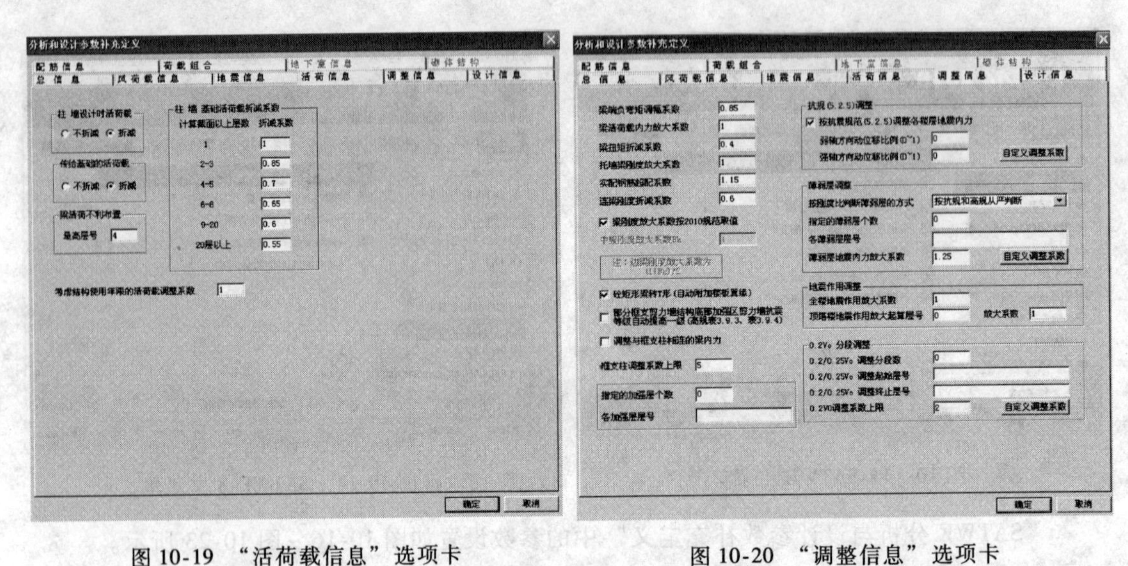

图 10-19 “活荷载信息”选项卡

图 10-20 “调整信息”选项卡

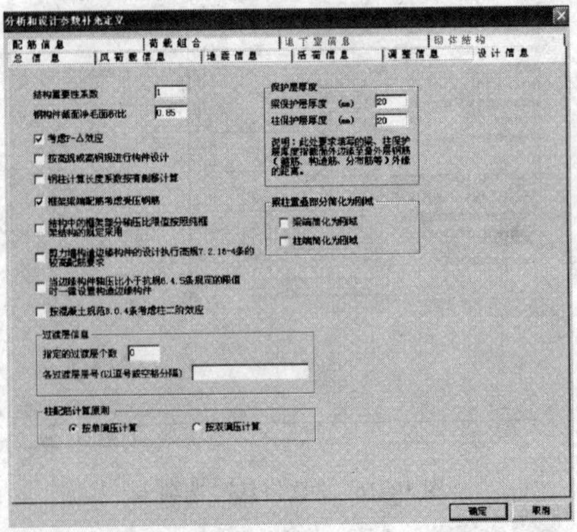

图 10-21 “设计信息”选项卡

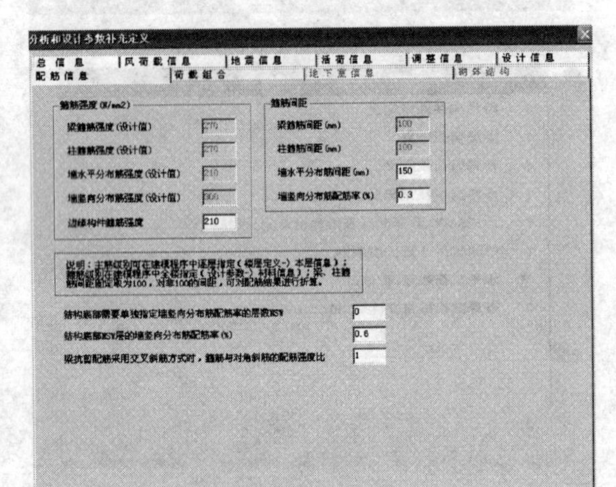

图 10-22 “配筋信息”选项卡

10.3.2 SATWE-8 结构内力和配筋计算

执行 SATWE 主菜单中第 2 项“结构内力，配筋计算”后弹出图 10-24 所示对话框，按照 SATWE 用户手册结合本工程进行参数选择后，直接按“确认”按钮进行计算。

10.3.3 SATWE-8 分析结果图形和文本显示

执行 SATWE-8 菜单中的第 4 项“分析结果图形和文本显示”，在此命令下可以查看结构周期、位移以及配筋等信息。此计算结果中包括图形输出和文本输出两部分，如图 10-25 所示。图形输出文件中共有 17 项，对纯框架结构来说，设计人员重点查看 2、9、13 项内容，其中第 2 项“混凝土构件配筋及钢构件验算简图”包含的信息量最多。文本输出总共 12 项，主要查看第 1、2、3 项内容。

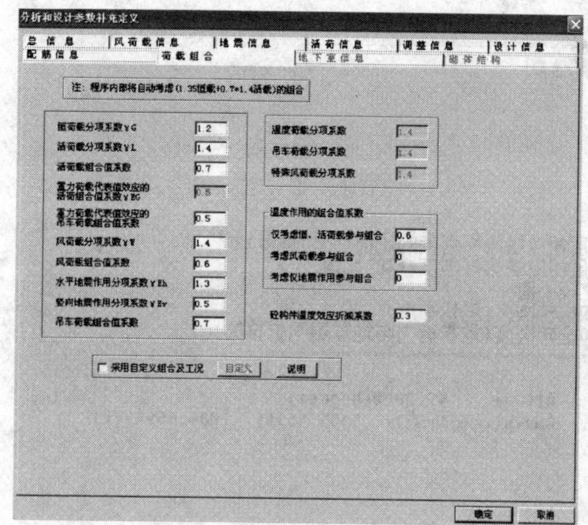

图 10-23　“荷载组合”选项卡

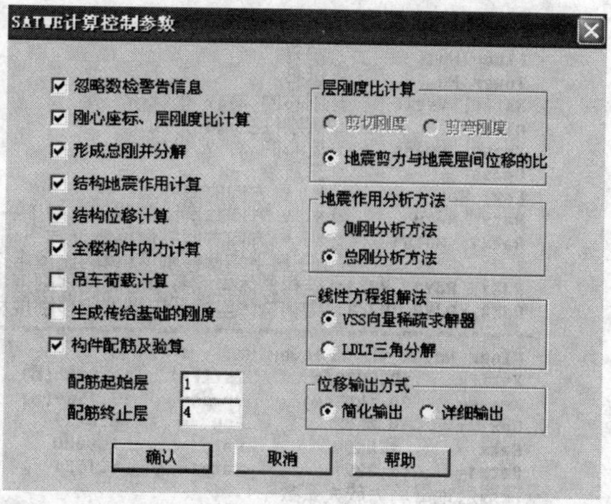

图 10-24　“SATWE 计算控制参数”对话框

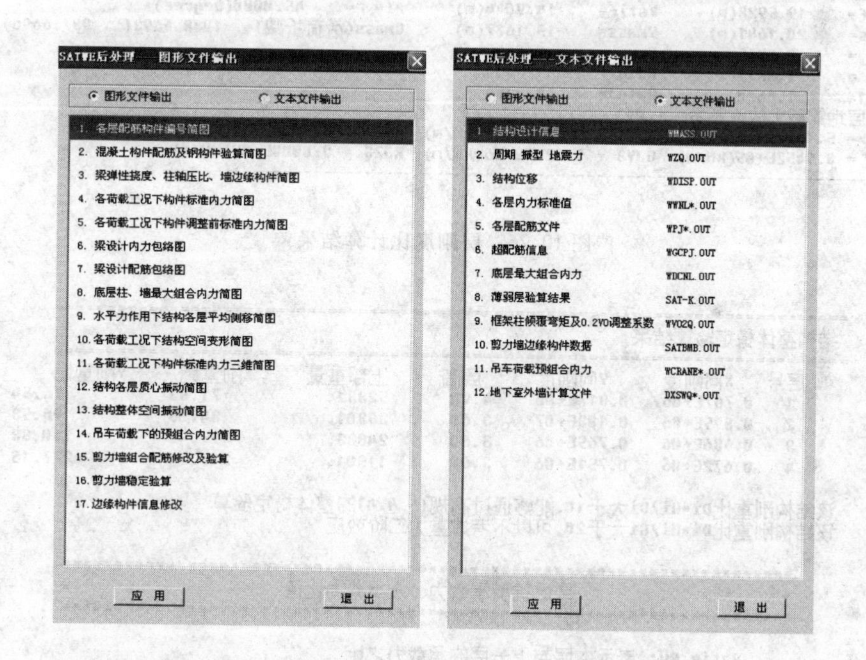

图 10-25　计算结果图形文件和文本文件输出菜单

1. 文本文件输出内容

(1) 结构设计信息 (WMASS. OUT)　在此信息中，设计人员注意关注层刚度比、刚重比及楼层受剪承载力的计算结果，如图 10-26 和图 10-27 所示。

1)《高层建筑混凝土结构技术规程》中 3.5.2 条规定：对框架结构，本层与其相邻上层的侧向刚度比不宜小于 0.7，与相邻上部三层刚度平均值的比值不宜小于 0.8。层间刚度比是控制结构竖向不规则性和判断薄弱层的重要指标。SATWE <结构设计信息>文件输出中，层间刚度比为 Ratx1 和 Raty1。本案例中，薄弱层地震剪力放大系数都是 1，说明该结构没有薄弱层。

```
======================================================================
        各层刚心、偏心率、相邻层侧移刚度比等计算信息
 Floor No          : 层号
 Tower No          : 塔号
 Xstif, Ystif      : 刚心的 X, Y 坐标值
 Alf               : 层刚性主轴的方向
 Xmass, Ymass      : 质心的 X, Y 坐标值
 Gmass             : 总质量
 Eex, Eey          : X, Y 方向的偏心率
 Ratx, Raty        : X, Y 方向本层塔侧移刚度与下一层相应塔侧移刚度的比值(剪切刚度)
 Ratx1, Raty1      : X, Y 方向本层塔侧移刚度与上一层相应塔侧移刚度70%的比值
                或上三层平均侧移刚度80%的比值中之较小者
 RJX1, RJY1, RJZ1: 结构总体坐标系中塔的侧移刚度和扭转刚度(剪切刚度)
 RJX3, RJY3, RJZ3: 结构总体坐标系中塔的侧移刚度和扭转刚度(地震剪力与地震层间位移的比)
======================================================================
 Floor No.   1     Tower No.   1
 Xstif=    19.5928(m)     Ystif=    14.9044(m)      Alf  =     45.0000(Degree)
 Xmass=    20.1405(m)     Ymass=    15.1569(m)      Gmass(活荷折减)=   1135.4694(   1034.4696)(t)
 Eex  =     0.0302        Eey  =     0.0139
 Ratx =     1.0000        Raty =     1.0000
 Ratx1=     1.2251        Raty1=     1.1371
 薄弱层地震剪力放大系数= 1.00
 RJX1 = 4.2318E+06(kN/m)  RJY1 = 4.2318E+06(kN/m)  RJZ1 = 0.0000E+00(kN/m)
 RJX3 = 7.6713E+05(kN/m)  RJY3 = 8.1745E+05(kN/m)  RJZ3 = 0.0000E+00(kN/m)
----------------------------------------------------------------------
 Floor No.   2     Tower No.   1
 Xstif=    19.5928(m)     Ystif=    14.9044(m)      Alf  =     45.0000(Degree)
 Xmass=    20.1641(m)     Ymass=    15.1677(m)      Gmass(活荷折减)=   1088.6693(    987.6696)(t)
 Eex  =     0.0315        Eey  =     0.0145
 Ratx =     1.3611        Raty =     1.3611
 Ratx1=     1.8620        Raty1=     1.9181
 薄弱层地震剪力放大系数= 1.00
 RJX1 = 5.7600E+06(kN/m)  RJY1 = 5.7600E+06(kN/m)  RJZ1 = 0.0000E+00(kN/m)
 RJX3 = 8.9452E+05(kN/m)  RJY3 = 1.0270E+06(kN/m)  RJZ3 = 0.0000E+00(kN/m)
----------------------------------------------------------------------
```

图 10-26 层刚度比计算结果

```
======================================================================
 结构整体稳定验算结果
======================================================================
   层号    X向刚度      Y向刚度      层高     上部重量       X刚重比       Y刚重比
    1    0.767E+06   0.817E+06    4.90    52331.          71.83        76.54
    2    0.895E+06   0.103E+07    3.60    38301.          84.08        96.53
    3    0.686E+06   0.765E+06    3.60    24833.          99.49       110.88
    4    0.672E+06   0.751E+06    3.60    11901.         203.14       227.18

 该结构刚重比Di*Hi/Gi大于10,能够通过高规(5.4.4)的整体稳定验算
 该结构刚重比Di*Hi/Gi大于20,可以不考虑重力二阶效应

 ********************************************************************
 *                 楼层抗剪承载力、及承载力比值                     *
 ********************************************************************

     Ratio_Bu: 表示本层与上一层的承载力之比

 --------------------------------------------------------------------
  层号   塔号     X向承载力     Y向承载力    Ratio_Bu:X,Y
 --------------------------------------------------------------------
   4      1     0.4977E+04   0.5411E+04    1.00   1.00
   3      1     0.7887E+04   0.1010E+05    1.58   1.87
   2      1     0.1141E+05   0.1359E+05    1.45   1.35
   1      1     0.1373E+05   0.1554E+05    1.20   1.14
 X方向最小楼层抗剪承载力之比:   1.00 层号:  4 塔号:  1
 Y方向最小楼层抗剪承载力之比:   1.00 层号:  4 塔号:  1
```

图 10-27 刚重比及楼层受剪承载力计算结果

2)《建筑抗震设计规范》中 3.4.4 条规定，“平面规则而竖向不规则的建筑结构，楼层承载力突变时，薄弱层抗侧力结构的受剪承载力不应小于相邻上一楼层的 65%”。层间受剪

承载力比也是竖向结构竖向不规则性和判断薄弱层的重要指标。SATWE <结构设计信息>文件输出中，层间受剪承载力比为 Raio_ BuX 和 Raio_ BuY。由图 10-26 可知，本案例的层间受剪承载力比满足规范要求。

3）刚重比是结构刚度与重力荷载之比，是控制结构整体稳定的重要指标，应符合《高层建筑混凝土结构技术规程》第 5.4.4 条的相关规定。在 SATWE <结构设计信息>文件输出中，若显示“能够通过高规 5.4.4 条的整体稳定验算”，则表示满足刚重比要求。

（2）周期、振型与地震力输出文件（WZQ. OUT）　在此信息中周期计算结果如图 10-28 所示。

周期、地震力与振型输出文件
(VSS求解器)

考虑扭转耦联时的振动周期(秒)、X,Y 方向的平动系数、扭转系数

振型号	周期	转角	平动系数 (X+Y)	扭转系数
1	0.6370	179.09	1.00 (1.00+0.00)	0.00
2	0.6050	88.13	0.91 (0.00+0.91)	0.09
3	0.5728	98.90	0.09 (0.00+0.09)	0.91
4	0.2128	178.32	1.00 (0.99+0.00)	0.00
5	0.2056	87.12	0.91 (0.00+0.91)	0.09
6	0.1945	100.52	0.09 (0.00+0.09)	0.91
7	0.1151	176.86	0.99 (0.99+0.00)	0.01
8	0.1124	85.43	0.93 (0.01+0.92)	0.07
9	0.1058	104.22	0.08 (0.00+0.08)	0.92

地震作用最大的方向 = -0.189 (度)

图 10-28　周期、振型与地震力计算结果

1）扭转周期与平动周期之比是控制结构扭转效应的重要指标。《高层建筑混凝土结构技术规程》中 3.4.5 条规定，“结构扭转为主的第一自振周期 T_t 与平动为主的第一自振周期 T_1 之比，A 级高度高层建筑不应大于 0.9，B 级高度高层建筑、混合结构高层建筑及本规程第 10 章所指的复杂高层建筑不应大于 0.85”。SATWE <结构设计信息>文件输出中，以 0.5（最好大于 0.8）区分各振型的平动系数和扭转系数，大于 0.5 表示扭转系数，小于 0.5 表示平动系数。将第一扭转周期 T_t 除以第一平动周期 T_1 作为周期比，考查其值是否小于 0.9（0.85）。

从图 10-28 可知，结构扭转为主的第一周期为 $T_t = 0.5728\text{s}$，平动为主的第一周期为 $T_1 = 0.6370\text{s}$，通过计算周期比为 $T_t / T_1 = 0.899$，本结构为 4 层结构，满足设计要求。

2）X、Y 方向的剪重比，有效质量计算结果如图 10-29 所示。剪重比是抗震设计中非常重要的参数。《建筑抗震设计规范》中 5.2.5 条规定：“抗震设计时，结构任一楼层的水平地震剪力应符合下式要求：$V_{\mathrm{EK}i} > \lambda \sum_{j=i}^{n} G_j$，剪力系数不应小于表 5.2.5 规定的楼层最小地震剪力系数值，对竖向不规则结构的薄弱层，尚应乘以 1.15 的增大系数”。SATWE <结构设计信息>文件输出中，剪重比为 V_x，V_y。本案例剪重比均大于最小剪重比，满足规范的要求。

（3）结构位移输出文件（WDISP. OUT）　在此信息中注意层间位移角计算结果如图10-30 所示，扭转位移比计算结果如图 10-31 所示。层间最大位移与层高之比（简称层间位移角）是

各层 X 方向的作用力(CQC)
Floor　：层号
Tower　：塔号
Fx　　：X 向地震作用下结构的地震反应力
Vx　　：X 向地震作用下结构的楼层剪力
Mx　　：X 向地震作用下结构的弯矩
Static Fx: 静力法 X 向的地震力

Floor	Tower	Fx (kN)	Vx (分塔剪重比) (kN)	(整层剪重比)	Mx (kN-m)	Static Fx (kN)
(注意:下面分塔输出的剪重比不适合于上连多塔结构)						
4	1	1670.15	1670.15(17.37%)	(17.37%)	6012.54	2372.38
3	1	1346.66	2944.38(15.45%)	(15.45%)	16538.11	1795.17
2	1	1132.38	3878.12(13.41%)	(13.41%)	30264.14	1319.55
1	1	834.53	4507.87(11.48%)	(11.48%)	51930.87	796.73

抗震规范(5.2.5)条要求的X向楼层最小剪重比 = 3.20%

X 方向的有效质量系数: 99.30%

各层 Y 方向的作用力(CQC)
Floor　：层号
Tower　：塔号
Fy　　：Y 向地震作用下结构的地震反应力
Vy　　：Y 向地震作用下结构的楼层剪力
My　　：Y 向地震作用下结构的弯矩
Static Fy: 静力法 Y 向的地震力

Floor	Tower	Fy (kN)	Vy (分塔剪重比) (kN)	(整层剪重比)	My (kN-m)	Static Fy (kN)
(注意:下面分塔输出的剪重比不适合于上连多塔结构)						
4	1	1709.06	1709.06(17.78%)	(17.78%)	6152.61	2372.38
3	1	1386.70	3035.43(15.93%)	(15.93%)	17017.92	1795.17
2	1	1153.80	4010.62(13.86%)	(13.86%)	31247.85	1319.55
1	1	853.77	4679.33(11.91%)	(11.91%)	53794.55	796.73

抗震规范(5.2.5)条要求的Y向楼层最小剪重比 = 3.20%

Y 方向的有效质量系数: 99.37%

图 10-29　X、Y 方向的剪重比，有效质量计算结果

控制结构整体刚度和不规则性的主要指标，应符合《建筑抗震设计规范》中 5.5.1 条的相关规定，由设计人员自行判断。由本案例为例，规范表 5.5.1 规定钢筋混凝土框架的弹性层间位移角限值为 1/550，图 10-30 中，最小位移角为首层 Y 向的 1/634，满足规范的要求。

2. 图形文件输出内容

（1）混凝土构件配筋及钢构件验算简图　图 10-25 所示，第 2 项“混凝土构件配筋及钢构件验算简图”包含信息最多，它以图形的形式显示每一层配筋验算结果，对不满足规范要求的结果以“数据显红”的方式表示出来，若出现红色表示构件超限，需作调整。对于图形中每一数字所表达的含义可通过软件帮助菜单或 SATWE 用户手册获取帮助。图 10-32 所示为框架结构底层局部柱轴压比及配筋结果。

（2）水平力作用下结构各层平均侧移简图　通过图 10-25 所示第 9 项菜单，可以查看地震作用和风荷载作用下结构的变形和内力，包括各层的地震力、地震引起的楼层剪力、弯矩、位移、位移角及风荷载作用下的楼层剪力、弯矩、位移和位移角，分别如图 10-33 ~ 图 10-42 所示。校核下列图形，查看其变形是否满足变形趋势，保证结构的安全性。

=== 工况 4 === Y 方向地震作用下的楼层最大位移

Floor	Tower	Jmax JmaxD	Max-(Y) Max-Dy	Ave-(Y) Ave-Dy	h Max-Dy/h	DyR/Dy	Ratio_AY
4	1	336	17.79	16.16	3600.		
		336	2.60	2.33	1/1383.	72.5%	1.00
3	1	261	15.27	13.90	3600.		
		261	4.50	4.08	1/ 801.	1.6%	1.34
2	1	186	10.85	9.88	3600.		
		186	4.39	4.01	1/ 820.	7.5%	1.04
1	1	111	6.47	5.88	4900.		
		111	6.47	5.88	1/ 758.	97.4%	1.04

Y方向最大层间位移角: 1/ 758.(第 1层第 1塔)

=== 工况 5 === Y+ 偶然偏心地震作用下的楼层最大位移

Floor	Tower	Jmax JmaxD	Max-(Y) Max-Dy	Ave-(Y) Ave-Dy	h Max-Dy/h	DyR/Dy	Ratio_AY
4	1	336	21.28	16.32	3600.		
		336	3.11	2.36	1/1158.	71.7%	1.00
3	1	261	18.27	14.04	3600.		
		261	5.38	4.12	1/ 669.	1.6%	1.34
2	1	186	12.98	9.98	3600.		
		186	5.27	4.05	1/ 684.	7.5%	1.04
1	1	111	7.72	5.94	4900.		
		111	7.72	5.94	1/ 634.	96.6%	1.04

Y方向最大层间位移角: 1/ 634.(第 1层第 1塔)

=== 工况 13 === X-偶然偏心地震作用规定水平力下的楼层最大位移

Floor	Tower	Jmax JmaxD	Max-(X) Max-Dx	Ave-(X) Ave-Dx	Ratio-(X) Ratio-Dx	h
4	1	270	17.48	17.07	1.02	3600.
		270	2.56	2.50	1.02	
3	1	195	14.92	14.56	1.02	3600.
		195	4.42	4.32	1.02	
2	1	120	10.50	10.25	1.02	3600.
		120	4.46	4.36	1.02	
1	1	45	6.04	5.89	1.03	4900.
		45	6.04	5.89	1.03	

X方向最大位移与层平均位移的比值: 1.03(第 1层第 1塔)
X方向最大层间位移与平均层间位移的比值: 1.03(第 1层第 1塔)

图 10-30 层间位移角计算结果

=== 工况 16 === Y-偶然偏心地震作用规定水平力下的楼层最大位移

Floor	Tower	Jmax JmaxD	Max-(Y) Max-Dy	Ave-(Y) Ave-Dy	Ratio-(Y) Ratio-Dy	h
4	1	267	18.34	15.59	1.18	3600.
		267	2.61	2.23	1.17	
3	1	192	15.73	13.36	1.18	3600.
		192	4.59	3.90	1.18	
2	1	117	11.14	9.45	1.18	3600.
		117	4.56	3.84	1.19	
1	1	42	6.58	5.61	1.17	4900.
		42	6.58	5.61	1.17	

Y方向最大位移与层平均位移的比值: 1.18(第 2层第 1塔)
Y方向最大层间位移与平均层间位移的比值: 1.19(第 2层第 1塔)

图 10-31 扭转位移比计算结果

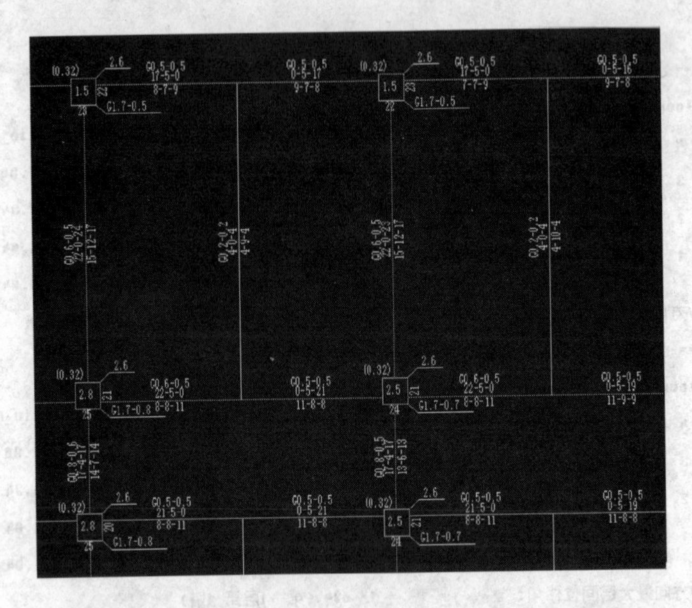

图 10-32　框架结构底层局部柱轴压比及配筋计算结果

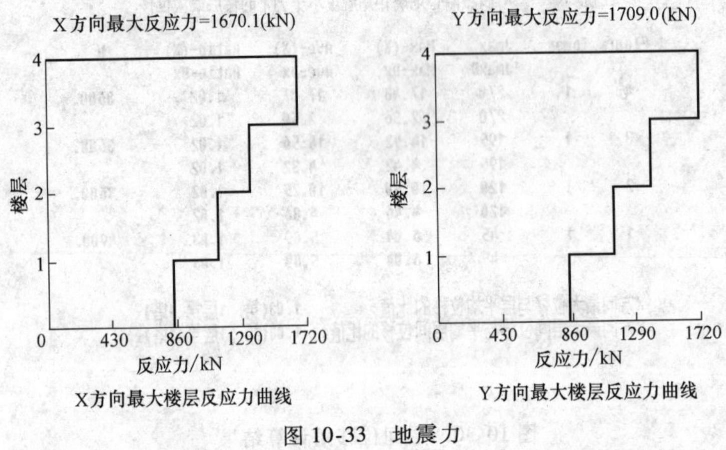

图 10-33　地震力

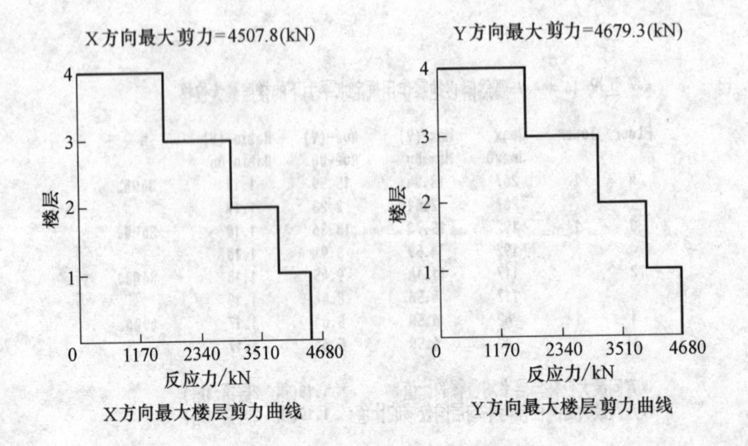

图 10-34　地震作用下层剪力

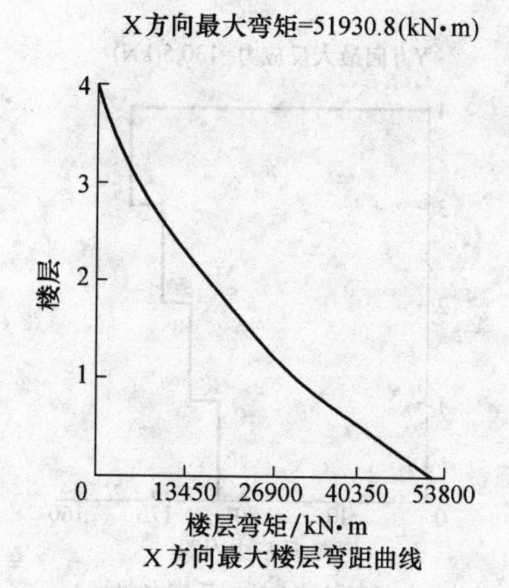

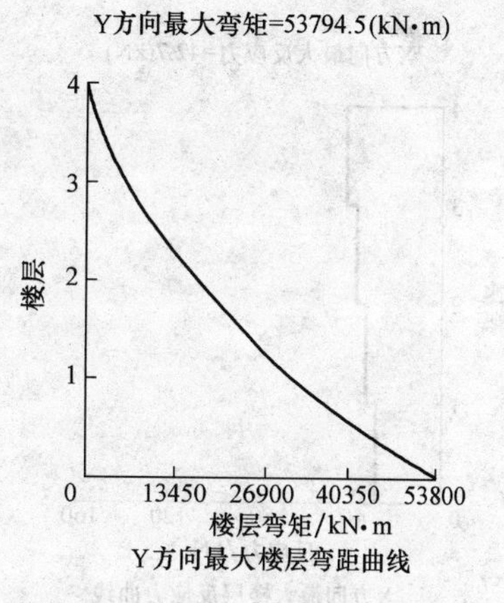

图 10-35 地震作用下楼层弯矩

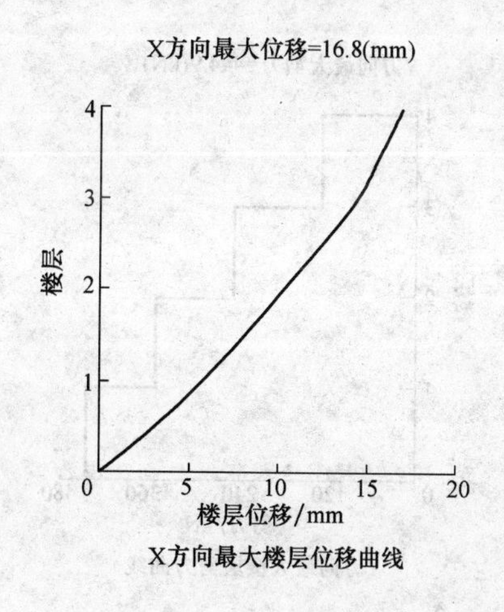

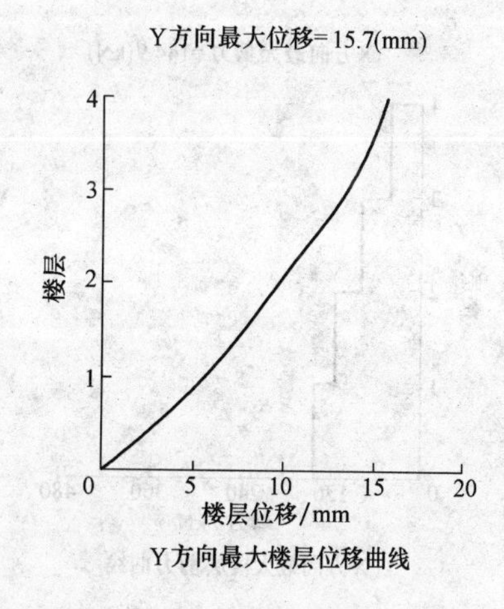

图 10-36 地震作用下楼层位移

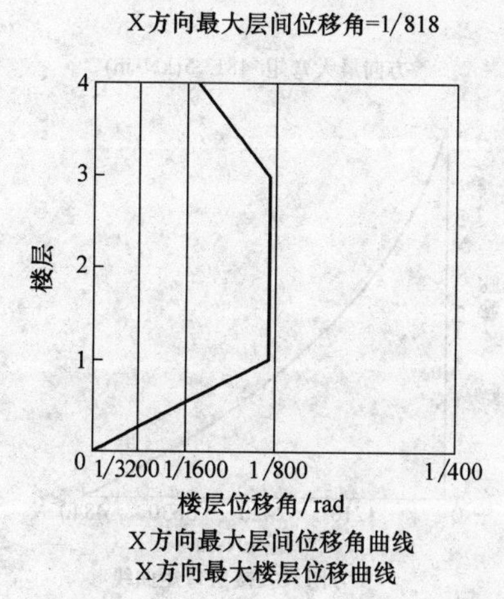

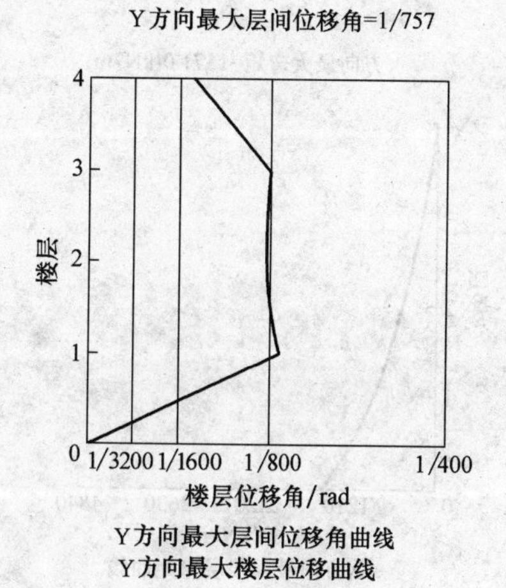

图 10-37 地震作用下层间位移角

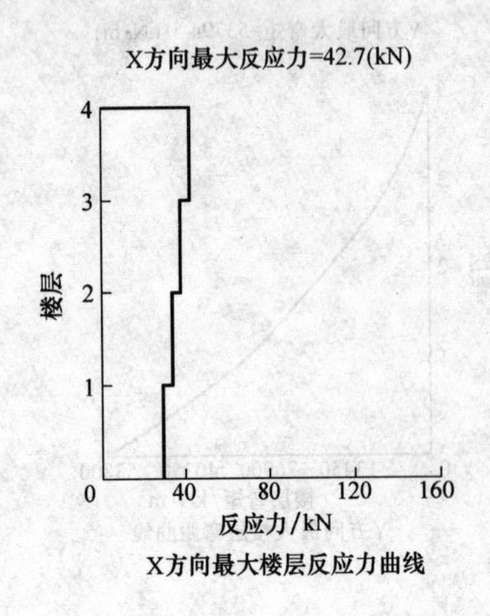

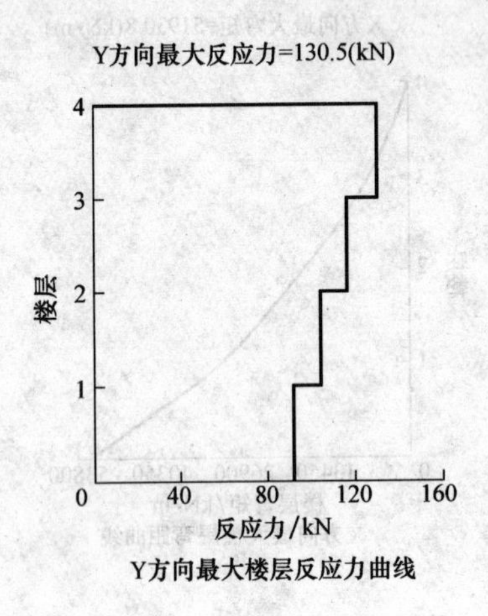

图 10-38 风荷载作用下楼层反应力

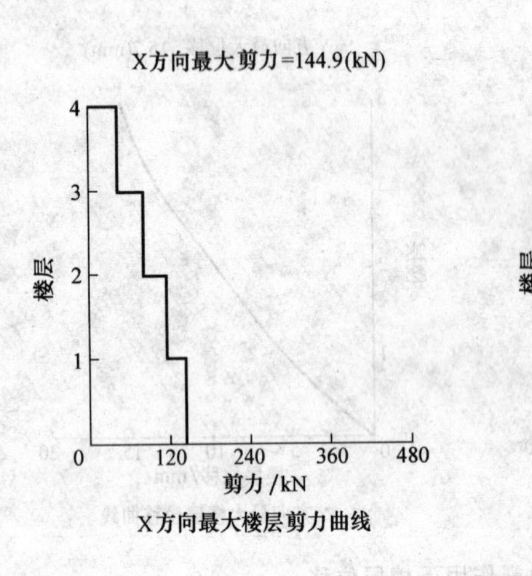

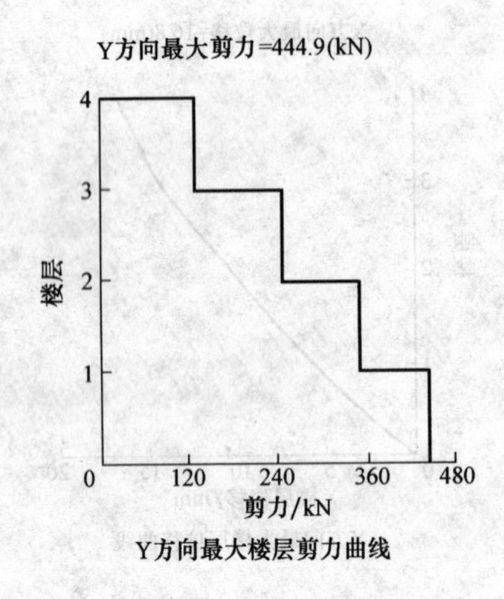

图 10-39 风荷载作用下楼层剪力

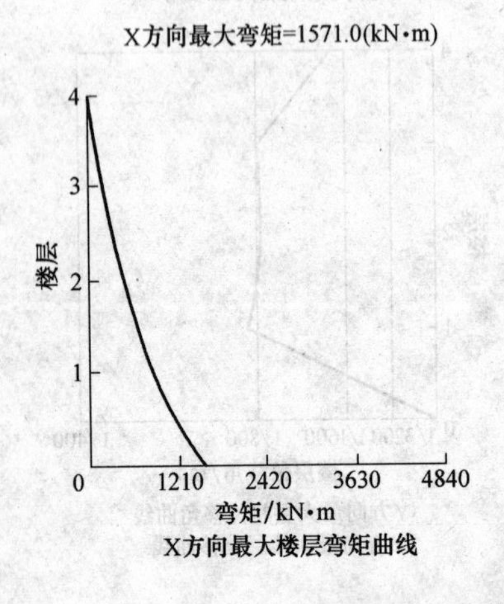

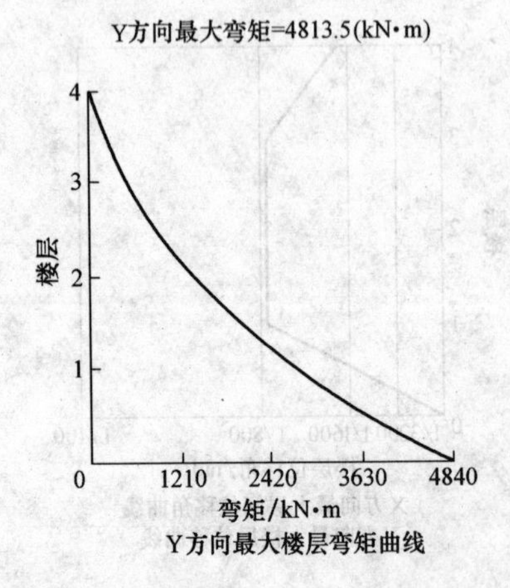

图 10-40 风荷载作用下楼层弯矩

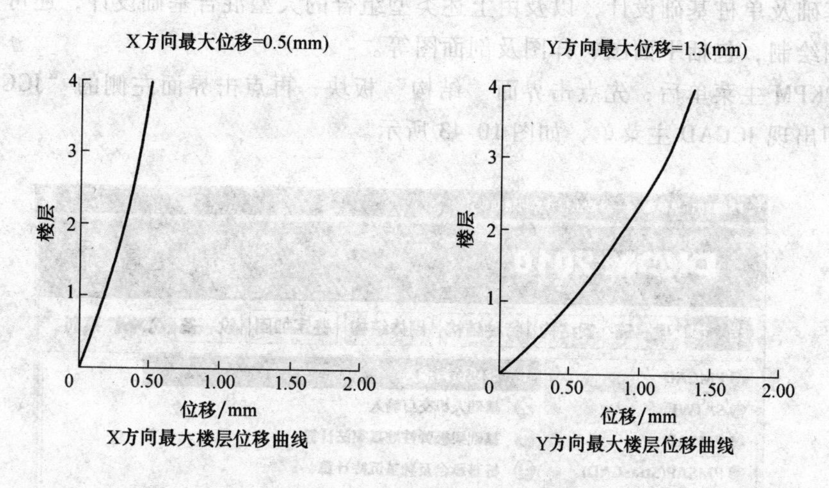

图 10-41　风荷载作用下楼层位移

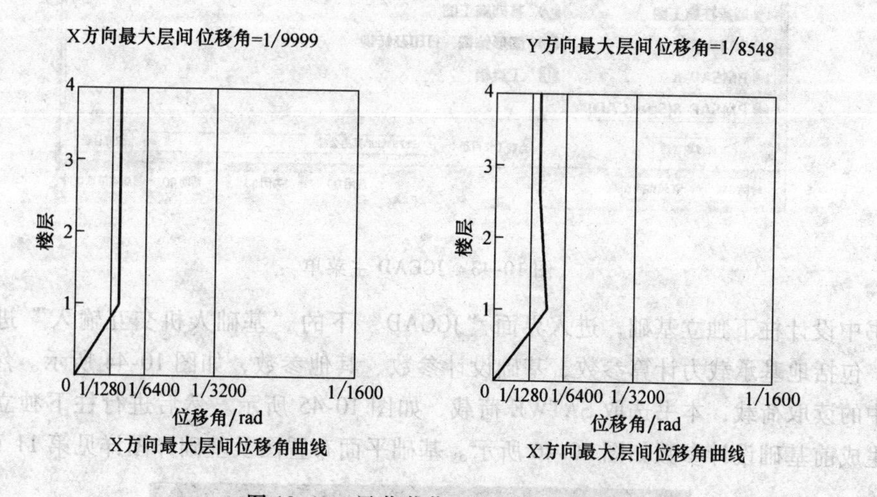

图 10-42　风荷载作用下层间位移角

根据上述分析结果，校核结构分析的控制参数符合设计要求，各层的楼层质量和质心坐标、风荷载、层刚度、薄弱层、楼层承载力等相关信息满足结构设计规范相应的各项规定。在结构各设计信息完整的基础上，核实结构的扭转系数是否满足规范中对刚度的要求，分析其层间位移是否超出最小位移的限制。依据图形文件，配置结构的梁、板、柱的配筋，满足 SATWE 的配筋要求，保证结构的安全性；查看楼层位移曲线图，分析各荷载工况（如地震力、风荷载等）下的楼层剪力曲线、弯矩曲线等受力曲线，符合结构受力的变形趋势，保证结构的稳定性。

10.4　JCCAD

JCCAD 是 PKPM 系列中的一个基础设计程序，它可以完成柱下独立基础、墙下条形基础、弹性地基梁基础、带肋筏形基础、柱下平板基础、墙下筏形基础、柱下独立桩承台基础、桩筏基础及单桩基础设计，以及由上述类型组合的大型混合基础设计，还可完成相应的基础施工图绘制，包括平面图、详图及剖面图等。

进入 PKPM 主菜单后，先点击界面“结构”板块，再点击界面左侧的“JCCAD”模块，界面右侧即出现 JCCAD 主菜单，如图 10-43 所示。

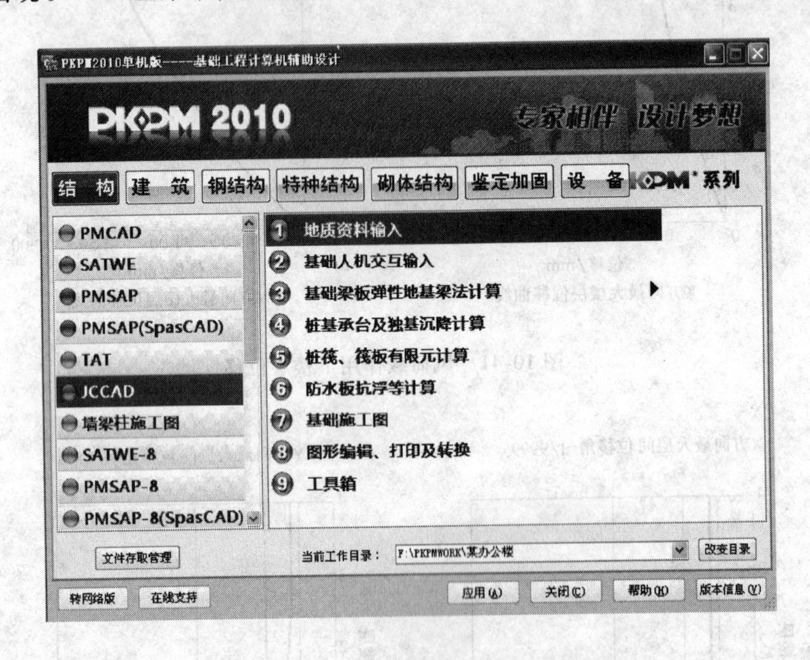

图 10-43 JCCAD 主菜单

本书中设计柱下独立基础，进入界面“JCCAD”下的“基础人机交互输入”进行基本参数输入，包括地基承载力计算参数、基础设计参数、其他参数，如图 10-44 所示。然后进行荷载输入中的读取荷载，本书选取 SATWE 荷载，如图 10-45 所示。然后进行柱下独立基础自动生成，生成前基础设计参数如图 10-46 所示。基础平面布置图及基础详图详见第 11 章。

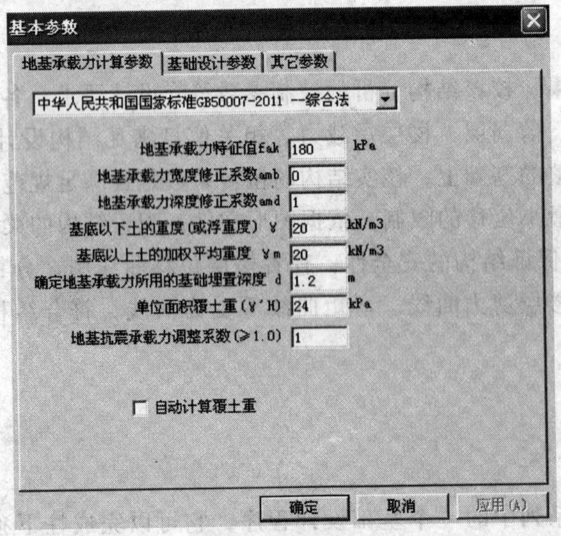

图 10-44 “基本参数”对话框

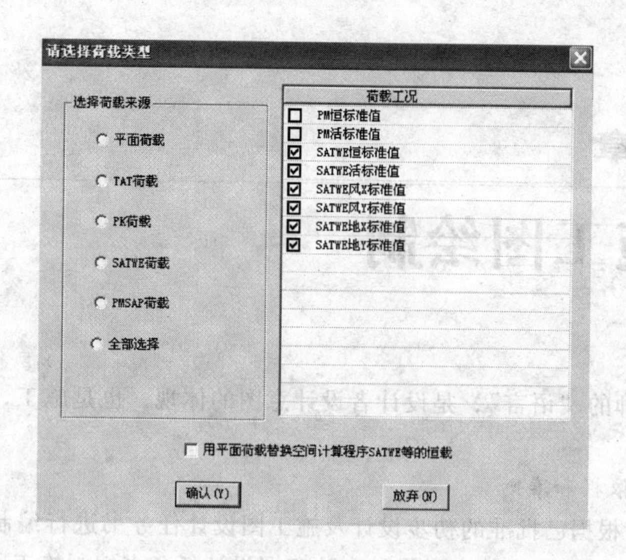

图 10-45　“读取荷载类型”对话框

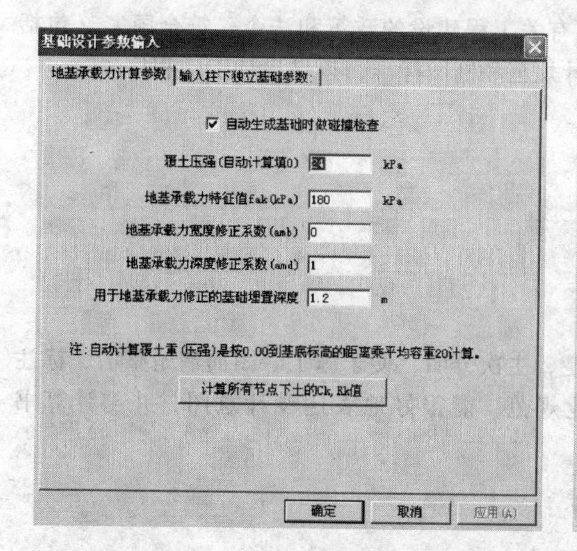

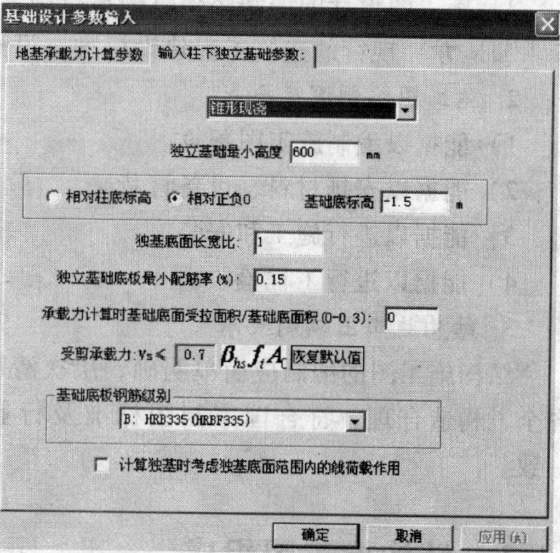

图 10-46　“基础设计参数”对话框

11

第11章 结构施工图绘制

施工图是工程师的“语言”，是设计者设计意图的体现，也是施工、监理、经济核算的重要依据。

1. 施工图编制依据和准则

1）施工图设计根据已批准的初步设计及施工图设计任务书进行编制。小型和技术要求简单的建筑工程可根据已批准的方案设计和施工图设计任务书编制施工图。大型和重要的工业与民用建筑工程在施工图编制前应增加施工图方案设计阶段。

2）施工图设计的编制必须贯彻执行国家有关工程建设的政策和法令，符合国家（包括行业和地方）现行的建筑工程建设标准、设计规范和制图标准，遵守设计工作程序。

2. 施工图编制深度要求

1）能据以编制施工图预算。

2）能据以安排材料、设备订货。

3）能据以进行施工和安装。

4）能据以进行工程验收。

3. 结构施工图编制要求

结构施工图的编制应简单明确，层次清楚，主次分明，便于施工。图面清楚整洁、标注齐全、构造合理、符合国家制图标准及行业规范，能很好地表达设计意图，并与计算书一致。

11.1 结构施工图组成

建筑工程设计文件编制深度规定：在施工图设计阶段，结构专业设计文件包括图样目录、设计说明、设计图样、计算书。

11.1.1 图样目录

全部图样都应在“图样目录”上列出，“图样目录”可与结构设计总说明放在一起，较复杂时可单独列出。

图号是“结施-××”。结构施工图的“图别”为“结施”。应先列新绘制图样，后列选用的标准图或重复利用图。

新绘制图样“图号”排列的原则是：从整体到局部，按施工顺序从下到上。举例如下：对框架结构，“结构总说明”的图号为“结施-01”，以后依次为基础结构平面、基础说明及大样、基础梁平面、柱定位及配筋详图、由下而上的各层结构平面、各层梁配筋图、各种大样图、楼梯配筋图。

写图样目录的同时应检查各张施工图编号是否连续，图名是否有误，是否有空号。写图样目录的过程实际是一个校核的过程。图样目录示例见表11-1。

表11-1 结构图样目录

序号	图号	图样名称	图幅
1	结施01	结构设计总说明	
2	结施02	基础平面图	
3	结施03	基础梁平面图	
4	结施04	柱平面布置图	
5	结施05	框架柱配筋图	
6	结施06	一层结构平面图	
7	结施07	二层结构平面图	
8	结施08	××层结构平面图	
9	结施09	一层梁配筋图	
10	结施10	二层梁配筋图	
11	结施11	××层梁配筋图	
12	结施12	楼梯1、2配筋图	

图样数量根据工程复杂程度确定，图幅根据工程的面积及比例确定，一般采用2#图纸。

11.1.2 结构设计总说明

“结构设计总说明”是统一描述该项工程有关结构方面共性问题的图样，每一单项工程应编写一份结构设计总说明，对多子项工程应编写统一的结构设计总说明。在实际设计中，结构总工根据不同结构形式事先编制好不同的结构设计总说明和统一措施，出图时针对每个工程的具体情况由设计人员进行调整修改。

11.1.3 基础施工图

基础施工图是建筑物地下部分承重结构的施工图，因为基础埋入地下，一般不需要做建筑装饰，主要承担上面的全部荷重。一般来说在房屋标高±0.000m以下的构造部分均属基础工程。基础工程施工需要绘制的图样，均称为基础施工图。基础施工图包括基础平面图、基础详图及必要的设计说明。基础施工图是施工放线、开挖基坑（基槽）、基础施工、计算基础工程量的依据。

11.1.4 柱施工图

框架结构中的框架柱，在主体结构中承受梁和板传来的荷载，并将荷载传给基础，是主要的竖向受力构件。钢筋混凝土结构竖向构件配筋图的表示方法有立剖面详图法；结构施工图平面整体设计方法（简称“平法”，包括列表注写方式和断面注写方式）。

11.1.5 楼（屋）面板施工图

板是受弯构件，有现浇和预制两种。预制板大都是在工厂或工地生产的定型构件，通常采用标准图，只在施工图中标其代号和索引图集号。

现浇板为工地现场浇筑，现浇板的配筋图一般只画出它的平面图。通常把板的配筋图直接画在结构平面布置图上。

11.1.6 梁施工图

梁施工图主要包括梁断面和配筋图，一般可采用“平面整体表示法”绘制。标注文字较密时，纵、横向梁宜分两幅平面绘制。梁平法施工图是在平面布置图上采用平面注写方式或断面注写方式来表达的施工图。

梁平面布置图，应分别按梁的不同结构层（标准层），将全部梁和其相关联的柱、墙、板一起采用适当比例绘制。在梁平法施工图中，应按规定注明各结构层的顶面标高及相应的结构层号。

11.1.7 其他图样

1）楼梯图。应绘出每层楼梯结构平面布置及剖面图，注明尺寸、构件代号、标高、梯梁、梯板详图（可用列表法绘制）。

2）预埋件。应绘出其平面、侧面或剖面，注明尺寸，钢材和锚筋的规格、型号、性能、焊接要求。

3）特种结构和构筑物，如水池、水箱、烟囱、烟道、管架、地沟、挡土墙、筒仓、大型或特殊要求的设备基础、工作平台等，均宜单独绘图；应绘出平面、特征部位剖面及配筋，注明定位关系、尺寸、标高、材料品种和规格、型号、性能。

11.2 结构设计总说明

11.2.1 结构设计总说明应包含的内容

1. 概况

1）工程地点、工程分区、主要功能。

2）各单体（或分区）建筑的长、宽、高，地上与地下层数，各层层高，主要结构跨度，特殊结构及造型，工业厂房的起重机吨位等。

2. 设计依据

1）主体结构设计使用年限。

2）自然条件：基本风压、基本雪压、抗震设防烈度及设计基本地震加速度等。

3）工程地质勘察报告：由甲方委托勘察单位编制并已审查盖章。

4）初步设计的审查、批复文件。

5）本专业设计所执行的主要法规和所采用的主要标准（包括标准的名称、编号、年号和版本号），如 GB 50011—2010《建筑抗震设计规范》。

3. 图样说明

1）图样中标高、尺寸的单位，一般标高以米（m）计，尺寸均以毫米（mm）计。

2）室内设计 ±0.000m 所相当的绝对标高，由建设单位会同有关部门与设计人员共同确定。

3）各类钢筋代码说明

4）混凝土结构采用平面整体表示方法时，应注明所采用的标准图名称及编号或提供标准图。

4. 建筑分类等级说明。应说明下列建筑分类等级及所依据的规范或批文。

1）建筑结构安全等级。

2）地基基础设计等级。

3）建筑抗震设防类别。

4）钢筋混凝土结构抗震等级。

5. 设计计算程序

1）结构整体计算及其他计算所采用的软件名称、版本号、编制单位。

2）结构分析所采用的计算模型、高层建筑整体计算的嵌固部位等。

6. 主要结构材料

1）混凝土强度等级、防水混凝土的抗渗等级、轻集料混凝土的密度等级；注明混凝土耐久性的基本要求。

2）砌体的种类及其强度等级、干重度，砌筑砂浆的种类及等级，砌体结构施工质量控制等级。

3）钢筋种类、钢绞线或高强钢丝种类及对应的产品标准，其他特殊要求（如强屈比等）。

7. 基础及地下室工程。

1）工程地质及水文地质概况，各主要土层的压缩模量及承载力特征值等；对不良地基的处理措施及技术要求，抗液化措施及要求，地基土的冰冻深度等。

2）注明基础形式和基础持力层；采用桩基时应简述桩型、桩径、桩长、桩端持力层及桩进入持力层的深度要求，设计所采用的单桩承载力特征值（必要时尚应包括竖向抗拔承载力和水平承载力）等。

3）地下室抗浮（防水）设计水位及抗浮措施，施工期间的降水要求及终止降水的条件等。

4）基坑、承台坑回填要求。

5）基础大体积混凝土的施工要求。

8. 钢筋混凝土工程

1）混凝土构件的环境类别及其受力钢筋的保护层最小厚度。

2）钢筋锚固长度、搭接长度、连接方式及要求；各类构件的钢筋锚固要求；

钢筋锚固长度、搭接长度可通过表格列出。当计算中充分利用钢筋的抗拉强度时，受拉钢筋的锚固长度应按下列公式计算：

普通钢筋 $l_{ab}=\alpha\frac{f_y}{f_t}d$

预应力钢筋 $l_{ab}=\alpha\frac{f_{py}}{f_t}d$

式中 l_{ab}——受拉钢筋的基本锚固长度；

f_y、f_{py}——普通钢筋的抗拉强度设计值，见附表5；

f_t——混凝土轴心抗拉强度设计值，见附表 20；

d——钢筋的公称直径；

α—钢筋的外形系数。

3）板的起拱要求及拆模条件。大跨混凝土结构在荷载作用下会发生挠曲变形；模板在施工荷载作用下也会发生挠曲变形。为减少这些变形对使用功能（观感）的影响，在施工时以模板起拱抵消这种变形。模板起拱的规定不应影响起拱后跨中截面，即起拱时跨中截面不应减少。采取有效的施工措施，则模板起拱后仍应保证梁的有效高度和板的有效厚度。对跨度不小于 4m 的现浇钢筋混凝土梁、板，其模板起拱高度宜为跨度的 1/1000 ~ 3/1000。

4）后浇带的施工要求（包括补浇时间要求）。当有后浇带时，要对后浇带进行施工说明。后浇带施工处结构中的钢筋不切断，并配置适量的加强钢筋。后浇带两侧宜采用钢筋支架铅丝网或单层钢板网隔开，浇筑混凝土应在两个月后，将缝两侧的混凝土表面凿毛，再用比设计强度高一级的无收缩混凝土浇筑，加强养护。

5）构件施工缝的位置及处理要求。

6）孔洞的统一要求（如补强加固要求），各类预埋件的统一要求。

7）接地要求。所用钢筋应按要求进行焊接，保证接地极的连通。

8）沉降观测要求。建筑物沉降观测应测定建筑物地基的沉降量、沉降差及沉降速度并计算基础倾斜、局部倾斜、相对弯曲及构件倾斜。沉降观测点的布置，应以能全面反映建筑物地基变形特征并结合地质情况及建筑结构特点确定。点位宜选设在下列位置：

① 建筑物的四角、大转角处及沿外墙每 10 ~ 15m 处或每隔 2 ~ 3 根柱基上。

② 高低层建筑物、新旧建筑物、纵横墙等交接处的两侧。

③ 建筑物裂缝和沉降缝两侧、基础埋深相差悬殊处、人工地基与天然地基接壤处、不同结构的分界处及填挖方分界处。

④ 宽度大于等于 15m 或小于 15m 而地质复杂以及膨胀土地区的建筑物，在承重内隔墙中部设内墙点，在室内地面中心及四周设地面点。

⑤ 邻近堆置重物处、受振动有显著影响的部位及基础下的暗浜（沟）处。

⑥ 框架结构建筑物的每个或部分柱基上或沿纵横轴线设点。

⑦ 筏形基础、箱形基础底板或接近基础的结构部分之四角处及其中部位置。

11.2.2 结构设计总说明示例

结构设计总说明如附图 9 所示（见书后插页）。

11.3 基础施工图绘制

1. 基础平面图

1）绘出定位轴线、基础构件的位置、尺寸、底标高、构件编号；基础底标高不同时，应绘出放坡示意图。

2）标明柱的位置与尺寸、编号。

3）标明地沟、地坑和已定设备基础的平面位置、尺寸、标高，预留孔与预埋件的位置、尺寸、标高。

4）需进行沉降观测时注明观测点位置（宜附测点构造详图）。

5）基础设计说明应包括基础持力层及基础进入持力层的深度、地基的承载力特征值、持力层验槽要求、基底及基槽回填土的处理措施与要求，以及对施工的有关要求等。

6）采用桩基时，应绘出桩位平面位置、定位尺寸及桩编号；先做试桩时，应单独绘制试桩定位平面图。

7）当采用人工复合地基时，应绘出复合地基的处理范围和深度，置换桩的平面布置及其材料和性能要求、构造详图；注明复合地基的承载力特征值及变形控制值等有关参数和检测要求。

当复合地基另由有设计资质的单位设计时，基础设计方应对经处理的地基提出承载力特征值和变形控制值的要求及相应的检测要求。

2. 基础详图。

1）柱下独立基础和联合基础应绘出平面、剖面及配筋、基础垫层，标注总尺寸、分尺寸、标高及定位尺寸等。

2）桩基应绘出桩详图、承台详图及桩与承台的连接构造详图。桩详图包括桩顶标高、桩长、桩身截面尺寸、配筋，预制桩的接头详图，并说明地质概况、桩持力层及桩端进入持力层的深度、成桩的施工要求、桩基的检测要求，注明单桩的承载力特征值（必要时尚应包括竖向抗拔承载力及水平承载力）。先做试桩时，应单独绘制试桩详图并提出试桩要求。承台详图包括平面图、剖面图、垫层图、配筋图，标注总尺寸、分尺寸、标高及定位尺寸。

3）筏形基础、箱形基础可参照现浇楼面梁、板详图的方法表示，但应绘出承重墙、柱的位置。当要求设后浇带时，应表示其平面位置并绘制构造详图。对箱形基础和地下室基础，应绘出钢筋混凝土墙的平面、剖面图及其配筋图。当预留孔洞、预埋件较多或复杂时，可另绘墙的模板图。

4）基础梁可参照现浇楼面梁详图方法表示。

对形状简单、规则的无筋扩展基础、扩展基础、基础梁和承台板，也可用列表方法表示。独立基础施工图见附图10、附图11（见书后插页）。

11.4　钢筋混凝土柱施工图设计

框架结构中的框架柱施工图绘制可采用立剖面详图法、平面整体设计方法（简称“平法”，包括列表注写和断面注写两种方式）。

11.4.1　框架结构立剖面详图法施工图

对比较规则的框架结构，可取纵横方向两榀框架进行绘制。

（1）绘图要求　框架大样图可用1:50比例绘制。各柱柱中、悬臂梁根部、框架梁两端及跨中各作一个剖面，剖面均用1:20比例绘制。

（2）钢筋表示方法　柱的纵向钢筋用粗实线表示。Ⅰ级钢筋的切断点要画弯钩；Ⅱ级钢筋的切断点用短斜线标出，并斜向钢筋一方；钢筋如采用机械连接或等强度对接焊，接点或焊点用圆点表示。箍筋可用中粗实线表示。

（3）绘制要点

1）柱的纵向钢筋采用机械连接或等强度对接焊时，应标出接点位置；柱相邻纵向钢筋宜相互错开，在同一截面内钢筋接头面积百分率不应大于 50%。当采用搭接连接时，柱纵向钢筋的绑扎接头应避开柱端的箍筋加密区。当接头位置无法避开梁端、柱端箍筋加密区时，应采用机械连接接头，且钢筋接头面积率不应超过 50%。

2）柱中插筋及切断钢筋的锚固长度 l_{aE}，可采用文字说明的方法注明。

3）顶层柱顶钢筋及梁筋的锚固做法，应在图上有所表示。抗震边柱和角柱柱顶钢筋构造如图 11-1 所示。

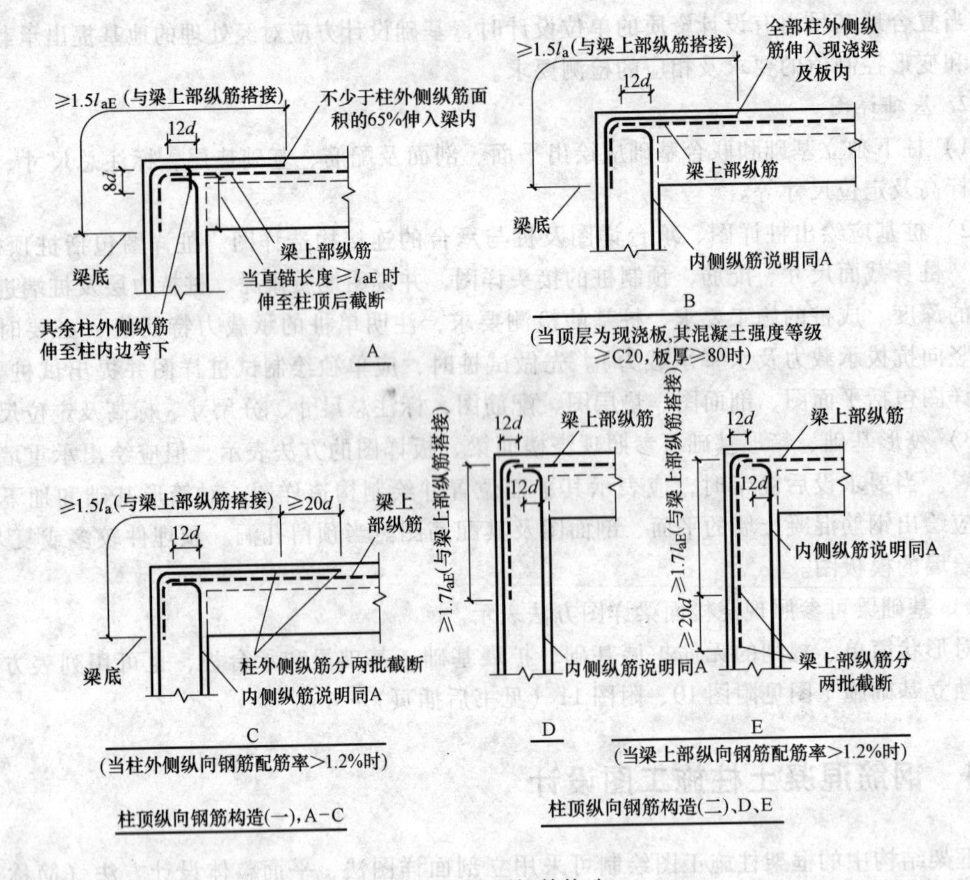

图 11-1 柱顶钢筋构造

4）框架柱纵向钢筋连接构造如图 11-2 所示。

5）柱的剖面大样中各类纵向钢筋和箍筋要分别标注，并标明剖面尺寸。

6）柱箍筋加密区范围以及加密区、非加密区、节点核芯区的箍筋做法应在图上注明；

7）箍筋采用复合箍筋时，应在柱剖面旁边用示意图表示复合箍筋的做法，并注意箍筋末端弯钩的画法。

一榀框架立剖面详图法施工图如附图 20 所示（见书后插页）。

11.4.2 列表注写方式绘制柱平法施工图

列表注写方式，是在柱平面布置图上，分别在同一编号的柱中选择一个或几个截面标注

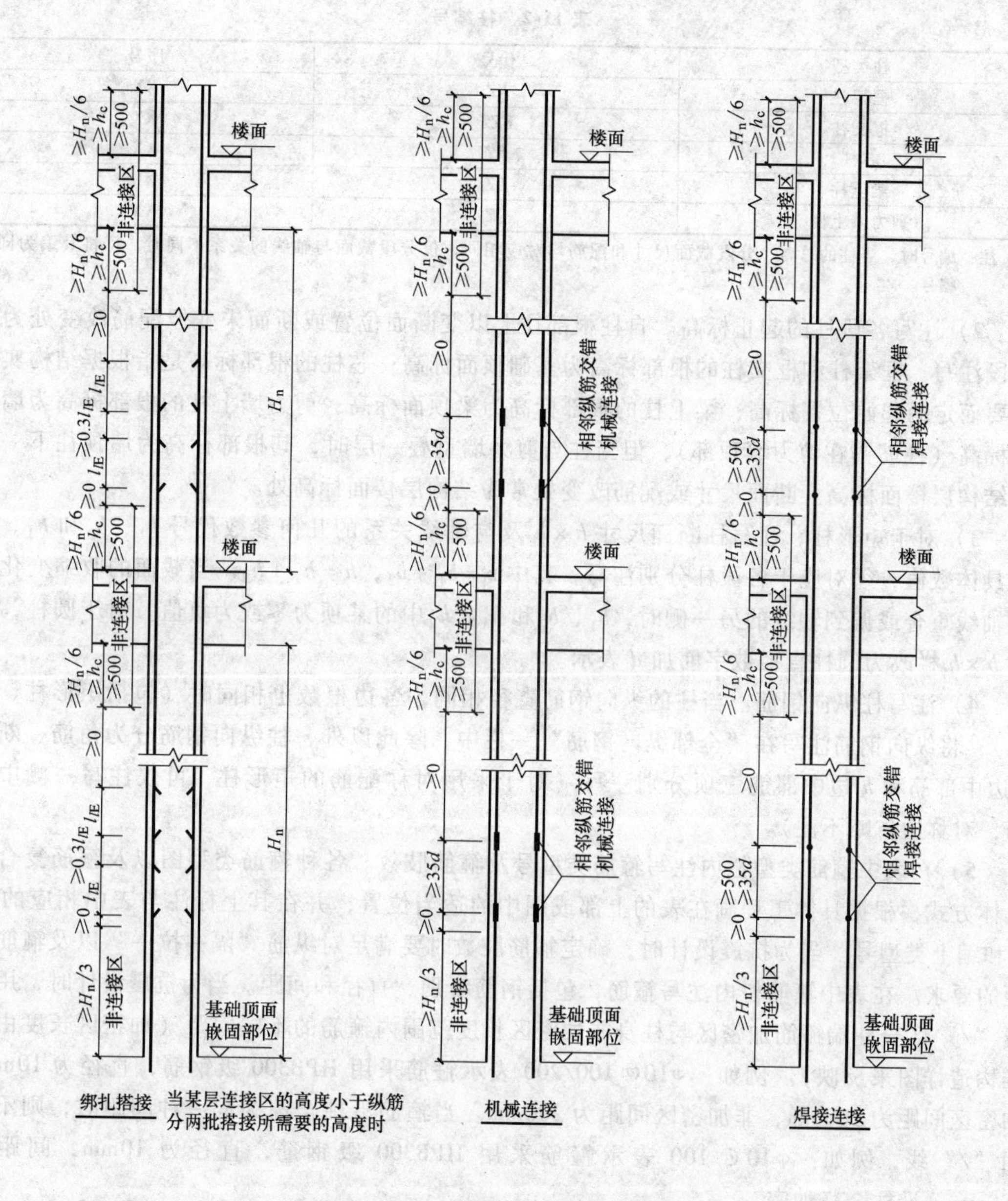

图 11-2　框架柱纵向钢筋连接构造

几何参数代号（反映截面对轴线的偏心情况），用简明的柱表注写柱号、柱段起止标高、几何尺寸（含截面对轴线的偏心情况）与配筋数值，并配以各种柱截面形状及箍筋类型图的方式，来表达柱平面整体配筋的平法施工图。故列表法注写方式施工图包括柱平面布置图和柱配筋表。

此法比“详图法”要简单方便得多，其不足之处是：同类构件的许多数据需多次填写，容易出现错漏，图样数量多。

列表法注写方式应注写内容规定如下：

1）注写柱的编号。柱编号由类型代号和序号组成，应符合表 11-2 的规定。

表 11-2 柱编号

柱类型	代号	序号
框架柱	KZ	XX
框支柱	KZZ	XX
芯柱	XZ	XX
梁上柱	LZ	XX
剪力墙上柱	QZ	XX

注：编号时，当柱的总高、分段截面尺寸和配筋均对应相同，仅分段截面与轴线的关系不同时，可将其编为同一编号。

2）注写各段柱的起止标高。自柱根部往上以变断面位置或断面未变但配筋改变处为界分段注写。框架柱和框支柱的根部标高为基础顶面标高；芯柱的根部标高是指根据结构实际需要而定的起始位置标高；梁上柱的根部标高为梁顶面标高；剪力墙上柱的根部标高为墙顶部标高（柱筋锚在剪力墙顶部），但当柱与剪力墙重叠一层时，其根部标高为墙顶往下一层的结构层楼面标高。断面尺寸或配筋改变处常为结构层楼面标高处。

3）对于矩形柱，注写柱断面尺寸 $b \times h$ 及与轴线关系的几何参数代号 b_1、b_2 和 h_1、h_2 的具体数值，须对应于各段柱分别注写，其中 $b = b_1 + b_2$，$h = h_1 + h_2$。当截面的收缩变化至与轴线重合或偏到轴线的另一侧时，b_1、b_2 和 h_1、h_2 中的某项为零或为负值。对于圆柱，表中 $b \times h$ 栏改为圆柱直径数字前加 d 表示。

4）注写柱纵向钢筋。当柱的纵向钢筋直径相同，各边根数也相同时（包括矩形柱、圆柱），将纵向钢筋注写在“全部纵向钢筋”一栏中；除此以外，柱纵向钢筋分为角筋、断面 b 边中部筋和 h 边中部筋三项分别注写（对于采用对称配筋的矩形柱，可仅注写一侧中部筋，对称边省略不注）。

5）在表中箍筋类型栏内注写箍筋类型号及箍筋肢数。各种箍筋类型图以及箍筋复合的具体方式，根据具体工程画在表的上部或图中的适当位置，并在其上标注与表中相应的 b、h 和编上类型号。当为抗震设计时，确定箍筋肢数时要满足对纵筋“隔一拉一”以及箍筋肢距的要求。在表中箍筋栏内注写箍筋，包括钢筋级别、直径和间距。当为抗震设计时，用斜线“/”区分柱端箍筋加密区与柱身非加密区长度范围内箍筋的不同间距（加密区长度由标准构造详图来反映）。例如：Φ10@100/200 表示箍筋采用 HPB300 级钢筋，直径为 10mm，加密区间距为 100mm，非加密区间距为 200mm。当箍筋沿柱全高为同一种间距时，则不使用“/”线，例如：Φ10@100 表示箍筋采用 HPB300 级钢筋，直径为 10mm，间距为 100mm，沿柱全高加密。

11.4.3 断面注写方式绘制柱平法施工图

断面注写方式是在分标准层绘制的柱平面布置图的柱断面上，分别在同一编号的柱中选择一个断面，以直接注写断面尺寸和配筋具体数值的方式来表达的柱平法施工图。

对除芯柱之外所有柱断面按前面表 11-1 的规定进行编号，从相同编号的柱中选择一个断面，按另一种比例原位放大绘制柱断面配筋图，并在各配筋图上继其编号后再注写断面尺寸 $b \times h$（对于圆柱改为圆柱直径）、角筋或全部纵向钢筋（当纵向钢筋采用同一种直径且能够图示清楚时）、箍筋的具体数值（箍筋的注写方式及对柱纵向钢筋搭接长度范围的箍筋间距要求同列表法注写内容规定的第 5 条）。在柱断面配筋图上标注柱断面与轴线关系 b_1、b_2

和 h_1、h_2的具体数值。当纵向钢筋采用两种直径时，须再注写断面各边中部纵向钢筋的具体数值（对于采用对称配筋的矩形断面柱，可仅在一侧注写中部纵向钢筋，对称边省略不注）。断面注写方式施工图见附图17～附图19（见书后插页）。

11.5　楼（屋）面板结构平面图

楼（屋）面结构平面图，是假想沿楼（屋）面板表面将房屋水平剖切开后所画的楼层水平投影。它是用来表示每层的梁、板、柱、墙等承重构件的平面布置，或表示现浇楼板的构造与配筋的图样。一般房屋有几层，就应画出几个楼层结构平面图。对于结构布置相同的楼层，可画一个通用的结构平面图，称为标准层结构平面图。若为装配式楼盖，应标明各区格板中预制板的类型、型号、数量。若为现浇楼盖，应标明各区格板的板厚、板面标高及配筋；屋面采用结构找坡时，还应表示屋脊线的位置、屋脊及檐口处的结构标高。

屋面结构平面图是表示屋面承重构件平面布置的图样，其内容和图示要求基本同楼层结构平面图。但因屋面有排水要求，或设天沟板，或将屋面板按一定坡度设置，还有楼梯间屋面的铺设。另外，有些屋面上还设有人孔及水箱等结构，一般需单独绘制。

11.5.1　现浇板结构平面图的内容和画法

现浇板为工地现场浇筑，现浇板的配筋图一般只画出它的平面图或断面图。通常把板的配筋图直接画在结构平面布置图上。

现浇板结构平面图主要包括以下内容：

（1）现浇板顶标高　可在图名下说明大多数的板顶标高，厨房、卫生间及其他特殊处在其房间上另外标明。

（2）楼梯布置　采用X形斜线表示楼梯间，并注明“楼梯间另详”字样。

（3）板上开洞　包括厨房排烟道、卫生间排气道、电气及设备间等，应注明洞口尺寸及其钢筋做法，一般对外边长或直径≤300mm的洞口，应将钢筋绕在洞边，该处钢筋不截断；对1000mm＞洞口尺寸＞300mm的，洞口四周附加钢筋面积不应小于切断钢筋，其过洞口长度≥40d（d为钢筋直径）。

（4）现浇板厚度　现浇钢筋混凝土板的厚度宜符合下列规定：

1）板的跨度与板厚之比：钢筋混凝土单向板不大于30，双向板不大于40；无梁支承的有柱帽板不大于35，无梁支承的无柱帽板不大于30；预应力板可适当增加；当荷载、跨度较大时，板的跨厚比宜适当减小。

2）现浇钢筋混凝土板的厚度不应小于附表10规定的数值。

（5）现浇板钢筋配置

1）板中受力钢筋的间距，当板厚不大于150mm时不宜大于200mm；当板厚 h 大于150mm时不宜大于1.5h。

2）采用分离式配筋的多跨板，板底钢筋宜全部伸入支座；板面钢筋向跨内的延伸长度应能够覆盖负弯矩图，并满足钢筋锚固的要求。简支板板底受力钢筋伸入支座边的长度不应小于受力钢筋直径的5倍。连续板的板底受力钢筋应伸过支座中心线，且不应小于受力钢筋直径的5倍；当板内温度、收缩应力较大时，伸入支座的长度宜适当增加，如图11-3所示。

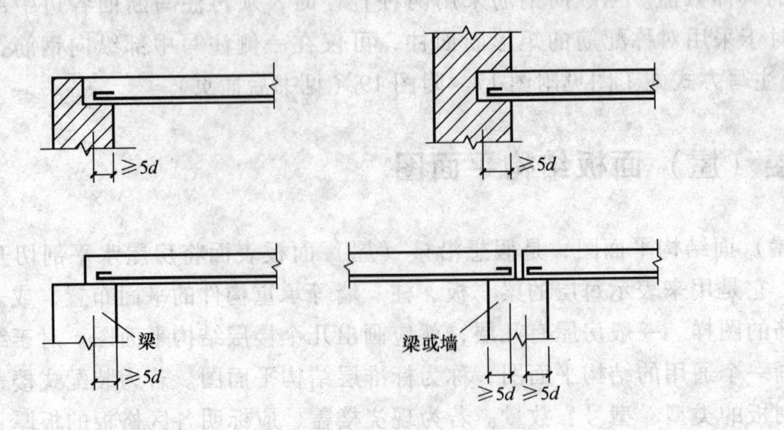

图 11-3 简支板板底受力钢筋锚固

3）现浇板的受力钢筋与梁平行时，应沿板边在梁长度方向上配置间距不大于 200mm 且与梁垂直的上部构造钢筋。其直径不宜小于 8mm，单位长度内的总截面面积不宜小于板中单位宽度内受力钢筋截面面积的三分之一，且伸入板内的长度从梁边算起每边不宜小于 $l_0/4$，l_0 为板计算跨度，如图 11-4 所示。

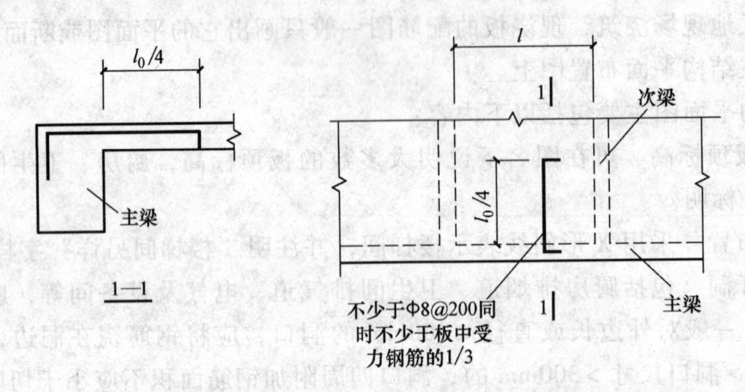

图 11-4 板的受力钢筋与梁平行时构造钢筋配置

4）与支承结构整体浇筑的混凝土板，应沿支承周边配置上部构造钢筋，其直径不宜小于 8mm，间距不宜大于 200mm，并应符合下列规定：①现浇楼盖周边与混凝土梁或混凝土墙整体浇筑的板，垂直于板边构造钢筋的截面面积不宜小于跨中相应方向纵向钢筋截面面积的三分之一；②该钢筋自梁边或墙边伸入板内的长度不宜小于 $l_0/4$，l_0 为板计算跨度；③在板角处该钢筋应沿两个垂直方向布置、放射状布置或斜向平行布置；④当柱角或墙的阳角凸出到板内且尺寸较大时，构造钢筋伸入板内的长度应从柱边或墙边算起，且应按受拉钢筋锚固在梁内、墙内或柱内。

5）嵌固在砌体墙内的现浇混凝土板，应沿支承周边配置上部构造钢筋，其直径不宜小于 8mm，间距不宜大于 200mm，并应符合下列规定：①沿板的受力方向配置的上部构造钢筋，其截面面积不宜小于该方向跨中受力钢筋截面面积的三分之一，沿非受力方向配置的上部构造钢筋，可适当减少；②与板边垂直的构造钢筋伸入板内的长度，从墙边算起不宜小于 $l_0/7$，l_0 为板计算跨度；③在两边嵌固于墙内的板角部分，应配置沿两个垂直方向布置、放射状布置或斜向平行布置的上部构造钢筋，该钢筋伸入板内的长度从墙边算起不宜小于 $l_0/4$，l_0 为板计算跨度，如图 11-5 所示。

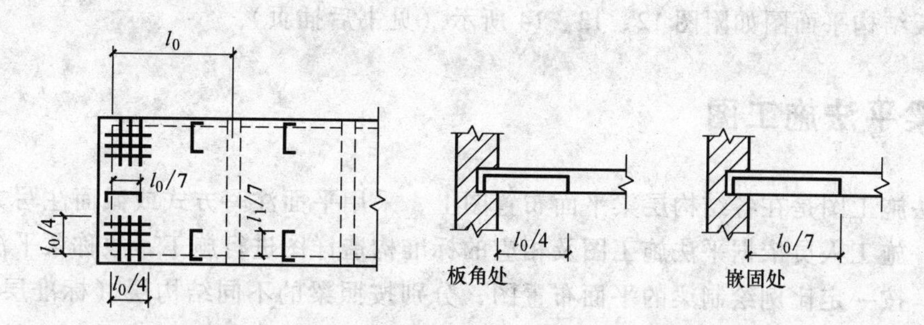

图 11-5　嵌固在砌体墙内板上部构造钢筋配置

6）单向板应在垂直于受力的方向布置分布钢筋，其截面面积不宜小于受力钢筋的 15%，且不宜小于该方向板截面面积的 0.15%。分布钢筋的间距不宜大于 250mm，直径不宜小于 6mm。当集中荷载较大时，分布钢筋的截面面积尚应增加，且间距不宜大于 200mm。

7）屋面挑檐转角处应配置放射形构造负筋，其间距在 $l/2$ 处不大于 200mm，钢筋的锚固长度 $l_a \geq l$，钢筋的直径与边跨支座的悬臂板受力筋相同，如图 11-6 所示。

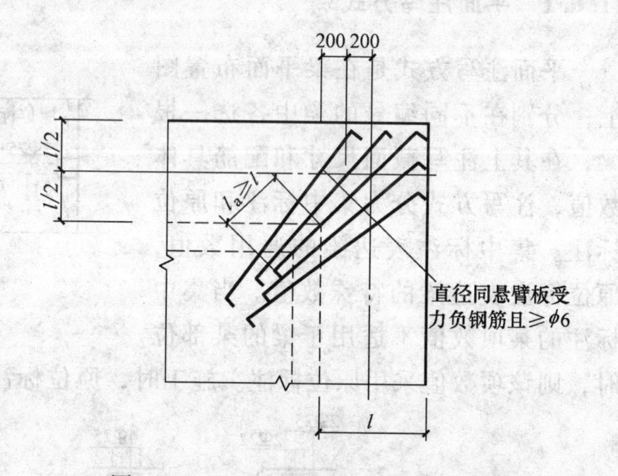

图 11-6　屋面挑檐转角处的构造钢筋

8）在温度、收缩应力较大的现浇板区域，应在板的未配筋表面双向配置防裂钢筋（即温度筋），配筋率不宜小于 0.1%，间距不宜大于 200mm。防裂钢筋可利用原有钢筋贯通布置，也可另行设置构造钢筋，并与原有钢筋按受拉钢筋的要求搭接或在周边构件中锚固，如图 11-7 所示。

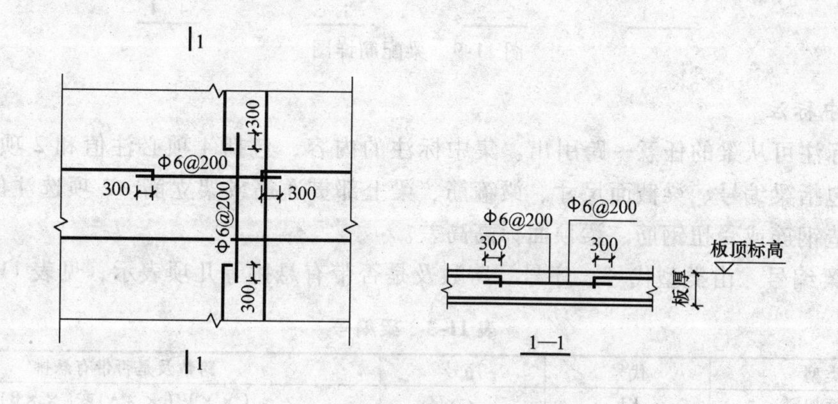

图 11-7　现浇板板顶温度钢筋布置

11.5.2 现浇板结构平面图

现浇板结构平面图如附图 12、13、14 所示（见书后插页）。

11.6 梁平法施工图

梁平法施工图是在各结构层梁平面布置图上，采用平面注写方式或截面注写方式表达的梁配筋图；施工人员依据平法施工图及相应的标准构造详图进行施工，故称梁平法施工图。

首先，按一定比例绘制梁的平面布置图，分别按照梁的不同结构层（标准层），将全部梁及与之相关联的柱、墙绘制在该图上，并按规定注明各结构层的标高及相应的结构层号。对轴线未居中的梁，应标注其偏心定位尺寸，但贴柱边的梁可不注。根据设计计算结果，采用平面注写方式或截面注写方式表达梁的截面及配筋。

11.6.1 平面注写方式

平面注写方式是在梁平面布置图上，分别在不同编号的梁中各选一根梁，在其上注写截面尺寸和配筋具体数值，注写方式分为集中标注和原位标注。集中标注表达梁的通用数值，原位标注表达梁的特殊数值。当集中标注的某项数值不适用于梁的某部位时，则该项数值采用原位标注。施工时，原位标注取值优先，如图 11-8 和图 11-9 所示。

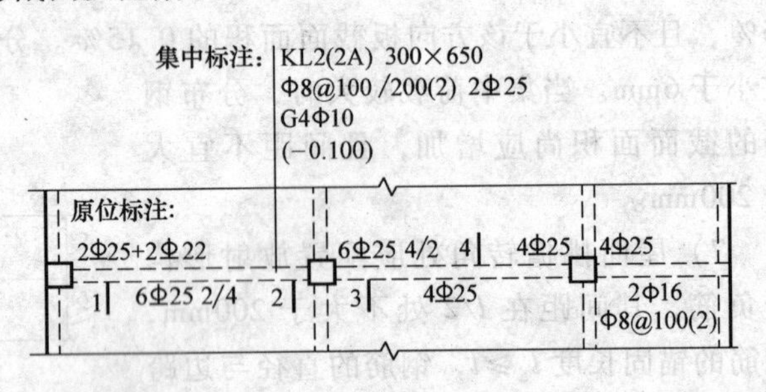

图 11-8 梁平法标注

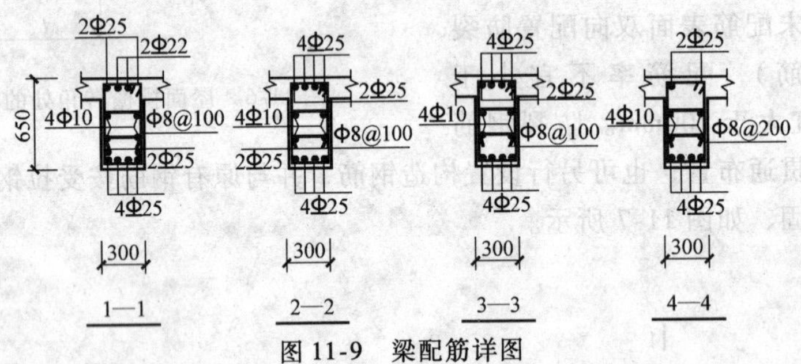

图 11-9 梁配筋详图

1. 集中标注

集中标注可从梁的任意一跨引出。集中标注的内容，包括 4 项必注值和 2 项选注值。4 项必注值包括梁编号、梁截面尺寸、梁箍筋、梁上部贯通筋或架立筋。2 项选注值包括梁侧面纵向构造钢筋或受扭钢筋、梁顶面标高高差。

（1）梁编号 由类型代号、序号、跨数及是否带有悬挑等几项表示，见表 11-3。

表 11-3 梁编号

梁类型	代号	序号	跨数及是否带有悬挑
楼层框架梁	KL	××	(××)、(××A)或(××B)
屋面框架梁	WKL	××	(××)、(××A)或(××B)

（续）

梁类型	代号	序号	跨数及是否带有悬挑
框支梁	KZL	××	(××)、(××A)或(××B)
非框架梁	L	××	(××)、(××A)或(××B)
悬挑梁	XL	××	
井字梁	JZL	××	(××)、(××A)或(××B)

注：(××A) 为一端有悬挑，(××B) 为两段有悬挑，悬挑不计入跨数。

（2）梁截面尺寸　等截面梁用 $b \times h$ 表示；加腋梁用 $b \times h$、$yc_1 \times c_2$ 表示（其中 c_1 为腋长，c_2 为腋高）；悬挑梁当根部和端部不同时，用 $b \times h_1/h_2$ 表示（其中 h_1 为根部高，h_2 为端部高）。

（3）梁箍筋　包括钢筋级别、直径、加密区与非加密区间距及肢数。箍筋加密区与非加密区的不同间距及肢数用“/”分隔，箍筋肢数写在括号内。箍筋加密区长度按相应抗震等级的标准构造详图采用。

例如：Φ12@100/200（2）表示 HPB300 级钢筋、直径 12mm、加密区间距 100mm、非加密区间距 200mm，均为双肢箍；Φ12@100（4）/200（2）表示 HPB300 级钢筋、直径 12mm、加密区间距 100mm 为 4 肢箍、非加密区间距 200mm 为双肢箍。

（4）梁上部贯通筋或非架立筋　所注规格及根数应根据结构受力要求及箍筋肢数等构造要求而定。当既有贯通筋又有架立筋时，用角部贯通筋＋架立筋的形式，架立筋写在加号后面的括号内。

例如：2Φ22 用于双肢箍；2Φ22＋(4Φ12) 用于 6 肢箍，其中 2Φ22 为贯通筋，4Φ12 为架立筋；当梁的上部纵向钢筋与下部纵向钢筋均为贯通筋、且多数跨的配筋相同时，可用“;”将上部纵向钢筋与下部纵向钢筋分隔。如：2Φ14；3Φ12 表示上部配 2Φ14 的贯通筋，下部配 3Φ12 的贯通筋。

（5）梁侧面纵向构造钢筋或受扭钢筋　此项为选注值，当梁腹板高≥450mm 时，须配置符合规范规定的纵向构造钢筋，注写如下：G4Φ12，表示梁的两个侧面共配置 4Φ12 的纵向构造钢筋，两侧各 2Φ12 对称配置。当梁侧面需配置受扭纵向钢筋时，注写如下：N6Φ12，表示梁的两个侧面共配置 6Φ12 的纵向构造钢筋，两侧各 3Φ12 对称配置。当配置受扭纵向钢筋时，不再重复配置纵向构造钢筋，但此时受扭纵向钢筋的间距应满足规范对纵向构造钢筋的间距要求。

（6）梁顶面标高高差　此项为选注值，当梁顶面标高不同于结构层楼面标高时，需将梁顶标高相对于结构层楼面标高的差值注写在括号内，无高差时不注。高于楼面为正值，低于楼面为负值。

2. 原位标注

原位标注的内容包括梁支座上部纵向钢筋、梁下部纵向钢筋、附加箍筋或吊筋。

（1）梁支座上部纵向钢筋　原位标注的支座上部纵向钢筋应为包括集中标注的贯通筋在内的所有钢筋。多于 1 排时，用“/”自上而下分开；同排纵向钢筋有 2 种不同直径时，用“＋”相连，且角部纵向钢筋写在前面。

例如：6Φ25 4/2 表示支座上部纵向钢筋共 2 排，上排 4Φ25，下排 2Φ25；2Φ25＋2Φ22 表示支座上部纵向钢筋共 4 根 1 排放置，其中角部 2Φ25，中间 2Φ22。

（2）梁下部纵向钢筋　与上部纵向钢筋标注类似，多于 1 排时，用“/”自上而下分开。同排纵向钢筋有 2 种不同直径时，用“＋”相连，且角部纵向钢筋写在前面。如 6Φ25 2/4 表示下部纵向钢筋共 2 排，上排 2Φ25，下排 4Φ25。

（3）附加箍筋或吊筋　直接画在平面图中的主梁上，用线引注总配筋值，附加箍筋的肢数注在括号内。当多数附加箍筋或吊筋相同时，可在图中统一说明，少数与统一说明不一致者，再原位引注，如图 11-10 所示。

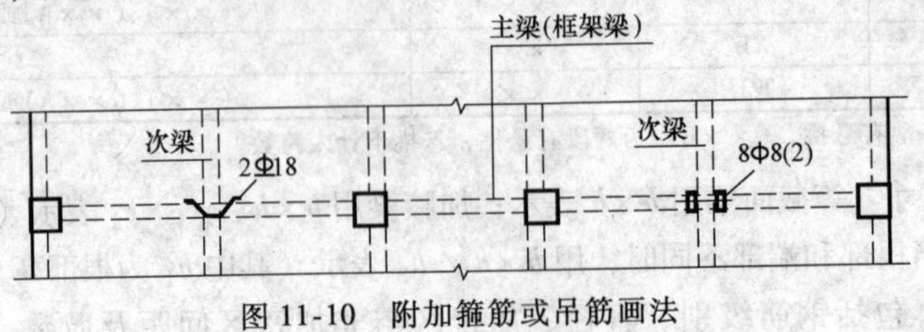

图 11-10　附加箍筋或吊筋画法

当在梁上集中标注的内容（某一项或某几项）不适用于某跨或某悬挑段时，则将其不同数值原位标注在该跨或该悬挑段。平面注写方式梁平法施工图如附图 15、附图 16 所示（见书后插页）。

11.6.2　截面注写方式

截面注写方式是将断面号直接画在平面梁配筋图上，断面详图画在本图或其他图上。截面注写方式既可以单独使用，也可与平面注写方式结合使用，如在梁密集区，采用截面注写方式可使图面清晰。图 11-11 所示为平面注写和截面注写结合使用的图例。

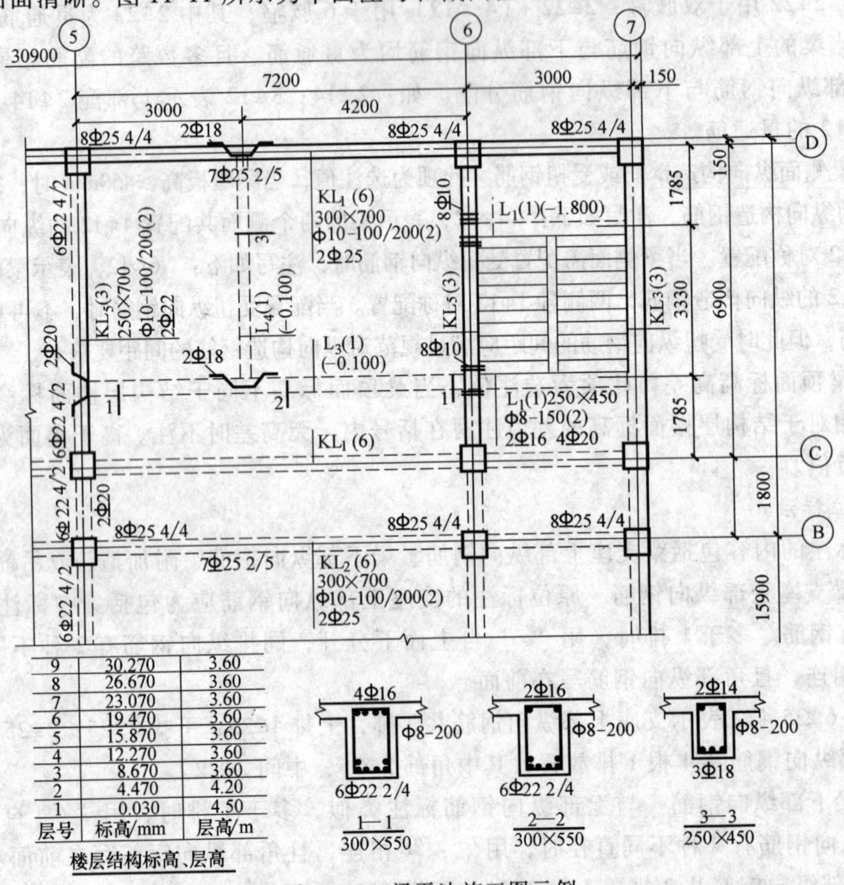

层号	标高/mm	层高/m
9	30.270	3.60
8	26.670	3.60
7	23.070	3.60
6	19.470	3.60
5	15.870	3.60
4	12.270	3.60
3	8.670	3.60
2	4.470	4.20
1	0.030	4.50

楼层结构标高、层高

图 11-11　梁平法施工图示例

11.7　楼梯施工图

楼梯施工图应绘出每层楼梯结构平面布置及剖面图，注明尺寸、构件代号、标高；梯梁、梯板详图（可用列表法绘制）。

1）楼梯截面类型分类，如图 11-12 所示。

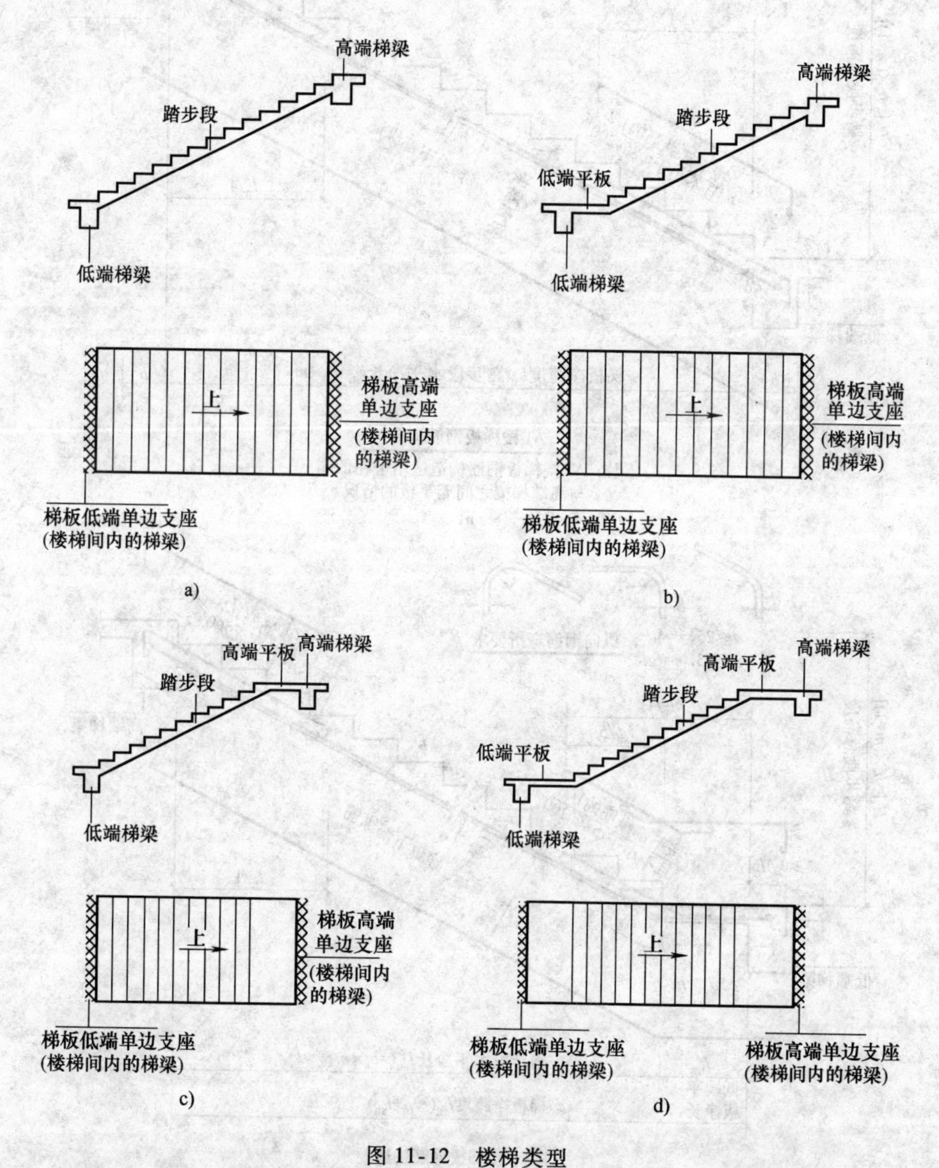

图 11-12　楼梯类型

a）AT 型（一跑梯段）　b）BT 型（有低端平台的一跑梯段）　c）C 型（有高端平台的一跑楼梯）　d）D 型（有低端和高端平台的一跑楼梯）

2）楼梯板钢筋构造，如图 11-13 所示。

3）楼梯配筋施工图如附图 21 所示（见书后插页）。

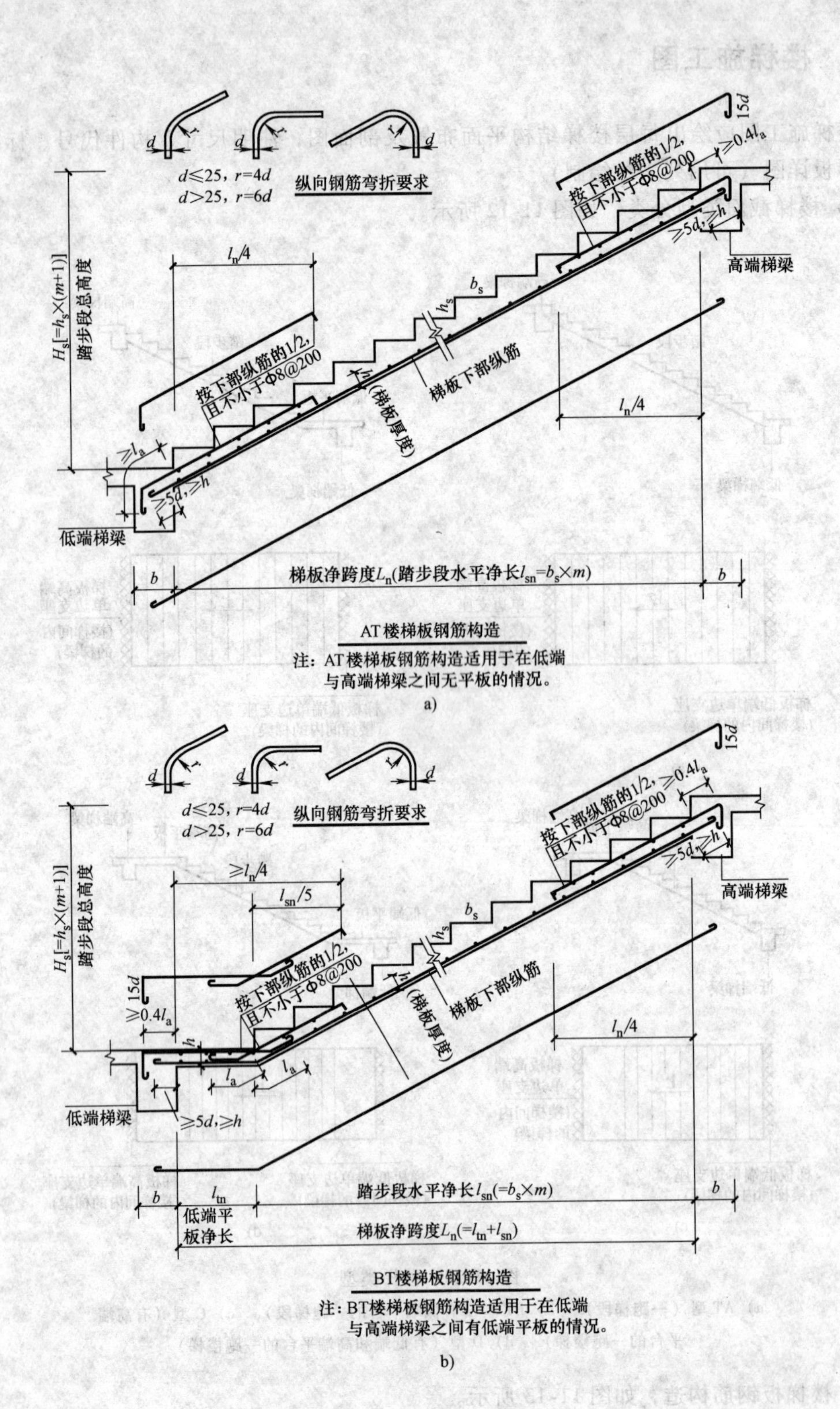

图 11-13　楼梯钢筋构造

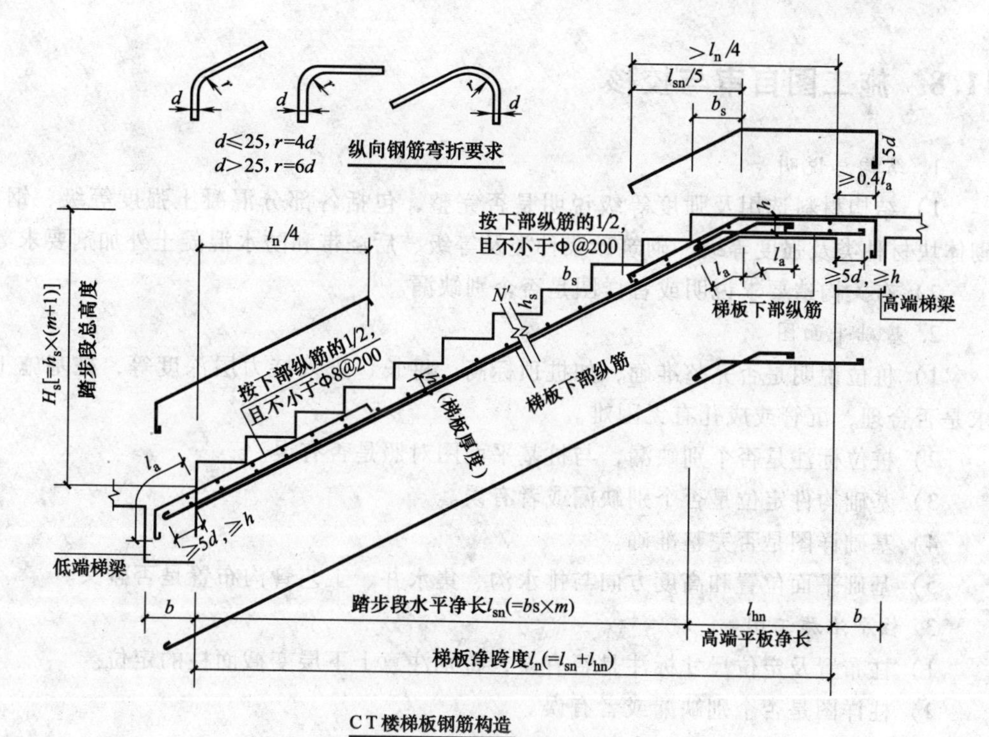

CT楼梯板钢筋构造

注：CT楼梯板钢筋构造适用于在低端与高端梯梁之间有高端平板的情况。

c)

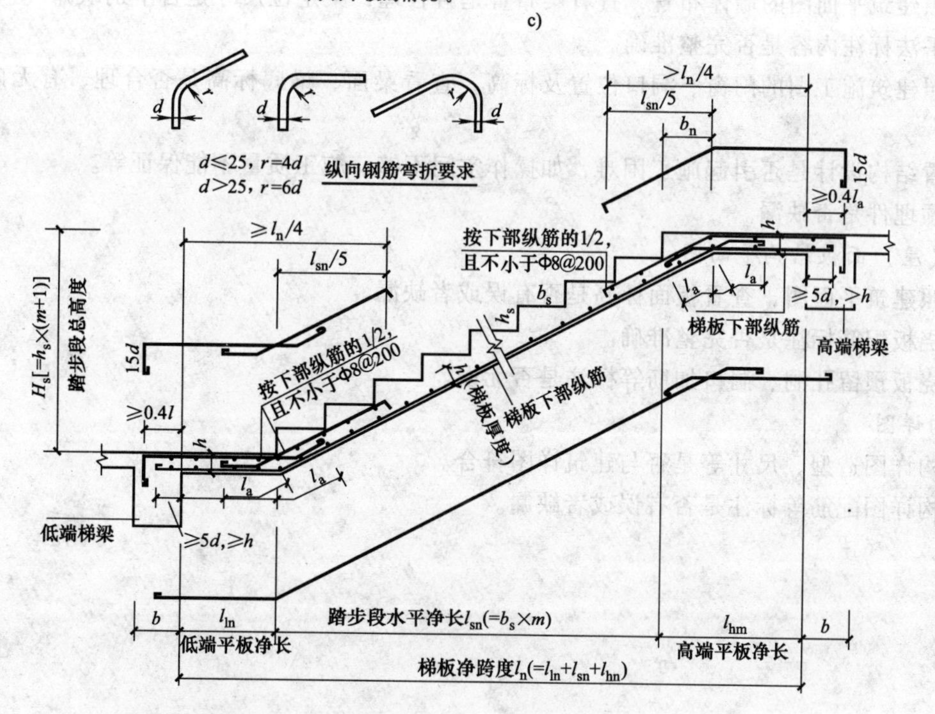

注：DT楼梯板钢筋构造适用于在低端与高端梯梁之间有低端和高端平板的情况。

DT楼梯板钢筋构造

d)

图11-13　楼梯钢筋构造（续）

11.8 施工图自审与校核

1. 结构总说明

1）结构材料选用及强度等级说明是否完整，包括各部分混凝土强度等级、钢筋种类、砌体块材种类及强度等级、砌筑砂浆种类及等级、后浇带和防水混凝土外加剂要求等。

2）有关构造要求说明或者详图是否个别缺漏。

2. 基础平面图

1）桩位说明是否完整准确，如桩顶标高、桩长、进入持力层深度等，桩基施工控制要求是否合理，沉管或成孔有无困难。

2）桩位标注是否个别缺漏，与桩基平面图对照是否有误。

3）基础构件定位是否个别缺漏或者有误。

4）基础详图是否完整准确。

5）基础平面位置和高度方向与排水沟、集水井、工艺管沟布置是否碰头。

3. 柱平法施工图

1）柱布置及定位尺寸标注是否有误，特别注意上下层变截面柱的定位。

2）柱详图是否个别缺漏或者有误。

4. 梁平法施工图

1）对照建筑平面图的墙体布置，查看梁布置是否合理，梁定位尺寸是否个别缺漏。

2）梁平法标注内容是否完整准确。

3）对照建筑施工图的门窗、洞口位置及标高，查看梁面、梁底标高是否合理，有无碰头现象。

4）查看结构设计是否引起施工困难，如操作空间不够、施工质量不能保证等。

5）梁预埋件是否缺漏。

5. 楼（屋）面板结构平面图

1）对照建筑平面图，查看板面标高是否有误或者缺漏。

2）现浇板配筋标注是否完整准确。

3）现浇板预留孔洞、洞口加筋等标注是否无误。

6. 结构详图

1）结构详图造型、尺寸等是否与建筑详图符合。

2）结构详图配筋等标注是否有误或者缺漏。

附　录

附录1　附　　表

附表1　混凝土强度标准值　（单位：N/mm^2）

强度	混凝土强度等级													
	C15	C20	C25	C30	C35	C40	C45	C50	C55	C60	C65	C70	C75	C80
f_{ck}	10.0	13.4	16.7	20.1	23.4	26.8	29.6	32.4	35.5	38.5	41.5	44.5	47.4	50.2
f_{tk}	1.27	1.54	1.78	2.01	2.20	2.39	2.51	2.64	2.74	2.85	2.93	2.99	3.05	3.11

附表2　混凝土强度设计值　（单位：N/mm^2）

强度	混凝土强度等级													
	C15	C20	C25	C30	C35	C40	C45	C50	C55	C60	C65	C70	C75	C80
f_c	7.2	9.6	11.9	14.3	16.7	19.1	21.1	23.1	25.3	27.5	29.7	31.8	33.8	35.9
f_t	0.91	1.10	1.27	1.43	1.57	1.71	1.80	1.89	1.96	2.04	2.09	2.14	2.18	2.22

注：1. 计算现浇钢筋混凝土轴心受压及偏心受压构件时，如截面的长边或直径小于300mm，则表中混凝土的强度设计值应乘以系数0.8；当构件质量（如混凝土成型，截面和轴线尺寸等）确有保证时，可不受此限制。

2. 离心混凝土的强度设计值应按专门标准取用。

附表3　混凝土弹性模量　（单位：$10^4 N/mm^2$）

混凝土强度等级	C15	C20	C25	C30	C35	C40	C45	C50	C55	C60	C65	C70	C75	C80
E_c	2.20	2.55	2.80	3.00	3.15	3.25	3.35	3.45	3.55	3.60	3.65	3.70	3.75	3.80

附表4　普通钢筋强度标准值　（单位：N/mm^2）

牌号	符号	公称直径 d/mm	屈服强度标准值 f_{yk}	极限强度标准值 f_{stk}
HPB300	Φ	6 ~ 22	300	420
HRB335	Φ	6 ~ 50	335	455
HRB400	Φ	6 ~ 50	400	540
HRB500	Φ	6 ~ 50	500	630

附表5　普通钢筋强度设计值　（单位：N/mm^2）

牌号	抗拉强度设计值 f_y	抗压强度设计值 f'_y
HPB300	270	270
HRB335	300	300
HRB400	360	360
HRB500	435	410

附表 6 普通钢筋的弹性模量 （单位：$10^5N/mm^2$）

牌号或种类	弹性模量 E_s
HPB300	2.10
HRB335、HRB400、HRB500	2.00

附表 7 钢筋混凝土结构伸缩缝最大间距 （单位：m）

结构类别		室内或土中	露天
排架结构	装配式	100	70
框架结构	装配式	75	50
	现浇式	55	35
剪力墙结构	装配式	65	40
	现浇式	45	30
挡土墙、地下室墙壁等类结构	装配式	40	30
	现浇式	30	20

注：1. 装配整体式结构房屋的伸缩缝间距宜按表中现浇式的数值取用。
2. 框架-剪力墙结构或框架-核心筒结构房屋的伸缩缝间距可根据结构的具体布置情况取表中框架结构与剪力墙结构之间的数值。
3. 当屋面无保温或隔热措施时，框架结构、剪力墙结构的伸缩缝间距宜按表中露天栏的数值取用。
4. 现浇挑檐、雨罩等外露结构的伸缩缝间距不宜大于 12m。

附表 8 纵向受力钢筋的混凝土保护层最小厚度 （单位：mm）

环境类别	板、墙、壳	梁、柱、杆
一	15	20
二 a	20	25
二 b	25	35
三 a	30	40
三 b	40	50

附表 9 钢筋混凝土结构构件中纵向受力钢筋的最小配筋百分率 ρ_{min} （单位：%）

受力类型			最小配筋百分率
受压构件	全部纵向钢筋	强度等级 500MPa	0.50
		强度等级 400MPa	0.55
		强度等级 300MPa、335MPa	0.60
	一侧纵向钢筋		0.20
受弯构件、偏心受拉、轴心受拉构件一侧的受拉钢筋			0.20 和 $45f_t/f_y$ 中的较大值

注：1. 受压构件全部纵向钢筋最小配筋百分率，当混凝土强度等级为 C60 及以上时，应按表中规定增大 0.10。
2. 偏心受拉构件中的受压钢筋，应按受压构件一侧纵向钢筋考虑。
3. 受压构件的全部纵向钢筋和一侧纵向钢筋的配筋率以及轴心受拉构件和小偏心受拉构件一侧受拉钢筋的配筋率应按构件的全截面面积计算。
4. 受弯构件、大偏心受拉构件一侧受拉钢筋的配筋率应按全截面面积扣除受压翼缘面积 $(b_f'-b)h_f'$后的截面面积计算。
5. 板类受弯构件（不包括悬臂板）的受力钢筋，当采用强度等级 400MPa、500MPa 的钢筋时，其最小配筋百分率应允许采用 0.15 和 $45f_t/f_y$ 中的较大值。
6. 当钢筋沿构件截面周边布置时，“一侧纵向钢筋”是指沿受力方向两个对边中的一边布置的纵向钢筋。

附表 10　现浇钢筋混凝土板的最小厚度　　（单位：mm）

板的类别		最小厚度
单向板	屋面板	60
	民用建筑楼板	60
	工业建筑楼板	70
	行车道下的楼板	80
双向板		80
密肋板	面板	50
	肋高	250
悬臂板（根部）	悬臂长度不大于 500mm	60
	悬臂长度 1200mm	100
无梁楼板		150
现浇空心楼板		200

附表 11　框架结构各层柱的计算长度

楼盖类型	柱的类别	l_0
现浇楼盖	底层柱	$1.0H$
	其余各层柱	$1.25H$
装配式楼盖	底层柱	$1.25H$
	其余各层柱	$1.5H$

注：表中 H 对底层柱为从基础顶面到一层楼盖顶面的高度；对其余各层柱为上，下两层楼盖顶面之间的高度。

附表 12　混凝土结构的环境类别

环境类别	条　件
一	室内干燥环境 无侵蚀性静水浸没环境
二 a	室内潮湿环境；非严寒和非寒冷地区的露天环境；非严寒和非寒冷地区与无侵蚀性的水或土壤直接接触的环境；严寒和寒冷地区的冰冻线以下与无侵蚀性的水或土壤直接接触的环境
二 b	干湿交替环境；水位频繁变动的环境；严寒和寒冷地区的露天环境；严寒和寒冷地区冰冻线以上与无侵蚀性的水或土壤直接接触的环境
三 a	受除冰盐影响环境；严寒和寒冷地区冬季水位变动区的环境；海风环境
三 b	盐渍土环境；受除冰盐作用的环境；海岸环境
四	海水环境
五	受人为或自然的侵蚀性物质影响的环境

注：严寒和寒冷地区的划分应符合《民用建筑热工设计规范》的规定。

附表 13　钢筋的计算截面面积及理论质量

公称直径/mm	不同根数钢筋的计算截面面积/mm^2									单根钢筋理论质量/(kg/m)
	1	2	3	4	5	6	7	8	9	
6	28.3	57	85	113	142	170	198	226	255	0.222

（续）

公称直径/mm	不同根数钢筋的计算截面面积/mm^2									单根钢筋理论质量/(kg/m)
	1	2	3	4	5	6	7	8	9	
8	50.3	101	151	201	252	302	352	402	453	0.395
8.2	52.8	106	158	211	264	317	370	423	475	0.432
10	78.5	157	236	314	393	471	550	628	707	0.617
12	113.1	226	339	452	565	678	791	904	1017	0.888
14	153.9	308	461	615	769	923	1077	1231	1385	1.21
16	201.1	402	603	804	1005	1206	1407	1608	1809	1.58
18	254.5	509	763	1017	1272	1527	1781	2036	2290	2.00
20	314.2	628	942	1256	1570	1884	2199	2513	2827	2.47
22	380.1	760	1140	1520	1900	2281	2661	3041	3421	2.98
25	490.9	982	1473	1964	2454	2945	3436	3927	4418	3.85
28	615.8	1232	1847	2463	3079	3695	4310	4926	5542	4.83
32	804.2	1609	2413	3217	4021	4826	5630	6434	7238	6.31
36	1017.9	2036	3054	4072	5089	6107	7125	8143	9161	7.99
40	1256.6	2513	3770	5027	6283	7540	8796	10053	11310	9.87
50	1963.5	3928	5892	7856	9820	11784	13748	15712	17676	15.42

附表14 框架梁纵向钢筋最小配筋率

（单位：%）

			取两者较大值	钢筋种类	混凝土强度等级						
					C20	C25	C30	C35	C40	C45	C50
非抗震设计			0.20 和 $45f_t/f_y$	HPB300	0.20	0.21	0.24	0.26	0.29	0.3	0.32
				HRB335、HRBF335	0.20	0.20	0.21	0.24	0.26	0.27	0.28
				HRB400、HRBF400、RRB400	0.20	0.20	0.20	0.20	0.21	0.23	0.24
抗震设计	三、四级	跨中	0.25 和 $55f_t/f_y$	HRB335、HRBF335	0.25	0.25	0.26	0.29	0.31	0.33	0.35
				HRB400、HRBF400、RRB400	0.25	0.25	0.25	0.25	0.26	0.28	0.29
		支座	0.20 和 $45f_t/f_y$	HRB335、HRBF335	0.20	0.20	0.21	0.24	0.26	0.27	0.28
				HRB400、HRBF400、RRB400	0.20	0.20	0.20	0.20	0.21	0.23	0.24
	二级	跨中	0.25 和 $55f_t/f_y$	HRB335、HRBF335	0.25	0.25	0.26	0.29	0.31	0.33	0.35
				HRB400、HRBF400、RRB400	0.25	0.25	0.25	0.25	0.26	0.28	0.29
		支座	0.30 和 $65f_t/f_y$	HRB335、HRBF335	0.30	0.30	0.31	0.34	0.37	0.39	0.41
				HRB400、HRBF400、RRB400	0.30	0.30	0.30	0.30	0.31	0.33	0.34
	一级	跨中	0.30 和 $65f_t/f_y$	HRB335、HRBF335	0.30	0.30	0.31	0.34	0.37	0.39	0.41
				HRB400、HRBF400、RRB400	0.30	0.30	0.30	0.30	0.31	0.33	0.34
		支座	0.40 和 $80f_t/f_y$	HRB335、HRBF335	0.40	0.40	0.40	0.42	0.46	0.48	0.50
				HRB400、HRBF400、RRB400	0.40	0.40	0.40	0.40	0.40	0.40	0.42

附表 15 常用材料和构件重量

名称		自重/(kN/mm^3)	备 注
砖	普通砖	18.0	240×115×53(684 块/m^3)
	普通砖	19.0	机器制
	缸砖	21.0~21.5	230×110×65(609 块/m^3)
	耐火砖	19.0~22.0	230×110×65(609 块/m^3)
	耐酸瓷砖	23.0~25.0	230×113×65(590 块/m^3)
	碎砖	12.0	堆置
	水泥花砖	19.8	200×200×24(1042 块/m^3)
	瓷面砖	17.8	150×150×8(5556 块/m^3)
石灰、水泥、灰浆、混凝土	石灰砂浆、混合砂浆	17.0	
	水泥石灰焦渣砂浆	14.0	
	石灰炉渣	10.0~12.0	
	水泥炉渣	12.0~14.0	
	石灰焦渣砂浆	13.0	
	灰土	17.5	
	石灰三合土	17.5	石灰:土=3:7,夯实
	水泥	12.5	石子、砂子、卵石
	矿渣水泥	14.5	轻质松散 $\phi=20°$
	水泥砂浆	20.0	散装 $\phi=30°$
	膨胀珍珠岩砂浆	7.0~15.0	
	石膏砂浆	12.0	
	素混凝土	22.0~24.0	
	矿渣混凝土	20.0	不振捣或振捣
	焦渣混凝土	16.0~17.0	
	焦渣混凝土	10.0~14.0	承载用
	沥青混凝土	20.0	填充用
	加气混凝土	5.5~7.5	
	钢筋混凝土	24.0~25.0	
砌体	浆砌普通砖	18.0	
	浆砌机砖	19.0	
	浆砌耐火砖	22.0	
	浆砌矿渣砖	21.0	
	三合土	17.0	
隔墙与墙面	贴瓷砖墙面	0.5	包括水泥砂浆打底,共厚 25mm
	水泥粉刷墙面	0.36	20mm 厚,水泥粗砂
	水磨石墙面	0.55	25mm 厚,包括打底
	水刷石墙面	0.5	25mm 厚,包括打底
屋架、门窗	木框玻璃窗	0.2~0.3	
	钢框玻璃窗	0.4~0.45	
	木门	0.1~0.2	
	钢铁门	0.4~0.45	
屋顶	油毡防水层	0.05	一层油毡刷油两遍
		0.25~0.3	四层做法,一毡两油上铺小石子
		0.3~0.35	六层做法,两毡三油上铺小石子
		0.35~0.4	八层做法,三毡四油上铺小石子
	捷罗克防水层	0.1	厚 8mm
	屋顶天窗	0.35~0.4	9.5mm 铅丝玻璃,框架自重在内

（续）

名称		自重/(kN/mm²)	备　注
顶棚	钢丝网抹灰吊顶	0.45	
	麻刀灰板条顶棚	0.45	吊木在内,平均灰厚20mm
	砂子灰板条顶棚	0.55	吊木在内,平均灰厚25mm
	苇箔抹灰顶棚	0.48	吊木龙骨在内
	松木板顶棚	0.25	吊木在内
	三夹板顶棚	0.18	吊木在内
	木丝板吊顶棚	0.26	厚25mm,吊木及盖缝条在内
	木丝板吊顶棚	0.29	厚30mm,吊木及盖缝条在内
	隔音纸板顶棚	0.17	厚10mm,吊木及盖缝条在内
	隔音纸板顶棚	0.18	厚13mm,吊木及盖缝条在内
	隔音纸板顶棚	0.20	厚20mm,吊木及盖缝条在内
	V形轻钢龙骨吊顶	0.12	一层9mm厚纸面石膏板,无保温层
		0.17	一层9mm厚纸面石膏板,有岩棉保温层厚50mm
			两层9mm厚纸面石膏板,无保温层
		0.20	一层9mm厚纸面石膏板,有岩棉保温层厚50mm
		0.25	一层矿棉吸声板厚15mm,无保温层
	V形轻钢龙骨及铝合金龙骨吊顶	0.1~0.12	厚50mm焦渣,锯末按1:5混合
	顶棚上铺焦渣锯末绝缘层	0.2	
楼地面	地板格栅	0.2	仅格栅自重
	硬木地板	0.2	厚25mm,剪刀撑、钉子等自重在内,不包括格栅自重
	松木地板	0.18	
	小瓷砖楼地面	0.55	包括水泥粗砂打底
	水泥花砖楼地面	0.6	砖厚25mm,包括水泥粗砂打底
	水磨石楼地面	0.65	10mm面层,20mm水泥砂浆打底
	木块楼地面	0.7	加防腐油膏铺砌厚76mm
建筑墙板	彩色钢板金属幕墙板	0.11	两层,彩色钢板厚0.6mm,聚苯乙烯芯材厚25mm
			板厚40mm,钢板厚0.6mm
	金属绝热材料(聚氨酯)复合板	0.14	
			板厚60mm,钢板厚0.6mm
		0.15	板厚80mm,钢板厚0.6mm
		0.16	两层,彩色钢板厚0.6mm,聚苯乙烯芯材厚50~250mm
	彩色钢板夹聚苯乙烯保温板	0.12~0.15	板厚100mm,两层彩色钢板,Z形龙骨岩棉芯材
	彩色钢板岩棉夹心板		板厚120mm,两层彩色钢板,Z形龙骨岩棉芯材
		0.24	
	GRC增强水泥聚苯复合保温板	0.25	长2400~2800mm,宽600mm,厚60mm
	GRC空心隔墙板		长2400~2800mm,宽600mm,厚60mm
	GRC内墙隔板	1.13	3000mm×600mm×60mm
	轻质GRC保温板		3000mm×600mm×60mm
	轻质GRC空心隔墙板	0.3	6000mm×1500mm×120mm,高强水泥发泡芯材
	轻质大型墙板(太空板系列)	0.35	
	轻质条形墙板(太空板系列),	0.14	标准规格3000mm×1000(1200、1500)mm高强水泥发泡
	厚80mm	0.17	
	厚100mm	0.7~0.9	芯材,按不同檩距及荷载配有不同钢骨架及冷拔钢丝网
	厚120mm		厚10mm
	GRC墙板		岩棉芯材厚50mm,双面钢丝网水泥砂浆各厚25mm
	钢丝网岩棉夹心复合板(GY板)		
	硅酸钙板	0.4	板厚6mm
		0.45	板厚8mm
	泰柏板	0.5	板厚10mm
		0.11	板厚100mm,钢丝网片夹聚苯乙烯保温层,每面抹水泥
	蜂窝复合板	1.1	砂浆厚20mm
	石膏珍珠岩空心墙板		厚75mm
	加强型水泥石膏聚苯保温板	0.08	长2500~3000mm,宽600mm,厚60mm
	玻璃幕墙	0.10	3000mm×600mm×60mm
		0.12	一般按单位面积玻璃自重增大20%~30%
		0.95	
		0.14	
		0.45	
		0.17	
		1.0~1.5	

（续）

名称		自重/（kN/mm^3）	备　注
其他	普通玻璃	25.6	
	钢丝玻璃	26	
	玻璃棉	0.5～1	作绝缘层填充料用
	矿渣棉制品（板、砖管）	3.5～4	
	沥青矿渣棉	1.2～1.6	干燥，松散
	膨胀珍珠岩粉料	0.8～2.5	
	水泥珍珠岩制品、憎水珍珠岩制品	3.5～4.5	
	膨胀蛭石	0.8～2	
	沥青蛭石制品	3.5～4.5	
	水泥蛭石制品	4～6	
	聚氯乙烯板（管）	13.6～16	
	聚苯乙烯泡沫塑料	0.5	含水率不大于3%
	石棉板	13	

附表 16　墙体自重表

（单位：kN/mm^2）

类别	墙厚	自重		
		无粉刷	单面粉刷	双面粉刷
实心砖墙	120	2.28	2.62	2.96
	180	3.42	3.76	4.10
	240	4.56	4.90	5.24
	370	6.94	7.28	7.62
	490	9.32	9.66	10.00
钢筋混凝土墙	80	2.0	2.34	2.68
	100	2.5	2.84	3.18
	120	3.0	3.34	3.68
	140	3.5	3.84	4.18
	150	3.75	4.09	4.43
	160	4.00	4.34	4.68
	180	4.50	4.84	5.18
	200	5.00	5.34	5.68
	250	6.25	6.59	6.93
加气混凝土墙	100	0.70	1.04	1.38
	125	0.88	1.22	1.56
	150	1.05	1.39	1.73
	175	1.23	1.57	1.91
	200	1.40	1.74	2.08
	250	1.75	2.09	2.43

注：1. 粉刷按水泥石灰混合砂浆 20mm 厚、0.34kN/mm^2计算。

2. 加气混凝土按 7.0kN/mm^3计算，砖重度按 19.0kN/mm^3。

附表 17 常用楼面做法及自重

编号	名称	用 料 名 称	参数指标	附 注
楼 1	水泥砂浆楼面	·20mm 厚 1:2 水泥砂浆抹面压光 ·素水泥浆结合层一遍 ·钢筋混凝土楼板	总厚度:20mm 自重:0.04kN/m^2	大于 25m^2 的房间,其面层宜按开间作分格处理,由单项工程设计确定
楼 2	自流平楼面	·2~4mm 厚自流平涂层 ·18mm 厚 1:3 水泥砂浆找平层 ·素水泥浆结合层一遍 ·钢筋混凝土楼板	总厚度:20~22mm 自重:0.04kN/m^2	·适用于有严格卫生要求的场所并耐腐蚀 ·自流平涂料的主要成分为加有矿物填充料的无溶剂环氧树脂
楼 3	特殊骨料耐磨楼面	·1~2mm 厚特殊耐磨骨料,混凝土即将初凝时均匀撒布 ·30mm 厚 C20 细石混凝土随打随抹平 ·素水泥浆结合层一遍 ·钢筋混凝土楼板	总厚度:32mm 自重:0.77kN/m^2	·具有较高的耐磨性,适用于仓库、车库、车间、车站等 ·特殊耐磨骨料有合金骨料、金属骨料及矿物骨料,并具多种颜色,由单项工程设计根据需要选定
楼 4	石屑混凝土楼面	·30mm 厚石屑混凝土表面压光 ·素水泥浆结合层一遍 ·钢筋混凝土楼板	总厚度:30mm 自重:0.72kN/m^2	·石屑混凝土质量配合比为:水泥(42.5 级):石屑(粒径 5~15mm)=350kg:1200kg 或水泥(42.5 级):石屑或绿豆砂(粒径 3~6mm)=450kg:1200kg
楼 5	细石混凝土楼面	·30mm 厚 C20 细石混凝土随打随抹光 ·素水泥浆结合层一遍 ·钢筋混凝土楼板	总厚度:30mm 自重:0.72kN/m^2	
楼 6	水磨石楼面	·12mm 厚 1:2 水泥石子磨光 ·素水泥浆结合层一遍 ·18mm 厚 1:3 水泥砂浆找平 ·素水泥浆结合层一遍 ·钢筋混凝土楼板	总厚度:30mm 自重:0.65kN/m^2	·除单项设计注明者外,面层均用 3mm 厚玻璃条分 1m×1m 方格 ·作美术水磨石时,水泥石子颜色及规格详见单项工程设计 ·采用大于 8mm 石子时,其面层厚度应按石子规格加厚
楼 7	预制水磨石楼面	·25mm 厚预制水磨石板铺实拍平,水泥浆擦缝 ·25mm 厚 1:4 干硬性水泥砂浆 ·素水泥浆结合层一遍 ·钢筋混凝土楼板	总厚度:50mm 自重:1.13kN/m^2	·预制水磨石板规格为 400mm×400mm×25mm。 ·预制水磨石板色样详见单项工程设计
楼 8	水泥花砖楼面	·18mm 厚水泥花砖铺实拍平,水泥浆擦缝 ·20mm 厚 1:4 干硬性水泥砂浆 ·素水泥浆结合层一遍 ·钢筋混凝土楼板	总厚度:38mm 自重:0.83kN/m^2	·水泥花砖规格 200mm×200mm×18mm,图案花型详见单项工程设计
楼 9	陶瓷锦砖楼面	·4~5mm 厚陶瓷锦砖铺实拍平,水泥浆擦缝 ·20mm 厚 1:4 干硬性水泥砂浆 ·素水泥浆结合层一遍 ·钢筋混凝土楼板	总厚度:25mm 自重:0.52kN/m^2	·陶瓷锦砖俗称马赛克 ·陶瓷锦砖规格、颜色详见单项工程设计

（续）

编号	名称	用料名称	参数指标	附　注
楼 10	陶瓷地砖楼面	·8～10mm 厚地砖铺实拍平，水泥浆擦缝 ·20mm 厚 1:4 干硬性水泥砂浆 ·素水泥浆结合层一遍 ·钢筋混凝土楼板	总厚度：28～30mm 自重：0.70kN/m²	·陶瓷地砖又名地砖或地面陶瓷砖 ·地砖规格、品种详见单项工程设计 ·地砖如需离缝铺贴应在单项工程设计中注明，并用 1:1 水泥砂浆填缝
楼 11	大理石楼面	·20mm 厚大理石板铺实拍平，水泥浆擦缝 ·30mm 厚 1:4 干硬性水泥砂浆 ·素水泥浆结合层一遍 ·钢筋混凝土楼板	总厚度：50mm 自重：1.16kN/m²	·大理石规格、品种详见单项工程设计 ·大理石规格一般≤500mm×500mm×20mm，超过上述规格，应在单项工程设计中注明规格及厚度
楼 12	碎拼大理石楼面	·20mm 厚碎拼大理石板铺实拍平，1:2 水泥砂浆填缝，表面磨光 ·25mm 厚 1:4 干硬性水泥砂浆 ·素水泥浆结合层一遍 ·钢筋混凝土楼板	总厚度：45mm 自重：1.10kN/m²	·碎拼大理石品种由单项工程设计确定 ·面层也可用 1:2 水泥米石子填缝
楼 13	花岗岩楼面	·20mm 厚花岗石板铺实拍平，水泥浆擦缝 ·30mm 厚 1:4 干硬性水泥砂浆 ·素水泥浆结合层一遍 ·钢筋混凝土楼板	总厚度：50mm 自重：1.16kN/m²	·花岗石规格、品种详见单项工程设计 ·花岗石规格一般≤500mm×500mm×20mm，超过上述规格，应在单项工程设计中注明规格及厚度
楼 14	塑料地板楼面	·1.5～2.0mm 厚塑料地板 ·配套胶粘剂粘贴 ·建筑胶水泥腻子批嵌平整 ·20mm 厚 1:2 水泥砂浆找平抹光 ·素水泥浆结合层一遍 ·钢筋混凝土楼板	总厚度：23mm 自重：0.43kN/m² 计权标准化撞击声声压级：≤70dB	·塑料地板品种、规格详见单项工程设计。可选用的品种有聚氯乙烯，导静电聚氯乙烯、聚乙烯、聚丙烯、石棉塑料板、橡胶板、难燃橡胶板等
楼 15	板楼面 胶粘薄 型木地	·表面油漆另选 ·10～12mm 厚硬木长条地板或拼花木地板 ·配套胶粘剂粘贴 ·建筑胶水泥腻子批嵌平整 ·20mm 厚 1:2 水泥砂浆找平 ·素水泥浆结合层一遍 ·钢筋混凝土楼板	总厚度：31～33mm 自重：0.48kN/m² 计权标准化撞击声声压级：≤70dB	
楼 16	复合木地板楼面	·8mm 厚复合木地板 ·2mm 厚聚乙烯泡沫塑料垫 ·建筑胶水泥腻子刮平 ·30mm 厚 1:2.5 水泥砂浆掺入水泥用量 3% 的硅质密实剂（分两次抹面） ·钢筋混凝土楼板	总厚度：41mm 自重：0.70kN/m²	·复合木地板在连接方式上有企口、锁口、卡口等，在材质上有中密度板、胶合板、实木板等 ·复合木地板需防潮，也有经过防潮处理的复合地板，单项设计应根据具体情况调整防潮处理 ·复合本地板主要规格为 190mm×1200mm×8mm，表面带饰面层，耐磨、耐污、耐久、不变形，不需上蜡，保护简单，并且配有收口条，楼梯收口线等配件 ·复合木地板应按生产厂的要求进行安装施工

（续）

编号	名称	用料名称	参数指标	附注
楼17	高级实木地板楼面	·18mm厚高级实木企口木地板，用螺钉或气枪钉固定 ·2mm厚聚乙烯泡沫塑料垫 ·9mm厚胶合板用射钉固定 ·点粘350号石油沥青油毡防潮 ·20mm厚1:2水泥砂浆找平 ·素水泥浆结合层一遍 ·钢筋混凝土楼板	总厚度:50mm 自重:0.73kN/m^2	·高级实木地板简称实木地板。它经工厂切割、打磨、开槽、开边、上漆等工艺加工而成 ·实木地板规格一般为90mm×450mm～900mm×（15～18）mm，地板缝隙宜为0.2mm，地板与墙间隙为8～10mm
楼18	水磨石防水楼面	·12mm厚1:2水泥石子磨光 ·素水泥浆结合层一遍 ·18mm厚1:3水泥砂浆找平 ·2mm厚（一布四涂）氯丁沥青防水涂料，面撒黄沙，四周沿墙上翻150mm高 ·刷基层处理剂一遍 ·15mm厚1:2水泥砂浆找平层 ·50mm厚C15细石混凝土找坡不小于0.5%，最薄处不小于30mm厚 ·钢筋混凝土楼板	总厚度:97mm 自重:2.17kN/m^2	·适用于浴厕、卫生间 ·防水涂料也可改用1.5厚聚氨酯防水涂料 ·除单项工程设计注明者外，面层均用3mm厚玻璃条分1m×1m方格 ·作美术水磨石时，水泥、石子颜色及规格详见单项工程设计 ·采用大于8mm石子时，其面层厚度应按石子规格加厚
楼19	陶瓷锦砖防水楼面	·4～5mm厚陶瓷锦砖铺实拍平，水泥浆擦缝 ·20mm厚1:4干硬性水泥砂浆 ·1.5mm厚聚氨酯防水涂料，面撒黄沙，四周沿墙上翻150mm高 ·刷基层处理剂一遍 ·15mm厚1:2水泥砂浆找平 ·50mm厚C15细石混凝土找坡不小于0.5%，最薄处不小于30mm厚 ·钢筋混凝土楼板	总厚度:92mm 自重:2.04kN/m^2	·陶瓷锦砖俗称马赛克 ·适用于浴厕，卫生间 ·防水涂料也可由单项工程设计另选
楼20	陶瓷地砖防水楼面	·8～10mm厚地砖铺实拍平，水泥浆擦缝 ·25mm厚1:4干硬性水泥砂浆 ·1.5mm厚聚氨酯防水涂料，面撒黄沙，四周沿墙上翻150mm高。 ·刷基层处理剂一遍 ·15mm厚1:2水泥砂浆找平 ·50mm厚C15细石混凝土找坡不小于0.5%，最薄处不小于30mm厚 ·钢筋混凝土楼板	总厚度:102mm 自重:2.26kN/m^2	·陶瓷地砖又名地砖或陶瓷砖 ·适用于浴厕、卫生间 ·防水涂料也可由单项工程设计另选 ·地砖如需离缝铺贴，应在单项工程设计中注明，并用1:1水泥砂浆填缝

（续）

编号	名称	用料名称	参数指标	附　注
楼 21	水泥砂浆防水楼面	·20mm 厚 1:2 水泥砂浆抹面压光 ·素水泥浆结合层一遍 ·50mm 厚 C15 细石混凝土防水层找坡不小于 0.5%，最薄处不小于 30mm 厚 ·钢筋混凝土楼板	总厚度：80mm 自重：1.61kN/m²	·适用于浴厕、卫生间，也可用于阳台 ·C15 细石混凝土宜掺入水泥质量 3% 的硅质密实剂
楼 22	细石混凝土防水楼面	·30mm 厚 C20 细石混凝土随打随抹光 ·1.2mm 厚聚氨酯防水涂料面上粘黄沙，四周沿墙上翻 100mm 高 ·刷基层处理剂一遍 ·20mm 厚 1:2 水泥砂浆找平，四周抹小八字角 ·钢筋混凝土楼板	总厚度：52mm 自重：1.15N/m²	·适用于有防水要求的大面积楼面 ·防水涂料品种也可由单项工程设计另选

附表 18　常用顶棚做法及自重

编号	名称	用料名称	参数指标	附　注
顶 1	石灰砂浆顶棚	·钢筋混凝土板底面清理干净 ·10mm 厚 1:1:4 水泥石灰砂浆 ·2mm 厚麻刀（或纸筋）石灰面 ·表面喷刷涂料另选	总厚度：12mm 自重：0.24kN/m²	
顶 2	混合砂浆顶棚	·钢筋混凝土板底面清理干净 ·7mm 厚 1:1:4 水泥石灰砂浆 ·5mm 厚 1:0.5:3 水泥石灰砂浆 ·表面喷刷涂料另选	总厚度：12mm 自重：0.24kN/m²	
顶 3	水泥砂浆顶棚	·钢筋混凝土板底面清理干净 ·7 厚 1:3 水泥砂浆 ·5 厚 1:2 水泥砂浆 ·表面喷刷涂料另选	总厚度：12mm 自重：0.24kN/m²	·适用于湿度大的场所
顶 4	嵌缝批灰钢筋混凝土板	·预制钢筋混凝土板底面清理干净 ·1:1:4 水泥石灰砂浆嵌缝 ·表面是否喷刷涂料详见单项工程设计		·适用于有吊顶的板底或对顶棚饰面要求不高的场所
顶 5	网抹灰吊顶轻钢龙骨钢板	·轻钢龙骨标准骨架：主龙骨中距 900～1000mm，次龙骨中距 400mm，横撑龙骨中距 900mm ·ϕ6 钢筋双向中距 300mm，用 18 号钢丝与龙骨绑扎或焊接 ·0.7～1.0mm 厚，9mm×25mm 眼钢板网用钢丝与钢筋绑扎 ·10mm 厚 1:1:4 水泥石灰麻刀砂浆（不包括挤入部分） ·5mm 厚 1:0.5:5 水泥石灰砂浆面 ·表面喷刷涂料另选	总厚度：79mm 自重：0.63kN/m²	·主龙骨高度为 38mm（上人为 50mm），次龙骨高度为 19mm ·楼板底预留 ϕ8 吊筋，双向中距 900～1200mm

（续）

编号	名称	用料名称	参数指标	附注
顶6	石膏板吊顶轻钢龙骨纸面	·轻钢龙骨标准骨架：主龙骨中距900~1000mm，次龙骨中距450mm，横撑龙骨中距900mm ·9mm厚900mm×2700mm纸面石膏板，自攻螺钉拧牢，孔眼用腻子填平 ·配套防潮涂料一遍 ·表面装饰另选	总厚度：66mm 自重：0.14kN/m^2	·龙骨高度为38mm（上人为50mm），次龙骨高度为19mm ·楼板底预留由ϕ8吊筋，双向中距900~1200mm ·次龙骨中距>450mm时，应采用12mm厚纸面石膏板
顶7	水泥加压板吊板轻钢龙骨纤维	·轻钢龙骨标准骨架：主龙骨中距900~1000mm，次龙骨中距400mm，横撑龙骨中距1200mm ·5mm厚1200mm×2400mm水泥加压板，自攻螺钉拧牢，孔眼用腻子填平 ·表面装饰另选	总厚度：62mm 自重：0.1kN/m^2	·主龙骨高度为38mm（上人为50mm），次龙骨高度为19mm ·楼板底预留ϕ8吊筋，双向中距900~1200mm ·纤维水泥加压板自重为9~12kN/m^3
顶8	水泥板吊顶轻钢龙骨石棉	·轻钢龙骨标准骨架：主龙骨中距900~1000mm，次龙骨中距400mm，横撑龙骨中距1200mm ·5~8mm厚800mm×1200mm石棉水泥板，自攻螺钉拧牢，孔眼用腻子填平 ·表面喷刷涂料另选	总厚度：62~65mm 自重：0.19kN/m^2 （8mm厚）	·主龙骨高度为38mm（上人为50mm），次龙骨高度为19mm ·楼板底预留ϕ8吊筋，双向中距900~1200mm

附表19　常用屋面做法及自重

编号	名称	用料名称	参数指标	附注
屋1	铺块材上人屋面	保护层：8~10mm厚地砖铺平拍实，缝宽5~8mm，1:1水泥砂浆填缝 结合层：1:4干硬性水泥砂浆，面上撒素水泥 隔离层：满铺0.15mm厚聚乙烯薄膜一层 防水层：按屋面说明选用 找平层：1:3水泥砂浆，砂浆中掺聚丙烯或锦纶-6纤维0.75~0.90kg/m^3 找坡层：1:8水泥膨胀珍珠岩找坡2% 结构层：钢筋混凝土屋面板	1.288	1. 总厚度按最薄处计，且不包含柔性防水层厚度 2. 自重按最薄处计，且不包含柔性防水层重量 3. W为保温层重量
屋2	铺块材上人屋面	保护层：8~10mm厚地砖铺平拍实，缝宽5~8mm，1:1水泥砂浆填缝 结合层：1:4干硬性水泥砂浆，面上撒素水泥 隔离层：满铺0.15mm厚聚乙烯薄膜一层 防水层：按屋面说明选用 找平层：同下方找平层 保温层 找坡层：1:8水泥膨胀珍珠岩找坡2% 隔气层 找平层：1:3水泥砂浆，砂浆中掺聚丙烯或锦纶-6纤维0.75~0.90kg/m^3 结构层：钢筋混凝土层面板（此项用于屋6A）	1.288	

（续）

编号	名称	用料名称	参数指标	附　注
屋3 屋3A	架空隔热屋面，上人	架空层：495mm × 495mm × 50mm，C20 预制混凝土板（ϕ6 钢筋双向中距 150mm），1:2 水泥砂浆填缝 支座：M5 砂浆砌 120mm × 120mm × 200mm 多孔黏土砖支座，双向距 500mm，高 200mm，端部砌 240mm × 120mm 多孔黏土砖支座，支座下垫一层卷材，卷材周边大出支座 40mm 防水层：按屋面说明选用 找平层：同下方找平层 保温层 找坡层：1:8 水泥膨胀珍珠岩找坡 2% 隔气层（此项用于屋 9A） 找平层：1:3 水泥砂浆，砂浆中掺聚丙烯或锦纶—6 纤维 0.75 ~ 0.90kg/m^3（此项用于屋 9A） 结构层：钢筋混凝土屋面板	屋 3 为 1.990 + W 屋 3A 为 2.390 + W	1. 总厚度按最薄处计，且不包含柔性防水层厚度 2. 自重按最薄处计，且不包含柔性防水层重量 3. W 为保温层重量。
屋4 屋5A	架空隔热屋面，不上人	架空层：495mm × 495mm × 35mm，C20 预制混凝土板（ϕ6 钢筋双向中距 150mm），1:2 水泥砂浆填缝 支座：M5 砂浆砌 120mm × 120mm × 200mm 多孔黏土砖支座，双向距 500mm，高 200mm，端部砌 240mm × 120mm 多孔黏土砖支座，支座下垫一层卷材，卷材周边大出支座 40mm 防水层：按屋面说明选用 找平层：同下方找平层 保温层 找坡层：1:8 水泥膨胀珍珠岩找坡 2% 隔气层（此项用于屋 10A） 找平层：1:3 水泥砂浆，砂浆中掺聚丙烯或锦纶—6 纤维 0.75 ~ 0.90kg/m^3（此项用于屋 10A） 结构层：钢筋混凝土屋面板	屋 5 为 1.615 + W 屋 5A 为 2.015 + W	

附表 20　柱侧向刚度修正系数 α_c

位置		边柱		中柱		α_c
		简图	$\overline{K}$	简图	$\overline{K}$	
一般层			$\overline{K}=\dfrac{i_2+i_4}{2i_c}$		$\overline{K}=\dfrac{i_1+i_2+i_3+i_4}{2i_c}$	$\alpha_c=\dfrac{\overline{K}}{2+\overline{K}}$
底层	固接		$\overline{K}=\dfrac{i_2}{i_c}$		$\overline{K}=\dfrac{i_1+i_2}{i_c}$	$\alpha_c=\dfrac{0.5+\overline{K}}{2+\overline{K}}$
	铰接		$\overline{K}=\dfrac{i_2}{i_c}$		$\overline{K}=\dfrac{i_1+i_2}{i_c}$	$\alpha_c=\dfrac{0.5\overline{K}}{1+2\overline{K}}$

附表 21　规则框架承受均布水平力作用时标准反弯点高度比 y_0 表

总层数 m	层号 n	K 0.1	0.2	0.3	0.4	0.5	0.6	0.7	0.8	0.9	1.0	2.0	3.0	4.0	5.0
1	1	0.80	0.75	0.70	0.65	0.65	0.60	0.60	0.60	0.60	0.55	0.55	0.55	0.55	0.55
2	2	0.45	0.40	0.35	0.35	0.35	0.35	0.40	0.40	0.40	0.40	0.45	0.45	0.45	0.45
	1	0.95	0.80	0.75	0.70	0.65	0.65	0.65	0.60	0.60	0.60	0.55	0.55	0.55	0.50
3	3	0.15	0.20	0.20	0.25	0.30	0.30	0.30	0.35	0.35	0.35	0.40	0.45	0.45	0.45
	2	0.55	0.50	0.45	0.45	0.45	0.45	0.45	0.45	0.45	0.45	0.45	0.50	0.50	0.50
	1	1.00	0.85	0.80	0.75	0.70	0.70	0.65	0.65	0.65	0.60	0.55	0.55	0.55	0.55
4	4	-0.05	0.05	0.15	0.20	0.25	0.30	0.30	0.35	0.35	0.35	0.40	0.45	0.45	0.45
	3	0.25	0.30	0.30	0.35	0.35	0.40	0.40	0.40	0.40	0.45	0.45	0.50	0.50	0.50
	2	0.60	0.55	0.50	0.50	0.45	0.45	0.45	0.45	0.45	0.45	0.50	0.50	0.50	0.50
	1	1.10	0.90	0.80	0.75	0.70	0.70	0.65	0.65	0.65	0.60	0.55	0.55	0.55	0.55
5	5	-0.20	0.00	0.15	0.20	0.25	0.30	0.30	0.30	0.35	0.35	0.40	0.45	0.45	0.45
	4	0.10	0.20	0.25	0.30	0.35	0.35	0.40	0.40	0.40	0.40	0.45	0.45	0.50	0.50
	3	0.40	0.40	0.40	0.40	0.40	0.45	0.45	0.45	0.45	0.45	0.50	0.50	0.50	0.50
	2	0.65	0.55	0.50	0.50	0.50	0.50	0.50	0.50	0.50	0.50	0.50	0.50	0.50	0.50
	1	1.20	0.95	0.80	0.75	0.75	0.70	0.70	0.65	0.65	0.65	0.55	0.55	0.55	0.55
6	6	-0.30	0.00	0.10	0.20	0.25	0.25	0.30	0.30	0.35	0.35	0.40	0.45	0.45	0.45
	5	0.00	0.20	0.25	0.30	0.35	0.35	0.40	0.40	0.40	0.40	0.45	0.45	0.50	0.50
	4	0.20	0.30	0.35	0.35	0.40	0.40	0.40	0.45	0.45	0.45	0.45	0.50	0.50	0.50
	3	0.40	0.40	0.40	0.45	0.45	0.45	0.45	0.45	0.45	0.45	0.50	0.50	0.50	0.50
	2	0.70	0.60	0.55	0.50	0.50	0.50	0.50	0.50	0.50	0.50	0.50	0.50	0.50	0.50
	1	1.20	0.95	0.85	0.80	0.75	0.70	0.70	0.65	0.65	0.65	0.55	0.55	0.55	0.55
7	7	-0.35	-0.05	0.10	0.20	0.20	0.25	0.30	0.30	0.35	0.35	0.40	0.45	0.45	0.45
	6	-0.10	0.15	0.25	0.30	0.35	0.35	0.35	0.40	0.40	0.40	0.45	0.45	0.50	0.50
	5	0.10	0.25	0.30	0.35	0.40	0.40	0.40	0.45	0.45	0.45	0.45	0.50	0.50	0.50
	4	0.30	0.35	0.40	0.40	0.40	0.45	0.45	0.45	0.45	0.45	0.50	0.50	0.50	0.50
	3	0.50	0.45	0.45	0.45	0.45	0.45	0.45	0.45	0.45	0.45	0.50	0.50	0.50	0.50
	2	0.75	0.60	0.55	0.50	0.50	0.50	0.50	0.50	0.50	0.50	0.50	0.50	0.50	0.50
	1	1.20	0.95	0.85	0.80	0.75	0.70	0.70	0.65	0.65	0.65	0.55	0.55	0.55	0.55

附表 22　规则框架承受倒三角分布水平力作用时标准反弯点高度比 y_0 表

总层数 m	层号 n	K 0.1	0.2	0.3	0.4	0.5	0.6	0.7	0.8	0.9	1.0	2.0	3.0	4.0	5.0
1	1	0.80	0.75	0.70	0.65	0.65	0.60	0.60	0.60	0.60	0.55	0.55	0.55	0.55	0.55
2	2	0.50	0.45	0.40	0.40	0.40	0.40	0.40	0.40	0.40	0.45	0.45	0.45	0.45	0.50
	1	1.00	0.85	0.75	0.70	0.70	0.65	0.65	0.65	0.60	0.60	0.55	0.55	0.55	0.55

（续）

总层数 m	层号 n	K													
		0.1	0.2	0.3	0.4	0.5	0.6	0.7	0.8	0.9	1.0	2.0	3.0	4.0	5.0
3	3	0.25	0.25	0.25	0.30	0.30	0.35	0.35	0.35	0.40	0.40	0.45	0.45	0.45	0.50
	2	0.60	0.50	0.50	0.50	0.50	0.45	0.45	0.45	0.45	0.45	0.50	0.50	0.50	0.50
	1	1.15	0.90	0.80	0.75	0.75	0.70	0.70	0.65	0.65	0.65	0.60	0.55	0.55	0.55
4	4	0.10	0.15	0.20	0.25	0.30	0.30	0.35	0.35	0.35	0.40	0.45	0.45	0.45	0.45
	3	0.35	0.35	0.35	0.40	0.40	0.40	0.40	0.45	0.45	0.45	0.45	0.50	0.50	0.50
	2	0.70	0.60	0.55	0.50	0.50	0.50	0.50	0.50	0.50	0.50	0.50	0.50	0.50	0.50
	1	1.20	0.95	0.85	0.80	0.75	0.70	0.70	0.70	0.65	0.65	0.55	0.55	0.55	0.55
5	5	-0.05	0.10	0.20	0.25	0.30	0.30	0.35	0.35	0.35	0.35	0.40	0.45	0.45	0.45
	4	0.20	0.25	0.35	0.35	0.40	0.40	0.40	0.40	0.40	0.45	0.45	0.50	0.50	0.50
	3	0.45	0.40	0.45	0.45	0.45	0.45	0.45	0.45	0.45	0.45	0.50	0.50	0.50	0.50
	2	0.75	0.60	0.55	0.55	0.50	0.50	0.50	0.50	0.50	0.50	0.50	0.50	0.50	0.50
	1	1.30	1.00	0.85	0.80	0.75	0.70	0.70	0.65	0.65	0.65	0.65	0.55	0.55	0.55
6	6	-0.15	0.05	0.15	0.20	0.25	0.30	0.30	0.35	0.35	0.35	0.40	0.45	0.45	0.45
	5	0.10	0.25	0.30	0.35	0.35	0.40	0.40	0.40	0.45	0.45	0.45	0.50	0.50	0.50
	4	0.30	0.35	0.40	0.40	0.45	0.45	0.45	0.45	0.45	0.45	0.50	0.50	0.50	0.50
	3	0.50	0.45	0.45	0.45	0.45	0.45	0.45	0.45	0.45	0.50	0.50	0.50	0.50	0.50
	2	0.80	0.65	0.55	0.55	0.55	0.50	0.50	0.50	0.50	0.50	0.50	0.50	0.50	0.50
	1	1.30	1.00	0.85	0.80	0.75	0.70	0.70	0.65	0.65	0.65	0.60	0.55	0.55	0.55
7	7	-0.20	0.05	0.15	0.20	0.25	0.30	0.30	0.35	0.35	0.35	0.45	0.45	0.45	0.45
	6	0.05	0.20	0.30	0.35	0.35	0.40	0.40	0.40	0.40	0.45	0.45	0.50	0.50	0.50
	5	0.20	0.30	0.35	0.40	0.40	0.45	0.45	0.45	0.45	0.45	0.50	0.50	0.50	0.50
	4	0.35	0.40	0.40	0.45	0.45	0.45	0.45	0.45	0.45	0.45	0.50	0.50	0.50	0.50
	3	0.55	0.50	0.50	0.50	0.50	0.50	0.50	0.50	0.50	0.50	0.50	0.50	0.50	0.50
	2	0.80	0.65	0.60	0.55	0.55	0.55	0.50	0.50	0.50	0.50	0.50	0.50	0.50	0.50
	1	1.30	1.00	0.90	0.80	0.75	0.70	0.70	0.70	0.65	0.65	0.60	0.55	0.55	0.55

i_1 i_2

i_c

i_3 i_4

附表 23　上、下层梁刚度变化对标准反弯点高度比的修正值 y_1

α_1 \ K	0.1	0.2	0.3	0.4	0.5	0.6	0.7	0.8	0.9	1.0	2.0	3.0	4.0	5.0
0.4	0.55	0.40	0.30	0.25	0.20	0.20	0.20	0.15	0.15	0.15	0.05	0.05	0.05	0.05
0.5	0.45	0.30	0.20	0.20	0.15	0.15	0.15	0.10	0.10	0.10	0.05	0.05	0.05	0.05
0.6	0.30	0.20	0.15	0.15	0.10	0.10	0.10	0.10	0.05	0.05	0.05	0.05	0	0
0.7	0.20	0.15	0.10	0.10	0.10	0.10	0.05	0.05	0.05	0.05	0.05	0	0	0
0.8	0.15	0.10	0.05	0.05	0.05	0.05	0.05	0.05	0.05	0	0	0	0	0
0.9	0.05	0.05	0.05	0.05	0	0	0	0	0	0	0	0	0	0

注：$\alpha_1=(i_1+i_2)/(i_3+i_4)$，当$(i_1+i_2)>(i_3+i_4)$时，则 α_1 取倒数，即 $\alpha_1=(i_3+i_4)/(i_1+i_2)$，且 y_1 取负号；底层柱不考虑此修正，即 $y_1=0$。

附表 24 上、下层高度变化对标准反弯点高度比的修正值 y_2、y_3

α_2	α_3 \ K	0.1	0.2	0.3	0.4	0.5	0.6	0.7	0.8	0.9	1.0	2.0	3.0	4.0	5.0
2.0		0.25	0.15	0.15	0.10	0.10	0.10	0.10	0.10	0.05	0.05	0.05	0.05	0	0
1.8		0.20	0.15	0.10	0.10	0.10	0.05	0.05	0.05	0.05	0.05	0.05	0	0	0
1.6	0.4	0.15	0.10	0.10	0.05	0.05	0.05	0.05	0.05	0.05	0.05	0	0	0	0
1.4	0.6	0.10	0.05	0.05	0.05	0.05	0.05	0.05	0.05	0.05	0	0	0	0	0
1.2	0.8	0.05	0.05	0.05	0	0	0	0	0	0	0	0	0	0	0
1.0	1.0	0	0	0	0	0	0	0	0	0	0	0	0	0	0
0.8	1.2	-0.05	-0.05	-0.05	0	0	0	0	0	0	0	0	0	0	0
0.6	1.4	-0.10	-0.05	-0.05	-0.05	-0.05	-0.05	-0.05	-0.05	0	0	0	0	0	0
0.4	1.6	-0.15	-0.10	-0.10	-0.05	-0.05	-0.05	-0.05	-0.05	-0.05	-0.05	0	0	0	0
	1.8	-0.20	-0.15	-0.10	-0.10	-0.10	-0.05	-0.05	-0.05	-0.05	-0.05	-0.05	0	0	0
	2.0	-0.25	-0.15	-0.15	-0.10	-0.10	-0.10	-0.10	-0.10	-0.05	-0.05	-0.05	-0.05	0	0

注：$\alpha_2 = h_{上}/h$，$\alpha_3 = h_{下}/h$，h 为计算层号；$h_{上}$ 为上一层层高；$h_{下}$ 为下一层层高；y_2 按 K 及 α_2 查表，对顶层不考虑该项修正；y_3 按 K 及 α_3 查表，对底层不考虑此项修正。

附表 25 双向板弯矩、挠度计算系数符号说明

刚度 $B_c = \dfrac{Eh^3}{12(1-\mu^2)}$

式中 E——弹性模量；

h——板厚；

μ——泊松比。

以下为附表 25-1～附表 25-6 中参数含义：

f, $f_{\max}$——板中心点的挠度和最大挠度；

m_1，$m_{1,\max}$——平行于 l_{01} 方向板中心点单位板宽的弯矩和板跨内最大弯矩；

m_2，$m_{2,\max}$——平行于 l_{02} 方向板中心点单位板宽的弯矩和板跨内最大弯矩；

m_1'——固定边中点沿 l_{01} 方向单位板宽内的弯矩；

m_2'——固定边中点沿 l_{02} 方向单位板宽内的弯矩。

⊔⊔⊔代表固定边；===代表简支边；

正负号的规定：

弯矩以使板的受荷面受压者为正；挠度以变位方向与荷载方向相同者为正。

附表 25-1 四边简支

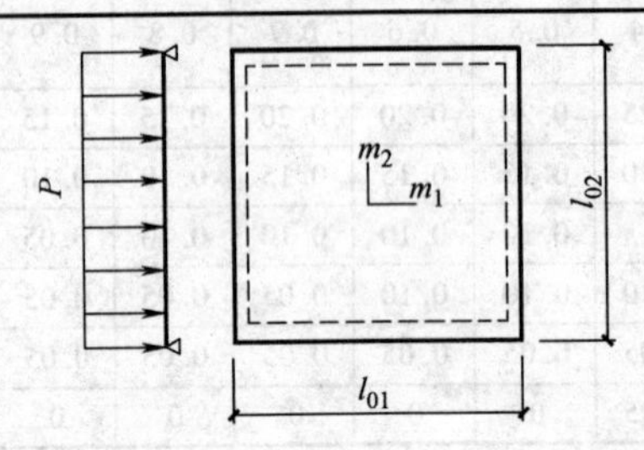

挠度 = 表中系数 × $\dfrac{pl^4}{B_c}$；$\mu = 0$，弯矩 = 表中系数 × pl^2；式中 l 取 l_{01} 和 l_{02} 中的较小者

（续）

l_{01}/l_{02}	f	m_1	m_2
0.50	0.01013	0.0965	0.0174
0.55	0.0094	0.0892	0.021
0.60	0.00867	0.082	0.0242
0.65	0.00796	0.075	0.0271
0.70	0.00727	0.0683	0.0296
0.75	0.00663	0.062	0.0317
0.80	0.00603	0.0561	0.0334
0.85	0.00547	0.0506	0.0348
0.90	0.00496	0.0456	0.0358
0.95	0.00449	0.041	0.0364
1.00	0.00406	0.0368	0.0368

附表 25-2　三边简支一边固定

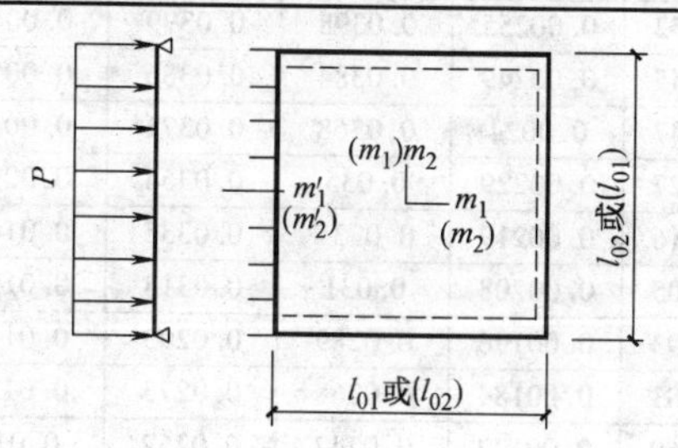

挠度＝表中系数×$\frac{p}{B_c}$$\left(或\times\frac{p(l_{01})^4}{B_c}\right)$；$\mu=0$，弯矩＝表中系数×$pl_{01}^2$（或×$p(l_{01})^2$），

这里 $l_{01}<l_{02}(l_{01})<(l_{02})$

l_{01}/l_{02}	$(l_{01})/(l_{02})$	f	f_{max}	m_1	m_{1max}	m_2	m_{2max}	m_1'或(m_2')
0.50		0.00488	0.00504	0.0583	0.0646	0.006	0.0063	-0.1212
0.55		0.00471	0.00492	0.0563	0.0618	0.0081	0.0087	-0.1187
0.60		0.00453	0.00472	0.0539	0.0589	0.0104	0.0111	-0.1158
0.65		0.00432	0.00448	0.0513	0.0559	0.0126	0.0133	-0.1124
0.70		0.0041	0.00422	0.0485	0.0529	0.0148	0.0154	-0.1087
0.75		0.00388	0.00399	0.0457	0.0496	0.0168	0.0174	-0.1048
0.80		0.00365	0.00376	0.0428	0.0463	0.0187	0.0193	-0.1007
0.85		0.00343	0.00352	0.04	0.0431	0.0204	0.0211	-0.0965
0.90		0.00321	0.00329	0.0372	0.04	0.0219	0.0226	-0.0922
0.95		0.00299	0.00306	0.0345	0.0369	0.0232	0.0239	-0.088
1.00	1.00	0.00279	0.00285	0.0319	0.034	0.0243	0.0249	-0.0839
	0.95	0.00316	0.00324	0.0324	0.0345	0.028	0.0287	-0.0882
	0.90	0.0036	0.00368	0.0328	0.0347	0.0322	0.033	-0.0926
	0.85	0.00409	0.00417	0.0329	0.0347	0.037	0.0378	-0.097
	0.80	0.00464	0.00473	0.0326	0.0343	0.0424	0.0433	-0.1014
	0.75	0.00526	0.00536	0.0319	0.0335	0.0485	0.0494	-0.1056
	0.70	0.00595	0.00605	0.0308	0.0323	0.0553	0.0562	-0.1096
	0.65	0.0067	0.0068	0.0291	0.0306	0.0627	0.0637	-0.1133
	0.60	0.00752	0.00762	0.0268	0.0289	0.0707	0.0717	-0.1166
	0.55	0.00838	0.00848	0.0239	0.0271	0.0792	0.0801	-0.1193
	0.50	0.00927	0.00935	0.0205	0.0249	0.088	0.0888	-0.1215

附表 25-3 一边简支三边固定

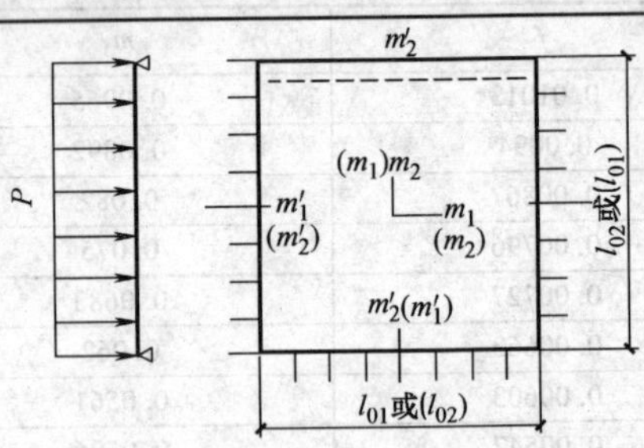

挠度 = 表中系数 × $\frac{p}{B_c}$ $\left(或 \times \frac{p(l_{01})^4}{B_c}\right)$；$\mu=0$，弯矩 = 表中系数 × pl_{01}^2（或 × $p(l_{01})^2$），

这里 $l_{01}<l_{02}(l_{01})<(l_{02})$

l_{01}/l_{02}	$(l_{01})/(l_{02})$	f	f_{max}	m_1	m_{1max}	m_2	m_{2max}	m_1'	m_2'
0.50		0.00257	0.00258	0.0408	0.0409	0.0028	0.0089	−0.0836	−0.0569
0.55		0.00252	0.00255	0.0398	0.0399	0.0042	0.0093	−0.0827	−0.057
0.60		0.00245	0.00249	0.0384	0.0386	0.0059	0.0105	−0.0814	−0.0571
0.65		0.00237	0.0024	0.0368	0.0371	0.0076	0.0116	−0.0796	−0.0572
0.70		0.00227	0.00229	0.035	0.0354	0.0093	0.0127	−0.0774	−0.0572
0.75		0.00216	0.00219	0.0331	0.0335	0.0109	0.0137	−0.075	−0.0572
0.80		0.00205	0.00208	0.031	0.0314	0.0124	0.0147	−0.0722	−0.057
0.85		0.00193	0.00196	0.0289	0.0293	0.0138	0.0155	−0.0693	−0.0567
0.90		0.00181	0.00184	0.0268	0.0273	0.0159	0.0163	−0.0663	−0.0563
0.95		0.00169	0.00172	0.0247	0.0252	0.016	0.0172	−0.0631	−0.0558
1.00	1.00	0.00157	0.0016	0.0227	0.0231	0.0168	0.018	−0.06	−0.055
	0.95	0.00178	0.00182	0.0229	0.0234	0.0194	0.0207	−0.0629	−0.0559
	0.90	0.00201	0.00206	0.0228	0.0234	0.0223	0.0238	−0.0656	−0.0653
	0.85	0.00227	0.00233	0.0225	0.0231	0.0255	0.0273	−0.0683	−0.0711
	0.80	0.00256	0.00262	0.0219	0.0224	0.029	0.0311	−0.0707	−0.0772
	0.75	0.00286	0.00294	0.0208	0.0214	0.0329	0.0354	−0.0729	−0.0837
	0.70	0.00319	0.00327	0.0194	0.02	0.037	0.04	−0.0748	−0.0903
	0.65	0.00352	0.00365	0.0175	0.0182	0.0412	0.0446	−0.0762	−0.097
	0.60	0.00386	0.00403	0.0153	0.016	0.0454	0.0493	−0.0773	−0.1033
	0.55	0.00419	0.00437	0.0127	0.0133	0.0496	0.0541	−0.078	−0.1093
	0.50	0.00449	0.00463	0.0099	0.0103	0.0534	0.0588	−0.0784	−0.1146

表 25-4 对边简支对边固定

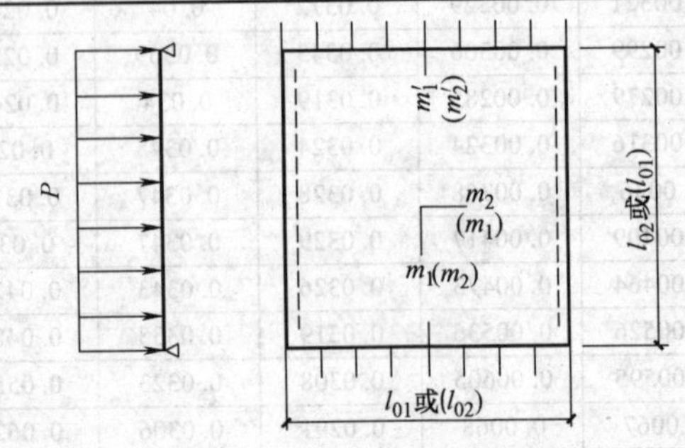

挠度 = 表中系数 × $\frac{p}{B_c}$ $\left(或 \times \frac{p(l_{01})^4}{B_c}\right)$；$\mu=0$，弯矩 = 表中系数 × pl_{01}^2（或 × $p(l_{01})^2$），

这里 $l_{01}<l_{02}(l_{01})<(l_{02})$

（续）

l_{01}/l_{02}	$(l_{01})/(l_{02})$	f	m_1	m_2	m_1'或(m_2')
0.50		0.00261	0.0416	0.0017	-0.0843
0.55		0.00259	0.041	0.0028	-0.084
0.60		0.00255	0.0402	0.0042	-0.0834
0.65		0.0025	0.0392	0.0057	-0.0826
0.70		0.00243	0.0379	0.0072	-0.0814
0.75		0.00236	0.0366	0.0088	-0.0799
0.80		0.00228	0.0351	0.0103	-0.0782
0.85		0.0022	0.0335	0.0118	-0.0763
0.90		0.00211	0.0319	0.0133	-0.0743
0.95		0.00201	0.0302	0.0146	-0.0721
1.00	1.00	0.00192	0.0285	0.0158	-0.0698
	0.95	0.00223	0.0296	0.0189	-0.0746
	0.90	0.0026	0.0306	0.0224	-0.0797
	0.85	0.00303	0.0314	0.0266	-0.085
	0.80	0.00354	0.0319	0.0316	-0.0904
	0.75	0.00413	0.0321	0.0374	-0.0959
	0.70	0.00482	0.0318	0.0441	-0.1013
	0.65	0.0056	0.0308	0.0518	-0.1066
	0.60	0.00647	0.0292	0.0604	-0.1114
	0.55	0.00743	0.0267	0.0698	-0.1156
	0.50	0.00844	0.0234	0.0798	-0.1191

附表 25-5　四边固定

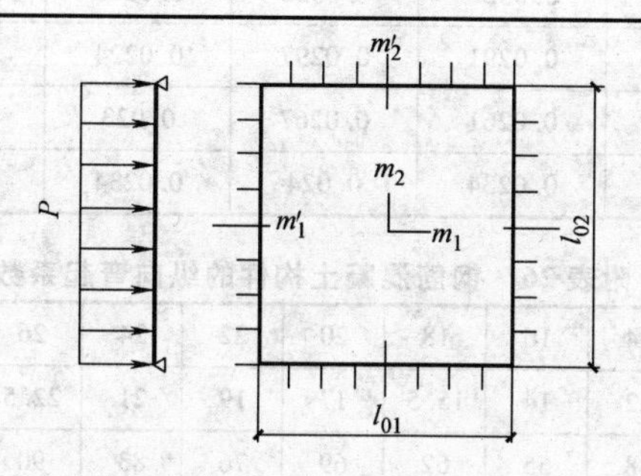

挠度 = 表中系数 × $\frac{pl_{01}^4}{B_c}$；$\mu=0$，弯矩 = 表中系数 × pl_{01}^2，这里 $l_{01}<l_{02}$

$l_{01}/l_{02}(l_{02}/l_{01})$	f	m_1	m_2	m_1'	m_2'
0.50	0.00253	0.04	0.0038	-0.0829	-0.057
0.55	0.00246	0.0385	0.0056	-0.0814	-0.0571
0.60	0.00236	0.0367	0.0076	-0.0793	-0.0571
0.65	0.00224	0.0345	0.0095	-0.0766	-0.0571
0.70	0.00211	0.0321	0.0113	-0.0735	-0.0569
0.75	0.00197	0.0296	0.013	-0.0701	-0.0565
0.80	0.00182	0.0271	0.0144	-0.0664	-0.0559
0.85	0.00168	0.0246	0.0156	-0.0626	-0.0551
0.90	0.00153	0.0221	0.0165	-0.0588	-0.0541
0.95	0.0014	0.0198	0.0172	-0.055	-0.0528
1.00	0.00127	0.0176	0.0176	-0.0513	-0.0513

附表 25-6 邻边简支邻边固定

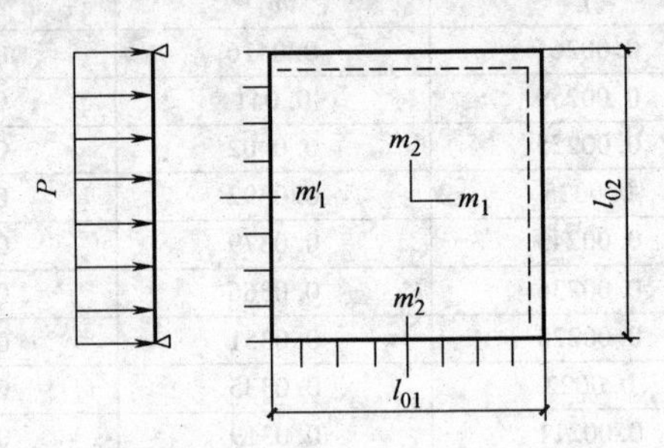

挠度 = 表中系数 × $\frac{pl_{01}^4}{B_c}$；$\mu = 0$，弯矩 = 表中系数 × pl_{01}^2，这里 $l_{01} < l_{02}$

l_{01}/l_{02}	f	f_{max}	m_1	m_{1max}	m_2	m_{2max}	m'_1	m'_2
0.50	0.00468	0.00471	0.0559	0.0562	0.0079	0.0135	-0.1179	-0.0786
0.55	0.00445	0.00454	0.0529	0.053	0.0104	0.0153	-0.114	-0.0785
0.60	0.00419	0.00429	0.0496	0.0498	0.0129	0.0169	-0.1095	-0.0782
0.65	0.00391	0.00399	0.0461	0.0465	0.0151	0.0183	-0.1045	-0.0777
0.70	0.00363	0.00368	0.0426	0.0432	0.0172	0.0195	-0.0992	-0.077
0.75	0.00335	0.0034	0.039	0.0396	0.0189	0.0206	-0.0938	-0.076
0.80	0.00308	0.00313	0.0356	0.0361	0.0204	0.0218	-0.0883	-0.0748
0.85	0.00281	0.00286	0.0322	0.0328	0.0215	0.0229	-0.0829	-0.0733
0.90	0.00256	0.00261	0.0291	0.0297	0.0224	0.0238	-0.0776	-0.0716
0.95	0.00232	0.00237	0.0261	0.0267	0.023	0.0244	-0.0726	-0.0698
1.00	0.0021	0.00215	0.0234	0.024	0.0234	0.0249	-0.0667	-0.0677

附表 26 钢筋混凝土构件的纵向弯起系数

l_0/b	≤8	10	12	14	16	18	20	22	24	26	28	30	32	34	36
l_0/d	≤7	8.5	10.5	12	14	15.5	17	19	21	22.5	24	26	28	29.5	31
l_0/i	≤28	35	42	48	55	62	69	76	83	90	97	111	118	125	132
φ	1.00	0.98	0.95	0.92	0.87	0.81	0.75	0.70	0.65	0.60	0.56	0.52	0.48	0.44	0.40

参考文献

[1] 同济大学，西安建筑科技大学，东南大学，等. 房屋建筑学 [M]. 北京：中国建筑工业出版社. 2013.

[2] 中国建筑设计研究院. GB 50352—2005 民用建筑设计通则 [S]. 北京：中国建筑工业出版社. 2005.

[3] 北京市建筑设计研究院. GB 50099—2011 中小学校设计规范 [S]. 北京：中国建筑工业出版社. 2012.

[4] 浙江省建筑设计研究院. JGJ 67—2006 办公建筑设计规范 [S]. 北京：中国建筑工业出版社. 2006.

[5] 同济大学. GB 50841—2013 建设工程分类标准 [S]. 北京：中国计划出版社. 2012.

[6] 公安部天津消防研究所. GB 50016—2006 建筑设计防火规范 [S]. 北京：中国计划出版社. 2006.

[7] 中国建筑科学研究院. GB 50009—2012 建筑结构荷载规范 [S]. 北京：中国建筑工业出版社. 2012.

[8] 中国建筑科学研究院. GB 50011—2010 建筑抗震设计规范 [S]. 北京：中国建筑工业出版社. 2010.

[9] 中国建筑科学研究院. GB 50010—2010 混凝土结构设计规范 [S]. 北京：中国建筑工业出版社. 2010.

[10] 中国建筑科学研究院. GB 50007—2011 建筑地基基础设计规范 [S]. 北京：中国建筑工业出版社. 2011.

[11] 中国建筑科学研究院. GB 50068—2001 建筑结构可靠度设计统一标准 [S]. 北京：中国建筑工业出版社. 2002.

[12] 中国建筑标准设计研究院. GB/T 50105—2010 建筑结构制图标准 [S]. 北京：中国建筑工业出版社. 2010.

[13] 中国建筑标准设计研究院. 11G329-1 建筑物抗震构造详图（多层和高层混凝土房屋）[Z]. 北京：中国计划出版社. 2011.

[14] 中国建筑标准设计研究院. 11G101-1 混凝土结构施工图平面整体表示方法制图规则和构造详图 [Z]. 北京：中国计划出版社. 2011.

[15] 梁兴文，史庆轩. 混凝土结构设计原理 [M]. 2 版. 北京：中国建筑工业出版社. 2011.

[16] 梁兴文，史庆轩. 混凝土结构设计 [M]. 2 版. 北京：中国建筑工业出版社. 2011.

[17] 国振喜. 简明钢筋混凝土结构构造手册 [M]. 北京：机械工业出版社. 2010.

[18] 徐秀丽. 混凝土框架结构设计 [M]. 北京：中国建筑工业出版社. 2008.

[19] 李廉锟. 结构力学（上、下）[M]. 5 版. 北京：高等教育出版社. 2010.

[20] 华南理工大学，浙江大学，湖南大学. 基础工程 [M]. 北京：中国建筑工业出版社，2003.

检
41